普通高等教育材料类专业“十二五”规划教材

金属热处理原理与工艺

JINSHU RECHULI YUANLI YU GONGYI

叶宏 主编
仵海东 张小彬 副主编

化学工业出版社
·北京·

本书分为热处理原理和热处理工艺两大部分，共13章。热处理原理部分主要介绍了钢在热处理中发生的相与组织转变的规律、特点，常见组织的特点及性能。具体包括：金属固态相变基础、奥氏体转变、珠光体转变、马氏体转变、贝氏体转变、过饱和固溶体的脱溶分解（含钢的回火转变）。热处理工艺部分主要介绍了常用热处理工艺参数的确定，热处理应用的技术，具体包括：退火与正火、淬火与回火，表面淬火、化学热处理、形变热处理、真空热处理等，此外还对热处理工艺设计进行了简要介绍。

本书是高等工科院校金属材料工程专业的教材，也可供从事金属材料热处理的相关技术人员参考。

图书在版编目（CIP）数据

金属热处理原理与工艺/叶宏主编. —北京：化学工业出版社，2011.6（2024.8重印）
普通高等教育材料类专业“十二五”规划教材
ISBN 978-7-122-11134-0

Ⅰ. 金…　Ⅱ. 叶…　Ⅲ. 热处理-高等学校-教材　Ⅳ. TG15

中国版本图书馆CIP数据核字（2011）第073868号

责任编辑：陶艳玲　　装帧设计：韩　飞
责任校对：陈　静

出版发行：化学工业出版社（北京市东城区青年湖南街13号　邮政编码100011）
印　　装：北京七彩京通数码快印有限公司
787mm×1092mm　1/16　印张15　字数371千字　2024年8月北京第1版第9次印刷

购书咨询：010-64518888　售后服务：010-64518899
网　　址：http://www.cip.com.cn
凡购买本书，如有缺损质量问题，本社销售中心负责调换。

定　　价：39.00元

前　　言

“金属热处理原理与工艺”是金属材料工程专业的专业基础课。本书是根据普通高等学校金属材料工程专业的“热处理原理与工艺”课程教学大纲编写的。

本书从金属固态相变的基本理论出发，着重介绍了奥氏体转变、珠光体转变、马氏体转变、贝氏体转变、过饱和固溶体的脱溶分解（含钢的回火转变）的基本过程、转变的晶体学、热力学和动力学特征，以及过冷奥氏体转变的等温及连续冷却动力学图及其应用。在热处理工艺方面系统介绍了钢的常用热处理工艺，如退火、正火、淬火、回火、表面淬火、化学热处理等工艺参数的确定与应用，及常见热处理缺陷与预防。

随着科学技术的飞速发展，新材料、新设备、新工艺的不断涌现，使传统的热处理工艺得到长足的发展和丰富。本书在阐述热处理基本原理和常用热处理工艺的前提下，密切联系生产实际，结合近年来材料领域热处理技术和工艺的最新进展，增加了高能密度加热表面淬火工艺方法的知识，如高频脉冲加热、激光加热和电子束加热等；同时还增加辉光放电离子化学热处理，如离子渗氮、离子渗碳等内容。

本书内容主要包括两部分，即热处理原理和热处理工艺，共分 13 章。由叶宏（第 8 章、第 9 章）、仵海东（第 3 章、第 4 章、第 5 章、第 6 章）、张小彬（第 1 章、第 2 章、第 7 章）、闫忠琳（第 10 章、第 11 章、第 13 章）、昌霞（第 12 章）等编写。全书由叶宏统稿。

本书在编写过程中参阅并引用了部分国内外相关教材、科技著作及论文内容，在此特向有关作者表示衷心感谢！参考文献仅列举了参考书目，其它参考文献未一一列出，敬请海涵。

感谢重庆理工大学与重庆科技学院在编写过程中给予的大力支持和帮助。

由于水平有限，加上时间紧迫，书中的疏漏和缺点在所难免，敬请广大读者批评指正。

编　者

2011 年 3 月

目　录

第 1 章　金属固态相变基础

热处理的方法可以改变金属的性能。其根本原因是因为固态金属（包括纯金属和合金）在温度和压力发生改变时，内部的组织和结构会发生变化。这种变化通称为金属固态相变。

金属固态相变理论是金属热处理的理论依据和实践基础。掌握金属相变的规律，就可以采取各种热处理（有时不仅限于热处理）工艺，控制其相变过程以获得预期的组织，从而使之具有所需的性能。

本章将简要介绍金属固态相变的类型、特点以及相变中的形核与长大的基础知识。

1.1　金属固态相变的主要类型

金属固态相变的类型甚多、特征各异，常见的分类方法有以下几种。

1.1.1　按平衡与否分类

合金的平衡相图是由合金（金属）在缓慢加热或冷却时所得到。凡符合此过程的相变，均属平衡转变，可得到平衡组织。不平衡转变不符合平衡相图。

1.1.1.1　平衡转变

固态金属在缓慢加热（或冷却）时发生的，能获得符合相图所示平衡组织的相变称为平衡转变。固态金属平衡转变主要有如下几种类型。

（1）同素异构转变

纯金属在温度和压力变化时，由一种晶体结构转变为另一种晶体结构的过程称为同素异构转变。

铁、钛、钴、锡等纯金属都会发生这种转变；铜、铝、镍、铬等纯金属则无。

（2）多型性转变

固溶体中发生晶体结构的转变称为多型性转变。这种转变可看作是固溶体的同素异构转变。

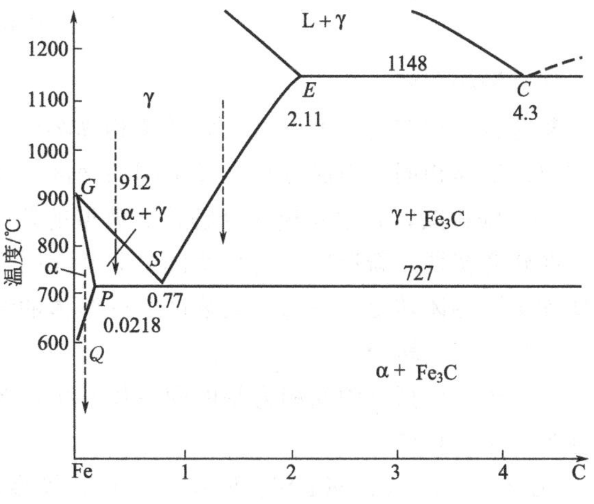

图 1.1　钢中平衡脱溶示意

多型性转变与结晶时的匀晶转变类似，不过反应相不是液相，而是固相。钢中铁素体在加热过程中转变为奥氏体的过程就属于多型性转变。

（3）平衡脱溶沉淀

以铁碳平衡相图中二次渗碳体从奥氏体中析出过程为例（图 1.1 为钢中平衡脱溶示意图），当成分为 K 的钢被加热到 t_1 温度以上时，得到单一奥氏体相。若自 t_1 温度缓慢降温，二次渗碳体又将逐渐析出，这一过程成为平衡脱溶沉淀。平衡脱溶沉淀是在缓慢冷却条件下，由过饱和固溶体中析出过剩相（第二相）的过程。其特点是新相的成分与结构始终与母相不同；随着新相的析出，母相的成分和所占体积分数不断变化；在转变过程中，新、母相共存。

值得指出的是，钢中奥氏体在缓慢冷却时析出铁素体的相变，既可以算作多型性转变，也可以算作平衡脱溶沉淀。

（4）共析转变

合金在冷却时由一个固相同时分解为两个不同固相的转变称为共析转变，反应式为 $\gamma \rightarrow \alpha + \beta$。共析转变生成的两个新相的成分和结构都与母相不同，加热时也可发生 $\alpha + \beta \rightarrow \gamma$ 转变。钢中奥氏体转变为珠光体（铁素体和渗碳体的机械混合物）的转变就是典型的共析转变。

（5）包析转变

合金在冷却时由两个固相合并为一个固相的转变为包析转变，反应式为 $\alpha + \beta \rightarrow \gamma$。如图 1.2 铜-锡相图中形成 ξ 相的转变。

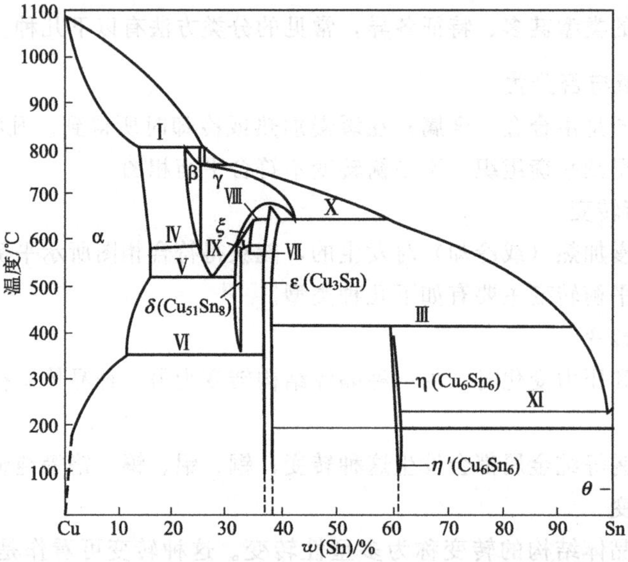

图 1.2 铜-锡相图

（6）调幅分解

某些合金在较高温度下为均匀的单相固溶体，冷却到某一温度范围时，可分解为两种结构与原固溶体相同，而成分却明显不同的微区，称为调幅分解，反应式为 $\alpha \rightarrow \alpha_1 + \alpha_2$。如图 1.3 为铝-锌相图，其中 α 相的分解就是典型的调幅分解。

在转变初期，新形成的两个微区之间并无明显的界面和成分突变，但通过上坡扩散，最终使均匀固溶体转变为不均匀固溶体，固溶体的结构一般不变化。

（7）有序化转变

固溶体（包括以中间相为基的固溶体）中，各组元原子相对位置从无序到有序的转变过程称为有序化转变。

Cu-Zn、Cu-Au、Mn-Ni、Fe-Ni、Ti-Ni 等多种合金系中都有此种转变。图 1.4 为 Cu-Au 相图，成分为 50.8%（质量）Au 的合金，在 390℃以上为无序固溶体，在 390℃以下变

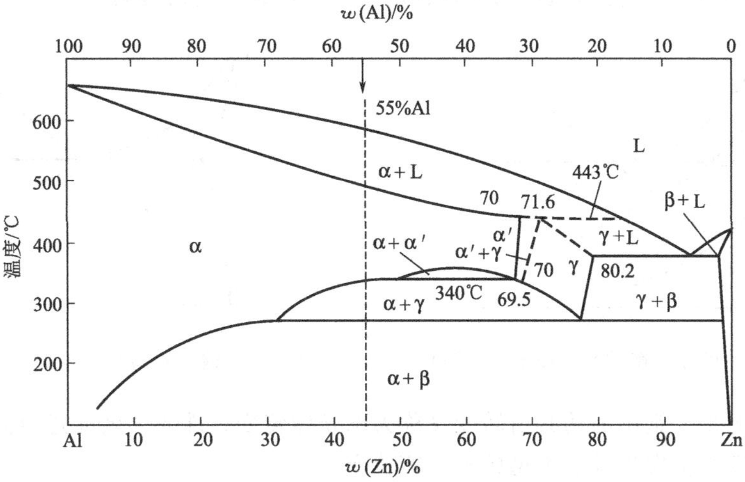

图 1.3　铝-锌相图

为有序固溶体（$AuCu_3$）。此外，相图中的（AuCuⅠ）、（AuCuⅡ）和（Au_3Cu）也是有序固溶体。有的有序-无序转变，在相图上没有两相区间隔，而用一条虚线或细直线表示。

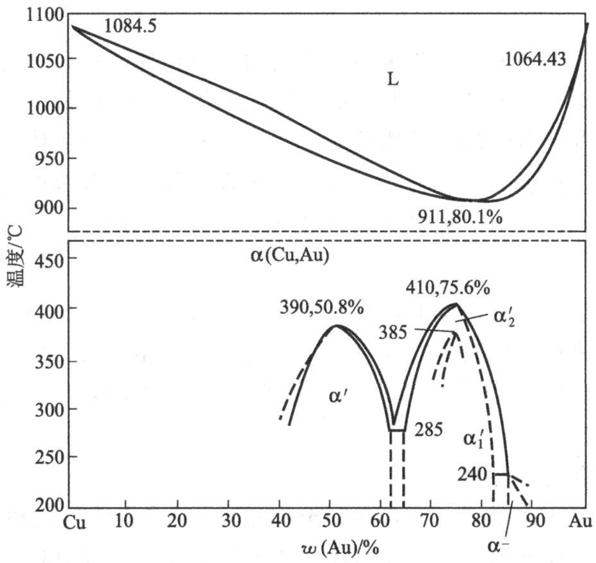

图 1.4　Cu-Au 相图

1.1.1.2　不平衡转变

固态金属在快速加热或冷却时，平衡转变来不及发生而受到抑制，可能会发生不平衡转变并形成不平衡（介稳）组织。不平衡转变虽不能用平衡相图标识，但也与之密切相关。如图 1.5 所示，铁-碳合金中，当奥氏体自高温缓慢冷却至 *GSE* 线以下时，将发生平衡转变；而当奥氏体自高温快速冷却时，则会发生一系列非平衡转变。固态金属不平衡转变发生主要有以下几种形式。

（1）伪共析转变

如图 1.6 所示，当奥氏体快速冷却到 *GS* 和 *ES* 的延长线以下（图中阴影处）时，将同时析出铁素体和渗碳体，称为伪共析转变。伪共析转变的产物与共析转变相同，但其组成相

（铁素体和渗碳体）的比值却随奥氏体碳含量而变化，其因此而得名。

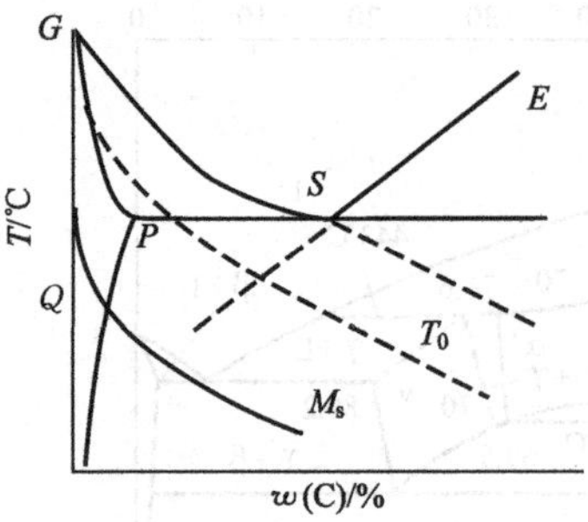

图 1.5 钢中的非平衡转变（局部示意图）

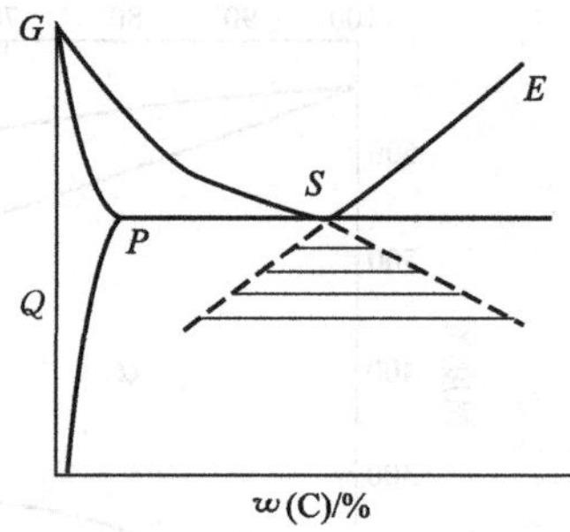

图 1.6 钢中的伪共析转变（局部示意图）

值得指出的是，钢中的伪共析转变又称为珠光体转变，珠光体转变过冷温度区域有一下限，低于此温度则会发生其它类型的不平衡转变。

（2）贝氏体转变

当奥氏体过冷至珠光体和马氏体转变温度之间时，会出现不同于二者的另一种不平衡转变，称为贝氏体转变（中温转变）。其转变产物称为贝氏体。在贝氏体转变的温度区域内，铁原子扩散极为困难，但碳原子还可以扩散。

（3）马氏体转变

进一步提高冷却速度，使奥氏体来不及进行伪共析转变和贝氏体转变就被冷却到更低的温度。此时铁原子和碳原子都难于扩散，奥氏体无需借助原子扩散而以点阵切变的方式由 γ 点阵改组为 α 点阵，发生所谓的马氏体转变。其转变产物称为马氏体。

马氏体的成分与母相相同，并且在铜合金、钛合金等其它合金中也能发生。类似马氏体转变的切变型转变还可以在合金加热过程中发生，称为逆转变。

（4）块状转变

当冷却速度不够快时，纯铁或低碳钢的 γ 相可以通过块状转变转变为 α 相，这种 α 新相成分与 γ 相相同而呈块状，形貌和其与母相界面均与马氏体转变不同。块状转变中新相长大是通过原子的短程扩散使新、母相间的非共格界面推移而实现的。块状转变也存在于 Cu-Zn、Cu-Ca 等合金中。

（5）不平衡脱溶沉淀（时效）

高温的单相固溶体快速冷却（一般冷却至室温），沉淀相来不及析出，形成过饱和固溶体，这种过饱和固溶体在室温或低于固溶体曲线的某一温度等温时析出新相的过程称为不平衡脱溶沉淀。

不平衡脱溶沉淀所形成新相的成分与结构与平衡沉淀相不同，一般都更为细小弥散，对于增强合金性能具有重要作用。铝合金，钢中马氏体等具有时效现象。

1.1.1.3 金属固态相变中的变化

金属固态相变种类很多，但归纳起来，相变过程中所发生的变化却不外乎以下几个方面：

①晶体结构；②合金成分；③有序程度。

金属固体相变可同时具有上述一种，两种或三种变化。例如，同素异构、多型性、马氏体、块状转变等只具有结构的变化；共析、贝氏体、包析转变和脱溶沉淀兼有结构和成分变化；有序化转变则只有有序程度变化。

同一金属或合金，通过热处理手段使之发生不同转变，就可以获得不同的组织和性能。如：具有平衡组织的 Al-4%Cu 合金，抗拉强度仅 150MPa，时效处理后可达 350MPa；共析钢平衡组织硬度约为 HB240，淬火得到马氏体组织硬度可达 HRC60 以上。

1.1.2　其它分类方式

(1) 按热力学分类

根据相变前后热力学函数的变化，可将固态相变分为一级相变和二级相变。

相变时新旧两相化学位相等，但化学位的一级偏微商不等时，称为一级相变。

相变时，新旧两相化学位相等，且化学位的一级偏微商也相等，二级偏微商不相等时，称为二级相变。

除部分有序化转变外，金属固态相变均属一级相变；部分有序化转变，磁性转变等属二级相变。

一级相变有热效应和体积效应；二级相变无明显热效应和体积效应。

(2) 按原子迁移情况分类

相转变依靠原子（或离子）扩散进行的称为扩散型相变。当温度足够高时，原子活动能力强，扩散型相变才能发生。当温度足够高时，相变结果可以改变相成分（如珠光体转变）；当温度不够高时，原子活动能力差，只能在新/旧相界面附近做短距离扩散，相变结果不改变成分（如块状转变）。

相转变过程中原子（离子）不发生扩散，仅作有规律的迁移，改组点阵，称为无扩散型相变。相变中，原子迁移距离不超过原子间距，相邻原子的相对位置保持不变。如钢中的马氏体转变，无扩散型转变一般在低温发生。

(3) 按有无形核分类

按此方式可将金属固态相变分为有核相变和无核相变。

有核相变通过新相形核——核长大方式进行，新相与旧相间有界面隔开。大部分相变均属此类。

无核相变通过成分起伏形成高浓度与低浓度区域，但二者间无明显界线，最终生成的两个新相成分不同，点阵结构相同，以共格界面相联，如调幅分解。在实际生产中，正是通过包括热处理在内的多种工艺方法，获得具有所需组织和结构的相转变产物，从而达到获得具有所需性能的最终目的。

1.2　金属固态相变的主要特点

金属固态相变的驱动力来自新相与母相的自由能差。新相与母相之间的转变，绝大多数（调幅分解除外）是由新相成核与长大两个过程来完成，并遵循液态物质结晶过程的一般规律。

本节介绍固态相变的特点，之后两节分别介绍相变中新相的形核与长大过程。

1.2.1　相界面和界面能

固态相变中，新旧两相之间总是要形成界面的。与固/液相变的两相界面不同，金属固态相变所形成的是两种晶体的界面，符合固/固界面特点，可分为共格、半共格和非共格界面三种。

形成共格界面的两相晶格常数虽然不同，但界面两侧的原子能够一一配对；半共格界面两侧只有部分原子保持匹配，在不能匹配的位置形成刃位错；非共格界面两侧原子则完全不能匹配，图 1.7 是共格界面、半共格界面和非共格界面示意图。

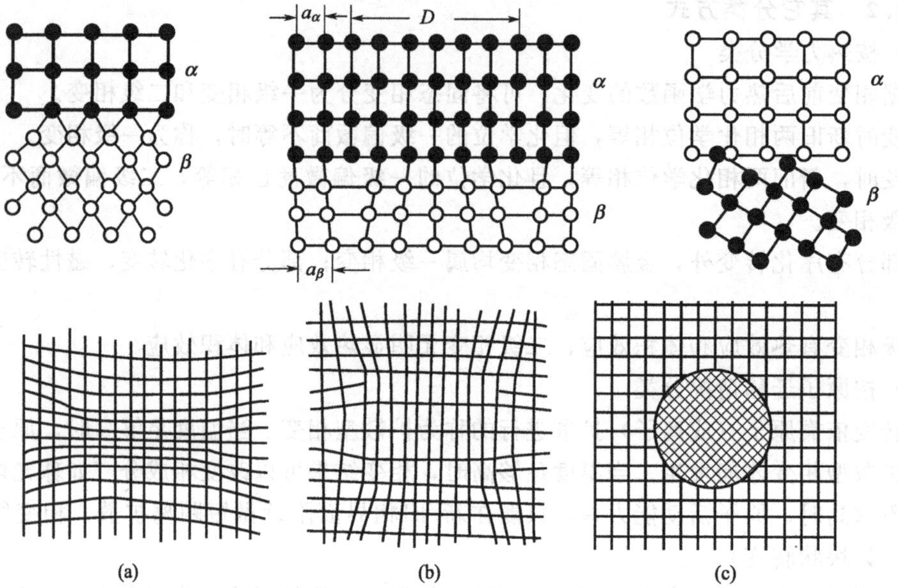

图 1.7 共格界面（a）、半共格界面（b）和非共格界面（c）

新、母两相界面的种类，与二者界面能有关。若两者具有相同的晶体结构和相似的点阵常数时，可以形成具有较低界面能的共格界面；若两者晶体结构不同，则会形成一个共格或半共格界面，而其它面则形成具有较高界面能的非共格界面（这也是新、旧两相间位相关系的由来）。

新相与母相建立界面时，由于相界面原子排列的差异引起弹性应变能。这种弹性应变能以共格界面最大，半共格界面次之，非共格界面为零。但非共格界面的表面能最大。更为重要的是，由于新相和母相的比体积往往不同，新相形成时的体积变化会受到周围母相的约束，也会引起弹性应变能。这种由比体积引起的应变能的大小还与新相几何形状有关。为了降低能量，新相应呈圆盘形，圆盘面为共格界面，圆盘边缘为非共格界面。对于具有高界面能的非共格新相，其平衡形状应为球形（这是只考虑界面能这一因素时的情形）。

1.2.2 惯习面和位相关系

固态相变的新相和母相间一般都有一定的取向关系。新相的长轴及主平面往往平行于母相的某一晶面，这种晶面称为惯习面，通常以母相的晶面指数来表示。例如：低碳钢中发生（$\gamma \rightarrow \alpha$）奥氏体→铁素体转变时，铁素体往往在奥氏体的 $\{111\}_\gamma$ 晶面上形成，其 $\{110\}_\alpha$ 晶面与前者平行；并且，其 $\langle 111 \rangle_\alpha$ 晶向又常与 $\langle 110 \rangle_\gamma$ 平行。这种惯习面与平行晶向的存在，表明新相与母相间存在晶体学位向关系。上述晶体学位向关系可以记为：

$$\{110\}_\alpha // \{111\}_\gamma \quad ; \quad \langle 111 \rangle_\alpha // \langle 110 \rangle_\gamma$$

一般来说，若新、母相间为共格或半共格界面时，两相间必定存在一定的取向关系；而若两相间没有一定的取向关系则必有非共格界面。由于新相在长大的过程中，界面有时会遭到破坏，此时两相虽然是非共格界面，但仍具有一定的晶体学取向关系。

1.2.3 弹性应变能

相变过程中新相与母相界面上的原子需要强制性地实行匹配，以形成共格或半共格，从而在界面附近产生应变能，称为共格应变能。共格应变能以共格界面最大，其次是半共格界面，非共格界面为零。

新相与母相的比容往往不同，新相形成时的体积变化将受周围母相约束而产生应变能，称为比容差应变能。圆盘形新相引起的比容差应变能最小，针状次之，球状最大，见图 1.8。

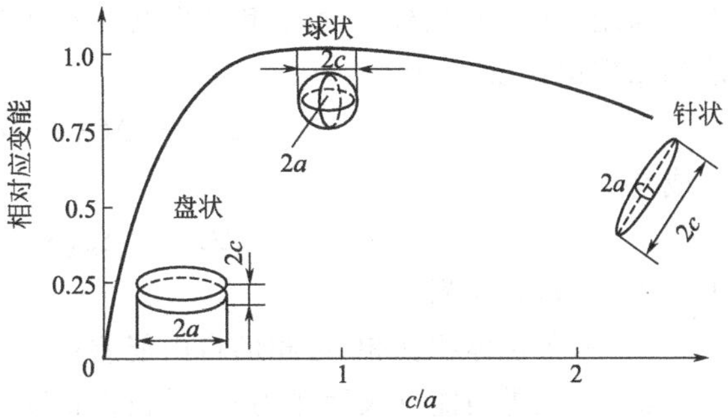

图 1.8　新相粒子的几何形状对应变能（相对值）的影响

a—椭圆形球体的赤道半径；$2c$—两极之间的距离

界面能和应变能共同决定着新相的形态。例如：当固态相变过冷度很大时，新相的临界晶核尺寸很小，使得单位体积内新相/母相界面面积很大，此时界能居主要因素，新相往往形成具有共格晶面的盘状（或薄片状）。共格可以降低界面能而盘状可以降低应变能。当固态相变过冷度很小时，新相的临界晶核尺寸较大，单位体积内新相/母相界面总面积减少，界面能因素居于次要地位，而应变能因素居于主要地位，两相易形成非共格界面以降低应变能。此时若两相比容差很小，该项应变能影响不大，新相倾向于形成球状以降低界面能；若比容差较大，则新相倾向于形成针状以兼顾降低界面能和比容差应变能。

1.2.4 过渡相

过渡相（中间亚稳相）是指成分、结构或者二者都处于母相与新相之间的亚稳状态的相。由于在固态相变的过程中，有时新/母两相在成分、结构上差别比较大，直接转变比较困难，而通过形成过渡相，可以减少相变阻力。例如，钢中的马氏体回火时，会形成几种碳化物过渡相（ξ，η 等），当回火温度升高或时间延长时，这些过渡碳化物可以转变为渗碳体。

1.2.5 晶体缺陷

固态金属中存在空位、位错、亚晶界、晶界等缺陷，这些缺陷对于金属固态相变具有显著影响。

首先，在缺陷周围，金属晶体点阵产生畸变，储存着畸变能。这些畸变能在相变时可以被释放出来作为一部分相变驱动力，因此新相往往在缺陷处优先形核，增大形核率。其次，晶体缺陷可促进组元扩散，从而增大晶核长大速率。

1.3 固态相变中的形核

绝大多数的固态相变都是通过新相形核与晶核长大过程完成的。其中形核过程的最初，是在母相基体内部某些微小区域先形成新相的成分和结构，称为核胚。若核胚的尺寸超过某一临界值，便能够稳定存在并自发长大，称为新相的晶核。

若晶核在母相中是以无择优、均匀分布的方式生成，称为均匀形核；若晶核在母相中在某些区域择优地不均匀分布则称为非均匀形核。固态相变中的均匀形核是形核理论的基础，但实际金属中更多的情况是非均匀形核。

1.3.1 均匀形核

固态相变的驱动力与固/液相变类似，都是新/旧相之间的自由能差（$-\Delta G_V$），阻力则除有界面能（ΔG_S）之外，固态相变的阻力还有应变能（ΔG_E）。这样，固态相变时系统自由能的总变化（ΔG）为

$$\Delta G=-\Delta G_V+\Delta G_S+\Delta G_E$$

或是

$$\Delta G=-\Delta g_V V+\sigma S+EV \tag{1.1}$$

式中 V——新相体积；

Δg_V——单位体积新相/母相的自由能差；

σ——比界面能（表面张力），单位面积新/母相界面能；

E——单位体积新相的应变能。

由式(1.1) 可见，只有当$|\Delta g_V V|<\sigma S+EV$时，才能使形核过程称为自发形核。

若假设晶核是球形（半径为 r），且其界面各向同性，可以得到

$$\Delta G=-\frac{3}{4}\pi r^3(\Delta g_V-E)+4\pi r^2\sigma \tag{1.2}$$

式(1.2) 的示意图见图 1.9。

从图 1.9 中可以看出，随晶核半径 r 的增加，系统自由能 ΔG 有一极大值（ΔG^*）存在，只有当核胚的半径大于对应的 r^* 时，体系自由能才会随晶核的长大而降低，即自发长大。r^* 被称为临界半径；ΔG^* 被称为临界形核功。

在式(1.2) 中令 $d(\Delta G)/\mathrm{d}r=0$（图 1.9 中 ΔG 的极大值点），可以得到临界晶核半径

$$r^*=\frac{2\sigma}{\Delta g_V-E} \tag{1.3}$$

此时

$$\Delta G^*=\frac{16\pi r^2}{3(\Delta g_V-E)} \tag{1.4}$$

固态相变形核与固/液相变类似，他们的自发趋势都随着过冷度增加而加强；不同之处在于固态相变存在应变能，只有当 $\Delta G_V>\Delta G_E$ 时，相变才能发生。这就意味着固态相变的过冷度（过热度）必须大于一定值时才能发生，这是其与固/液相变的根本区别。

固态相变的临界形核率（$\dot{N}$）可以表示为

$$\dot{N}=N\nu\exp\left(-\frac{Q}{RT}\right)\exp\left(-\frac{\Delta G^*}{kT}\right) \tag{1.5}$$

式中 N——单位体积母相中的原子数；

ν——原子震动频率；

Q——原子扩散激活能；

k——玻耳兹曼常数；

T——相变温度，K。

图 1.10 为式(1.5) 的示意图，从图中可以看出，固态相变均匀形核的形核率，随温度下降先增加后降低，并在某一温度有极大值。

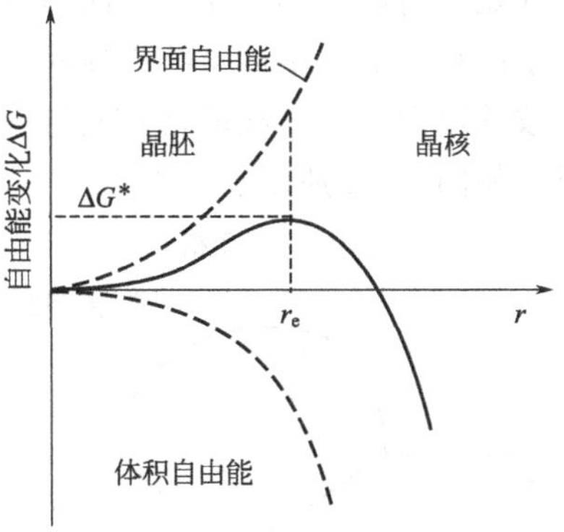

图 1.9　均匀形核时 ΔG 随 r 的变化

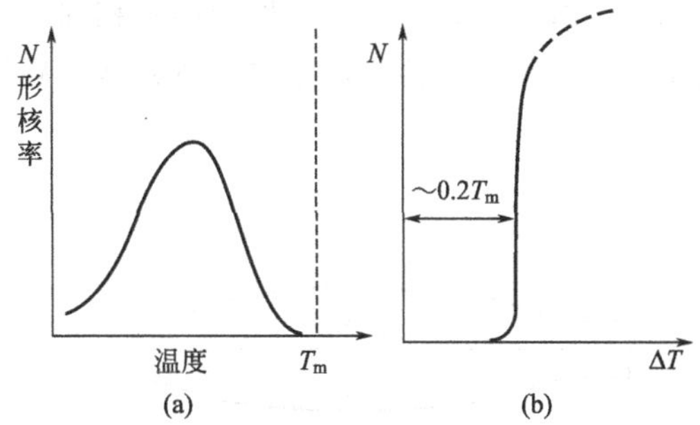

图 1.10　形核率与温度 T 的关系

1.3.2　非均匀形核

与固/液相变一样，由于均匀形核难于实现，固态相变中的形核以非均匀形核为主。各种缺陷如空位、位错、晶界、层错、夹杂物和自由能表面等都可以成为优先的形核位置，晶体缺陷造成的能量升高可使晶核形成能降低，因此比均匀形核要容易得多。

非均匀形核系统自由能

$$\Delta G = -\Delta G_V + \Delta G_S + \Delta G_E - \Delta G_d \quad (1.6)$$

式中　$-\Delta G_d$——非均匀形核时由于晶体缺陷消失而释放出的能量。

(1) 空位形核

空位一方面促进溶质原子扩散，另一方面空位可以利用本身的能量提供形核驱动力，此外空位群聚集成位错以促进形核。

例如，铝铜合金固溶处理后快冷，得到过饱合的 α 固溶体。在随后的实效过程中，发现晶界附近并无沉淀相，而是都在晶内。这是因为高温快冷可得到的大量过饱合空位，在随后的重新升温过程中，距晶界近的空位会消失在晶界中；距晶界远的空位则成为沉淀相优先成核的位置。

(2) 位错形核

位错促进形核的机制有：

① 位错释放点阵畸变能，提供给新相成核所用；

② 位错上的元素偏聚可促进晶核形核；

③ 位错是元素高速扩散通道，有利于新相的形核与长大；

④ 位错可以降低新相形成时的应变能，促进形核；

⑤ 位错可以分解为两个不全位错及其相夹的层错，有利于某些新相的成形核。

新相在位错处优先形核有三种形式。第一种是新相在位错线上形核，新相形成处位错消失，释放的弹性应变能量使形核功降低而促进形核。第二种形式是位错不消失，而是依附在新相界面上，成为半共格界面上的位错部分，补偿了失配，因而降低了能量，使生成晶核时所消耗减少而促进形核。第三种形式为当新相与母相成分不同时，由于熔质原子在位错线上偏聚（形成气团），有利于新相沉淀析出，也对形核起促进作用。晶核沿位错线形成示意见图 1.11。

(3) 晶界形核

晶界具有较高的界面能，可以释放出来作为形核的驱动力降低形核功，因此晶界处是形核的重要位置。晶界形核时，新相往往与母相的某一个晶粒形成共格或半共格界面，以降低界面能，减少形核功。由于母相中各相邻晶粒并无一致的取向关系，故晶格只能与一个保持共格；另一个为非共格，形成一侧共格一侧呈球冠形，如图 1.12 所示。

图 1.11 沿位错线形成晶核示意图

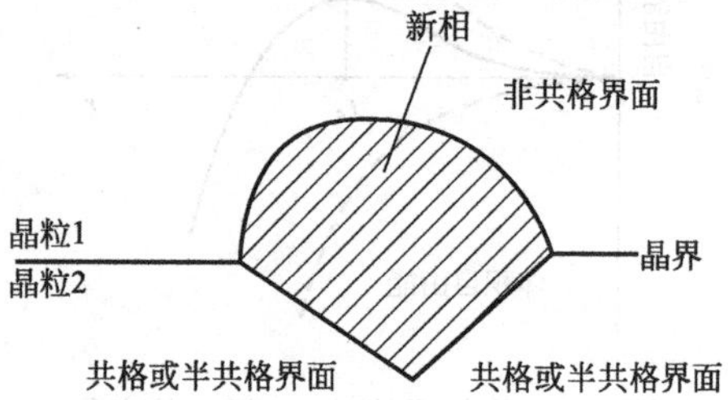

图 1.12 晶界形核时一侧共格示意

1.4 固态相变中晶核的长大

1.4.1 新相长大机理

新相形核之后，就开始了晶核长大过程。不同类型的固态相变，其晶核长大机理也不同。

共析转变、脱溶转变、贝氏体转变等新、母相的成分不同，新相晶核长大依赖于溶质原子在母相中作长程扩散；而同素异构转变，块状转变和马氏体转变等新、母相成分相同，界面附近的原子只需要作短程扩散，或无需扩散即可实现晶核长大。

大多数固态相变中界面处原子的移动没有一定的顺序，相邻关系也不协调，称为非协调性长大。有些固态相变，界面旁边旧相中的原子通过有规律的运动改变相对位置，相变前后原子间的相邻关系不变，称为协同型长大，如马氏体相变。协同型长大常以均匀切变方式进行，表面形成浮凸，见图 1.13。

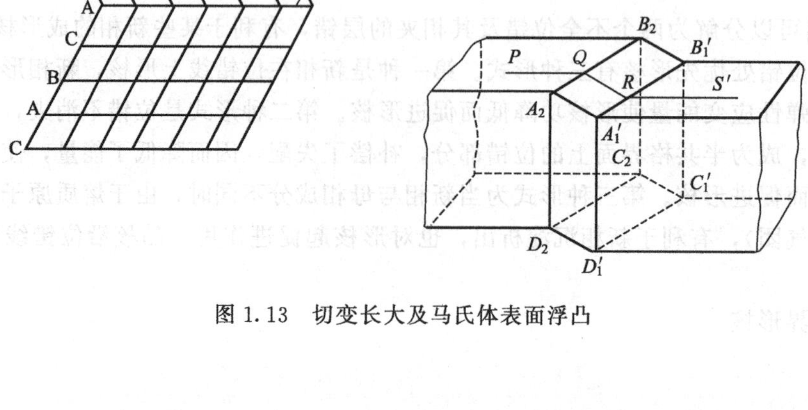

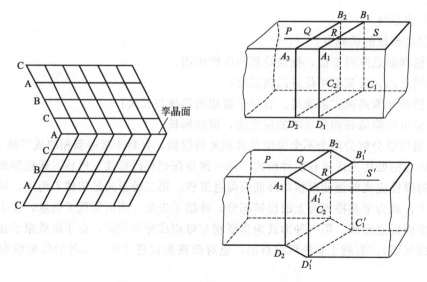

图 1.13 切变长大及马氏体表面浮凸

(1) 半共格界面的迁移

① 马氏体类型的切变长大　马氏体转变时晶核长大时通过界面上母相一侧的原子以切变方式，沿某一方向作小于一个原子间距的运动来完成的，又称为无扩散型相变。

② 相界面位错滑动与台阶长大　除上述切变机理外，半共格界面可以通过位错滑动来实现晶核长大。

图 1.14 是阶梯界面与晶核台阶长大示意图。若位错呈阶梯界面时，位错的滑移运动可使阶梯状发生侧向迁移，从而造成界面沿其法线前进，这种晶核长大也称为台阶长大。

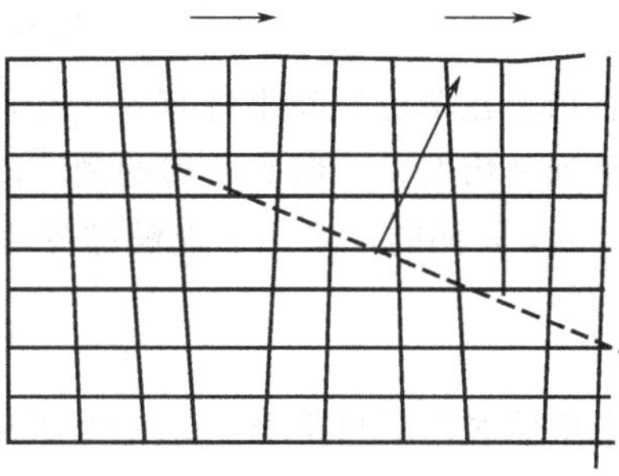

图 1.14　阶梯界面与晶核台阶长大示意

(2) 非共格界面的迁移

在多数情况下，新相及晶核与母相呈非共格界面，界面处原子杂乱无章，原子以非协同形式转变使新相长大，称为非协同型长大。图 1.15 是非共格晶界长大示意图。

应该指出，有些相变（如钢中贝氏体相变）同时具有扩散和非扩散特征，其界面迁移既符合半共格界面迁移机理，又具有扩散行为。

1.4.2　新相长大速度

金属中的固态相变可分为：①成分不变协同型；②成分不变非协同型；③成分改变协同型；④成分改变非协同型转变。其中，成分不变协同型转变晶核长大速度一般都是很快的。成分不变非协同型转变取决于界面过程。成分改变协同型转变取决于熔质元素扩散过程（传质速度）；而成分改变非协同型转变则同时取决于界面过程和传质速度。

非扩散型相变一般长大速度很快，下面仅分析扩散型相变中新相长大时无成分变化和有成分变化两种情况。

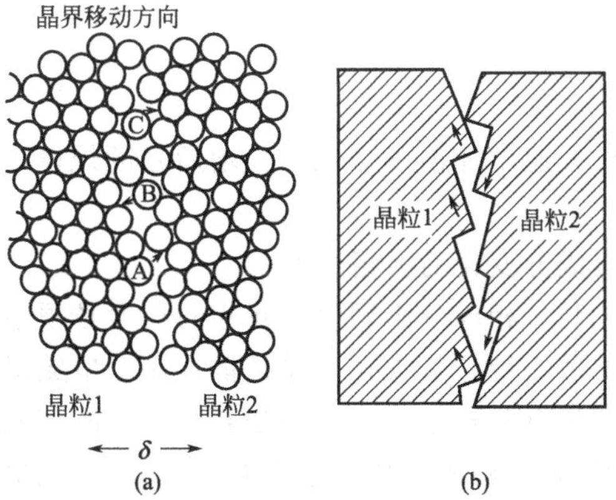

图 1.15　非共格晶界长大示意

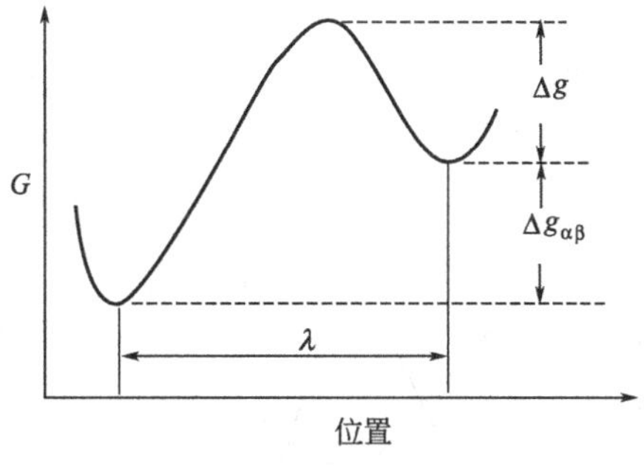

图 1.16　原子越过 α 和 β 相界面时的自由能

(1) 无成分变化的新相长大

设母相为 β，新相为 α，两者成分相同。当母相中的原子通过短程扩散越过相界面进入新相中时便导致相界面向母相中迁移，使新相逐渐长大。显然，其长大速度受界面扩散（短程扩散）所控制。

图 1.16 表示原子在 α 相和 β 相中的自由能水平。可见，β 相的一个原子越过相界跳到 α

相所需的激活能为 Δg；振动原子中能够具有这一激活能的概率应为 $\exp\left(-\frac{\Delta g}{kT}\right)$。若原子振动频率为 υ_0，则 β 相的原子能够越界跳到 α 相上的频率 $\upsilon_{\beta\to\alpha}$ 为

$$\upsilon_{\beta\to\alpha}=\upsilon_0\exp\left(-\frac{\Delta g}{kT}\right)$$

这意味着在单位时间里将有 $\upsilon_{\beta\to\alpha}$ 个原子从 β 相跳到 α 相上去。同理，α 相中的原子也可能越界跳到 β 相上去，但其所需的激活能应为 $\Delta g+\Delta g_{\alpha\beta}$，其中 $\Delta g_{\alpha\beta}$ 为 β 相与 α 相间的自由能差。因此，α 相的一个原子能够越界跳到 β 相上去的概率 $\upsilon_{\alpha\to\beta}$ 应为

$$\upsilon_{\beta\to\alpha}=\upsilon_0\exp\left(-\frac{\Delta g+\Delta g_{\alpha\beta}}{kT}\right)$$

亦即单位时间里可能有 $\upsilon_{\alpha\to\beta}$ 个原子从 α 相跳到 β 相上去。这样，原子从 β 相跳到 α 相的净频率为 $\upsilon=\upsilon_{\beta\to\alpha}-\upsilon_{\alpha\to\beta}$。若原子跳一次的距离为 λ，每当相界上有一层原子从 β 相跳到 α 相上后，α 相便增厚 λ，则 α 相的长大速度为

$$\boldsymbol{u}=\lambda\upsilon=\lambda\upsilon_0\exp\left(-\frac{\Delta g}{kT}\right)\left[1-\exp\left(-\frac{\Delta g_{\alpha\beta}}{kT}\right)\right] \tag{1.7}$$

若相变时过冷度很小，则 $\Delta g_{\alpha\beta}\to 0$。根据近似计算，$e^x\approx 1+x$（当 $|x|$ 很小时），故

$$\exp\left(-\frac{\Delta g_{\alpha\beta}}{kT}\right)\approx 1-\frac{\Delta g_{\alpha\beta}}{kT} \tag{1.8}$$

将式(1.8) 代入式(1.7)，则

$$\boldsymbol{u}=\frac{\lambda\upsilon_0}{k}\left(\frac{\Delta g_{\alpha\beta}}{k}\right)\exp\left(-\frac{\Delta g}{kT}\right) \tag{1.9}$$

由式(1.9) 可知，当过冷度很小时，新相长大速度与新、母相间自由能差（即相变驱动力）成正比。但实际上相间自由能差是过冷度或温度的函数，故新相长大速度随温度降低而增大。

当过冷度很大时，$\Delta g_{\alpha\beta}\gg kT$，使 $\exp\left(-\frac{\Delta g_{\alpha\beta}}{kT}\right)\to 0$，则式(1.7) 可简化为

$$\boldsymbol{u}=\lambda\upsilon_0\exp\left(-\frac{\Delta g}{kT}\right) \tag{1.10}$$

由式(1.10) 可知，当过冷度很大时，新相长大速度随温度降低呈先增后减的规律，见图 1.17。

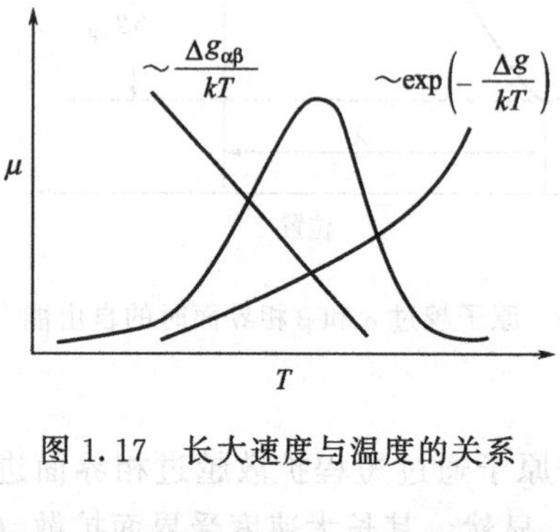

图 1.17 长大速度与温度的关系

（2）有成分变化的新相长大

当新相与母相成分不同时，新相的长大必须通过溶质原子扩散实现，长大速度受扩散控制。生成新相时的成分变化有两种情况：一种是新相 α 中的溶质原子的浓度 C_α 低于母相 β 中的浓度 C_∞；另一种则恰恰相反，前者高于后者，如图 1.18 所示。设相界面上处于平衡的新相和母相的成分分别是 C_α 和 C_β。由于 C_α 小于或大于 C_∞，故在界面附近的母相 β 中存在一定的浓度梯度。在这一浓度梯度的推动下，将引起溶质原子在母相内扩散，以降低浓度差，结果便破坏了相界上的浓度平衡（C_α 和 C_β）。为了恢复相界上的浓度平衡，就必须通过相间扩散，使新相长大。新相长大过程需要溶质原子由

相界扩散到母相一侧远离相界的地区［图 1.18(a)］，或者由母相一侧远离相界的地区扩散到相界处［图 1.18(b)］。

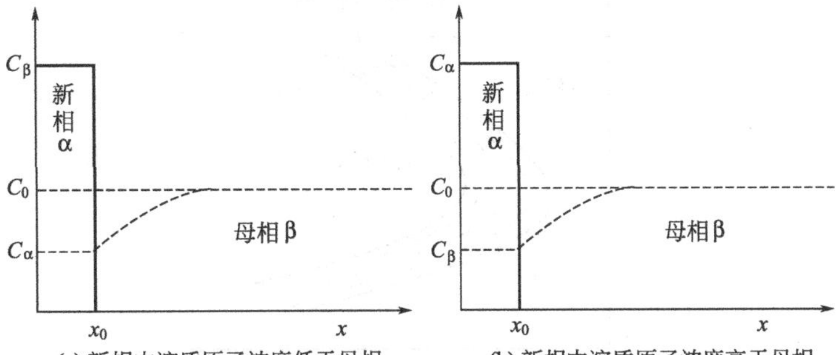

(a) 新相中溶质原子浓度低于母相　(b) 新相中溶质原子浓度高于母相

图 1.18　新相生长过程中溶质原子的浓度分布

在这种情况下，相界的迁移速度即新相的长大速度将由溶质原子的扩散速度所控制。设在 $\mathrm{d}t$ 时间内相界向 β 相一侧推移 $\mathrm{d}x$ 距离，则新增的 α 相单位面积界面所需的溶质量为 $|C_\beta - C_\alpha|\mathrm{d}x$。这部分溶质是依靠溶质原子在 β 相中的扩散提供的。设溶质原子在 α 相中的扩散系数为 D，并假定其不随位置、时间和浓度而变化；又界面附近 β 相中的浓度梯度为 $\left(\frac{\partial C_\beta}{\partial C_\alpha}\right)_{x_0}$。由 Fick 第一定律可知，扩散通量为 $D\left(\frac{\partial C_\beta}{\partial x}\right)_{x_0}\mathrm{d}t$，故有

$$|C_\beta - C_\alpha|\mathrm{d}x = D\left(\frac{\partial C_\beta}{\partial x}\right)_{x_0}\mathrm{d}t$$

$$\text{则 } \boldsymbol{u} = \frac{\mathrm{d}x}{\mathrm{d}t} = \frac{D}{|C_\beta - C_\alpha|}\left(\frac{\partial C_\alpha}{\partial x}\right)_{x_0} \tag{1.11}$$

这表明新相的长大速度与扩散系数和界面附近母相中浓度梯度成正比，而与两相在接面上的平衡浓度之差成反比。

1.5　固态相变动力学

固态相变中的相转变速度一般以从相变开始后经过某些时间后相转变量占原有母相的体积百分比来表示。

固态相变中，形核率和晶核长大速度都是相转变温度的函数，而相变速度又是形核率和晶核长大速度的函数。这样，固态相变相转变的速度必然与温度有关，但目前并没有精确表示各类固态相变速度与温度关系的数学表达式，只有各种近似表达式。

例如，对于扩散型固态相变，若形核率和长大速度都随时间而变化，在一定温度下的等温转变动力学可用 Avrami 方程描述

$$F_\mathrm{V} = 1 - \exp(1 - bt^\eta) \tag{1.12}$$

式中　F_V——相转变量（体积百分比）；

b——常数；

t——时间；

η——若形核率随时间而减少，取 $3 \leqslant \eta \leqslant 4$，反之取 $\eta > 4$。

在实际生产中，一般采取某些方法测出相变在各个温度下从转变开始，转变各不同量，直至转变终了的所需时间，做出“温度-时间-转变量”曲线以供使用。此类曲线统称为等温

转变曲线，缩写为 TTT(Temperature-Time-Transformation) 曲线，见图 1.19。

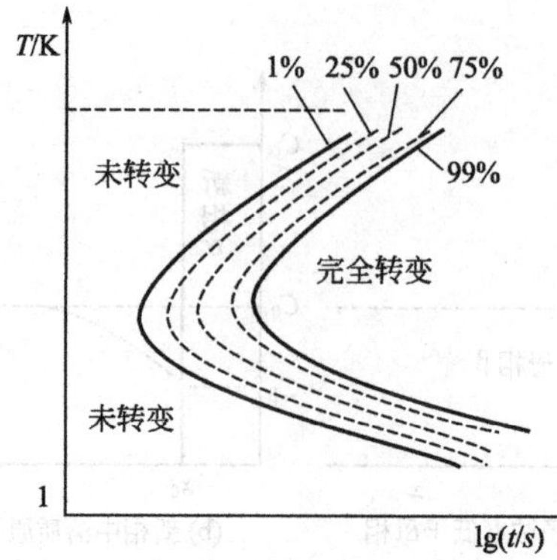

图 1.19 扩散型相变的等温转变

可见，固态相变开始前需要有一段孕育期，且随温度变化，孕育期有一最小值。另外当温度很低时，扩散型相变可能被抑制，转化为无扩散型相变。

复习思考题

1. 结合 $Fe\text{-}Fe_3C$ 相图，指出钢中可能有哪些平衡（非平衡）相转变？
2. 举例说明固态相变与固-液相变有何相同点和不同点。
3. 指出固态相变中各种优先形核的位置并说明原理。
4. 为何新相形成时往往呈薄片状或针状？
5. 指出晶核长大速率与相转变速率的区别和联系。
6. 等温转变曲线由于何种原因呈现 C 形状？

第2章 钢的奥氏体加热转变

钢的热处理的种类很多，包括正火、退火、淬火、回火、化学热处理、表面淬火，形变热处理等多种。从生产工艺角度又可分为预备热处理和最终热处理。

钢的热处理由加热、保温、冷却三个阶段所组成。

钢中的热处理，除回火、去应力退火等少数热处理工艺外，加热时都需要升温到临界点以上，使钢的组织部分或全部转变为奥氏体。奥氏体以其特有的晶体结构，可使钢中的合金元素固溶入其内，且可均匀化钢组织，为后续的冷却及其它热处理步骤提供基础。

奥氏体晶粒大小、形状、取向关系、均匀性等均可影响钢在随后的冷却过程中的转变产物和性能。因此，研究钢的奥氏体加热转变，具有重要的理论和实际意义。

钢的冷却转变过程，包括珠光体转变、马氏体转变等，再加上钢的回火转变，可使得钢中形成珠光体、索氏体、屈氏体、上下贝氏体、多种马氏体、多种回火组织等种类繁多的钢中显微组织，共同构成了如此多种的钢，成为金属中用途最为广泛的材料。

2.1 奥氏体的组织结构与性能

2.1.1 奥氏体的结构

奥氏体是碳溶于 γ-Fe 中所形成的固溶体。X 射线结构分析证明，碳原子位于 γ-Fe 的八面体间隙中心，即面心立方点阵晶胞的中心和棱边中心位置，见图 2.1。

值得指出的是，由于碳原子溶于八面体间隙将引起该八面体膨胀而使周围的八面体中心，间隙减小，因此并不是每个八面体间隙都能容纳一个碳原子。

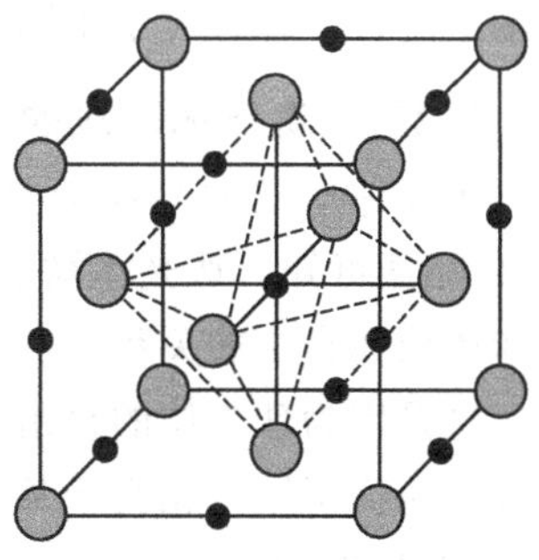

图 2.1 碳原子在 γ-Fe 中的可能的间隙位置

2.1.2 奥氏体的显微组织

钢中的奥氏体一般为颗粒，加热转变奥氏体刚刚结束时晶粒比较细小，晶粒边界呈不规则弧形；经过一段时间保温后，奥氏体晶粒边界平直化，晶粒呈等轴多边形状。含碳量低，非平衡态的钢以适当速度加热时（α+γ）两相区时，也可以得到针状奥氏体，分别如图2.2～图 2.4 所示。

2.1.3 奥氏体的性能

钢中奥氏体最多可以固溶 2.11%（质量百分比）碳元素。大大超过铁素体中碳元素的最大溶解度（0.0218%）。

碳在铁素体中的扩散系数比奥氏体中大，但由于碳在铁素体中的溶解度太小，渗碳工艺一般在高温奥氏体状态下进行。

奥氏体的面心立方体结构使其具有高的塑性和低的屈服强度，在相变过程中容易发生塑性变形产生大量位错或孪晶，造成相变硬化。

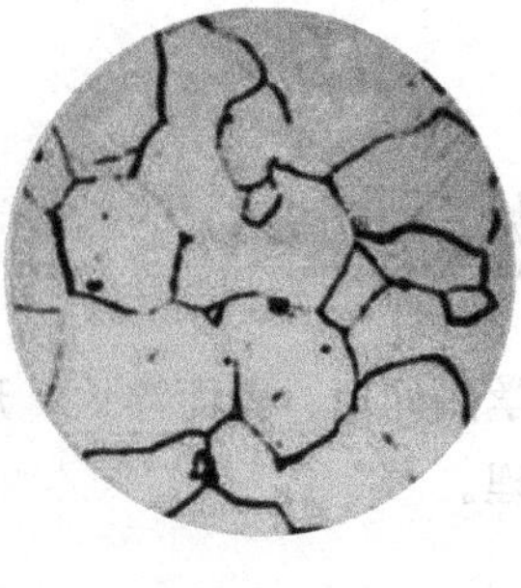

图 2.2 弧形晶界奥氏体

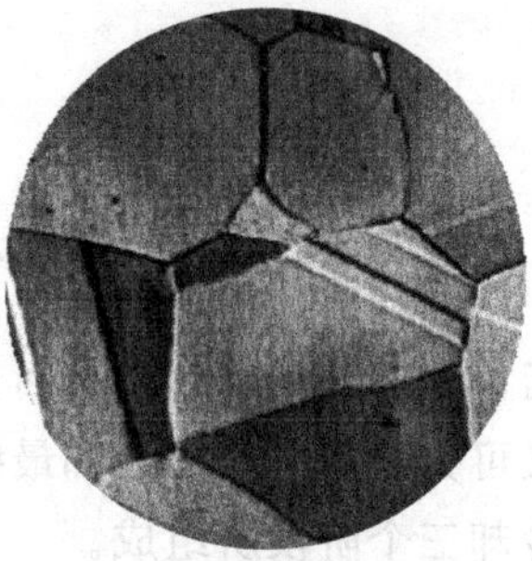

图 2.3 平直晶界奥氏体

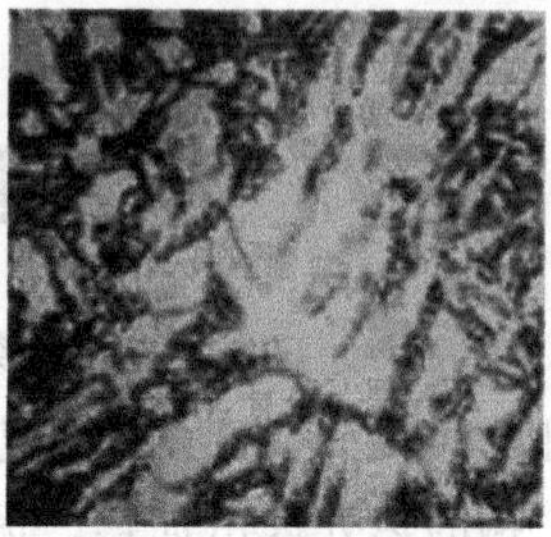

图 2.4 针状奥氏体

奥氏体的比容在钢的各种组织中最小，当奥氏体转变为其它组织时会产生体积膨胀，引起残余内应力等。

在含碳量为 0.8% 的钢中，奥氏体、铁素体和马氏体的比容分别为 1.2399×10^{-4}、1.2708×10^{-4} 和 1.2915×10^{-4}，三者的线膨胀系数分别为 $23.0\times10^{-6}K^{-1}$、$14.5\times10^{-6}K^{-1}$、$11.5\times10^{-6}K^{-1}$。奥氏体的线性膨胀系数也比钢中的其它组织要大，导热性也较差。

奥氏体具有顺磁性，而马氏体和铁素体则具有铁磁性，可以利用磁性法研究相变过程。

铁碳合金中，奥氏体只有在 A_1 温度以上才能稳定存在。但如果加入足够量扩大 γ 相区的元素，如锰、镍、钴等，可以使其奥氏体在室温下存在。在奥氏体状态下使用的钢称为奥氏体钢。

奥氏体钢可用作高温用钢、无磁性钢、制作热膨胀灵敏的导热仪表元件不锈钢等。

2.2 奥氏体的形成机理

奥氏体的形成遵从固态相变规律，并有其形成条件。奥氏体形成包括形核和核长大的两个基本过程，并且对于不同的原始组织，表现出不同的特点。

2.2.1 奥氏体形成的驱动力

奥氏体形成的驱动力是二者自由能之差，转变是通过扩散过程进行的。从图 2.5Fe-Fe_3C 相图可知，珠光体被加热到共析温度（727℃）以上时将转变为奥氏体。图 2.6 是珠光体和奥氏体自由能关系。

这是因为珠光体的自由能（G_P）和奥氏体的自由能（G_γ）都随温度的升高而降低，但下降的速度不同，相交于某一温度。此温度即为共析温度（727℃），在此温度以上，$G_\gamma<G_P$，二者的差值（$\Delta G=G_\gamma-G_P<0$）就是奥氏体形成转变的驱动力；$G_\gamma=G_P$ 的温度就是临界点 A_1。

根据 Fe-Fe_3C 相图，在极缓慢加热时珠光体向奥氏体转变是在 *PSK* 线（A_1）温度开始的，而先共析铁素体和先共析渗碳体向奥氏体转变则始于 A_1，分别结束于 A_3(*GS*) 线、A_{cm}(*ES*) 线。

当加热速度提高时，上述转变实际上是在加热的情况下发生的，实际转变温度分别高于 A_1、A_3、A_{cm}。并且过热度与加热速度有关，加热速度越快，过热度越大；反之，冷却时亦有类似情况。图 2.7 是加热速度和冷却速度均为 0.125℃/min 时相变点的移动情况，其中加热时脚注为“c”；冷却时脚注为“r”。

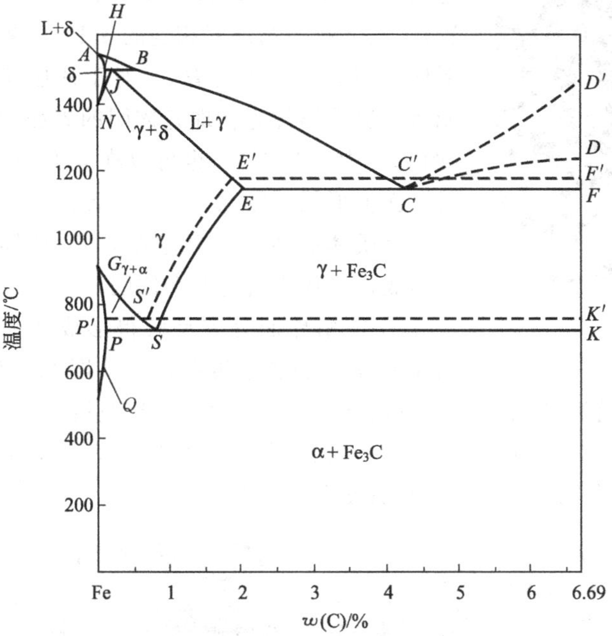

图 2.5　Fe-Fe_3C

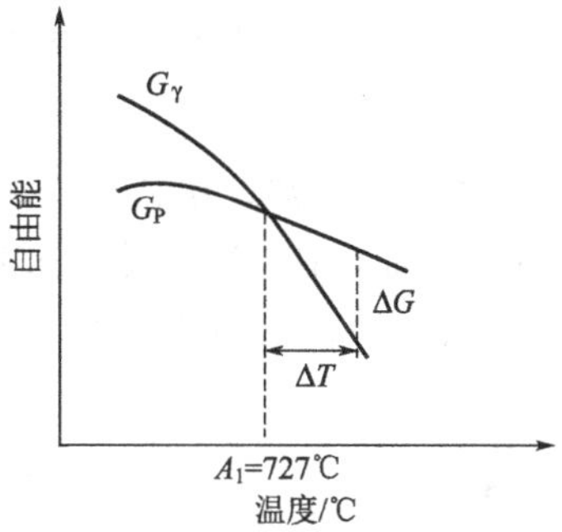

图 2.6　珠光体和奥氏体自由能关系

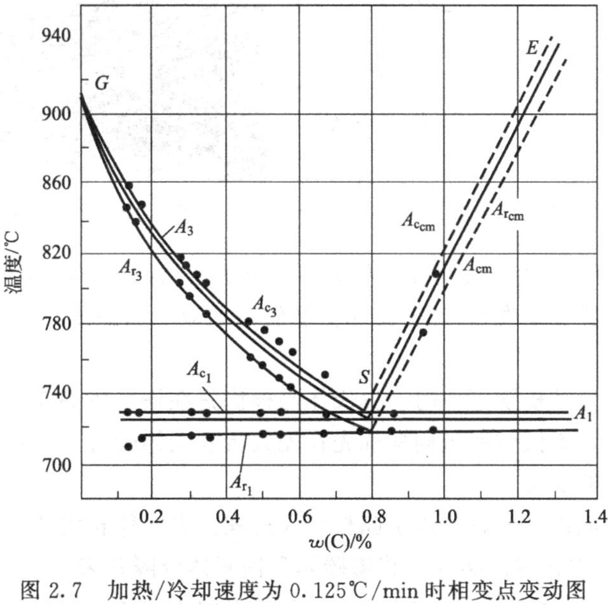

图 2.7　加热/冷却速度为 0.125℃/min 时相变点变动图

2.2.2　珠光体类组织——奥氏体转变

(1) 奥氏体晶粒的形核

珠光体类的组织有两种，一种是片层 α/Fe_3C 结构，例如共析钢平衡态珠光体组织；另一种是球状渗碳体和铁素体的混合物，即球化体。对于这两种不同的原始组织，奥氏体优先形核的位置是不一样的。图 2.8 为 T10 钢球化体组织；图 2.9 为奥氏体形核位置；图 2.10 为钢中片层状珠光体组织。

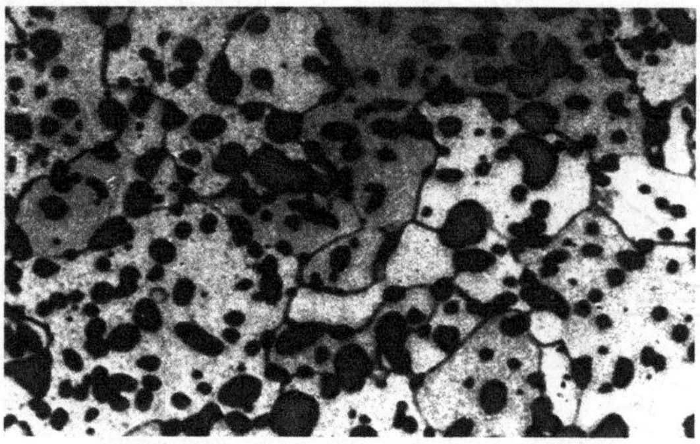

图 2.8　T10 钢球化体

对于球化体，奥氏体优先在与晶界相连的 α/Fe_3C 界面形核（图 2.9 中 2，3 位置），次之在不与晶界相连的 α/Fe_3C 界面形核（图 2.9 中 1 位置）。对于片层状珠光体，奥氏体优先在珠光体团的界面形核（图 2.9 中 2 位置），也可以在 α/Fe_3C 片层界面上形核（图 2.9 中 1 位置）。

奥氏体晶核一般只有在 α/Fe_3C 界面上形成，具体来说有两个原因。

① 在相界面处容易获得形成奥氏体晶粒所需要的碳浓度起伏。从图 2.5 Fe-Fe_3C 相图上可知，在 A_1 线以上，随着温度的提高，奥氏体可以在更宽的碳含量范围稳定存在（例如，在 727℃时为 0.77%；在 738℃时为 0.68%～0.79%；在 780℃时为 0.41%～0.89%；在 820℃时为 0.23%～0.99%等）。这使得奥氏体更易于形核。

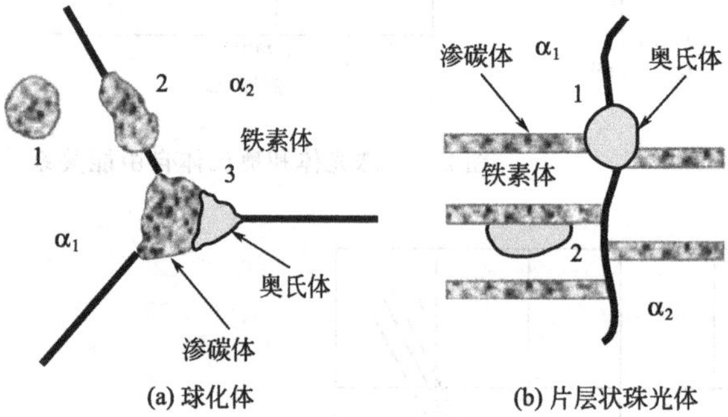

图 2.9　奥氏体形核位置

图 2.10　钢中片层状珠光体组织

② 能量方面，相界面处形核可使形核时界面能的增加减少（因为在新的相界面形成时，同时会有原有的部分界面消失）；还会使应变能的增加减少（原子排列混乱的相界面位置新相产生的应变能小）。

亚共析钢中存在先共析铁素体时，奥氏体晶核优先在铁素体晶粒边界形成；过共析钢中存在先共析渗碳体时，奥氏体晶核同样优先在先共析渗碳体旁边界面处形核。

（2）奥氏体晶核的长大

当奥氏体晶核形成以后，就进入了晶核长大过程。奥氏体长大的一般步骤如下。

① 奥氏体晶核首先包围渗碳体，将渗碳体和铁素体分隔开来。

② 通过 γ/α 界面铁素体一侧；通过 γ/Fe_3C 界面向渗碳体一侧推移，使得铁素体和渗碳体逐渐消失。

以共析钢为例，珠光体中的铁素体首先转化完毕，此时在奥氏体晶粒内部，还会有残余渗碳体溶解及随后奥氏体内部碳元素均匀化的过程，见图 2.11。

在奥氏体晶核形成并且包围分割铁素体和渗碳体之后，奥氏体晶核生长所需要获得的碳元素，只能通过碳原子在奥氏体中的扩散过程来实现。此时，碳原子由奥氏体晶核中靠近渗碳体的一侧扩散迁移到靠近铁素体的一侧。

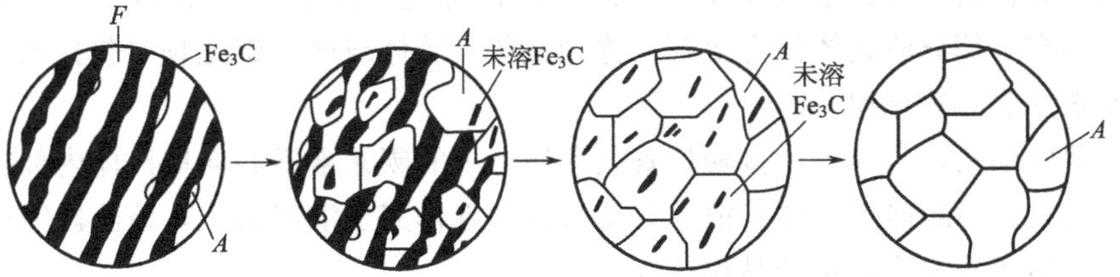

(a) 奥氏体形核　(b) 奥氏体长大　(c) 剩余Fe_3C溶解　(d) 奥氏体均匀化

图 2.11　共析钢形成奥氏体示意

图 2.12 是奥氏体在珠光体（及球化体）中沿垂直于片层方向长大时碳原子扩散示意图，图中 $w(C_{\gamma/Fe_3C})$（表示在 γ 相内，靠近 γ/Fe_3C 界面处的碳含量，下同）和 $w(C_{\gamma/\alpha})$ 分别为在略有过热的 T_1 温度时，奥氏体中与渗碳体和铁素体平衡位置的含碳量。

假定各项在相界面处达到了平衡，可以看出，正是由于奥氏体于渗碳体和铁素体之间的平衡浓度差，提供了必要的驱动力，使碳原子不断从 γ/Fe_3C 界面向 γ/α 界面扩散。为了维持相界面处碳浓度的平衡，又必须要消耗一部分渗碳体和铁素体，从而使界面不断迁移，引起奥氏体晶粒不断长大。

另一种情况，奥氏体沿平行于珠光体片层方向长大时碳原子扩散示意如图 2.13 所示，当奥氏体晶核在珠光体中沿平行于片层方向长大时，碳原子的扩散途径可能在奥氏体中进行（①途径）；也可以沿 γ/α 相界面进行（②途径）。由于沿相界面扩散时浓度差与①相同而扩散路程较短，扩散系数大，从而②途径应为主要途径。

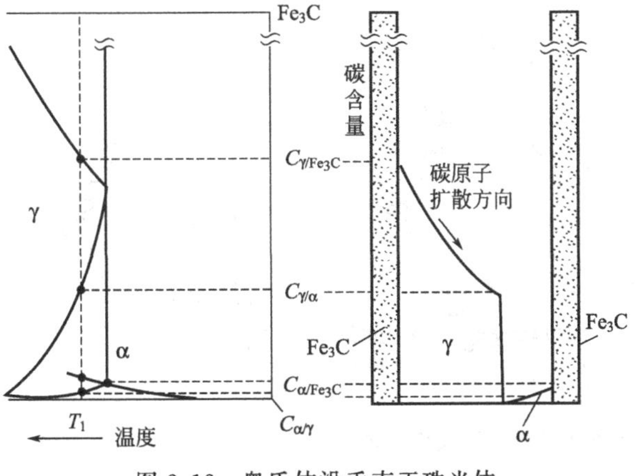

图 2.12　奥氏体沿垂直于珠光体片层方向长大时碳原子扩散示意

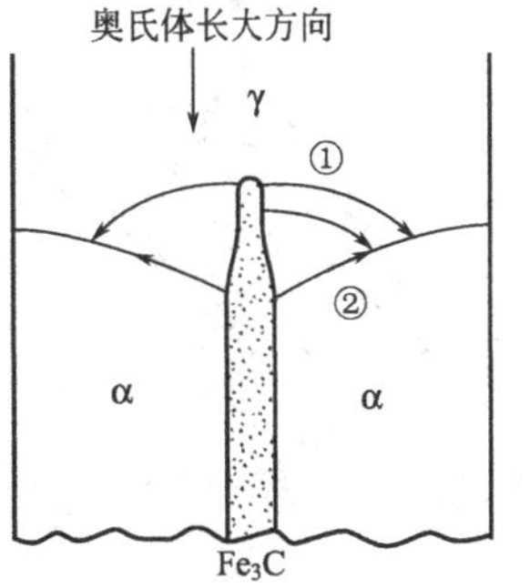

图 2.13　奥氏体沿平行于珠光体片层方向长大时碳原子扩散示意

因此，奥氏体沿平行于珠光体片层方向长的速度要大于垂直于片层方向长大的速度。一般情况下，由平衡组织加热转变所得的奥氏体晶粒，不论哪种位置形核，均长成等轴状（颗粒状晶核）。此外，奥氏体也有可能长成一侧颗粒状，另一侧羽毛状。当某些奥氏体在大角度晶界形成晶核时，可能会出现于一侧保持共格或半共格关系而与另一侧为非共格关系。此时，共格或半共格界面界面迁移时，为减少弹性应变能讲长成羽毛状，非共格一侧则长成颗粒状（或球冠状）。

(3) 残留渗碳体（或碳化物）溶解

奥氏体晶核长大是通过 γ/α 界面和 γ/Fe_3C 界面分别向铁素体和渗碳体方向迁移而实现

的。由于 γ/α 界面的迁移速度远超 γ/Fe_3C 界面的迁移速度，因此当铁素体已经完全转变为奥氏体后，仍有一部分渗碳体没有溶解，称为残留渗碳体或残留碳化物（包括钢中渗碳体和其它合金元素形成的碳化物）。

随着时间的延长，与渗碳体接触位置处奥氏体中的碳元素不断向奥氏体内部扩散；残留渗碳体的碳元素也不断向奥氏体扩散，直至残留渗碳体完全溶解为止，该阶段完成。

（4）奥氏体成分的均匀化和晶粒长大

渗碳体溶解终了时，奥氏体的成分仍然是不均匀的。原渗碳体位置处要高于原铁素体位置处的碳含量。通过碳元素的扩散，奥氏体内部各处碳含量逐渐均匀。

甚至在奥氏体晶核长大终了后，成分尚未均匀时，奥氏体晶粒长大现象就已发生，特点是大的晶粒合并相邻小的晶粒，使晶粒度发生粗化。本方面内容将在本章后面的小节进行介绍。

2.2.3 马氏体——奥氏体转变

（1）转变形式

在生产中，经常把显微组织为马氏体或其它非平衡组织加热到 A_{c_1} 或 A_{c_3} 以上进行奥氏体化。

图 2.14 为板条状马氏体形成奥氏体示意图。马氏体在 A_{c_1} 以上温度加热时，会同时形成针状（γ_A）和球状（γ_G）两种奥氏体。针状奥氏体在原马氏体板条之间形核；当马氏体板条间有碳化物存在时（回火马氏体），碳化物与基体交界处则更是奥氏体晶核形核的优先位置。

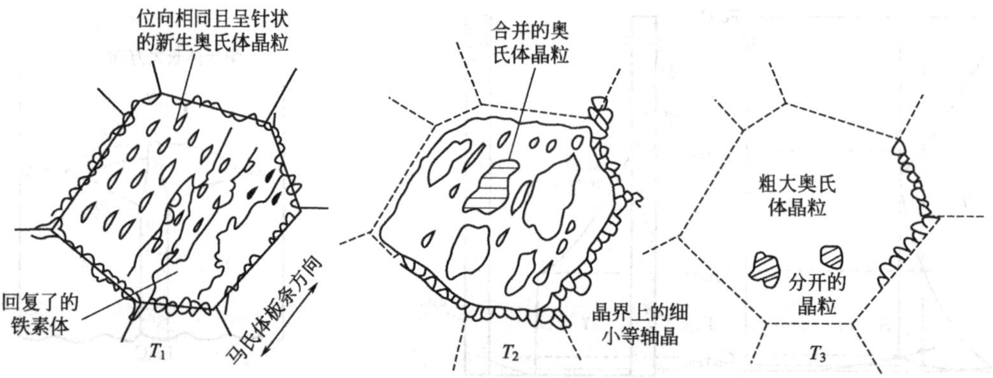

图 2.14　板条状马氏体形成奥氏体

球状奥氏体则是在马氏体板条束之间和原奥氏体（马氏体生成前的奥氏体）晶界上形核的。这一结论在低、中碳合金钢中具有一定的普遍性。

加热温度和加热速度对于马氏体中生成的奥氏体形态有很大影响。当在 A_{c_3} 附近及 A_{c_1} 以上加热时，几乎没有针状奥氏体生成；当加热速度较快（大于 100℃/s）或很慢（小于 50℃/min）时易于形成针状奥氏体；而加热速度适中（20℃/s）时，却不容易形成针状奥氏体。

（2）取向关系与遗传现象

马氏体加热到 A_{c_1} 以上时，形成球状（等轴状）奥氏体是其趋势，针状奥氏体只不过是在奥氏体化初期阶段的一种过渡型组织状态。在随后的保温中会继续变化。

① 通过再结晶机制转变为球状奥氏体；

② 通过一种合并长大机制转变为大晶粒奥氏体。

这种大晶粒奥氏体往往会与原奥氏体晶粒重合，产生所谓的“遗传现象”（指钢加热后得到的奥氏体晶粒恰好就是前一次奥氏体化时所得到的晶粒）。如果原奥氏体晶粒粗大，那么这种“遗传”将是有害的。

“遗传”合并长大的根本原因是针状奥氏体与原板条马氏体（α′）间保持着严格的晶体学取向关系

$$\{111\}_{\gamma}//\{011\}_{\alpha'};<011>_{\gamma}//<111>_{\alpha'}$$

这样，在同一板条束内形成的奥氏体具有完全相同的取向关系，这种取向关系又通过原始马氏体板条与原奥氏体联系着，并受原奥氏体晶界限制，因此此种合并机理往往会导致原奥氏体晶粒的恢复，即“遗传”。

2.2.4　奥氏体加热转变缺陷

（1）过热现象

钢在远高于 A_{c_3}（或 $A_{c_{cm}}$）温度长时间加热会导致奥氏体晶粒的粗大。粗大的奥氏体晶粒会导致钢的强韧性降低，脆性转变温度升高，增加淬火时的变形开裂倾向，使零件的力学性能下降。过热钢断口呈石板状，断口表面呈小丘状粗晶粒结构，晶粒无金属光泽，仿佛被熔化过。过热组织可经退火、正火或多次高温回火后，在正常情况下重新奥氏化使晶粒细化。

（2）过烧现象

进一步加热到高于过热的温度，在氧化气氛中会导致钢的过烧，在晶粒边界形成铁的氧化物。过烧钢断口呈石板状，是一种不可修复的缺陷。

2.3　奥氏体形成动力学

奥氏体形成动力学研究的奥氏体形成过程中，转变量与温度和时间的关系。

奥氏体既可以在等温条件下形成，也可以在连续加热条件下形成，本节中，我们将分别予以讨论。

2.3.1　奥氏体等温形成动力学

研究奥氏体等温形成动力学问题用得最多的是金相法。取一系列厚度约 1～2mm 的薄片金相样品，在盐浴中迅速加热至所需温度，保留一定时间后迅速取出淬火，经金相制样处理后，在室温下用显微镜观察。通过测定淬冷后的奥氏体转变为马氏体的体积量与时间的关系来反映奥氏体转变量与时间的关系。

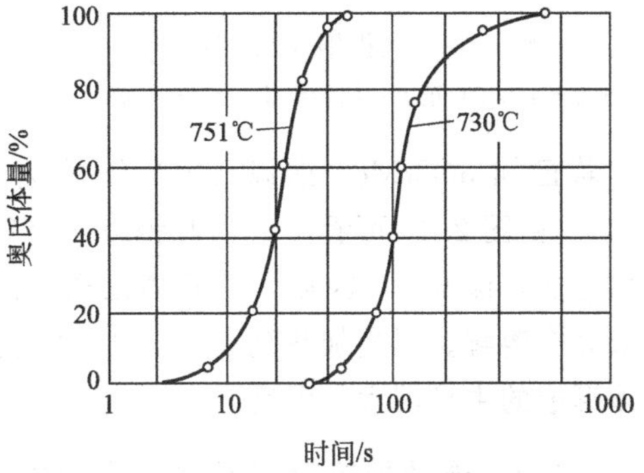

图 2.15　共析钢中奥氏体等温转变量与保温时间的关系

图 2.15 为共析钢在 730℃和 751℃奥氏体化时，奥氏体转变量与保温时间的关系。样品尺寸为 ϕ10mm×1mm，放入铅熔炉中 3s 后即可达到熔炉温度并被保温。这是由于以下原因。

① 奥氏体形成需要一定的孕育期，在孕

育期之内，临界晶核正在通过出现适当的能量起伏和浓度起伏而形成满足长大条件的尺寸。

② 奥氏体等温转变开始阶段，转变速度是逐渐增加的，并且在转变约为 50%时达到最快，之后又逐渐减慢。

这是因为在开始阶段，奥氏体晶核不断长大，同时不断有新的奥氏体晶核形成并长大，单位时间内形成的奥氏体量越来越多，速度是增加的。当转变量超过 50%后，未转变的珠光体越来越少，新形成的晶核数也会减少，且更多长大的奥氏体晶核彼此接触而停止生长，导致奥氏体形成速度减慢。

③ 温度越高，奥氏体的形成速度越快。这是因为温度越高，奥氏体临界晶核半径减少，形成所需浓度起伏也越少，且原子扩散速度更快。

奥氏体等温转化曲线又称等温的时间-温度-奥氏体化图，简称 TTA 图（Time-Temperotture-Austenition）。图 2.16 为共析钢 TTA 图，从左至右的 4 条曲线分别表示①奥氏体转变开始线（0.5%奥氏体转变量表示）；②奥氏体转变完成线（以 99.5%奥氏体转变量表示）；③碳化物完全溶解线；④奥氏体内碳浓度梯度消失线。

图 2.17 是 50CrMo4 钢（德国钢号，相当于我国 50CrMo 钢）的等温 TTA 图。图中 A_{c_2} 为居里温度；A_{c_c} 线为碳化物完全溶解线；A_{c_c} 线上较细的虚线以上区域为含碳量均匀的奥氏体。试样的原始状态为调质状态（850℃，20min，油冷+670℃，90min，空冷），原始组织为回火索氏体（细小碳化物颗粒分布在铁素体基体中）。

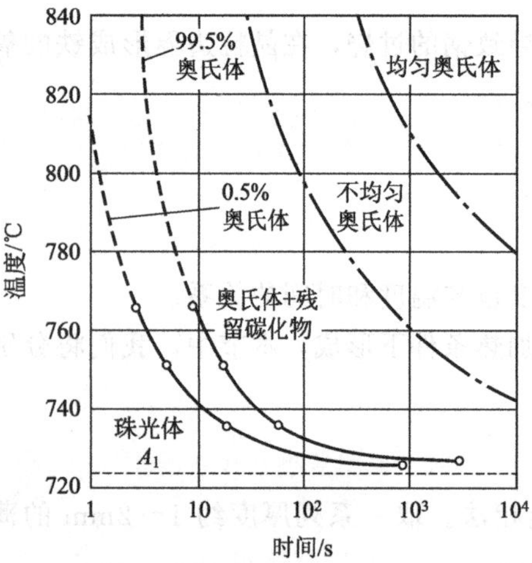

图 2.16 共析钢 TTA 图

（预处理：875℃正火；原始组织：细珠光体）

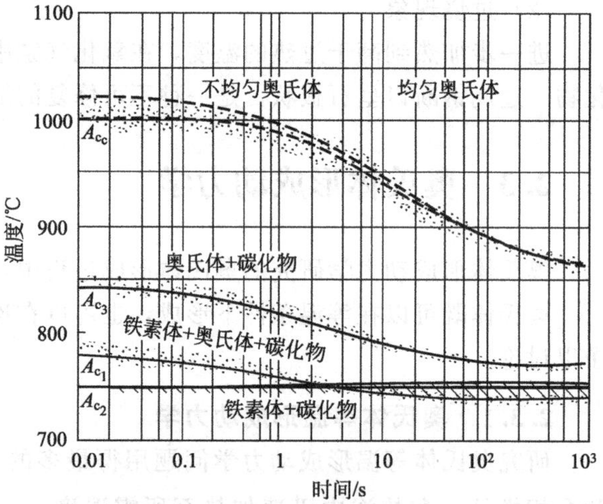

图 2.17 50CrMo4 钢的等温 TTA 图

若已知 50CrMo4 钢以 180℃/s 的速度加热时，其 A_{c_1} 和 A_{c_3} 温度分别约为 725℃和 760℃。由图 2.17 可看出，当此钢以 130℃/s 的速度加热到 800℃（约需 6.2s），奥氏体已开始形成，保温 3、4s 后，铁素体已全部消失，但是即使保温 10^3s（约 17min）后，碳化物仍未完全溶解。但当加热到 950℃时，保温 10s 后奥氏体内碳含量就可完全均匀。可见，奥氏体形成的主导因素是温度。

2.3.2 连续加热时奥氏体形成动力学

钢的 TTA 图也可以在连续加热条件下测定，由于实际生产中奥氏体基本上是在连续加热条件下形成的，这种 TTA 图比等温 TTA 图有更大的实用价值。近年来出现的激光热处理、电子束冲击或感应脉冲热处理等，都要求了解在快速加热条件下奥氏体形成的规律，因此连续加热时 TTA 图的测定，越来越显得十分必要。

图 2.18 为 50CrMo4 钢在连续加热的 TTA 图，试样的原始热处理状态与图 2.17 相同，所用的 10 个不同加热速度从 0.05℃/s 直到 2400℃/s。在每个加热速度下，分别用大约 10 块试样加热到不同温度后随即迅速淬冷，然后观察其显微组织，配合膨胀实验结果确定奥氏体形成的进程。使用本图时，首先应找到或作出所用的加热速度线，然后求此线与 A_{c_1}，A_{c_3}，A_{c_c} 线相交各点所对应的温度和时间。例如，当加热速度为 100℃/s 时，与 A_{c_1}，A_{c_3}，A_{c_c} 线相交的三个点的位置分别为：775℃，7.6s；840℃，8.2s；995℃，10s。

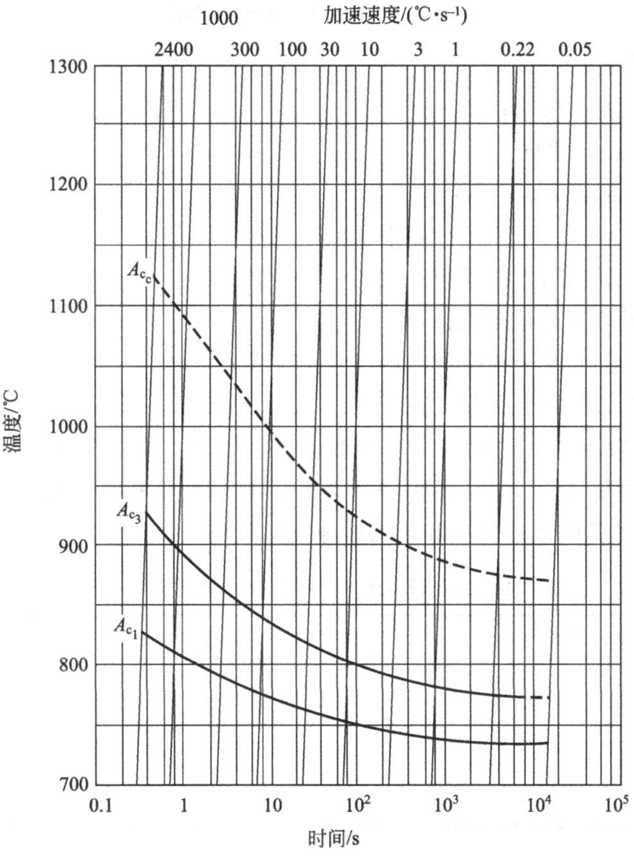

图 2.18　50CrMo4 钢连续加热时的 TTA 图

由图 2.18 可以看出，此钢分别以 1℃/s、10℃/s、100℃/s 的速度加热时，碳化物完全溶入奥氏体所需的时间分别为 16min、1.6min、10s，与此相对应的温度分别为 890℃、925℃、955℃。可见，在连续加热条件下，加热速度越大，碳化物完全溶入奥氏体所需的时间越短，完成这一转变所需达到的温度越高。

连续加热时奥氏体的形成也是由奥氏体的形核和长大，以及残留碳化物的溶解（包括奥氏体成分均匀化）三个阶段组成。至于在加热速度很高时奥氏体的形成机理，目前尚研究得不够，看法也不一致，这里不作详述。

2.3.3　奥氏体形成动力学的数学表达

（1）奥氏体的形核率

根据经典均匀形核理论，临界晶核通过原子碰撞再添加一个原子，就可以成为稳定的新相晶核。因此形核率 N（即单位时间在单位体积内形成的晶核数目）应正比于单位体积中临界晶核的数目 $N\exp\left(\frac{\Delta G^*}{kT_A}\right)$和单位时间内周期原子碰撞临界晶核的次数 β_K，β_K 与原子的扩散能力有关，即正比于 $\exp\left(-\frac{Q}{kT_A}\right)$。这样，形核率可表示为

$$N=C\exp\left(-\frac{\Delta G^*}{kT_A}\right)\exp\left(-\frac{Q}{kT_A}\right) \tag{2.1}$$

对于固态相变

$$\Delta G^*=\frac{4}{27}\eta^3\sigma^3(\Delta G_V+E_s) \tag{2.2}$$

式中 C——比例常数；

ΔG^*——临界晶核形核功；

k——Boltzmann 常数；

T_A——奥氏体形成温度，K；

Q——扩散激活能，即原子在新旧之间迁移的激活能；

η——与晶核形状和界面性质有关的一个常数；

σ——新母相间的比界面能；

ΔG_V——晶核中每个原子相变前后的体自由能差；

E_s——晶核中每个原子引起的应变能。

C 对 N 的影响较小，N 主要取决于指数因子。因此，当奥氏体在较高温度形成是，不仅 T_A 增大，而且由于 ΔG_V 增大而使 ΔG^* 减小，从而使形核率随温度的升高而大大增加。表 2.1 给出了温度对奥氏体形核率和长大线速度的影响。

表 2.1 温度对奥氏体形核率和长大线速度的影响

温度/℃	形核率/(mm³·s⁻¹)	长大的线速度/(mm·s⁻¹)	转变完成一半所需时间/s
740	2300	0.001	100
760	11000	0.010	9
780	52000	0.025	3
800	600000	0.040	1

（2）奥氏体的长大线速度

在研究奥氏体中奥氏体形成动力学时，Judd 和 Paxton 提出如下公式

$$-v_a=-\frac{dr_a}{dt}=\frac{(D_c^\gamma)_{r_a}\left(\frac{dc}{dr}\right)_{r_a}}{C_c-C_2} \tag{2.3}$$

$$v_b=\frac{dr_a}{dt}=-\frac{(D_c^\gamma)_{r_b}\left(\frac{dc}{dr}\right)_{r_b}}{C_1-C_a} \tag{2.4}$$

式中 v_a，v_b——分别为奥氏体向渗碳体和铁素体推进的线速度；

r_a，r_b——分别渗碳体颗粒的半径和围绕着它的奥氏体环的半径；

$(D_c^\gamma)_{r_a}$，$(D_c^\gamma)_{r_b}$——分别 r_a，r_b处碳浓度下，碳原子在奥氏体中的扩散系数；

$\left(\frac{dc}{dr}\right)_{r_a}$，$\left(\frac{dc}{dr}\right)_{r_b}$——分别 r_a，r_b 处奥氏体中的碳浓度梯度；

C_2，C_1，C_a——相当于 $w(C_{\gamma/Fe_3C})$，$w(C_{\gamma/\alpha})$，$w(C_{\alpha/\gamma})$；

C_c——渗碳体碳含量，即 6.69%。

以上两式是假定奥氏体的长大完全受碳原子在奥氏体中的扩散所控制而导出的，其基本出发点是 $v=\frac{J}{\Delta C}$或 $J=v\Delta C$，即相界面的迁移速度 v 与跨越相界的碳浓度差 ΔC 的乘积等于碳在奥氏体中的扩散量 J。同时还有两个重要的假定：①在 γ/Fe_3C 和 γ/α 相界面达到了局部平衡，因此，相应的碳浓度可以根据 Fe-Fe_3C 相图查得。②整个长大过程或碳原子在奥氏体中的扩散过程达到了“准稳态”。

当前，奥氏体形成动力学公式还有多是定性公式，定量上不是完全准确。

2.3.4　影响奥氏体形成速度的因素

在影响奥氏体形成速度的因素中，主要有温度、钢的成分和原始组织，其中温度是最主要的因素，这一点在前面已有详细的讨论。

至于钢的成分（包括碳和合金元素）的影响，在亚共析钢中，随碳含量的增加，奥氏体的形成速度加快，这显然是 Fe_3C/α 界面面积的增加（从而使形核率增加）和碳原子在奥氏体中的扩散系数随碳含量点的增加而增加有关。合金元素的影响比较复杂，但大体上可归纳为以下几个方面：①改变奥氏体的形成温度：扩大 γ 相区的元素如锰、镍、氮等，使 A_{c_1} 和 A_{c_3} 降低；缩小 γ 相区的元素如铬、钨、钼等，则使 A_{c_1} 和 A_{c_3} 升高。②通过影响碳原子的扩散系数而影响奥氏体的长大速度。例如铬、钨、钼等元素降低碳在奥氏体中的扩散系数，从而降低奥氏体的长大速度：而镍、钴等元素则因增加碳原子在奥氏体中的扩散系数而使奥氏体的长大速度提高。③合金碳化物通常比较稳定，因此使碳化物在奥氏体中溶解的时间和奥氏体成分均匀化的时间加长。④合金元素本身在钢中的扩散很慢，因此，不论是溶于铁素体还是形成碳化物，奥氏体成分均匀化所需的时间都要加长。应该指出，以上分析只是定性的而不是定量的，而且还没有考虑各个元素间的交互作用，所以最切实的办法仍然是对各个元素都测出相应的 TTA 图，用以指导生产。

2.4　奥氏体晶粒度及其控制

甚至在奥氏体转变完毕后，残留碳化物还没有完全溶解前，奥氏体晶粒的长大过程就已经开始；随着奥氏体的温度的升高和保温时间的延长，晶粒越来越粗大。奥氏体晶粒长大是一个自发过程。

2.4.1　研究奥氏体晶粒度的意义

室温下钢显微组织中的铁素体（或奥氏体晶粒），都是由高温时的奥氏体转化而来。高温时奥氏体晶粒越细小，室温时的组织也越细小。

晶粒大小对钢的性能有很大的影响，细晶强化可以在不损失钢韧性、塑性的前提下，提高钢的强度。如，钢的屈服强度与晶粒大小遵循霍尔-佩奇（Hall-Petch）关系

$$\sigma_s=\sigma_i+K_y d^{1/2} \tag{2.5}$$

式中　d——晶粒直径；

σ_s——屈服强度；

σ_i——抵抗位错运动摩擦阻力；

K_y——常数。

晶粒大小对于钢的韧脆转变温度也有影响

$$\beta T = \ln\beta - \ln C - \ln d^{-1/2} \tag{2.6}$$

式中 T——韧脆转化温度；

β, C—常数；

d——晶粒直径。

2.4.2 晶粒度

晶粒度是晶粒大小的量度。我国国标 GB 6394—86 中规定

$$G = 2.9452 + 3.321\ln(N_a) \tag{2.7}$$

式中 G——晶粒度级别指数（晶粒度）；

N_a——放大一倍时，$1mm^2$ 面积内包含的晶粒数。

由于 N_a 的测定比较费时，现多已改为测定晶粒平均截距 $\bar{l}$ 来确定晶粒级别

$$G = -3.2877 - 6.643\ln\bar{l} \tag{2.8}$$

为便于生产中的检验，GB 6394—86 标准配有标准评级图，如图 2.19 所示。将显微镜下观察的组织或照片与评级图比较即可。

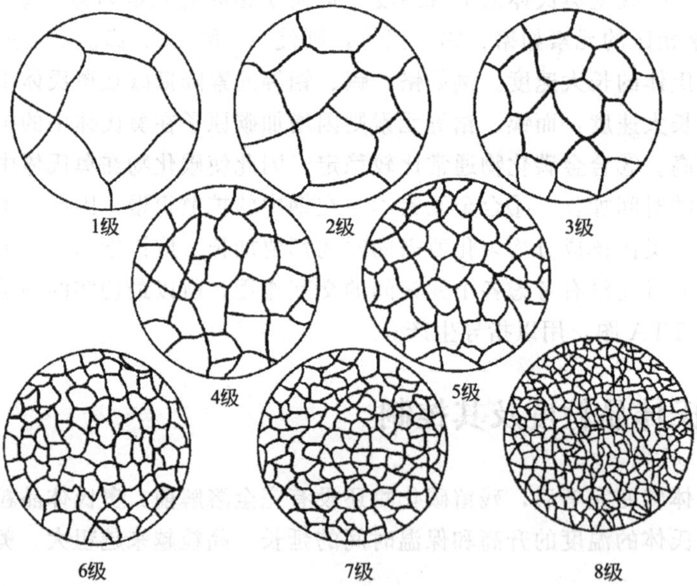

图 2.19 GB 6394—86 晶粒度评级示意图

2.4.3 本质粗细晶粒钢

冶炼时脱氧方法不同的钢，在加热过程中奥氏体晶粒长大有着不同的特点。用铝脱氧的钢，含有适量和适当尺寸的 AlN 颗粒时，在一定的温度以下晶粒不易长大，称为细晶粒钢。用硅脱氧的钢，不含有能抑制晶粒长大的第二相颗粒，晶粒随着温度的升高而逐渐长大，称为粗晶粒钢。图 2.20 为粗、细晶粒钢的奥氏体晶粒长大特点示意图。由图可以看出，所谓粗晶粒钢和细晶粒钢，只是表示奥氏体晶粒长大的倾向，至于钢的奥氏体晶粒的实际大小，主要取决于具体的加热规范。当加热温度很高时，细晶粒钢也可以获得粗大奥氏体晶粒；反

之，如果加热温度不高，粗晶粒钢在常用的热处理温度范围内（800～930℃）也可以得到细小的奥氏体晶粒。在生产中，细晶粒钢更受欢迎。

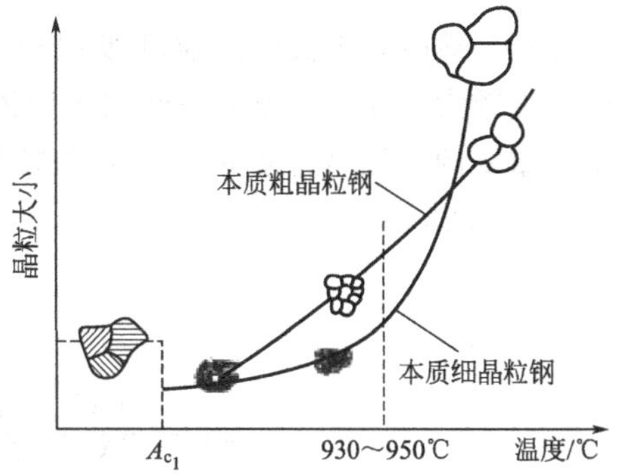

图 2.20　粗、细晶粒钢的奥氏体晶粒长大和温度的关系

2.4.4　影响奥氏体晶粒长大的因素

当奥氏体转变刚刚完成，即新形成的奥氏体晶粒全部互相接触时，奥氏体的晶粒是很小有很不均匀的，先形核的晶粒长得较大，同时晶界弯曲，能量较高。因此，在随后的保温或加热过程中，晶粒会长大。晶粒长大驱动力是晶界自由能，晶粒长大时，晶界朝着其曲率中心移动，结果使得一些晶粒长大，另一些晶粒缩小直至消失。影响奥氏体晶粒长大的因素主要有温度、时间、加热速度及第二相颗粒等。

（1）温度、时间、加热速度的影响

纯金属和单相合金在等温条件下进行正常晶粒长大时，晶粒平均直径的增加服从以下经验公式

$$\overline{D}=kt^n \tag{2.9}$$

式中　$\overline{D}$——晶粒的平均直径；

t——加热时间；

k 及 n——与材料和温度有关的常数。

如果用对数标尺表示$\overline{D}$与 t 的关系，上式将为一条直线，n 为其斜率。一般材料的 n 值通常小于 0.5，典型值为 0.3。

图 2.21 所示为 50CrMo4（德国牌号）在不同温度保温时，奥氏体晶粒度级别与保温时间的关系，实验所用试样、原始热处理状态及加热方式均与图 2.17 所示相同。由图可以看出，除了很短和很长的保温时间外，在各温度进行加热时的晶粒级别分别与保温时间之间有一段基本呈线性关系，直线的斜率（即 n 值）由 800℃时的 0.27 增加到 1300℃时的 0.5 左右，即 n 值随加热温度的提高而增大。随着晶粒的长大，晶界越来越平直，长大的驱动能显著减小，晶粒长大速度也越来越慢。

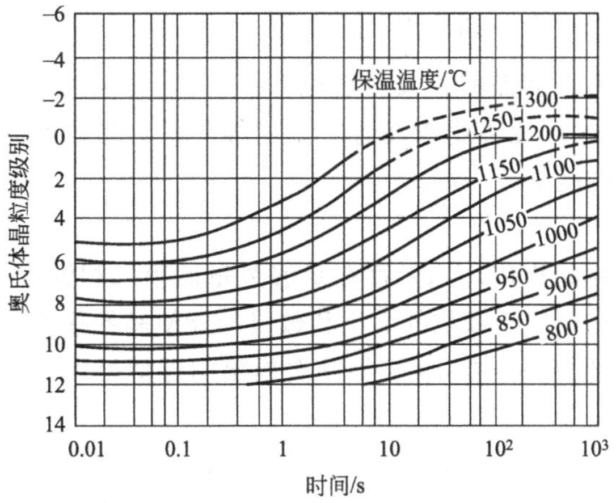

图 2.21　50CrMo4 钢在不同温度保温时奥氏体晶粒度级别与保温时间的关系

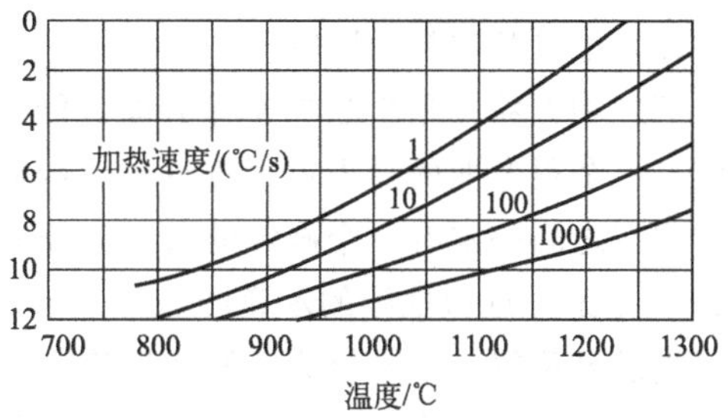

图 2.22　50CrMo4 钢连续加热时，奥氏体晶粒度与加热速度和温度的关系

连续加热时，奥氏体晶粒度级别与加热速度和温度的关系如图 2.22 所示。可以看出，加热速度越大，在同一温度得到的奥氏体晶粒越细，这种图对于制定快速加热时的热处理工艺十分重要的。加热速度对奥氏体晶粒度的影响也可以直接表示在连续加热时的 TTA 图中，如图 2.23 所示。

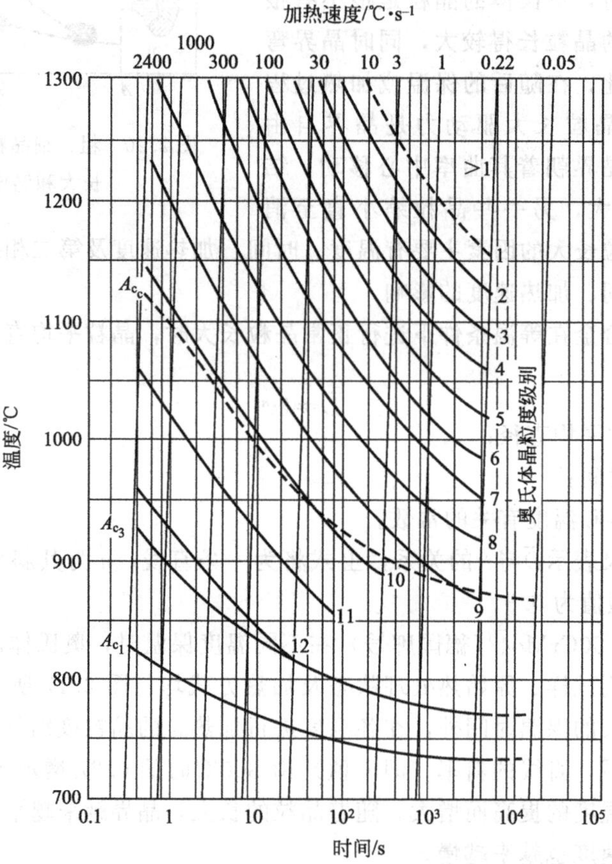

图 2.23 50CrMo4 钢在连续加热时 TTA 图及奥氏体晶粒度

钢的原始组织（即奥氏体化前的组织）对奥氏体晶粒长大虽然也有影响，但影响甚微。例如在 2.3 节中提到过的 50CrMo4 钢，最稳定的球化体组织在各个温度加热所得晶粒度只比最不稳定的马氏体组织在相同条件下所得晶粒度细致一些。

（2）第二相颗粒的影响

第二相颗粒在阻止晶界迁移方面也能起重要的作用。如果存在足够数量的第二相颗粒，即使是一个很弯曲的晶界也很难移动。因此，在第二相颗粒的大小和数量与能使晶界移动的最小曲率之间一定有一个确定的关系，下面介绍 Zener 在 1948 年首次提出的近似处理，图 2.24 为 Zener 近似推导的示意图。

当晶界跨越一个半径为 r 的球形第二相颗粒并处于颗粒的正中位置时，由于晶界面积中有 $\pi r^2\sigma$（σ 为比界面能）。因此，可以认为颗粒有一个力 F_{max} 作用于晶界，根据虚功原理

$$F_{max}=\frac{\Delta E}{\Delta x}=\frac{\pi r^2}{r}=\pi r\sigma \tag{2.10}$$

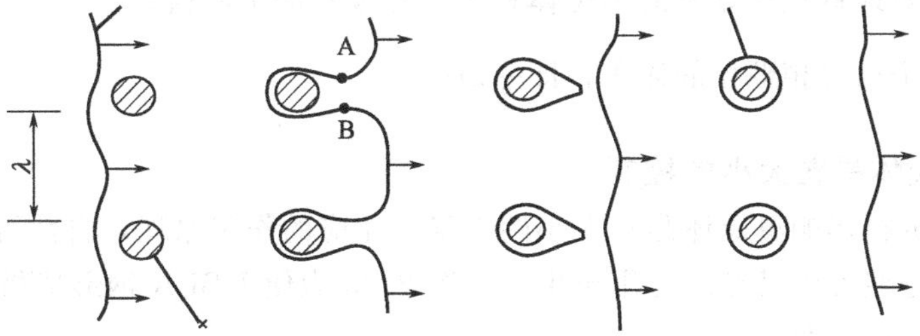

图 2.24　Zener 近似推导示意图

如果单位体积颗粒数为 N_v，则单位面积晶界相遇的颗粒为 $2rN_v$，作用于单位面积晶界的拖拽力 P_D 为

$$P_D=2\pi r^2\sigma N_v$$

已知单位晶界长大的驱动力 P 为

$$P=\frac{2\sigma}{R} \tag{2.11}$$

式中　R——晶界周界的最小曲率半径。

对于均匀的晶粒组织（即没有一个晶粒的大小远超过其近邻晶粒），R 近似等于晶粒的平均直径 D。随着晶粒的长大，R 增加而驱动力则减小，当 P 正好与 P_D 平衡时，晶粒就停止长大。假定 $R\approx D$，此时

$$\frac{2\sigma}{D}=2\pi r^2\sigma N_v$$

即

$$D=(\pi r^2 N_v)^{-1} \tag{2.12}$$

设第二相颗粒的体积分数为 f，则 $f=\frac{4}{3}\pi r^3 N_v$，将此值代入式(2.12) 中，就可得出以下更为有用的表达式

$$D=\frac{4r}{3f} \tag{2.13}$$

式(2.13) 说明，只有当一定体积分数的第二相颗粒非常细小时，才能有效地阻止晶粒长大。当然，上式只是一个近似的估算，因为在推导时假定第二相颗粒为球形、尺寸相同，并且是随机分布的，忽略了位于晶界棱边及顶角处的颗粒对于钉扎晶界所起的更为有效的作用。

Gladman 关于晶粒长大的理论模型表明，晶粒大小的不均匀性是晶粒长大的必要条件，晶粒长大的驱动力随着这种不均匀性的增加而增大，并随基体晶粒尺寸的增加而减小，具体的表达式为

$$r^*=\frac{6R_0 f}{\pi}\left(\frac{3}{2}-\frac{2}{Z}\right)^{-1} \tag{2.14}$$

或

$$N_v^*=\left(\frac{3}{2}-\frac{2}{Z}\right)\frac{1}{8R_0}\left(\frac{4\pi}{3V}\right)^{2/3} \tag{2.15}$$

式中　r^*——能有效地钉扎住晶界的第二相颗粒的临界半径；

R_0——晶粒平均半径，相当于式(2.12) 中的 $D/2$；

Z——长大中的晶粒与原始晶粒的半径比；

N_v^*——有效地钉扎住晶界的单位体积第二相颗粒的临界值；

V——每个第二相颗粒的体积，即$\frac{4}{3}\pi r^3$。

2.4.5 奥氏体晶粒大小的控制

根据前面所分析影响奥氏体晶粒大小的因素及相应的作用原理，自然可以得到细化奥氏体晶粒的方法，这些方法已经广泛用于生产，图 2.25 为使 HSLA 钢形成极细铁素体晶粒的温度、时间、形变示意图。

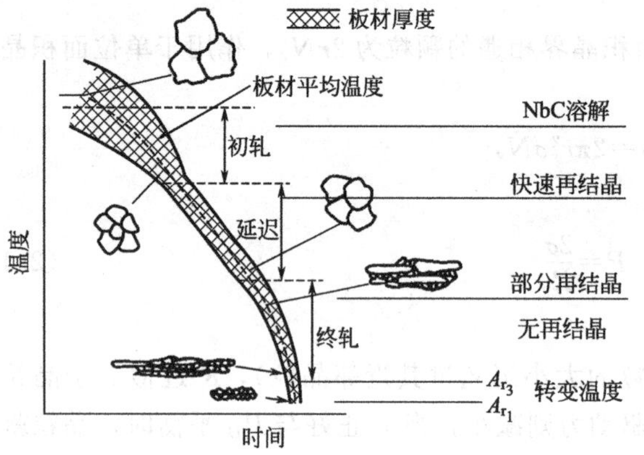

图 2.25 使 HSLA 钢形成极细铁素体晶粒的温度、时间、形变示意图

① 利用 AlN 颗粒细化晶粒，这是应用最广泛的一种方法。事实上，几乎目前所有重要的钢种都是铝脱氧的。

② 利用过渡族金属的碳化物（TiC，NbC）来细化晶粒，不仅在工具钢等方面早已得到广泛应用，目前还广泛用于一类较新的钢种，即高强度低合金钢（High Strength Low Alloy Steel，简称 HLSA 钢）中。这类钢中通常只加入少于 0.05%的铌、钒、钛等元素，因此又称为微合金化钢（Micro-alloyed Steel）。HSLA 钢的碳含量很低，因此组织中的铁素体含量很大。按理钢的强度似乎很低，然而，由于非常细小的铁素体晶粒和合金碳化物沉淀的共同作用，使其屈服强度得到很大的提高。一般软钢的屈服强度约为 207MPa，而 HSLA 钢却可达到 345～550MPa。HSLA 钢特别细小的铁素体晶粒是通过控制热轧与合金碳化物的共同作用得到的。在高温时碳化物溶于奥氏体中，有利于形变；在较低的温度时，细小的碳氮化合物析出并阻止奥氏体晶粒长大。如果控制好最终轧制温度和形变量，这种细小的碳氮化合物颗粒不仅能阻止奥氏体晶粒长大。甚至还能阻止其再结晶，阻止的程度取决于合金元素的含量、形变量和轧制温度。按照这一处理工艺，奥氏体晶粒将受到高度形变并被拉长，随后在冷却通过 A_{r_3} ～A_{r_1} 时，在密集的未经再结晶的奥氏体晶界就会形成非常细小的铁素体晶粒，使 HSLA 钢具有很好的强韧性。

③ 采用快速加热，利用温度和时间对奥氏体晶粒长大的影响来细化晶粒，也是一种很有效的方法。事实上，高频感应加热淬火就是利用这一原理得到细化晶粒的，并获得一定的所谓超硬度。

④ 值得着重指出的是，不管是粗晶粒还是细晶粒钢，一旦形成粗晶粒，只要晶界上没有很多难溶析出物，通过一次或多次奥氏体化，总是可以使晶粒细化的。这是由于每一次奥氏体化都要经历奥氏体重新形核和长大的过程，只要加热温度不过高，保温时间不过长，所得的奥氏体晶粒都应该接近正常大小或者至少比原奥氏体晶粒要小些。这便是热处理细化晶粒的作用，也是热处理工作者手中的有力武器之一。

2.4.6 粗大奥氏体晶粒遗传性

在生产中有时能遇到这样的情况，即过热后的钢（过热是指加热温度超过临界点太多，引起奥氏体晶粒长大，结果在冷却后得到的组织，如马氏体和贝氏体等也十分粗大）再次正常加热后，奥氏体仍保留原来的粗大晶粒，甚至原来的取向和晶界，这种现象称为组织遗传。显然，这种遗传是应该避免和消除的。另外一种遗传是母相中的晶体缺陷和不均匀性被新相继承下来，例如马氏体继承了奥氏体中的晶体缺陷，这种遗传称为相遗传，它可以用来强化合金，形变热处理就是一个突出的例子。这里要讨论的是前面一种组织遗传。

粗大晶粒之所以会遗传下来，其根本原因是在大晶粒生成后的组织转变中维持了严格的晶体学取向关系。例如，当过热后的粗晶粒奥氏体随后进行马氏体转变，由于相变的特点，新、母相之间必须维持严格的取向关系。当将所生成的马氏体再以合适的速度加热时，马氏体向奥氏体的转变可能以逆马氏体转变的方式变成奥氏体，这样生成的奥氏体，就极有可能回复到原奥氏体的取向，而原奥氏体晶界上的轧制、第二相隔离等在两次无扩散相变中也都没有移动。这就是遗传。

可见，要消除或阻隔这种遗传，关键在于破坏第二次转变中新、母相间严格的晶体学取向关系。为此，可以采取以下措施。

① 避免由不平衡组织（即马氏体或贝氏体）直接加热奥氏体化。为此，对于淬火态的过热钢，可以先进行一次高温回火或中间退火，然后又再以正常温度加热淬火。高温回火后会得到铁素体和渗碳体的两相混合物，且铁素体会发生再结晶；中间退火后则会得到更接近于平衡组织的铁素体和渗碳体的两相混合物。这两类组织都会使原来的取向关系遭到破坏。

② 避免新的奥氏体以无扩散机理形成。为此应该控制加热速度和温度，使马氏体的逆转变不发生，可惜现在还提不出一个一般性的规律来指导这种参数的选择。大体来说，加热温度要略高一些，加热速度不能太快，时间要短。有人认为以较高速度加热时，铁素体向奥氏体转变的体积变化会使奥氏体发生加工硬化（又称为相变硬化），随后会导致奥氏体的再结晶，从而破坏严格的晶体学取向关系，并得到细小的奥氏体晶粒。

③ 通过多次的加热—冷却循环来破坏新、母相之间的取向关系，从而获得细小的奥氏体晶粒。

综上所述，加热（或奥氏体化）是一切钢件热处理的第一步，加热时得到的组织——奥氏体，又是随后在冷却时发生的各种转变的母相，因此奥氏体化的情况对钢件的力学性能有很大的影响。

复习思考题

1. 奥氏体形成过程中碳元素和铁元素的扩散是如何进行的？并指出哪个是主导因素。
2. 所有的碳钢都可以加热到奥氏体相区么？为什么。
3. 奥氏体有哪些优先形核位置？哪个位置更容易形核些？
4. 实际生产中在加热环节，应考虑哪些因素以防止奥氏体晶粒长大？
5. 如何理解原始组织，原奥氏体组织和所形成奥氏体组织之间的关系？

第3章　珠光体转变

珠光体转变是过冷奥氏体在临界温度 A_1 以下比较高的温度范围内进行的转变，是单相奥氏体分解为铁素体和渗碳体两个新相的机械混合物的相变过程。由于相变在较高的温度下进行，铁、碳原子都能进行扩散，所以珠光体转变是扩散型相变。

珠光体转变在实际热处理过程中非常重要，因为钢的退火与正火都是珠光体转变。在退火与正火时，珠光体转变产物的形态、数量、大小与分布等对退火与正火后的力学性能影响很大。因此，研究珠光体转变具有重要的实际意义。本章主要讨论珠光体的组织形态、晶体结构、转变机理、转变动力学、影响因素以及珠光体转变产物的性能等内容。

3.1　珠光体的组织形态与晶体结构

3.1.1　珠光体的组织形态

珠光体是过冷奥氏体在 A_1 以下的共析转变产物，是铁素体和渗碳体组成的机械混合物。根据渗碳体的形态不同，可以把珠光体分为片状珠光体和粒状（球状）珠光体两种。

（1）片状珠光体

片状珠光体中渗碳体呈片状，是由铁素体片和渗碳体片层片相间紧密堆叠而成。如图 3.1 所示。在片状珠光体中片层排列方向大致相同的区域，称为珠光体团或珠光体领域。通常情况下在一个原奥氏体晶粒内可以形成若干个珠光体团［如图 3.1(a)，图 3.2(b) 所示］。

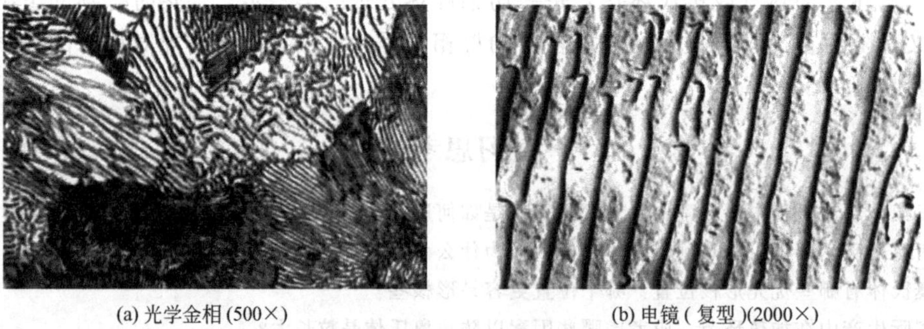

(a) 光学金相(500×)　　(b) 电镜(复型)(2000×)

图 3.1　片状珠光体组织

在片状珠光体中，一片铁素体和一片渗碳体的厚度之和或相邻两片渗碳体或铁素体中心之间的距离，称为珠光体的片间距离，用 S_0 表示［如图 3.2(a)］。片间距是衡量片状珠光体组织粗细的重要依据，它主要取决于珠光体的形成温度。形成温度越低，珠光体的片间距就越小，组织就越细密。

对共析钢而言，珠光体的片间距 S_0 与过冷度 ΔT(或形成温度）之间的关系可用下面的经验公式表示：

$$S_0=\frac{C}{\Delta T} \qquad (3.1)$$

式中，$C=8.02\times10^4$（Å·K），ΔT 为过冷度，K。

S_0 的大小取决于珠光体形成温度的原因，可以用碳原子扩散与温度的关系以及界面能与奥氏体与珠光体间的自由能之差来解释。形成温度降低，碳的扩散速度减慢，碳原子难以作较大距离的迁移，故只能形成片间距离较小的珠光体。珠光体形成时，由于新的铁素体和渗碳体的相界面的形成将使系统的界面能增加，片间距离越小，相界面面积越大，界面能越高，增加的界面能由奥氏体与珠光体的自由能之差来提供，过冷度越大，奥氏体与珠光体的自由能差别越大，能够提供的能量越多，能够增加的界面面积越大，故片间距离就能减小。

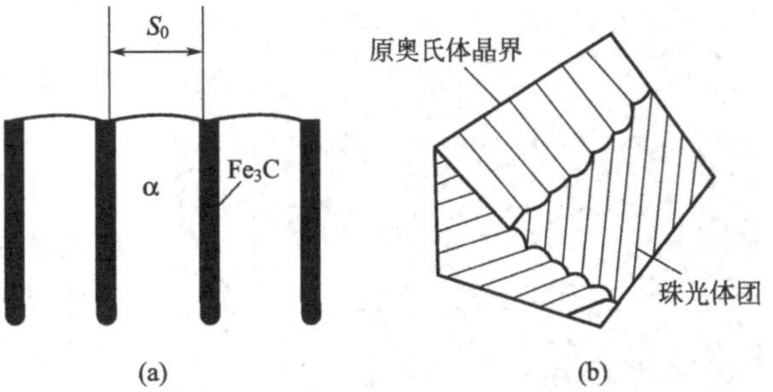

图 3.2　片状珠光体的片间距（a）及珠光体团（b）

根据珠光体片间距的不同，可将片状珠光体分成三种组织，即珠光体、索氏体和屈氏体（又称为托氏体）。通常所说的珠光体是指在光学显微镜下能清楚分辨出片层状态的一类珠光体，它的片间距大约为 1500～4500Å，形成于 A_1～650℃温度范围内。如果形成温度较低，在 650～600℃温度范围内形成的球光体，其片间距较小，约为 800～1500Å，只有在高倍的光学显微镜下（放大 800～1000 倍时）才能分辨出铁素体和渗碳体的片层形态，这种细片状珠光体称为索氏体。如果形成温度更低，在 600～550℃温度范围内形成的珠光体，其片间距极细，约为 300～800Å，在光学显微镜下根本无法分辨其层片状特征，只有在电子显微镜下才能分辨出铁素体和渗碳体的片层形态，这种极细的珠光体称为屈氏体。上述三种片状珠光体在电镜下的组织形态如图 3.3 所示。

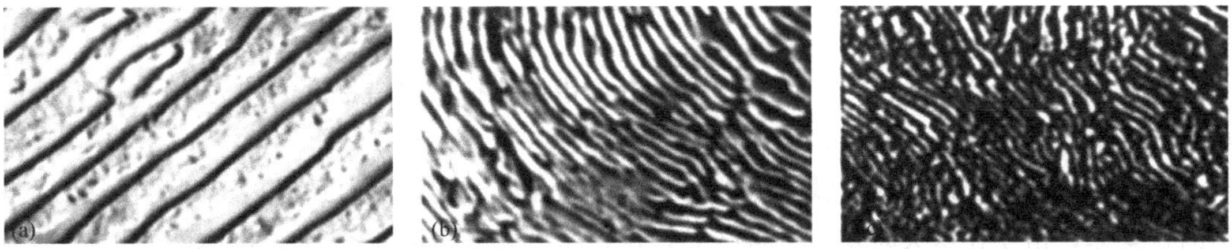

图 3.3　珠光体（a）、索氏体（b）和屈氏体（c）的电镜组织形态（复型）

需要说明的是，珠光体、索氏体、屈氏体都属于珠光体类型的组织。它们在本质上是相同的，都是由铁素体和渗碳体组成的片层相间的机械混合物。并且区分这三种组织的界限也是相对的，它们之间的差别只是片间距不同而已。

（2）粒状珠光体

在铁素体基体之上均匀分布着颗粒状渗碳体的组织称为粒状珠光体或球状珠光体。高碳钢可通过等温球化退火或连续球化退火工艺获得这种组织，而低碳的高合金钢则可通过高温软化回火得到。粒状珠光体的组织特征是渗碳体呈颗粒状均匀地分布在铁素体基体上，与片状珠光体相同，粒状珠光体同样是铁素体与渗碳体的机械混合物。典型的粒状珠光体组织如图 3.4 所示。

除上述两类珠光体外，还有一些特殊形态的珠光体，如针状珠光体，其组织外形呈黑色

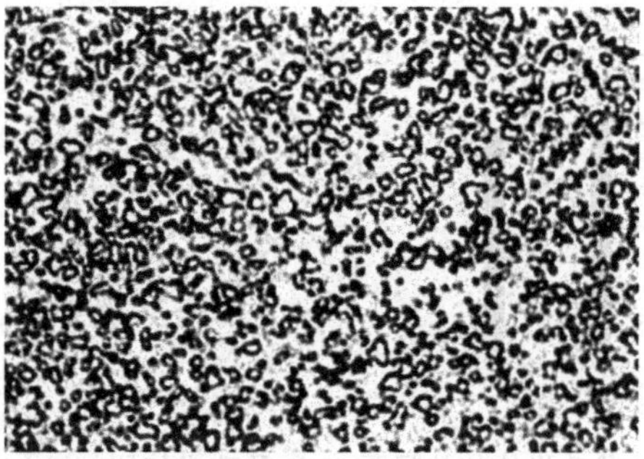

图 3.4 粒状珠光体组织（500×）

针状，整体呈冰花状。

3.1.2 珠光体的晶体结构

(1) 珠光体相变的位向关系

珠光体转变时的晶体学关系比较复杂。通常珠光体是在奥氏体晶界上形核，然后向一侧的奥氏体晶粒内长大形成珠光体团。珠光体团中的铁素体和渗碳体与被长入的奥氏体晶粒之间不存在位向关系，形成可动的非共格界面，但与另一侧的不易长入的奥氏体晶粒之间则形成不易动的共格界面，并保持一定的晶体学位向关系，如图 3.5 所示。在铁素体与奥氏体之间为 K-S 关系：$\{110\}_{\alpha} /\!/ \{111\}_{\gamma}$，$\langle 111\rangle_{\alpha} /\!/ \langle 110\rangle_{\gamma}$，而在渗碳体与奥氏体之间则存在 Pitsch 关系，该关系接近于：$(100)_{cem}/\!/(1\bar{1}1)_{\gamma}$，$(010)_{cem} /\!/ (110)_{\gamma}$，$(001)_{cem}/\!/(\bar{1}12)_{\gamma}$。在一个珠光体团中的铁素体与渗碳体之间存在着一定的晶体学位向关系，即 Pitsch/Petch 关系：$(001)_{cem}/\!/(\bar{5}\bar{2}1)_{\alpha}$，$[010]_{cem}/\!/[11\bar{3}]_{\alpha}$ 差 2°36′，$[001]_{cem}/\!/[\bar{1}31]_{\alpha}$ 差 2°38′。这样形成的相界面，具有较低的界面能，同时这种界面可有较高的扩散速度，有利于珠光体团的长大。

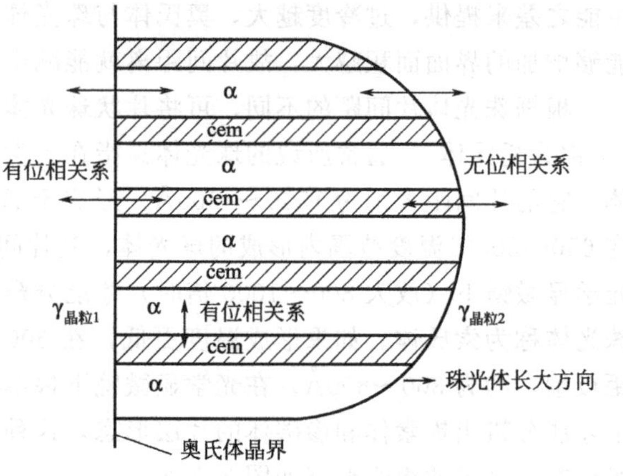

图 3.5 形成珠光体团的各相的取向关系

(2) 珠光体的亚结构

在退火状态下的珠光体中，铁素体内具有位错亚结构，位错密度大约为 $10^7 \sim 10^8/cm^2$，在一片铁素体中存在有亚晶界，构成许多亚晶粒。

淬火回火的粒状珠光体中铁素体基体具有多边化亚结构，而通过退火得到的粒状珠光体中的铁素体，由于在退火时发生了再结晶，位错密度较低，因此不出现亚晶粒。

目前，对珠光体中渗碳体的亚结构的认识还不是很清楚，从珠光体中萃取出来的渗碳体观察到了位错，同时也看到了由均匀刃型位错组成的小角度晶界。

3.2 珠光体转变机理

3.2.1 珠光体形成的热力学条件

由 $Fe\text{-}Fe_3C$ 相图可知，共析成分的奥氏体过冷到 A_1 温度以下，将发生珠光体转变。从热力学上讲，发生珠光体转变时需要一定的过冷度，以提供相变的驱动力。与金属结晶过程一样，珠光体相变的驱动力同样来自于新旧两相的体积自由能之差，即珠光体转变的驱动力是珠光体与奥氏体的自由能之差。由于珠光体转变发生在较高的温度范围，使得铁原子和碳原子都能够进行长程扩散，并且珠光体又是在微观缺陷较多的晶界处成核，可以获得更多的能量补充形核的需要，因此珠光体转变时需要的驱动力较小，可以在较小的过冷度下发生，见图 3.6。所以，珠光体形成的热力学条件是必须过冷，即在一定的过冷度下满足 $\Delta G = G_P - G_\gamma \leqslant 0$ 时，珠光体转变才能进行。

由奥氏体转变为珠光体时，涉及三个相，即奥氏体、渗碳体和铁素体。可以用三个相的自由能-成分曲线来分析自由能的变化和相变的条件。图 3.7 为铁碳合金中铁素体、奥氏体和渗碳体的自由能-成分曲线。根据各相的自由能水平和系统总的自由能变化分析，可以得出在 A_1 温度以下，奥氏体转变为铁素体加渗碳体是自由能最低的状态。在相变过程中，奥氏体也有可能转变为铁素体加高碳浓度的奥氏体或过饱和铁素体作为过渡状态，因为它们的自出能处于中间水平。

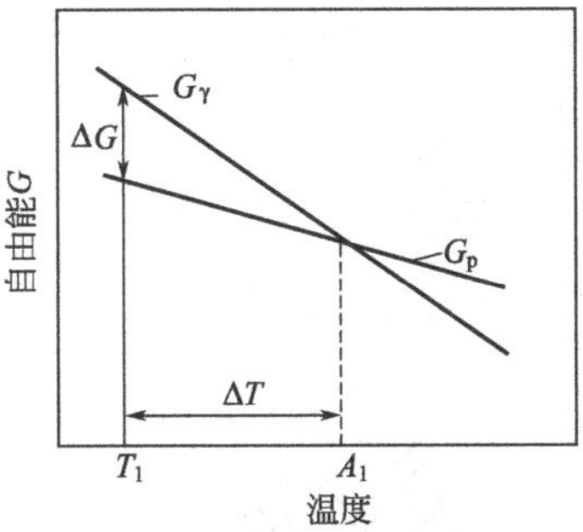

图 3.6　珠光体与奥氏体的自由能与温度的关系

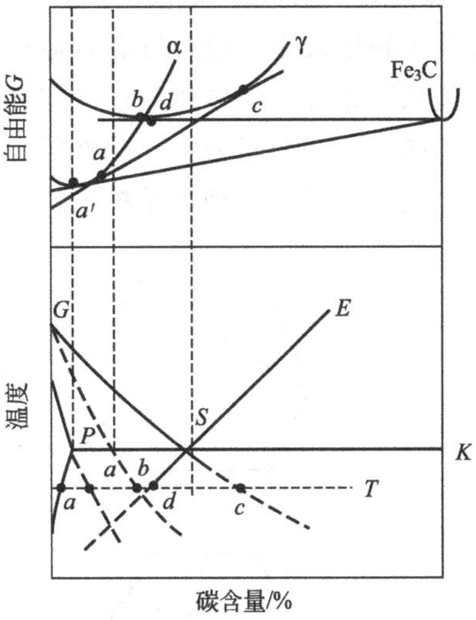

图 3.7　铁碳合金在 A_1 以下 T 温度时的自由能-成分曲线

3.2.2　片状珠光体的形成机制

（1）珠光体相变的领先相

珠光体转变符合一般的相变规律，也是一个形核与长大的过程。由于珠光体是由铁素体和渗碳体两相所组成的，因此形核时存在领先相问题。晶核究竟是铁素体还是渗碳体？很明显，铁素体和渗碳体在同一微小区域同时出现的可能性是很小的。由于领先相很难通过实验直接观察到，所以到目前为止，还没有一个统一的认识。许多研究证实，珠光体形成时的领先相是随相变发生的温度和奥氏体成分的不同而定的。过冷度小时渗碳体是领先相，过冷度大时铁素体是领先相；在亚共析钢中铁素体通常是领先相，在过共析钢中渗碳体通常是领先相，而在共析钢中铁素体和渗碳体两者为领先相的几率是相同的。但是，一般认为共析钢中珠光体形成时的领先相是渗碳体，其原因如下。

① 珠光体中的渗碳体与从奥氏体中析出的先共析渗碳体的晶体位向相同，而珠光体中的铁素体与直接从奥氏体中析出的先共析铁素体的晶体位向不同；

② 珠光体中的渗碳体与共析转变前产生的渗碳体在组织上常常是连续的，而珠光体中的铁素体与共析转变前产生的铁素体在组织上常常是不连续的；

③ 奥氏体中未溶解的渗碳体有促进珠光体形成的作用，而先共析铁素体的存在，对珠

光体的形成则无明显的影响。

(2) 珠光体的形成过程

珠光体转变是由含碳量为0.77%C的奥氏体分解为碳含量很高（6.69%C）的渗碳体和碳含量很低（<0.0218% C）的铁素体。可用下式表示

$$\underset{(\text{面心立方})}{\gamma_{(0.77\%C)}} \longrightarrow \underset{(\text{体心立方})}{\alpha_{(\sim 0.02\%C)}} + \underset{(\text{复杂单斜})}{Fe_3C_{(6.69\%C)}}$$

从上面的反应式可以看出，珠光体的形成包含着两个同时进行的过程，一个是碳的扩散，以生成高碳的渗碳体和低碳的铁素体；另一个是晶体点阵的重构，由面心立方点阵的奥氏体转变为体心立方点阵的铁素体和复杂单斜点阵的渗碳体。

① 珠光体的形核　珠光体形成时，领先相渗碳体的核大都在奥氏体晶界上形成，这是因为晶界上缺陷较多，能量较高，原子易于扩散，故易于满足形核的“能量起伏、结构起伏和成分起伏”条件。渗碳体晶核最初形成时为一小的薄片［图3.8(a)］，这是因为薄片状晶核的应变能小，相变阻力小。此外薄片状晶核表面积大容易接受到碳原子，并且使碳原子的扩散距离相对缩短，有利于晶核生长。

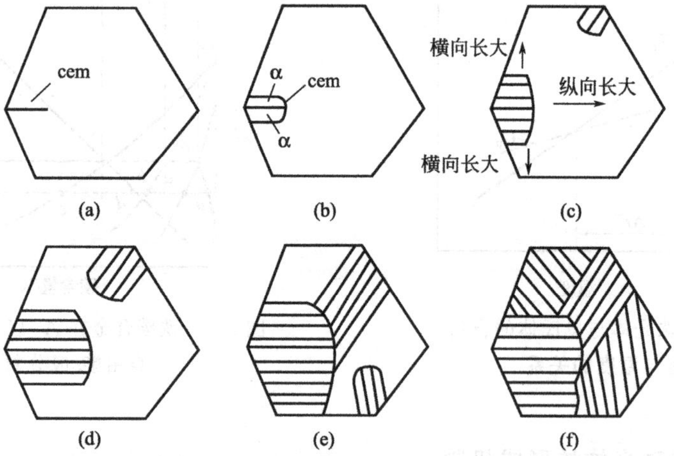

图3.8　片状珠光体的形成过程

② 珠光体的长大　薄片状渗碳体晶核形成后，不仅向纵的方向长大，而且也向横的方向长大。渗碳体横向长大时，吸收了两侧的碳原子，而使其两侧的奥氏体含碳量降低，当碳含量降低到足以形成铁素体时，就在渗碳体片两侧出现铁素体片［图3.8(b)］。在渗碳体两侧形成铁素体的核以后，已形成的渗碳体片就不可能再向两侧长大，而只能向纵深方向发展。新形成的铁素体除了随渗碳体片向纵深方向发展外，也将向侧面长大。长大的结果在铁素体外侧又将出现奥氏体的富碳区，在富碳的奥氏体区中又可能形成新的渗碳体晶核［图3.8(c)］。如此沿奥氏体晶界交替形成渗碳体与铁素体的晶核，并不断平行地向奥氏体晶粒纵深方向长大，这样就得到了一组片层大致平行的球光体团［图3.8(d)］。在第一个珠光体团形成过程中，有可能在奥氏体晶界的另一处，或是在已形成的珠光体团的边缘上形成新的取向不同的渗碳体晶核，并由此而形成一个新的珠光体团［图3.8(c)～(e)］。当各个珠光体团相互完全接触时，珠光体转变告结束，全部得到片状珠光体组织［图3.8(f)］。

从上述珠光体形成过程可知，珠光体形成时，纵向长大是渗碳体片和铁素体片同时连续向奥氏体中延伸，而横向长大是渗碳体片与铁素体片交替堆叠增多。

(3) 珠光体转变时碳的扩散规律

当共析成分过冷奥氏体［浓度为$w(C_\gamma)$］在A_1点稍下温度刚刚形成珠光体时，在三相（奥氏体、渗碳体、铁素体）共存情况下，奥氏体中的碳浓度是不均匀的，可由Fe-Fe_3C相图确定，如图3.9(a)所示。即与铁素体相接触的奥氏体碳浓度$w(C_{\gamma/\alpha})$较高，与渗碳体相接触的奥氏体碳浓度$w(C_{\gamma/cem})$较低，因此在与铁素体和渗碳体相接触的奥氏体中产生碳浓度差［$w(C_{\gamma/\alpha})-w(C_{\gamma/cem})$］，从而引起界面附近奥氏体中碳的扩散［如图3.9(b)］。碳在奥氏体中扩散的结果，导致铁素体前沿奥氏体的碳浓度$w(C_{\gamma/\alpha})$降低，渗碳体前沿奥氏体的碳浓度$w(C_{\gamma/cem})$增高，破坏了该温度下奥氏体与铁素体及渗碳体界面碳浓度的平衡。为维持这一平衡，铁素体前沿的奥氏体必须析出铁素体，使其碳浓度增高恢复至平衡浓度$w(C_{\gamma/\alpha})$，渗碳体前沿的奥氏体必须析出渗碳体，使其碳浓度降低恢复至平衡浓度$w(C_{\gamma/cem})$，这样，珠光体便纵向长大，直至过冷奥氏体全部转变为珠光体为止。

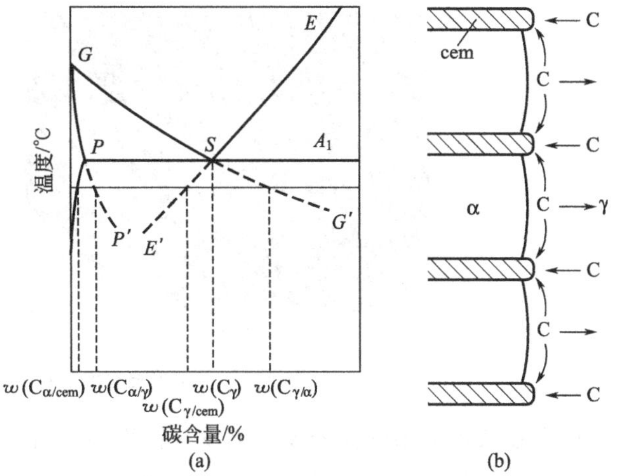

图3.9 片状珠光体形成时C的扩散示意

同时，由于奥氏体中碳浓度差［$w(C_\gamma)-w(C_{\gamma/cem})$］和［$w(C_{\gamma/\alpha})-w(C_\gamma)$］的存在，还将发生远离珠光体的奥氏体［浓度为$w(C_\gamma)$］中的碳向与渗碳体相接触的奥氏体界面处［浓度为$w(C_{\gamma/cem})$］的扩散，以及与铁素体相接触的奥氏体界面处［浓度为$w(C_{\gamma/\alpha})$］的碳向远离珠光体的奥氏体中的扩散。并且，在已形成的珠光体中，铁素体的碳浓度在奥氏体界面处为$w(C_{\gamma/\alpha})$，在渗碳体界面处为$w(C_{\alpha/cem})$两者也形成碳的浓度差［$w(C_{\alpha/\gamma})-w(C_{\alpha/cem})$］，所以在铁素体中也要产生碳的扩散。这些扩散都促使珠光体中的渗碳体和铁素体不断长大，即促进了过冷奥氏体向珠光体的转变［见图3.9(b)］。

此外，过冷奥氏体转变为珠光体时，所发生的点阵的重构，即由面心立方结构的奥氏体向体心立方结构的铁素体和复杂单斜结构的渗碳体转变，是通过部分铁原子自扩散完成的。

(4) 珠光体转变的分枝机制

虽然，上述机制能很好地说明片状珠光体的形成过程，但对珠光体组织形态仔细观察后发现，珠光体中的渗碳体，有些以产生枝杈的形式长大，如图3.10所示。图中可明显看到有些珠光体的片层状形态是由渗碳体分枝形式长大而成。渗碳体形核后，在向前长大过程中不断形成分枝，而铁素体则协调在渗碳体分枝之间不断地形成。按照这种方式形成的珠光体团中的渗碳体是一个单晶体，渗碳体间的铁素体也是一个单晶体，即一个珠光体团是由一个渗碳体晶粒和一个铁素体晶粒相互穿插而形成的。这样就形成了渗碳体与铁素体机械混合的片状珠光体。这种珠光体形成的分枝机制可能解释珠光体转变中的一些反常现象。

正常的片状珠光体形成时，铁素体与渗碳体是交替配合长大的。在某些不正常情况下，片状珠光体形成时，铁素体与渗碳体不一定交替配合长大，而出现一些特异的现象。可以是在部分形成粗大珠光体后，再在较低温度下于已形成的粗大珠光体的渗碳体上，从未转变的过冷奥氏体生出分枝渗碳体并向奥氏体中延伸，在分枝的端部长成层片间距较小的珠光体小

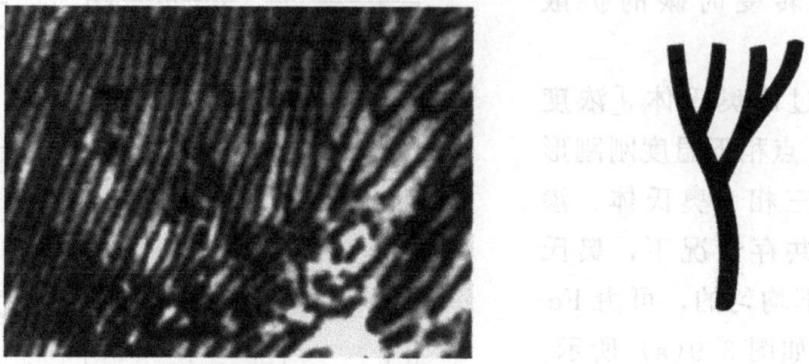

(a) 金相照片 (800×)　　(b) 示意图

图 3.10　珠光体中渗碳体片分枝长大情况

球，或者在长出的渗碳体分枝两侧没有铁素体配合形核，而成为一片渗碳体片。

图 3.11 表示由于过共析钢不配合形核而生成的几种反常组织。图中（a）为在奥氏体晶界上形成的渗碳体一侧长出一层铁素体，但此后却不再配合成核长大。图中（b）为从晶界上形成的渗碳体中，长出一个分枝伸到晶粒内部，但无铁素体与之配合形核，因此形成一条孤立的渗碳体片。图中（c）是由晶界长出的渗碳体片，伸向晶粒内后形成了一个珠光体团。其中（a）和（b）为离异共析组织。

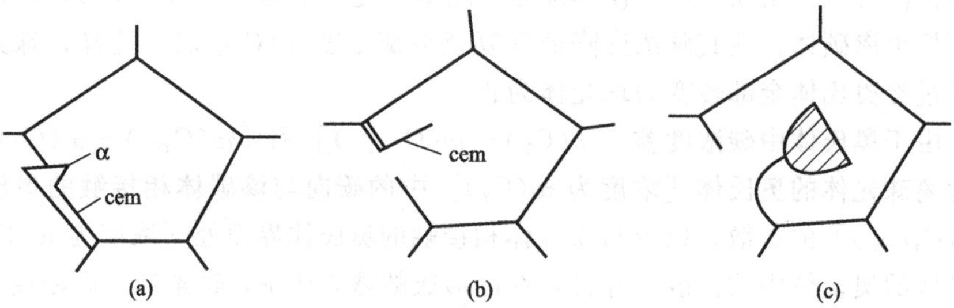

(a)　(b)　(c)

图 3.11　过共析成分的钢中出现的几种不正常组织

3.2.3　粒状珠光体形成机制

(1) 粒状珠光体的形成

粒状珠光体的形成与片状珠光体不完全相同，它是通过片状珠光体中渗碳体的球化而获得的。在一般情况下，奥氏体向珠光体转变总是形成片状，但是在特定的奥氏体化和冷却条件下，也有可能形成粒状珠光体。在高碳钢的奥氏体化过程中，当奥氏体化温度过低（$A_{c_1}+10\sim20$℃），保温时间较短，奥氏体转变不能充分进行时，奥氏体中会存在许多未溶解的残留碳化物或许多富碳微区，在随后转变为珠光体的过程中，等温温度足够高（$A_{c_1}-10\sim20$℃），并且等温时间足够长，或冷却速度极慢（<20℃/h）时，就有可能使渗碳体成为颗粒（球）状，即获得粒状珠光体。

粒状珠光体的形成也是一个形核及长大过程，不过这时的晶核主要来源于非均匀晶核。在共析和过共析钢中，粒状珠光体的形成是以未溶解的渗碳体质点作为相变的晶核，它按球状的形式而长大，成为铁素体基体上均匀分布粒状渗碳体的粒状珠光体组织。

(2) 渗碳体的球化机理

粒状珠光体中的粒状渗碳体，通常是通过渗碳体球状化获得的。根据胶态平衡理论，第二相颗粒的溶解度，与其曲率半径有关。靠近非球状渗碳体的尖角处（曲率半径小的部分）

的固溶体具有较高的碳浓度，而靠近平面处（曲率半径大的部分）的固溶体具有较低的碳浓度，这就引起了碳原子的扩散，因而打破了碳浓度的胶态平衡。结果导致尖角处的渗碳体溶解，而在平面处析出渗碳体（为了保持界面处的碳浓度的平衡）。如此不断进行，最后形成了各处曲率半径相近的球状渗碳体。

（3）片状渗碳体的球化过程

片状渗碳体的断裂与其内部的晶体缺陷有关，若渗碳体片中有位错存在，并可形成亚晶界，将在亚晶界面上产生一界面张力，从而使片状渗碳体在亚晶界处出现沟槽（图 3.12）。在沟槽两侧的渗碳体与平面部分的渗碳体相比，具有较小的曲率半径，因此溶解度较高，曲面处的渗碳体溶解而使曲率半径增大，破坏了界面张力平衡。为了恢复平衡，沟槽进一步加深。如此循环直至渗碳体片溶穿，断为两截。渗碳体在溶穿过程中和溶穿之后，又按尖角溶解、平面析出长大而向球状化转化。同理，这种片状渗碳体断裂现象，在渗碳体中位错密度高的区域也会发生。

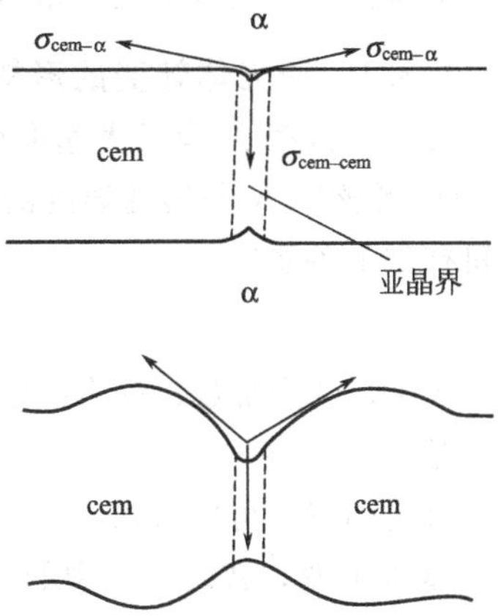

图 3.12　片状渗碳体破断球化机理示意

因此，在 A_{c_1} 温度以下，片状渗碳体的球化过程是通过渗碳体的断裂、碳原子的扩散进行的，其过程如图 3.13 所示。

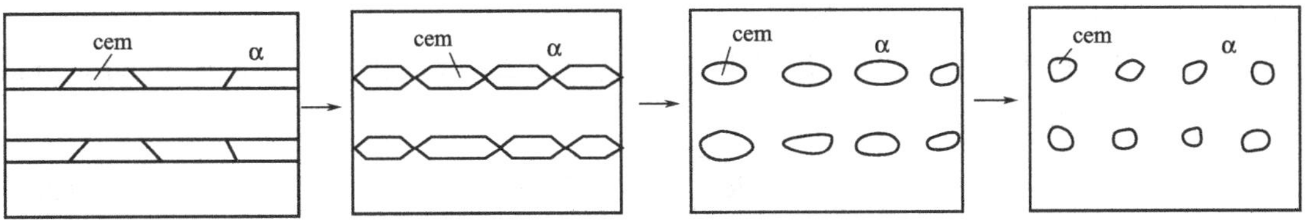

图 3.13　片状渗碳体在 A_{c_1} 以下球化过程示意图

实际生产中获得粒状珠光体除了对高碳钢采用球化退火工艺外，对于中低碳和中低碳合金钢也可采用调质处理工艺获得粒状珠光体。钢件淬成马氏体后，通过高温回火，从马氏体中析出的碳化物经聚集、长大成颗粒状碳化物，均匀分布在铁素体基体中，成为粒状珠光体。

对片状珠光体组织的钢进行塑性形后，再进行球化退火，可促进粒状珠光体的形成。原因是塑性变形会使渗碳体片断开、碎化、溶解，并且增加珠光体中铁素体和渗碳体的位错密度和亚晶界数量，故有促进渗碳体球化的作用。如高碳钢的高温形变球化退火（锻后余热球化退火），可使球化速度加快。

对于有网状碳化物的过共析钢在 $A_{c_1} \sim A_{cm}$ 之间加热时，网状碳化物也会发生断裂和球化，但所得碳化物颗粒较大，且往往呈多角形、“一”字形或“人”字形。由于采用正常的球化退火无法消除网状碳化物，为使其断裂、球化，应提高其加热温度。而在实际生产中，对过共析钢的球化处理，一般应先进行一次正火处理以消除网状碳化物，然后再进行球化退火。

3.3　珠光体转变动力学

珠光体转变和其它类型的相变一样，也是通过形核与长大两个阶段完成的。因此，珠光体转变遵循形核与长大的一般规律，转变速度也取决于形核率和长大速度。

3.3.1 珠光体转变的形核率 N 及线长大速度 G

(1) 形核率 N 及长大速度 G 与转变温度的关系

① 形核率 N 与转变温度的关系 在均匀形核条件下，珠光体的形核率 N 与转变温度 T 之间有如下关系

$$N=Ce^{\frac{-Q}{kT}}\cdot e^{\frac{-\Delta G}{kT}} \tag{3.2}$$

式中，C 为常数；Q 为扩散激活能；T 为绝对温度；k 为波尔兹曼常数；ΔG 为临界晶核的形核功。

由式(3.2) 可以看出：一方面随转变温度 T 降低，原子扩散能力减弱，由于扩散激活能 Q 基本不变，式(3.2) 中的第一项将减小，使形核率 N 减小；另一方面，随转变温度 T 降低，过冷度增大，奥氏体与珠光体的自由能差增大，即相变驱动力增大，使临界形核功 ΔG 减小，式(3.2) 中的第二项将增大，使形核率 N 增大。其综合结果，珠光体的形核率 N 对于转变温度 T 有极大值。

② 长大速度 G 与转变温度 T 的关系 研究证明，在转变温度较高时珠光体团一般长大成等轴类球形，各个方向上的长大速度 G 基本相等。可由下式表示

$$G=R\frac{D_\gamma}{S_0} \tag{3.3}$$

式中，S_0 为珠光体的间距；D_γ 为碳在奥氏体中的扩散系数；R 为包含浓度梯度 $[w(C_{\gamma/\alpha})-w(C_{\gamma/cem})]$ 影响的常数。

由式(3.1) 可知，珠光体的片层间距 S_0 于过冷度 ΔT 成反比，而 R 正比于 ΔT，所以式(3.3) 可改写为

$$G=R\frac{D_\gamma}{S_0}=R'\Delta T^2 D_\gamma \tag{3.4}$$

由式(3.4) 可以看出，随转变温度 T 降低，过冷度 ΔT 增大，使靠近珠光体的奥氏体中的碳浓度差 $[w(C_{\gamma/\alpha})-w(C_{\gamma/cem})]$ 增大，加速了碳原子的扩散速度，而且珠光体的片层间距 S_0 减小，使碳原子的扩散距离缩短，这些因素都促使长大速度 G 增大；而另一方面，随转变温度 T 降低，碳原子的扩散系数减小，使长大速度 G 减小。综合上述因素的影响，珠光体团的长大速度 G 对转变温度 T 也有极大值。

因此，过冷奥氏体转变为珠光体的动力学参数 N 和 G 与转变温度之间都具有极大值的特征。图 3.14 表示了共析钢的珠光体的形核率 N 和晶体长大速度 G 与温度的关系。

形核率 N 和长大速度 G 与温度的这种关系产生的原因也可以定性地说明如下：在其它条件相同的情况下，随着过冷度增大（转变温度降低），奥氏体与珠光体的自由能差增大。但随着过冷度的增大，原子活动能力减小，因而又有使成核率减小的倾向。N 与转变温度的关系曲线具有极大值的变化趋向就是这种综合作用的结果。

由于珠光体转变是典型的扩散性相变，所以珠光体的形成过程与原子的扩散过程密切相关。当转变温度降低时，由于原子扩散速度减慢，因而有使晶体长大速度减慢的倾向，但是，转变温度的降低，将使靠近珠光体的奥氏体中的碳浓度差增大，亦即 $w(C_{\gamma/cem})$ 与 $w(C_{\gamma/\alpha})$差值增大，这就增大了碳的扩散速度，从而有促进晶体长大速度的作用。

从热力学条件来分析，由于能量的原因，随着转变温度降低，有利于形成薄片状珠光体组织。当浓度差相同时，层间距离越小，碳原子移动距离越短，因而有增大珠光体长大速度

的作用。综合上述因素的影响，长大速度与转变温度的关系曲线也具有极大值的特征。

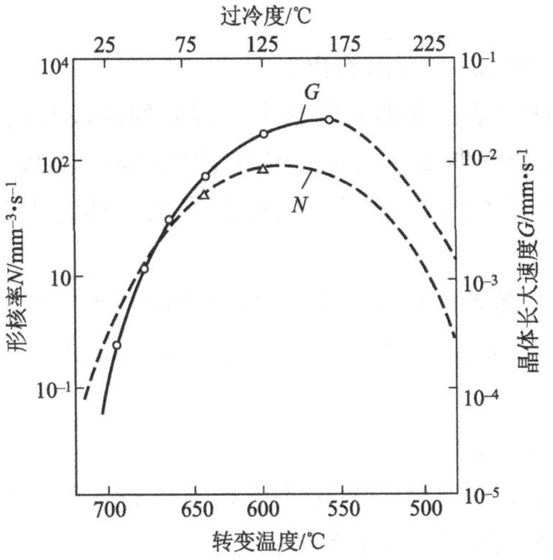

图 3.14　共析钢珠光体转变的形核率 N 和长大速度 G 与温度的关系

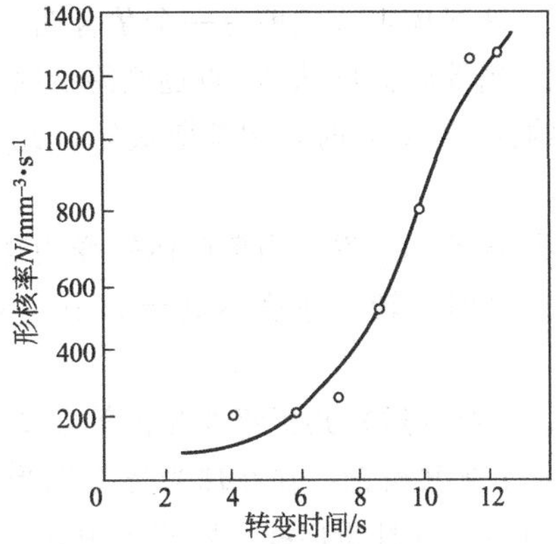

图 3.15　共析钢在 680℃等温时珠光体转变的形核率 N 与转变时间的关系

(2) 形核率 N 和长大速度 G 与转变时间的关系

形核率 N 不仅与转变温度有关，而且当温度一定时还与等温时间有关。当转变温度一定时，珠光体转变的形核率 N 与等温时间的关系是随着转变时间的延长，形核率逐渐增加，当达到一定程度后就急剧下降到零，即所谓的位置饱和（如图 3.15）。而研究表明，等温保持时间对珠光体的长大速度无明显的影响。

3.3.2　珠光体等温转变动力学图（IT 图）

(1) IT 图的建立

珠光体等温转变动力学图（IT 图），由于其形状具有字母“C”的形状，故又称其为等温转变 C 曲线，或 TTT(Time Temperature Transformation) 曲线。它将珠光体转变温度，时间和转变量三者有机地结合在一起，是制定热处理工艺的重要参考工具。

珠光体等温转变动力学图（IT 图）通常都是用实验方法测定，主要有金相法、硬度法、膨胀法、磁性法和电阻法等。具体测定方法可参见第 6 章的相关内容。图 3.16(a) 表示用实验方法测得的共析成分奥氏体，在不同温度下的等温转变曲线，从中可得出各个转变温度下的转变开始及转变终了时间。然后，将各温度下的珠光体转变开始时间和转变终了的时间绘入以时间为横坐标、以等温转变温度为纵坐标的图中，并将各温度下的珠光体转变开始时间连接成一条曲线，转变终了时间连接成另一条曲线，即得珠光体转

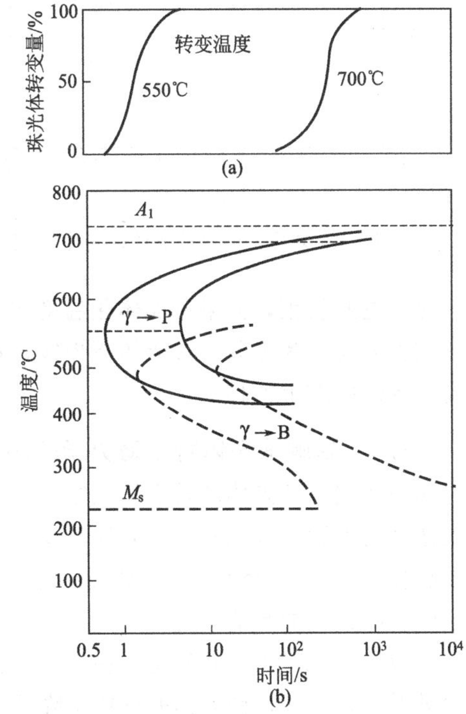

图 3.16　共析钢的珠光体形成动力学图

变动力学图［图 3.16(b)］。

(2) 珠光体等温转变动力学的特点

由珠光体等温转变动力学图（IT 图）［图 3.16(b)］可以看出：

① 珠光体形成之前有一个孕育期。所谓孕育期是指等温开始至发生转变的这段时间。

② 当等温温度从 A_1 点逐渐降低时，转变的孕育期逐渐缩短。温度下降到某一温度（共析钢约为 550℃）时，孕育期最短，此处称这为 C 曲线的鼻子。温度再降低，孕育期反而增加。

③ 从整体来看，当奥氏体转变为珠光体时，随着时间的延长，转变速度增大，在转变量为 50%时，转变速度达到极大值。但转变 50%以后，转变速度又逐渐降低，直至转变完成。

(3) 亚（过）共析钢珠光体等温动力学图（IT 图）

对于亚共析钢，在在珠光体等温形成图的左上方，有一条先共析铁素体析出线，如图 3.17 所示。这种析出线，随着钢中碳含量的增高，逐渐向右下方移动。

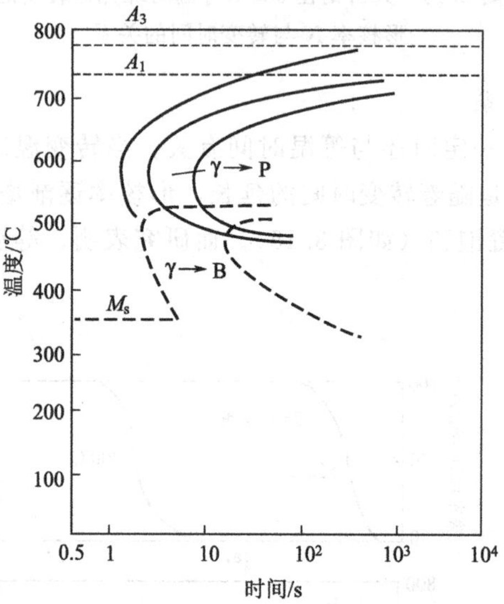

图 3.17 亚共析钢的过冷奥氏体等温转变

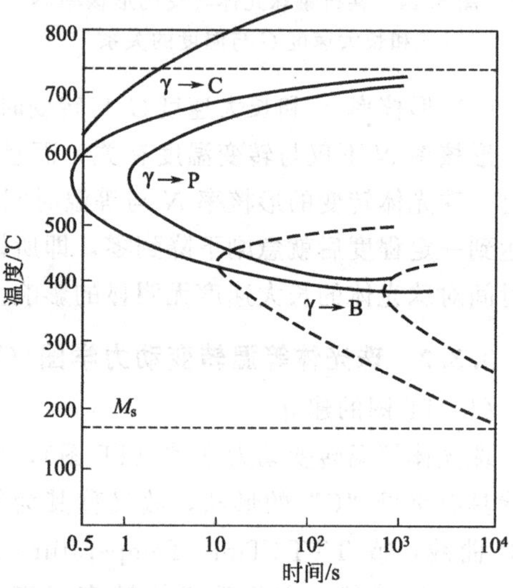

图 3.18 过共析钢的过冷奥氏体等温转变图

对于过共析钢，如果奥氏体化温度在 A_{cm} 点以上，在等温转变过程中，在珠光体形成曲线的左上方有一条先共析渗碳体析出线，如图 3.18 所示。这条析出线，随着钢中碳含量的增高，逐渐向左上方移。

3.3.3 影响珠光体转变动力学的因素

如前所述，珠光体的转变量决定于形核率和长大速度。因此，凡是影响珠光体形核率和长大速度的因素，都是影响珠光体转变动力学的因素。影响珠光体转变动力学的因素较多，主要有化学成分、组织结构、加热温度、保温时间、应力和塑性变形等。

(1) 碳含量的影响

一般认为，对于亚共析钢，在完全奥氏体化（加热温度高于 A_{c_3}）的情况下，随着钢中碳含量增高，先共析铁素体的形核率降低，使铁素体长大需要扩散离去的碳含量增大，使奥氏体转变为珠光体的孕育期增大，导致珠光体转变速度降低，C 曲线右移。

对于过共析钢完全奥氏体化（加热温度高于 A_{cm}）的情况下，过共析钢中碳含量越高，会使渗碳体的形核率增加，碳在奥氏体中的扩散系数增大，先共析渗碳体析出的速度增大，使奥氏体转变为珠光体的孕育期减小，导致奥氏体转变为珠光体的转变速度提高，C曲线左移。

如果过共析钢加热温度为不完全奥氏体化（加热温度在 A_1 和 A_{cm} 之间），加热后所获得的组织是不均匀的奥氏体加残留渗碳体。这种组织状态，具有促进珠光体的晶核形成和晶体长大的作用，使珠光体形成的孕育期缩短，转变速度加快。因此，对于相同碳含量的过共析钢，不完全奥氏体化往往要比完全奥氏体容易发生珠光体转变。

（2）奥氏体成分均匀性和过剩相溶解情况的影响

钢件在实际加热条件下，奥氏体常常处于不太均匀的状态，有时还可能有少量渗碳体微粒残存。这种情况会因钢中含有稳定碳化物元素和原始组织比较粗大而加剧。奥氏体成分的不均匀，将有利于在高碳区形成渗碳体，在低碳区形成铁素体，并加速碳在奥氏体中的扩散，增大了先共析相和珠光体的形成。未溶渗碳体的存在，即可以作为先共析渗碳体的非均匀晶核，也可以作为珠光体领先相的晶核，因而也加速了珠光体的转变。

（3）奥氏体晶粒度的影响

由于钢的化学成分、脱氧剂等的不同，在相同的加热条件下，所获得的奥氏体晶粒度也不尽相同。奥氏体晶粒细小，单位体积内晶界面积增大，有利于珠光体形核的部位增多，将促进珠光体形成。同理，细小的奥氏体晶粒，也将促进先共析铁素体和渗碳体的析出。

（4）原始组织的影响

原始组织不同，加热所得奥氏体的状态也不同。原始组织粗大，奥氏体化时碳化物溶解较慢，奥氏体均匀化速度也较慢。如果原始组织较细，则情况正好相反。因此，可以说在其它条件相同的情况下，原始组织越细，珠光体形成的速度越慢。

（5）加热温度和保温时间的影响

钢的加热温度和保温时间，可直接影响到钢的奥氏体化和晶粒大小。提高加热温度或延长保温时间，会促进渗碳体的进一步溶解和奥氏体的均匀化，同时也会使奥氏体晶粒长大，因此，会降低珠光体相变的形核率和长大速度，从而推迟了珠光体转变的进行。所以，加热温度低，保温时间短，均将加速珠光体的转变。

（6）应力和塑性变形的影响

在奥氏体状态下承受拉应力或进行塑性变形，有加速珠光体转变的作用。这是由于拉应力和塑性变形造成的晶体点阵畸变和位错密度增高，有利于碳和铁原子的扩散和晶格点阵重构，所以有促进珠光体晶核形成和晶体长大的作用。并且奥氏体形变温度越低，珠光体转变速度越大。若对奥氏体施加压应力，则使珠光体转变推迟。这可能是由于在压应力下原子迁移阻力增大，使碳原子和铁原子的扩散及晶格点阵改组困难。所以，拉应力促进转变，压应力抑制转变。

3.4 合金元素对珠光体转变的影响

研究合金元素对珠光体转变的影响，即是研究合金钢中的珠光体转变。由于合金钢中的珠光体转变与碳钢中的情况十分相似，因此，研究合金钢中的珠光体转变，也就是讨论合金元素对铁碳合金珠光体转变的影响规律。

3.4.1 合金元素对奥氏体-珠光体平衡温度（A_1）和共析碳浓度（S点）的影响

合金元素对奥氏体-珠光体平衡温度（A_1）和共析碳浓度的影响如图3.19所示。可以看出，除Ni、Mn降低了A_1点之外，其它常用合金元素都提高了A_1温度。几乎所有合金元素都使钢的共析碳浓度降低（即S点左移）。

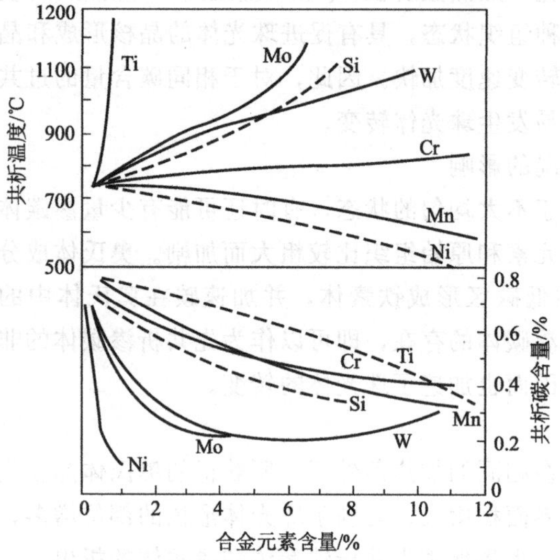

图3.19 合金元素对共析温度及共析点的影响

合金元素的加入改变了奥氏体与珠光体的平衡温度（A_1），使得在相同温度发生珠光体转变时的过冷度不同，获得的珠光体组织的粗细程度也就不同。因此，不同的合金钢在相同的温度下形成珠光体的层间距离是不同的。

3.4.2 合金元素对珠光体转变动力学的影响

钢中加入合金元素，可显著地改变珠光体转变的形核率和长大速度，因而影响珠光体形成速度。各类钢中合金元素对珠光体转变动力学的影响，大致可以归纳如下。

Mo显著地增大了过冷奥氏体在珠光体转变区的稳定性，即增长了相变孕育期和减慢了转变速度。Mo特别显著地增大在580～600℃温度范围内的过冷奥氏体的稳定性。在共析钢中加入0.8%Mo，可以使过冷奥氏体分解完成时间增长28000倍。

W的影响与Mo相似，当含量按质量百分率计算时，其影响程度约为Mo的一半。

Cr的影响，表现在比较强烈地增大过冷奥氏体在600～650℃温度范围内的稳定性。

Ni、Mn都有比较明显提高过冷奥氏体在珠光体转变区稳定的作用。

Si对过冷奥氏体转变为珠光体的速度影响较小，稍有增大过冷奥氏体稳定性的作用。

Al对珠光体转变的影响很小。

V、Ti、Zr、Nb、Ta等在钢中形成难溶的碳化物。如果这些元素在加热时能够溶入奥氏体中，则增大过冷奥氏体的稳定性。但是，即使加热到很高温度，这类碳化物仍然不能完全溶入奥氏体中。因此，当钢中加入强烈形成碳化物元素，奥氏体温度又不很高时，不仅不能增大甚至会降低过冷奥氏体的稳定性。

B元素很特别。一般认为，钢中加入微量的B(0.0010%～0.0035%)，可以显著降低亚共析钢中过冷奥氏体在珠光体转变区析出铁素体的速度，对珠光体的形成具有较强抑制作用，其原因是由于B吸附在奥氏体晶界上，降低了晶界的能量，从而降低了先共析铁素体和珠光体的成核率。但随着钢中碳含量的增高，硼增大过冷奥氏体稳定性的作用会逐渐减小。B对先共析铁素体长大速度并不发生明显影响，而且B还有增大珠光体长大速度的倾向。因此，B能延迟过冷奥体分解的开始时间，但对形成珠光体的终了时间则影响较小。

Co降低过冷奥氏体在珠光体转变区的稳定性，缩短珠光体转变的孕育期，加速珠光体的转变。

钢中常用的合金元素对珠光体转变的影响可用图3.20示意的表示。从图中可以看出，当合金元素充分溶入奥氏体中的情况下，除 Co 以外，所有常用合金元素皆使珠光体的鼻子右移，先共析铁素体的鼻子右移。除 Ni 以外，所有的常用合金元素皆使这两个鼻子移向高温区。

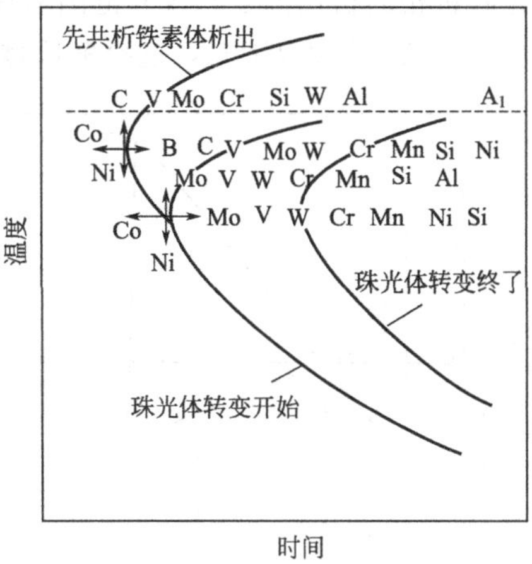

图 3.20　合金元素对珠光体转变动力学的影响

3.4.3　合金元素对珠光体转变产生影响的原因

合金元素对珠光体转变所产生影响的原因，至今仍未彻底搞清楚，归纳起来可以从以下几个方面考虑。

(1) 合金元素自扩散的影响

为了完成合金奥氏体的共析分解，除了碳的扩散之外，合金元素也需要进行扩散再分配。扩散结果，在珠光体中形成碳化物的区域，碳化物形成元素的含量增加，而非碳化物形成元素则减少。铁素体区域的情况则与此相反。由于合金元素具有较低的扩散速度（其扩散系数为碳在奥氏体中扩散系数的万分之一到千分之一），因而增长了过冷奥氏体转变为珠光体的孕育期和降低了形成速度。

(2) 合金元素对碳扩散的影响

合金元素对珠光体转变的影响，是通过合金元素改变了碳原子在奥氏体中的扩散系数而起作用的。降低碳的扩散系数将增大珠光体转变的孕育期和降低转变速度，反之则缩短孕育期和增加转变速度。

(3) 合金元素改变了 $\gamma \rightarrow \alpha$ 转变速度

合金元素的加入，可以改变 $\gamma \rightarrow \alpha$ 的同素异构转变速度，改变 α-Fe 的临界形核功，因此，对珠光体的转变产生相应的影响。

(4) 合金元素改变了临界点

合金元素的加入，将改变临界点的位置，并使其成为一个温度范围。这样一来，在相同的温度条件下，不同成分的钢其过冷度就不同，对珠光体的转变产生不同的影响。

(5) 合金元素对 γ/α 相界面的拖曳作用

合金元素的加入，将对 γ/α 相界面产生拖曳作用，从而降低 γ/α 相界面的移动速度，进而降低珠光体的形成速度。

3.5　亚（过）共析钢的珠光体转变

亚（过）共析钢中的珠光体转变与共析钢相似，但要在发生珠光体转变前，会有先共析铁素体或先共析渗碳体的析出，当未转变奥氏体的成分改变到共析成分时，才会发生珠光体转变。因此，应考虑先共析铁素体（或渗碳体）的析出。

3.5.1　共析相的析出与伪共析转变

由铁碳相图可知，亚共析钢或过共析钢奥氏体化后缓慢冷却到先共析铁素体区或先共析渗碳体区时，将有先共析铁素体或先共析渗碳体析出。但是，如果是快速冷却到 A_1 温度以下发生非平衡转变时，则先共析相的析出温度和成分范围都将发生变化。图 3.21 为铁碳合金先共析相的析出温度和成分范围示意图，从图中可以看出，亚共析钢或过共析钢自奥氏体区快冷到 A_1 温度以下时，过冷奥氏体在 PSE' 区域析出先共析铁素体，在 $E''SG'$ 区域析出先共析渗碳体，而随后在 $E'SG'$ 线以下区域发生伪共析转变。如果冷却速度快到使先共析铁素体或先共析渗碳体来不及析出，奥氏体被迅速过冷到了 $E'SG'$ 线以下的阴影区域（如图中 C_2 成分的亚共析钢和 C_3 成分的过共析钢，快速冷却到 T_1 温度以下时），由于过冷奥氏体中在此温度以下同时与铁素体和渗碳体达到相平衡，将从奥氏体中同时析出铁素体和渗碳体，这时，过冷奥氏体将全部转变为珠光体，但成分并非共析成分，这种非共析成分的合金发生的共析转变称为"伪共析转变"，其转变产物称为"伪共析组织"，$E'SG'$ 线以下的阴影区域称为"伪共析转变区"。

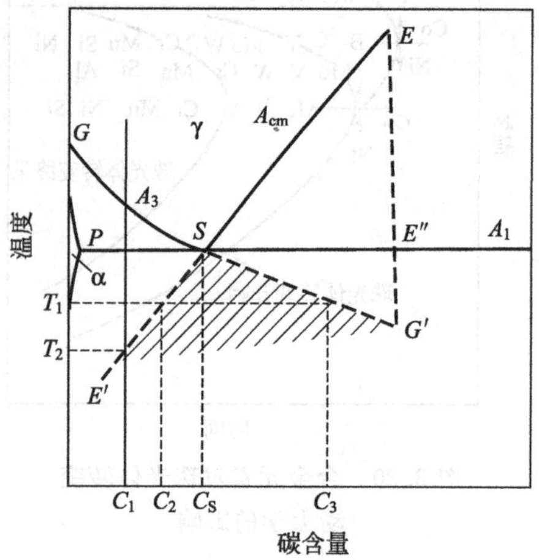

图 3.21 先共析相的析出温度

非共析成分的奥氏体被过冷到伪共析区后，可以不析出先共析相，而直接分解为铁素体和渗碳体的机械混合物，其分解机制和分解产物的组织特征与珠光体转变的完全相同，但其中的铁素体和渗碳体的量则与珠光体的不同，随奥氏体的碳含量的增加，渗碳体量越多。

在图 3.21 中，碳含量为 C_1 的亚共析钢加热奥氏体化后，迅速过冷到 T_1 温度等温转变，首先析出先共析铁素体，并排出碳原子使周围奥氏体碳含量不断升高，当奥氏体碳含量增至 C_2 时，便发生伪共析转变。若奥氏体化后直接过冷到 T_2 温度，奥氏体将不发生先共析转变，而全部转变为伪共析体。

3.5.2 亚共析钢中先共析铁素体

亚共析钢奥氏体化后，被过冷到 GS 线以下、SE' 线以上时，都将有先共析铁素体析出，其量决定于奥氏体中碳含量和析出温度。奥氏体的含碳量高，冷却速度快，析出先共析铁素体量越少。先共析铁素体具有三种不同的形态，网状、块状（或称等轴状）和片状（有时也称针状），如图 3.22 所示。图中的（a)、(b)、(c）表示铁素体形成时与奥氏体无共格联系。(a)、(b）是块状铁素体，(c）为网状铁素体。图中的（d)、(e)、(f）表示铁素体长大时与奥氏体有共格联系。形成的是片状铁素体。图 3.23 为网状、针（片）状形态的先共析铁素体的显微组织。

先共析铁素体的析出也是一个形核及长大过程，共晶核大都在奥氏体晶界上形成。晶核与一侧的奥氏体晶粒存在 K-S 关系，两者之间为共格界面，但与另一侧的奥氏体晶粒则无位向关系，两者之间是非共格界面。

先共析铁素体晶核形成后，与铁素体接壤的奥氏体的碳的含量将增加，在奥氏体内形成碳的浓度梯度，从而引起碳的扩散，为了保持相界面碳浓度的平衡，必须从奥氏体中继续析出低碳的铁素体，使铁素体晶核不断长大。

当转变温度较高时，铁原子活动能力增强，非共格界面迁移比较容易，故铁素体向无位向关系一侧的奥氏体晶粒长大成球冠状，如果奥氏体的碳含量较高时，铁素体将连成网状，而当奥氏体的碳含量较低时，铁素体将形成块状。另外，如果奥氏体晶粒较大，冷却速度较

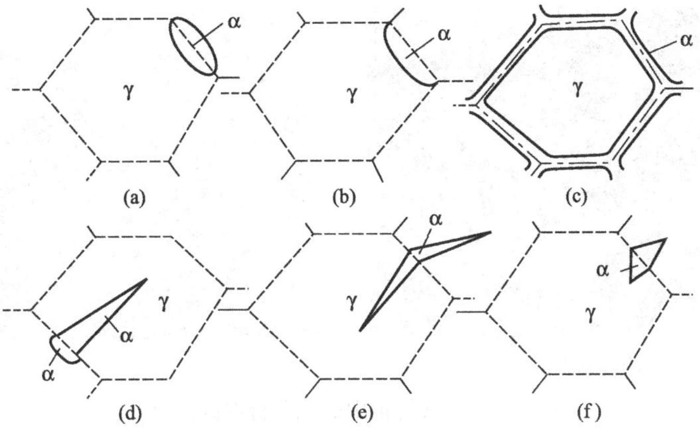

图 3.22　亚共析钢先共析铁素体形态示意

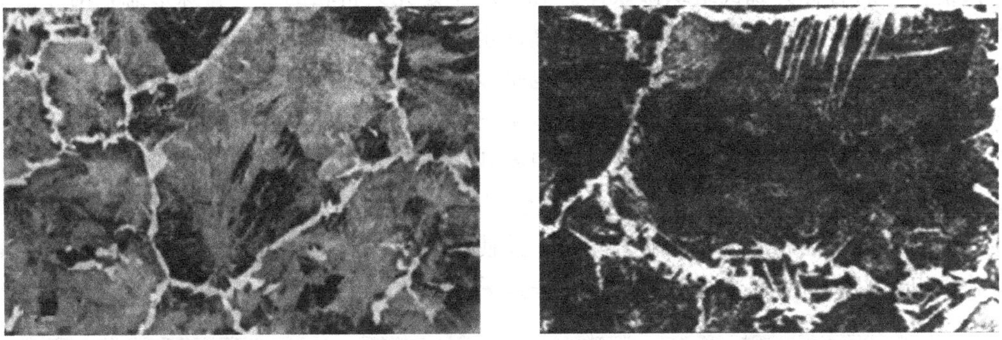

(a) 网状铁素体　　(b) 片状铁素体

图 3.23　亚共析钢中的先共析铁素体形态

快，先共析铁素体可能沿奥氏体晶界呈网状析出。

当转变温度较低时，铁原子扩散变得困难，非共格界面不易迁移，而共格界面迁移则成为主要的，铁素体将通过共格界面向与其有位向关系的奥氏体晶粒内长大。为了减小弹性畸变能，铁素体将呈条片状沿奥氏体某一晶面向晶粒内伸展。另外，如果奥氏体成分均匀，晶粒粗大，冷却速度又比较适中，先共析铁素体有可能呈片状沿一定晶面向奥氏体晶内析出。

3.5.3　过共析钢中先共析渗碳体

过共析钢加热到 A_{cm} 温度以上，经保温获得均匀奥氏体后，再在 A_{cm} 点以下 GS 延长线以上等温保持或缓慢冷却时，将从奥氏体中析出先共析渗碳体。先共析渗碳体的形态，可以是粒状、网状和针（片）状。但是，过共析钢在奥氏体成分均匀、晶粒粗大的条件下，从过冷奥氏体中直接析出粒状渗碳体的可能性是很小的。通常情况是，当冷却速度比较慢时，可以获得与原奥氏体有共格关系的网状渗碳体［图 3.24(a)］，而当冷却速度较快时，得到与原奥氏体有共格关系的针（片）状渗碳体［图 3.24(b)］。

如果过共析钢具有网状或针（片）状渗碳体组织，将显著增大钢的脆性。因此，过共析钢件毛坯的退火加热温度，必须在 A_{cm} 以下。对于具有网状或针（片）状渗碳体的钢件，为了消除网状或针（片）状渗碳体，必须加热到 A_{cm} 以上，使渗碳体充分溶入奥氏体中，然后快速冷却，使先共析渗碳体来不及析出，形成伪共析或其它组织，再进行球化退火。

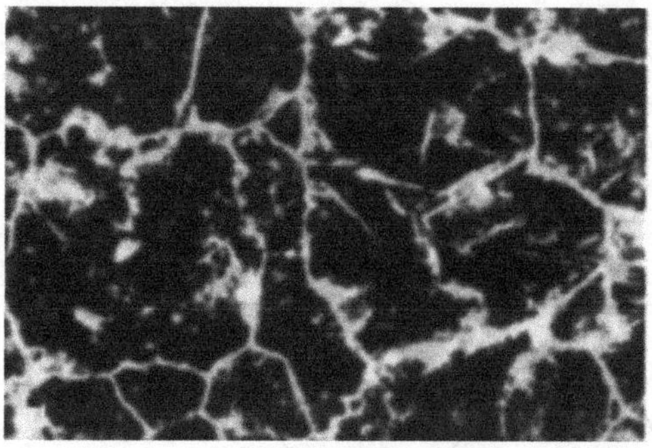

(a) 网状渗碳体

(b) 片状渗碳体

图 3.24　过共析钢中的先共析渗碳体形态

工业上将具有针（片）状铁素体或渗碳体加珠光体的组织称为魏氏组织，前者称为魏氏组织铁素体，后者称为魏氏组织渗碳体。魏氏组织是先共析相的一种特殊形态，对于亚共析钢来说，魏氏铁素体从原奥氏体的晶界向晶内生长，形成一系列具有一定取向的针（片）状铁素体。对于过共析钢来说，魏氏渗碳体也是以针片状形态出现。魏氏铁素体从单个的形态来看虽然呈针（或片）状，但从整体来看，由于许多片常常是相互平行的，形似羽毛状。有时在一个原奥氏体晶粒内也可看到魏氏组织有几组不同方向的平行长片互相交割的情况，从而呈现为三角形分布（如图 3.25）。魏氏组织以及经常与其伴生的粗大晶粒组织会使钢的力学性能，尤其是塑性和冲击性能显著降低，并使钢的脆性转折温度升高。在这种情况下必须消除魏氏组织以及粗大晶粒组织。常用方法是采用细化晶粒的正火、退火以及锻造等。

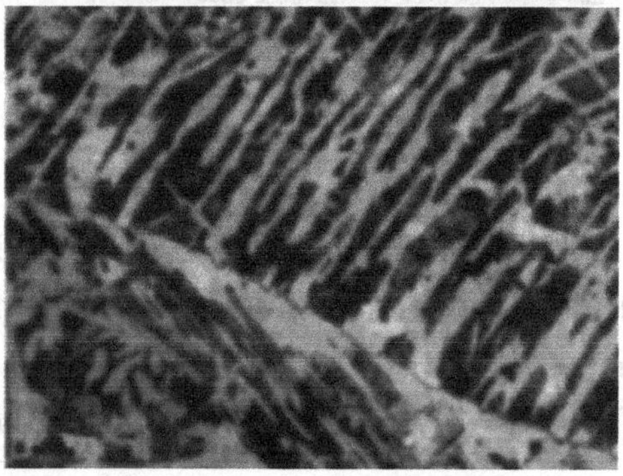

(a) 亚共析钢在的魏氏组织铁素体

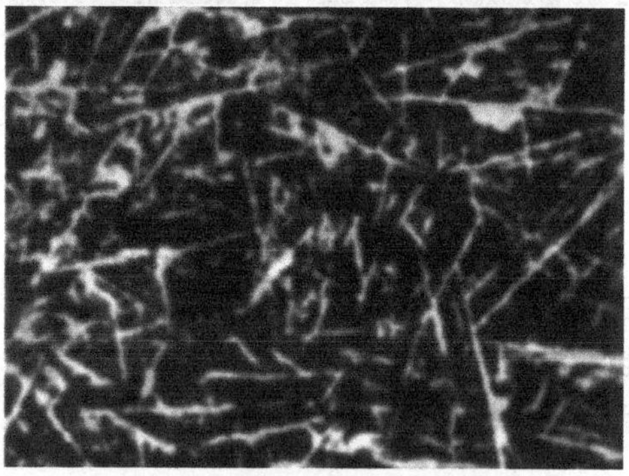

(b) 过共析钢中的魏氏组织渗碳体

图 3.25　钢中的魏氏组织

3.6 珠光体的力学性能

钢中珠光体的力学性能，主要决定于珠光体的组织形态。而珠光体转的组织形态既与钢的化学成分有关，又与热处理工艺（包括奥氏体化温度及冷却方法等）有关。对于共析碳钢来说，由于热处理工艺不同，可以得到片间距不同、珠光体团大小不同的片状珠光体，也可能得到渗碳体呈颗粒状的粒状珠光体。对于亚共析钢来说，还将随碳含量的不同以及冷却速度的不同而使珠光体在组织中所占的份额发生改变。对于过共析钢来说，也可能出现先共析渗碳体，这些变化都将对珠光体的力学性能产生影响。

3.6.1　共析成分珠光体的力学性能

共析成分珠光体有两种类型，即片状珠光体和粒状珠光体。它们的力学性能是不同的。

(1) 片状珠光体的力学性能

片状珠光体的力学性能与珠光体的层片间距离、珠光体团的直径、珠光体中铁素体片的亚晶粒尺寸以及原始奥氏体晶粒大小有着密切的关系。通常原始奥氏体晶粒粗大，将使珠光体团的直径增大，但对片间距离影响较小。这是由于珠光体团的直径是由其形核率与晶体长大速度之比决定的。在成分均匀化进行较好的奥氏体中，片状珠光体主要在晶界形核，因而奥氏体晶粒大小将会对珠光体团直径产生明显影响。珠光体的片间距离主要决定于珠光体的形成温度，也就是说是由相变时能量的变化和碳的扩散决定的，而与奥氏体晶粒大小的关系不大。

珠光体的层片间距离主要决定于珠光体的形成温度，而珠光体团的直径不仅取决于珠光体的形成温度，还与奥氏体的晶粒大小有关，而奥氏体的晶粒大小与奥氏化条件有着密切关系。因此，可以认为，共析钢片状珠光体的力学性能主要取决于奥氏体化温度及珠光体的形成温度。

共析钢中珠光体的层片层间距和珠光体团的直径与珠光体强度和塑性的关系如图 3.26、图 3.27 所示。可以看出，随着珠光体团直径以及层片间距离的减小，珠光体的强度和塑性均获得升高。其原因可解释如下，珠光体层片间距的减小，意味着铁素体与渗碳体片越薄，相界面增多，则在外力作用下，抵抗塑性变形能力增强，使强度升高。并且，由于铁素体、渗碳体片很薄，在外力作用下可以滑移产生塑性变形，也可以产生弯曲，会使塑性变形能力增大，致使塑性提高。珠光体团直径减小，表明单位体积内珠光体片层排列方向增多，有利塑性变形的尺寸减小，使局部发生大量塑性变形引起应力集中的可能性减少，因而既增高了强度又提高了塑性。

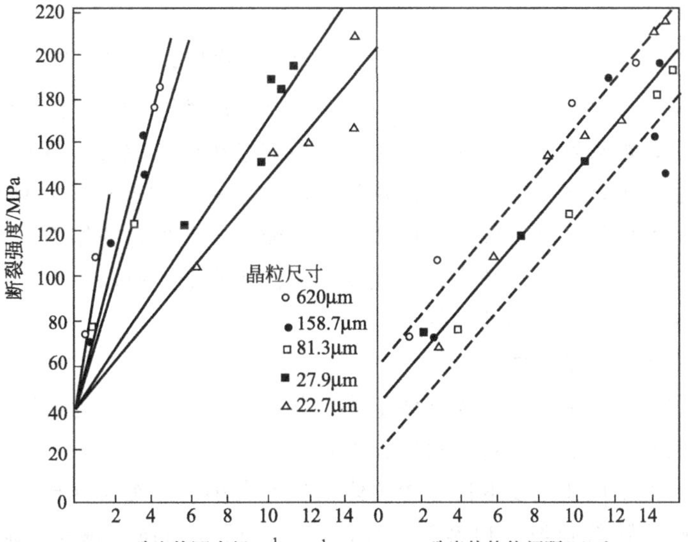

图 3.26　共析钢珠光体团直径和片间距对断裂强度的影响

片状珠光体是实际生产中广泛使用的重要组织形态。工业上比较重要的是派登处理又称

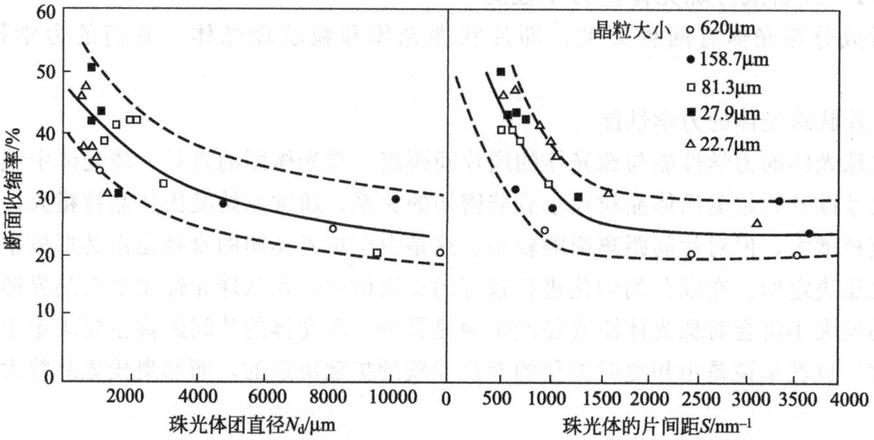

图 3.27 共析钢珠光体团直径和片间距对断面收缩率的影响

为铅淬冷拔工艺。它是利用片间距的减小能提高强度尤其是塑性的原理，发展了一种极为有效的用于提高钢丝强度的强化处理工艺。该工艺是将高碳钢奥氏体化后，淬入铅浴（600～650℃）中进行索氏体化，得到片间距极小的索氏体组织，然后利用薄渗碳体片可以弯曲和产生塑性变形的特性进行深度冷拔以使铁素体片产生强烈的形变强化作用，而使强度得到显著提高。派登处理是铁碳合金在目前生产条件下能够达到的强度最高水平。

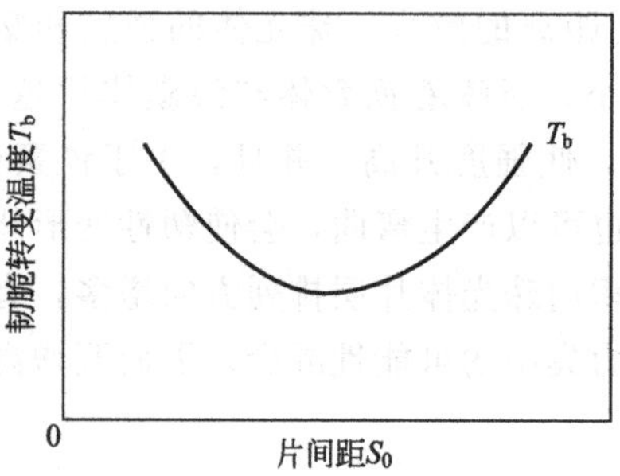

图 3.28 珠光体片间距对冷脆转变温度的影响示意

片间距离对冲击韧的影响比较复杂。因为片间距离的减小，将使冲击性能变坏，而渗碳体变薄又有利于改善冲击韧性。前者是由于强度提高而使冲击变坏，后者则是由于薄的渗碳体片可以弯曲、变形而使断裂成为韧性断裂，从而改善冲击韧性。这两个相互矛盾因素的共同作用，使冲韧性的冷脆转变温度与片间距离的关系出现一个极小值（图 3.28），即冷脆转变温度随片间距的减小先降后升。

值得注意的是，如果钢中的珠光体是在连续冷却过程中形成时，转变产物的片间距离大小不等，高温形成的大，低温形成的小。片间距离的不一，引起了抗塑性变形能力的不同，珠光体片间距离大的区域，具有较小的抗塑性变形能力。在外力的作用下，往往在这些区域产生过大变形，出现应力集中而断裂，使强度和韧性都降低。所以，为了获得片间距离均匀一致，强度高的珠光体，应采用等温处理。

（2）粒状珠光体的力学性能

在工业用高碳钢中也常见到在铁素体基体上分布着粒状渗碳体的组织，这种组织称为粒状珠光体。粒状珠光体一般是经过球化退火得到的。

粒状珠光体的力学性能主要取决于渗碳体颗粒的大小、形态与分布。一般来说，当钢的成分一定时，渗碳体颗粒越细，相界面越多，则钢的硬度和强度越高。碳化物越接近等轴状、分布越均匀，则钢的塑韧性越好。

在成分相同的条件下，粒状珠光体比片状珠光体的硬度稍低，但塑性较好，见图 3.29。粒状珠光体硬度稍低的原因是由于其铁素体和渗碳体的相界面比片状珠光体少，对位错运动的阻力较小。粒状珠光体塑性好是因为铁素体连续分布，渗碳体颗粒均匀地分布在铁素体基体上，位错可以较大范围的移动，因此，塑性变形量较大。

粒状珠光体组织的切削加工性和冷挤压成型性好，对刀具、模具的磨损小，加热淬火时的变形、开裂倾向小。因此，高碳钢在机加工和热处理前，常要求先经球化退火处理得到粒状珠光体。而中低碳钢机械加工前，则需要经过正火处理，得到更多的珠光体，以提高切削加工性能。低碳钢，在深冲等冷加工前，为了提高塑性变形能力，常需进行球化退火。

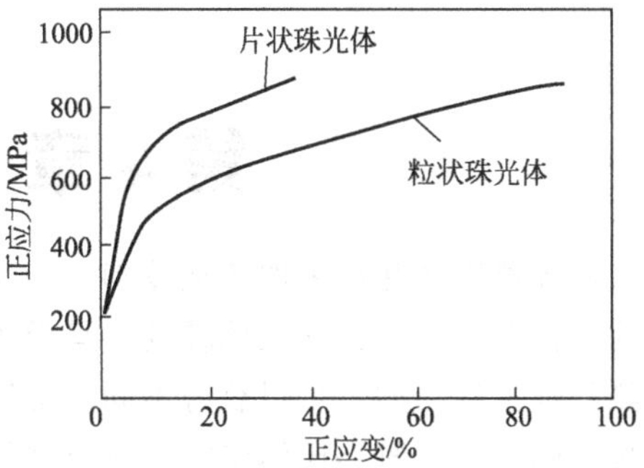

图 3.29　共析钢片状和粒状珠光体的真应力-真应变曲线

3.6.2　亚共析钢珠光体转变产物的力学性能

亚共析钢珠光体转变产物的力学性能主要取决于其组织形态，包括先共析铁素体与珠光体的相对量、先共析铁素体晶粒的大小、珠光体的片间距离以及铁素体的化学成分等因素，而组织形态又取决于钢中的化学成分（碳含量）、工艺条件（奥氏体化温度及冷却条件）。

当碳含量较低时，组织中珠光体量少，珠光体对强度的贡献不占主要地位，此时，强度的提高主要靠先共析铁素体晶粒的减小而产生的细晶强化作用，而当碳含量增加时，组织中珠光体量增加，珠光体对强度的贡献作用增强，当珠光体的量趋近 100%时，珠光体对强度的贡献就成为主要的，此时强度的提高依靠珠光体片间距离的减小。

前面已经提到，对于珠光体来说，片间距对冲击韧性的影响比较复杂，存在着片间距与渗碳体片厚度两个矛盾的因素。对于共析成分的珠光体来说，渗碳体片厚度与片间距之间的关系是固定的，渗碳体片厚度随片间距的减小而变薄，故存在一个最佳片间距，大于或小于该最佳值时，脆性转折温度均升高。但对于亚共析钢的伪珠光体来说，渗碳体片的厚度不仅与片间距有关，还与珠光体的碳含量有关。片间距一定时。渗碳体片厚度还将随珠光体碳含量的下降而变薄，这将使冲击韧性得到改善。但当珠光体碳含量一定时，片间距与渗碳体片厚度之间仍存在一个固定的对应关系。

复习思考题

1. 什么是珠光体？片状珠光体和粒状珠光体有何不同？
2. 珠光体、索氏体、托氏体组织有什么区别？
3. 简述片状珠光体的形成机理。
4. 片状珠光体的层片间距和珠光体领域对珠光体片状组织的性能有什么影响？
5. 粒状珠光体的形成机理和条件是什么？
6. 先共析相的形态对钢的力学性能有什么影响？
7. 说明珠光体形成时其领先相通常为渗碳体的条件及原因？
8. 如何理解珠光体转变是扩散型相变？
9. 碳与合金元素对珠光体转变动力学有何影响？
10. 什么是魏氏组织？简述魏氏组织的形成条件，对钢性能的影响及消除方法。

第4章　马氏体转变

钢经奥氏体化后采取快速冷却，抑制珠光体和贝氏体等扩散性转变，在较低的温度下发生的无扩散型相变为马氏体转变。马氏体转变是钢件热处理强化的主要手段，由于钢的成分及热处理条件不同，可以获得不同的马氏体形态和亚结构，从而对钢的组织和力学性能产生影响。因此，了解马氏体组织的形成规律，掌握马氏体组织的结构与力学性能关系等内容，对于指导热处理生产实践，充分发挥钢材潜力具有重要意义。

4.1　钢中马氏体的晶体结构

4.1.1　马氏体的晶格类型

在铁碳合金中，马氏体是指碳在 α-Fe 中形成的过饱和固溶体。钢中马氏体的性质主要取决于其晶体结构。X 射线衍射分析实验已经证实，马氏体具有体心正方的点阵结构（点阵常数之间的关系为：$a=b\neq c$，$\alpha=\beta=\gamma=90°$，c/a 称为正方度），奥氏体转变为马氏体只有晶格改组而不发生化学成分变化，即溶解在奥氏体中的碳及其它合金元素将全部保留在马氏体的晶格点阵中，并且随着马氏体碳含量的不同，其点阵常数也相应发生很大变化。

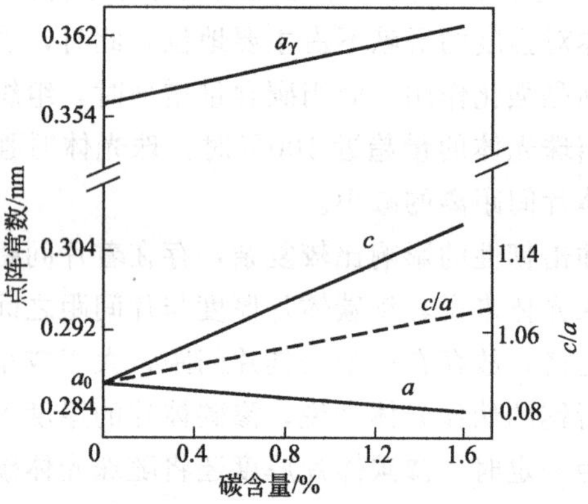

图 4.1　奥氏体和马氏体的点阵常数与碳含量关系

（1）马氏体点阵常数和碳含量的关系

通过 X 射线衍射分析法测定不同碳含量马氏体的点阵常数，可以得出点阵常数 c、a 及 c/a 与钢中碳含量之间是成线性关系，如图 4.1 所示，可以看出，随钢中碳含量升高，马氏体点阵常数 c 增大，a 减小，正方度 c/a 亦将增大。图中 a_γ 为奥氏体的点阵常数，它也随奥氏体中碳含量增加而增大。

马氏体的点阵常数和钢中碳含量的关系也可用下列公式表示

$$\left.\begin{aligned} c&=a_0+\alpha\rho \\ a&=a_0-\beta\rho \\ c/a&=1+\gamma\rho \end{aligned}\right\} \tag{4.1}$$

式中　a_0——为 α-Fe 的点阵常数，$a_0=2.861\text{Å}$；

$\alpha=0.116\pm0.002$；

$\beta=0.113\pm0.002$；

$\gamma=0.046\pm0.001$；

ρ——马氏体的碳含量（质量百分数）。

公式(4.1) 所表示的马氏体点阵常数和碳含量的关系，已被大量研究工作所证实，并且发现这种关系也适用于合金钢。马氏体的正方度 c/a，可以作为马氏体碳含量定量分析的依据。

(2) 碳原子在马氏体点阵中的位置及分布

碳原子在 α-Fe 中可能存在的位置是铁原子构成体心立方点阵的八面体间隙位置中心。在晶胞中就是各边中央和面心位置，如图 4.2 所示。体心立方点阵的八面体间隙是一扁八面体，其长轴为$\sqrt{2}a$，短轴为 c。根据计算，α-Fe 中的这个间隙在短轴方向上的半径仅 0.19Å，而碳原子的有效半径为 0.77Å。因此，在平衡状态下，碳在 α-Fe 中的溶解度极小（室温下仅为 0.006%C）。而在一般钢中，马氏体的碳含量远远超过这个数值。因此，势必会引起 α-Fe 的晶格点阵发生严重畸变。需要注意的是，在图 4.2 中虽然指出了碳原子可能占据的位置，但并非所有位置上都有碳原子存在。根据碳原子可能占据的位置可以分为三组，每组构成一个八面体，碳原子分别占据着这些八面体的顶点，通常把这三种结构称之为亚点阵，如图 4.3 所示。图中 (a) 的结构称为第三亚点阵，碳原子在 c 轴上；(b) 的结构称为第二亚点阵，碳原子在 b 轴上；(c) 的结构称为第一亚点阵，碳原子在 a 轴上；如果碳原子在三个亚点阵上分布的几率相等，即无序分布，则马氏体应为立方点阵。事实上，马氏体点阵是体心正方的，可见碳原子在三个亚点阵上的分布几率是不相等的，可能优先占据其中某一个亚点阵，而呈现为有序分布。

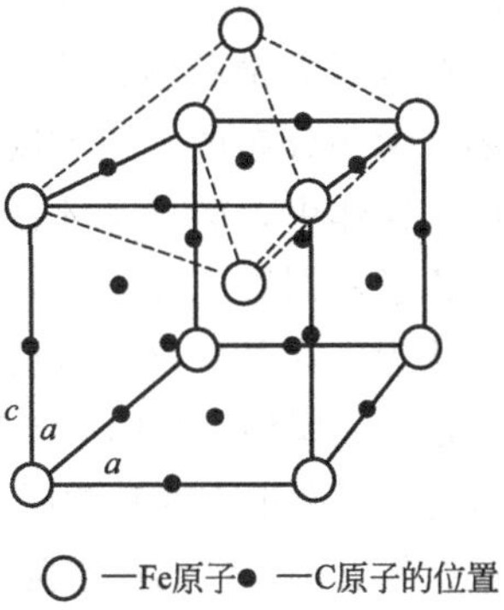

图 4.2　马氏体的点阵结构及碳原子可能存在的八面体间隙位置

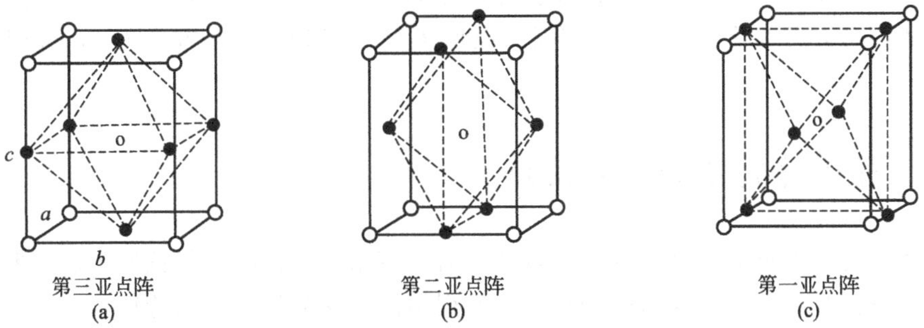

图 4.3　碳原子在马氏体点阵中的可能位置构成的亚点阵

通常假设马氏体点阵中的碳原子优先占据八面体间隙位置的第三亚点阵，即碳原子平行于 [001] 方向排列。结果使 c 轴伸长，a 轴缩短，使体心立方点阵的 α-Fe 变成体心正方点阵的马氏体。研究表明，并不是所有的碳原子都占据第三亚点阵的位置，通过中子辐照分析的结论是近 80%的碳原子优先占据第三亚点阵，而 20%的碳原子分布其它两个亚点阵，即在马氏体中，碳原子呈部分有序分布。

4.1.2　马氏体的异常正方度

在研究马氏体的过程中人们发现，有些钢的新形成马氏体的正方度与碳含量的关系并不符合公式(4.1)。有的钢正方度比公式(4.1) 计数值要低得多（如 M_s 点低于 0℃的锰钢），称为异常低正方度。有的钢正方度与公式(4.1) 计数值相比，又相当高（如高镍钢和铝钢），称为异常高正方度。异常低正方度马氏体的点阵是正交对称的，即 $a \neq b$。而异常高正方度马氏体的点阵是正方的，即 $a=b$，并且发现异常正方度与公式(4.1) 计算的正方度的偏差值是随着钢中碳含量升高而增大。由此推测，马氏体出现异常正方度的现象可能与碳原子在马氏体点阵中的某种行为有关。

在普通碳钢新形成的马氏体中及其它具有异常低正方度的新形成马氏体中，碳原子也都是部分无序分布的。正方度越低，则无序分布程度越大，有序分布程度越小。只有异常高正方度马氏体中，碳原子才接近全部占据八面体间隙的第三亚点阵。但是，计算发现，即使全部碳原子占据第三亚点阵，马氏体的正方度也不能达到实验中所测得的异常正方度。因此，有人认为，在某些钢中马氏体的异常正方度还与合金元素的有序分布有关。

按上述模型，我们不难解释，具有异常低正方度的新形成马氏体，因其碳原子是部分无序分布的，因而正方度异常低。正因为部分无序分布，所以有相当数量的碳原子分布在第一、第二亚点阵上，当它们在这两个亚点阵上的分布几率不等时，必引起 $a\neq b$，而形成了正交点阵。在温度回升到室温时，碳原子重新分布，有序程度增大，故正方度增大，而正交对称性逐渐减小，以至消失。因此，新形成马氏体的正方度变化，是碳原子在马氏体点阵中重新分布引起的。这个过程就是碳原子在马氏体点阵中的有序-无序转变。这个转变的动力是碳原子只在八面体间隙位置的一个亚点阵上分布时具有最小的弹性能。这与理论计算结果符合。

综上所述，钢通过马氏体转变所得马氏体是碳在 α-Fe 中所形成的过饱和间隙固溶体。由于马氏体是通过切变机制形成的，故马氏体中的碳原子均落在 α-Fe 体心立方晶格的 c 轴上，引起 c 轴伸长，a 轴缩短，而使 α-Fe 的晶格点阵由体心立方变为体心正方。当奥氏体中存在某些晶体缺陷时或者马氏体转变过程产生某些变化时，有可能改变马氏体中碳原于所在位置，从而改变马氏体的正方度。但在马氏体形成后，也有可能发生碳原子的有序或无序转变，而改变碳原子所在的位置，从而改变马氏体的正方度。马氏体碳含量大于 0.2%时，正方度可由式(4.1) 计算出。小于 0.2%时，碳原子呈无序分布，正方度为 1，即仍为体心立方点阵。

4.2 马氏体转变的主要特点

马氏体转变是在低温下进行的一种转变。对于钢来说，此时不仅铁原子已不能扩散，就是碳原子也难以扩散。故马氏体转变具有一系列不同于珠光体转变的特征。

4.2.1 马氏体转变的表面浮凸现象和切变共格

马氏体相变时在预先磨光的试样表面上可出现倾动，形成表面浮突，这表明马氏体相变是通过奥氏体均匀切变进行的。奥氏体中已转变为马氏体的部分发生了宏观切变而使点阵发生改组，一边凹陷，一边凸起，带动界面附近未转变的奥氏体也随之发生弹塑性切变应变。故在磨光表面上出现浮凸现象［如图 4.4(a)］。如果转变前在试样磨光表面刻一条直线划痕 STS'，则转变后在表面产生浮凸时该直线变成了折线 $S''T'TS'$［如图 4.4(b)］。这也表明马氏体转变是通过切变进行的。并且在相变过程中，马氏体和奥氏体间的相界面保持着共格关系，即界面上的原子的排列规律既符合于马氏体的晶体结构，也符合于奥氏体的晶体结构，为马氏体与奥氏体两相所共有，由于这种界面是以切变维持的共格界面，故又称为切变共格界面。马氏体的长大是依靠母相奥氏体中原子作有规则的迁移（即切应变）使界面推移而不改变界面上共格关系。图 4.5 为马氏体转变产生表面浮凸的金相照片。

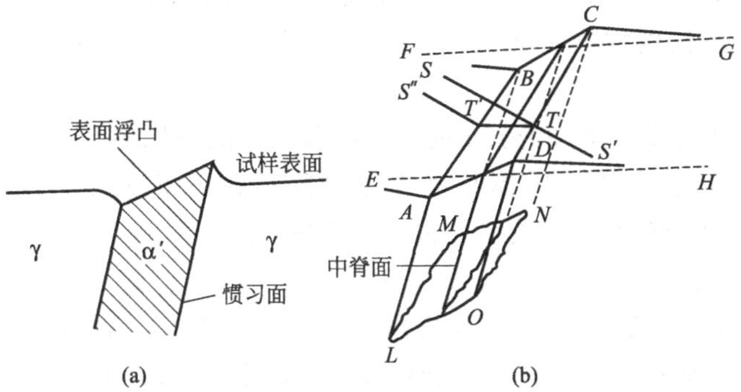

图 4.4　马氏体转变引起的表面浮凸的示意

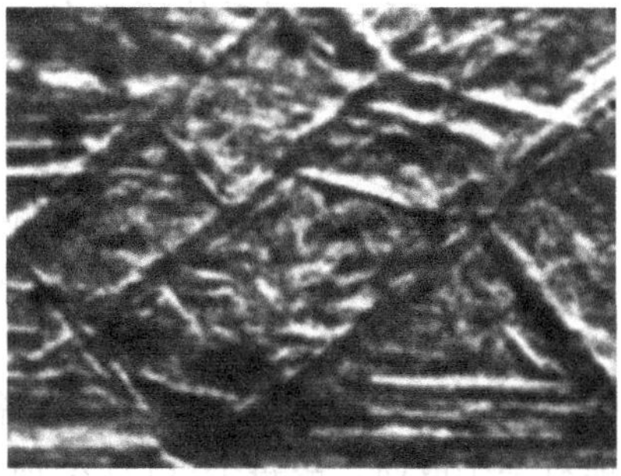

图 4.5　马氏体转变产生的表面浮凸

4.2.2　马氏体转变的无扩散性

马氏体转变只有晶格改组而无成分的改变。在钢中，奥氏体转变为马氏体是通过切变共格方式使母相的晶体结构由面心立方结构改变为体心立方（或体心正方）结构，从而形成新相马氏体，而马氏体的成分与奥氏体的成分完全一样，并且碳原子在马氏体和奥氏体中相对于铁原子保持不变的间隙位置。这一特征称为马氏体转变的无扩散性。

无扩散并不是说原子在转变时不发生移动，马氏体转变时出现浮凸说明铁原子产生了移动。所谓无扩散，指的是母相奥氏体以均匀切变方式转变为新相马氏体。相界面向母相奥氏体推移时，原子以协作方式通过界面由母相奥氏体转变成新相马氏体。此时每一个原子均相对于相邻原子以相同的矢量移动，且移动距离不超过原子间距，移动后仍保持原有的近邻关系。而扩散性相变则与此完全不同，相界面向母相移动时，原子以散乱方式由母相转移到新相，每一个原子移动的方向是任意的，相邻原子的相对位移超过原子间距，原子的近邻关系遭到破坏。如珠光体转变时新相通过大角晶界的迁移，长入与其无位向关系的母相即属于这种转变。

马氏体转变的无扩散性，可以通过以下的实验结果得到证实。

① 引起具有有序结构的合金，发生马氏体转变时后，有序结构不发生变化。

② 碳钢中马氏体转变前后碳的浓度没有变化，奥氏体和马氏体的成分一致，仅发生晶格改组。而且，碳原子在铁原子中的间隙位置保持不变。

③ 马氏体可以在相当低的温度范围内进行，并且转变速度极快。例如，Fe-C 和 Fe-Ni 合金中，在 $-196\sim-20$℃之间，每片马氏体的形成时间约为 $5\times10^{-5}\sim5\times10^{-7}$s。在这样低的温度下，原子扩散速度极小，转变已不可能以扩散方式进行。

4.2.3　马氏体转变的位向关系和惯习面

（1）位向关系

马氏体转变的晶体学特征是，马氏体与母相之间存在着一定的位向关系，这是由马氏体转变的切变机构所决定的。因为马氏体转变时，原子不需要扩散，只作有规则的很小距离的移动，转变过程中新相马氏体和母相奥氏体界面始终保持着切变共格关系。因此，马氏体形成后，马氏体与母相奥氏体之间存在着一定的位向关系，在钢中已经观察到的位向关系有 K-S 关系、西山关系和 G-T 关系。

① K-S 关系（库久莫夫和萨克斯关系）　库久莫夫和萨克斯用 X 射线结构分析方法测得含碳 1.4%C 的碳钢中马氏体与奥氏体之间存在着下列位向关系，称为 K-S 关系。

$$\{110\}_{\alpha'} /\!/ \{111\}_{\gamma} \qquad \langle 111\rangle_{\alpha'} /\!/ \langle 110\rangle_{\gamma}$$

按照这样的位向关系，马氏体在母相中可以有 24 个不同的取向。如图 4.6 所示，在每个 $\{111\}_\gamma$ 面上，马氏体可能有六种不同的取向，而立方点阵中有四个不同的 $\{111\}_\gamma$，因此共有 24 个可能的取向。

② 西山（Nishiyama）关系　西山在测定含 30%Ni 的 Fe-Ni 合金中的马氏体与奥氏体之间的位向关系时发现，在室温以上形成的马氏体与奥氏体之间存在 K-S 关系，而在 −70℃以下形成的马氏体与奥氏体之间确存在以下的位向关系，称为西山关系。

$$\{110\}_{\alpha'} /\!/ \{111\}_\gamma \qquad \langle 110\rangle_{\alpha'} /\!/ \langle 112\rangle_\gamma$$

在奥氏体的每个 {111} 上，各有三个不同的<112>方向。在每个方向上，马氏体只可能有一个取向，故每个 $\{111\}_\gamma$ 面上只能有三个不同的马氏体取向，四个 $\{111\}_\gamma$ 面共有 12 个可能的马氏体取向，如图 4.7 所示。

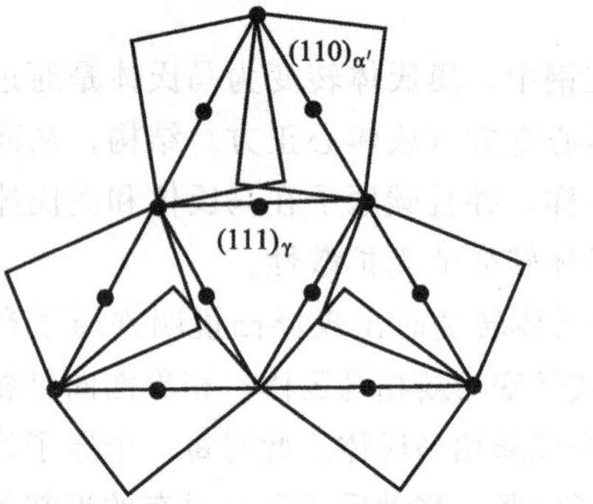

图 4.6　马氏体在 $(111)_\gamma$ 面上形成时可能有的取向

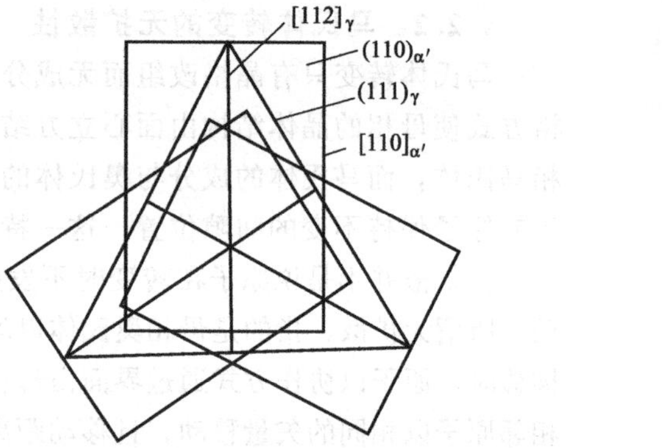

图 4.7　马氏体 $(111)_\gamma$ 面上形成时可能有的三种西山取向

图 4.8 是西山关系和 K-S 关系的比较。可以看出，晶面的平行关系相同，而平行方向却有 5°16′之差。

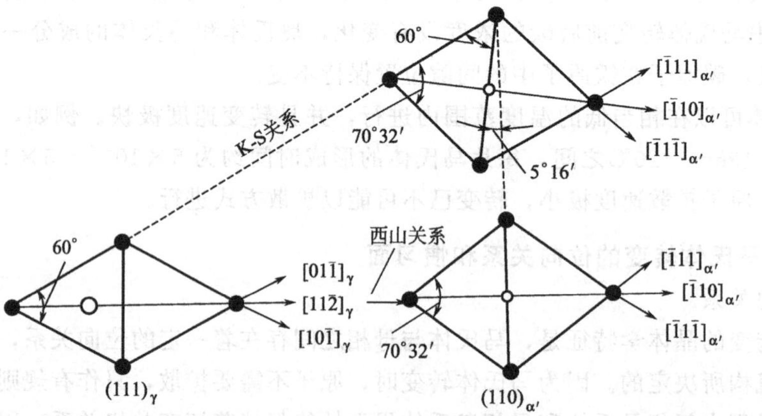

图 4.8　西山关系与 K-S 关系的比较

③ G-T（Greniger Troiano）关系　Greniger 和 Troiano 精确测量了 Fe-0.8%C-22%Ni 合金的奥氏体与马氏体的位向，结果得出，二者之间的位向接近 K-S 关系，但略有偏差，称为 G-T 关系。

$$\{110\}_{\alpha'} /\!/ \{111\}_\gamma \text{ 差 } 1^\circ \qquad \langle 111\rangle_{\alpha'} /\!/ \langle 110\rangle_\gamma \text{ 差 } 2^\circ$$

(2) 惯习面

在马氏体相变过程中，不仅新相和母相之间有严格的位向关系，而且马氏体是在母相的一定晶面上开始形成的，这个晶面称为惯习面。通常以母相的晶面指数表示。

钢中马氏体的惯习面是随奥氏体的碳含量及马氏体的形成温度不同而存在较大差异，常见的惯习面主要有三种：$(111)_\gamma$、$(225)_\gamma$、$(259)_\gamma$。含碳量小于 0.6%时，惯习面为 $(111)_\gamma$；含碳量在 0.6%～1.4%之间，惯习面为 $(225)_\gamma$；含碳量高于 1.4%时，惯习面为 $(259)_\gamma$。随马氏体形成温度下降，惯习面有向高指数变化的趋势，故对同一成分的钢，也可能出现两种惯习面，如先形成的马氏体惯习面为 $(225)_\gamma$，而后形成的马氏体惯习面为 $(259)_\gamma$。

惯习面为无畸变、无转动的平面，从图 4.4 中可以看出，马氏体转变前在试样磨表面上的直线划痕 STS'，在转变后变成了折线 $S''T'TS'$，但折移后在相界面上仍保持连续，这说明相界面（惯习面）未发生宏观应变，并且马氏体和奥氏体以相界面为中心发生对称倾动，说明惯习面在相变过程中不发生转动。

4.2.4　马氏体转变的不完全性

马氏体转变是在不断降温条件下完成的，有开始转变温度 M_s 和转变结束温度 M_f。只有当奥氏体以大于临界冷却速度的冷却速度过冷到 M_s 温度以下某一温度时才能发生马氏体转变，并以极快的速度形成一定数量的马氏体；如在恒温下继续停留，马氏体量也不再显著增加，而一般只是形成少量等温马氏体，转变即告中止；只有继续降温，新的马氏体才会不断形成，直至冷却到 M_f 温度后，马氏体转变才告终止，但这时并未得到 100%的马氏体组织，而仍保留部分未转变的奥氏体，称为残余奥氏体（A_R），如图 4.9 所示，这种现象称为马氏体转变的不完全性。

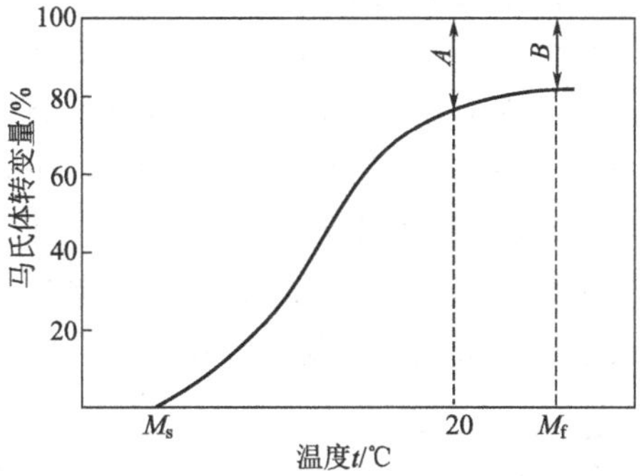

图 4.9　马氏体的转变量与温度的关系

高碳钢、高碳合金钢和某些中碳合金钢的 M_f 点一般均低于室温，当淬火冷却到室温时，就相当于在 M_s～M_f 间的某一温度中止冷却，这样在室温下将保留下来较多的奥氏体。例如，高碳钢可达 10%～15%，高碳合金钢（如高速钢）可达 25%～30%，这部分未转变的奥氏体也称为残余奥氏体，不过它们中有相当大一部分在继续冷却到零下温度时，还可再转变为马氏体。生产上把这种深冷至零下温度的操作称为“冷处理”。

4.2.5　马氏体转变的可逆性

在某些铁合金中，奥氏体冷却时转变为马氏体，重新加热时，已形成的马氏体又可以逆马氏体转变为奥氏体，这就是马氏体转变的可逆性。一般将马氏体直接向奥氏体转变称为逆转变。逆转变的开始温度用 A_s 表示，逆转变终了温度用 A_f 表示。通常 A_s 温度比 M_s 温度为高。

目前，在铁碳合金中还没有直接观察到马氏体的逆转变。原因可能是：铁碳合金中马氏体是碳在 α-Fe 中的过饱和固溶体，加热时极易分解，因此在尚未加热到 A_s 点时，马氏体就已经分解了，所以得不到马氏体的逆转变。所以有人认为，如果以极快的速度加热，使马氏体在未分解前即已加热到 A_s 以上，则有可能发生逆转变。曾有人以 3000℃/s 的速度加热进行研究，只得到了一些初步的结果，尚不能完全证实铁碳合金中马氏体逆转变的存在。

总之，马氏体相变的最基本的特点只有两个：一是相变是以切变共格方式进行，二是相变具有无扩散性。而其它的几个特点均可由这两个基本特点派生出来。

4.3 马氏体的组织形态

钢件经淬火获得马氏体组织是钢件强韧化的重要基础。由于钢的成分及热处理条件不同，获得的马氏体在形态上和精细结构上会有很大差异，从而对钢的淬火组织和力学性能产生影响。因此，掌握马氏体组织形态特征并进而了解影响马氏体形态的各种因素十分必要。

4.3.1 马氏体的形态

钢中马氏体的形态多种多样，但就其单元的形态及亚结构的特征来看，主要有板条马氏体、片状马氏体、蝶状马氏体、薄板状马氏体及 ε 马氏体等几种类型，其中最主要的是板条马氏体和片状马氏体。

（1）板条状马氏体

① 显微组织　板条马氏体是低、中碳钢，马氏体时效钢，不锈钢等铁基合金中形成的一种典型的马氏体组织。因其显微组织是由许多板条群所组成，所以称为板条马氏体。板条马氏体的亚结构主要为位错，故也称其为位错马氏体。典型的板条马氏体组织如图 4.10 所示，可以看出，板条马氏体是由许多成群的、相互平行排列的板条组成的，每个板条是一个单晶体。许多相互平行的板条组成一个板条束，一个原奥氏体晶粒内可以有 3～5 个马氏体板条束（图 4.11 中 *A*、*B*、*C*、*D*），在同一个板条束内又可以分成几个平行的板条块（如 *B* 区域）；板条块之间成大角晶界；每个板条块由若干个板条单晶组成，板条单晶的尺寸约为 0.5μm×5.0μm×20μm。即：板条单晶→板条块→板条束→马氏体晶粒。在马氏体板条之间夹杂着一层经过高度变形并且稳定性极高的残余奥氏体薄膜（厚度约 200Å）。

图 4.10　板条马氏体组织（400×）

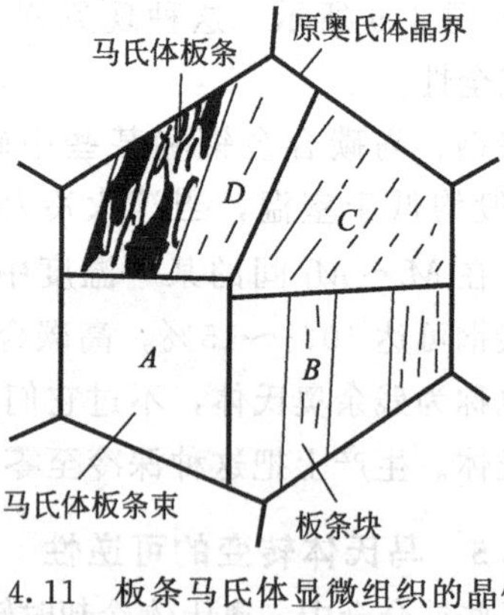

图 4.11　板条马氏体显微组织的晶体

② 晶体学特征　板条马氏体与母相奥氏体之间的晶体学位向关系符合 K-S 关系，惯习面为 $(111)_\gamma$，而镍铬不锈钢中板条状马氏体的惯习面则是 $(225)_\gamma$。

近年来的研究表明，板条马氏体显微组织特征与其晶体学之间存在一定的对应关系。可以用图 4.11 加以说明。其中 *A* 是板条马氏体的一个板条群，一个原始奥氏体晶粒可以包含 3～5 个板条群，*B* 是板条群内的一个板条块。当采用硝酸酒精腐蚀时，有时可以看到板条群的边界，而使显微组织呈现为块状。当采用着色浸蚀时（如先用 25% 硝酸酒精，再用 35% $NaHSO_4$ 或 $Na_2S_2O_5$ 水溶液腐蚀），可在板条群内显现出黑白色调。同一色调区是由相同位向的马氏体板条组成的，称其为同位束。按照 K-S 位向关系，马氏体在母相奥氏体中可以有 24 个不同取向，其中能平行生成板条状马氏体的位向有六种，而一个同位束就是由其中的一种位向转变而来的板条。数个平行的同位向束即组成一个板条群。有人认为，在一个板条群内，只可能按两组可能位向转变。因此，一个板条群是由两组同位向束交替组成，这两组同位向束之间是大角晶界。但也有一个板条群大体上由一种同位向束构成的情况，如图中 *C* 所示。而一个同位向束又由平行排列的板条组成，如图中 *D* 所示。

实验证明，改变奥氏体化温度，从而改变了奥氏体晶粒大小，对板条宽度分布几乎不发生影响，但板条群的大小随着奥氏体晶粒的增大而增大，而且两者之比大致不变。所以一个奥氏体晶粒内生成的板条群数大体不变。

③ 精细结构　透射电镜观察表明，在板条马氏体内部存在大量高密度的位错（见图 4.12）。用电阻法测量其位错密度约为 $(3\sim9)\times10^{11}\,cm^{-2}$。此外，在板条内有时存在着相变孪晶，但只是局部的，数量极少，不是主要的精细结构形式。

图 4.12　板条马氏体中的位错（36000×）

（2）片状马氏体

片状马氏体是铁系合金中出现的另一种典型的马氏体组织，常见于淬火态的中碳和高碳钢中以及高 Ni 的 Fe-Ni 合金中。

① 显微组织　高碳钢中典型的片状马氏体组织如图 4.13 所示。片状马氏体的空间形态呈双凸透镜片状，因此也可称其为透镜片状马氏体。因与试样磨面相截而在显微镜下呈现为针状或竹叶状，故又称之为针状马氏体或竹叶状马氏体。片状马氏体的亚结构主要为孪晶，因此又称其为孪晶型马氏体。

片状马氏体的显微组织特征如图 4.14 所示，可以看出，马氏体片的大小不一，相互间夹成一定角度。在一个奥氏体晶粒内，先形成的第一片马氏体贯穿整个奥氏体晶粒而将奥氏体分割成两半，使以后形成的马氏体片大小受到限制，后形成的马氏体片逐渐变小，因此，片状马氏体的大小不均。片状马氏体形成时具有分割奥氏体晶粒的作用，马氏体片的大小几乎完全取决于奥氏体晶粒的大小。片状马氏体常能见到有明显的中脊，但关于中脊的形成规律目前尚不十分清楚。

图 4.13　片状马氏体组（400×）

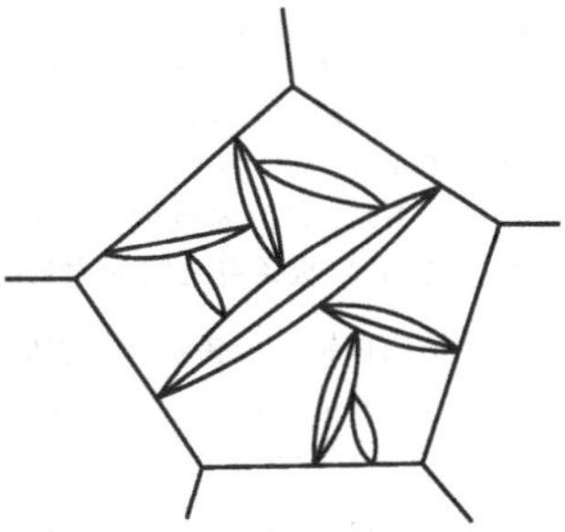

图 4.14　片状马氏体显微组织示意

② 晶体学特征　片状马氏体的惯习面及位向关系与形成温度有关，形成温度高时，惯习面为 $(225)_\gamma$，与奥氏体的位向关系为 K-S 关系；形成温度低时，惯习面为 $(259)_\gamma$，位向关系西山关系，这种片状马氏体可以爆发式形成，马氏体片具有明显的中脊，见图 4.15。

③ 精细结构　片状马氏体的精细结构主要为相变孪晶（图 4.16），这是片状马氏体组织的重要特征。孪晶的间距大约为 50Å，一般不扩展到马氏体的边界上，在片的边际则为复杂的位错组列。一般认为这种位错是沿 $[111]_{\alpha'}$ 方向呈点阵状规则排列的螺型位错。片状马氏体内的相变孪晶一般是 $(112)_{\alpha'}$ 孪晶。但也发现了 $(110)_{\alpha'}$ 孪晶与 $(112)_{\alpha'}$ 孪晶混生的现象。

图 4.15　片状马氏体（有明显中脊）

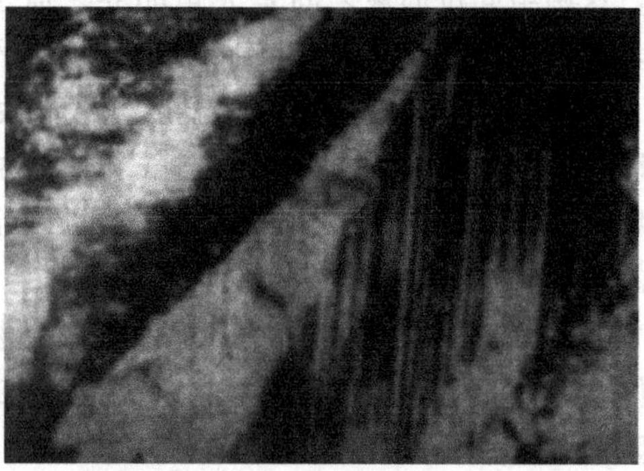

图 4.16　片状马氏体的孪晶亚结构

片状马氏体内部亚结构的差异，可将其分为以中脊为中心的相变孪晶区（中间部分）和无孪晶区（在片的周围部分，存在位错）。孪晶区所占的比例随合金成分变化而异。在 Fe-Ni 合金中，含 Ni 量越高（M_s 点越低）孪晶区越大。根据 Fe-Ni-C 合金的研究表明，即使对同一成分的合金，随着 M_s 点降低（如由改变奥氏体化温度引起）孪晶区所占的比例也增大。但相变孪晶的密度几乎不变。孪晶厚度始终约为 50Å。

板条状马氏体和片状马氏体是钢和合金中两种最基本、最典型的马氏体形态，它们的形态特征及晶体学特点的比较列于表 4.1 中。

表 4.1　铁碳合金马氏体类型及其特征

特征	板条状马氏体	片状马氏体	
惯习面	$(111)_\gamma$	$(225)_\gamma$	$(259)_\gamma$

位向关系	K-S关系
	$\{110\}_{\alpha'}//\{111\}_\gamma$
	$\langle 111\rangle_{\alpha'}//\langle 110\rangle_\gamma$
		K-S关系
		$\{110\}_{\alpha'}//\{111\}_\gamma$
		$\langle 111\rangle_{\alpha'}//\langle 110\rangle_\gamma$
			西山关系
			$\{110\}_{\alpha'}//\{111\}_\gamma$
			$\langle 110\rangle_{\alpha'}//\langle 112\rangle_\gamma$

形成温度	$M_s>350$℃	$M_s\approx200\sim100$℃	$M_s<100$℃
合金成分 w(C)/%	<0.3	1～1.4	1.4～2
	0.3～1时为混合型		
组织形态	板条常自奥氏体晶界向晶内平行排列成群，板条宽度多为 0.1～0.2μ，长度小于 10μ，一个奥氏体晶粒内包含几个板条群，同位向束内板条体之间为小角晶界，板条群之间为大角晶界	凸透镜片状（或针状、竹叶状）中间稍厚。初生者较厚较长，横贯奥氏体晶粒，次生者尺寸较小。在初生片与奥氏体晶界之间，片间交角较大，互相撞击，形成显微裂纹	同左，片的中央有中脊。在两个初生片之间常见到“Z”字形分布的细薄片
亚结构	缠结的位错。位错密度随含碳量而增大，常为 $(3\sim9)\times10^{11}\,cm/cm^3$ 有时亦可见到少量的细小孪晶	宽度约为 50Å 的细小孪晶，以中脊为中心组成相变孪晶区，随 M_s 点降低，相变孪晶区增大，片的边缘部分为复杂的位错组列，孪晶面为 $(112)_{\alpha'}$，孪晶方向为 $[111]_{\alpha'}$	
形成过程	降温形成，新的马氏体片（板条）只在冷却过程中产生		
	长大速度较低，一个板条体约在 10^{-4}s 内形成	长大速度较高，一个片体大约在 10^{-7}s 内形成	
	无“爆发性”转变，在小于 50%转变量内降温转变率约为 1%/℃	$M_s<0$℃时有“爆发性”转变。新马氏体片不随温度下降均匀产生，而由于自触发效应连续成群地（呈“Z”字形）在很小温度范围内大量形成，马氏体形成时伴有 20～30℃的温升，并伴有响声	

（3）其它马氏体形态

① 蝶状马氏体　在 Fe-Ni 合金或 Fe-Ni-C 合金中，当马氏体在某一温度范围内形成时，会出现一种立体形状为细长条状而断面为蝴蝶型的马氏体，称为碟状马氏体，如图 4.17 所示。蝶状马氏体的立体外形为 V 形柱状，横截成则呈蝶状，两翼之间的夹角一般为 136°，见图 4.18。两翼的惯习面为 $\{225\}_\gamma$，两翼相交的结合面为 $\{100\}_\gamma$。与母相的晶体学关系大体上符合 K-S 关系。现已发现，Fe-31%Ni 或 Fe-29%Ni-0.26%C 合金在－60～0℃范围内形成蝶状马氏体，电镜研究确定其内部亚结构为高密度位错，看不到孪晶。在 0～－20℃之间主要形成碟状马氏体，而在－60～－20℃之间则与片状马氏体共存。可见，对于上述两合金系，蝶状马氏体的形成温度范围是在板条状和片状马氏体的形成温度范围之间。

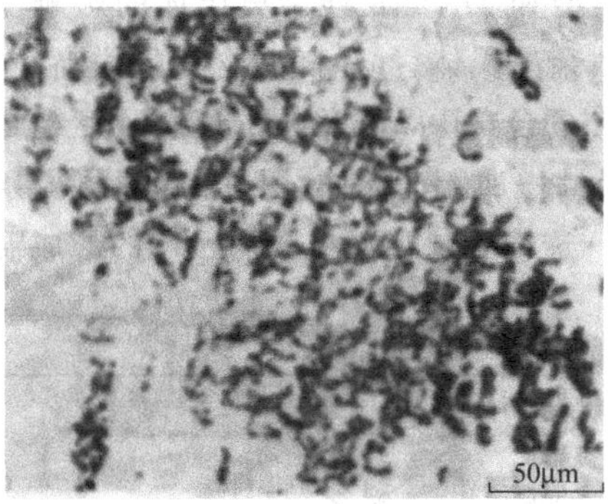

图 4.17　蝶状马氏体（Fe-29Ni-0.26C）

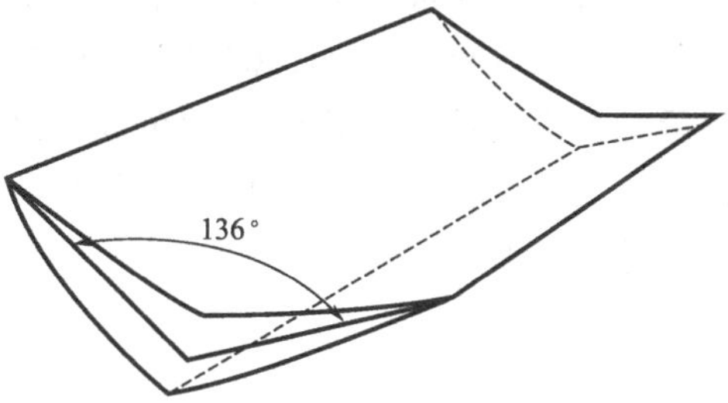

图 4.18　蝶状马氏体的立体形状

② 薄板状马氏体　在 M_s 点低于－100℃的 Fe-Ni-C 合金中观察到了一种厚约 3～10μm 的薄板状马氏体。这种马氏体的立体形态呈薄板状，与金相试样磨面相截得到宽窄一致的平直的带（见图 4.19）。薄板状马氏体可以曲折、分枝和交叉。薄板状马氏体的惯习为 $\{259\}_\gamma$，与奥氏体之间的位向关系为 K-S 关系，内部亚结构为 $\{112\}_\alpha$ 孪晶，孪晶的宽度随碳含量的升高而降低，平直的带中无中脊。

③ ε 马氏体　上述各种马氏体的点阵均为体心立方或体心正方。而在层错能较低的 Fe-Mn-C 或 Fe-Cr-Ni 合金中有可能形成具有密排六方点阵的薄片状马氏体，称为 ε 马氏体，这种马氏体片极薄，仅 100～300nm。惯习面为 $\{111\}_\gamma$，与奥氏体之间的位向关系为：$\{0001\}_\varepsilon /\!/ \{111\}_\gamma$，$\langle 11\bar{2}0\rangle_\varepsilon /\!/ \langle 1\bar{1}0\rangle_\gamma$。ε 马氏体的薄片沿 $\{111\}_\gamma$ 形成，其亚结构为大量层错（见图 4.20）。

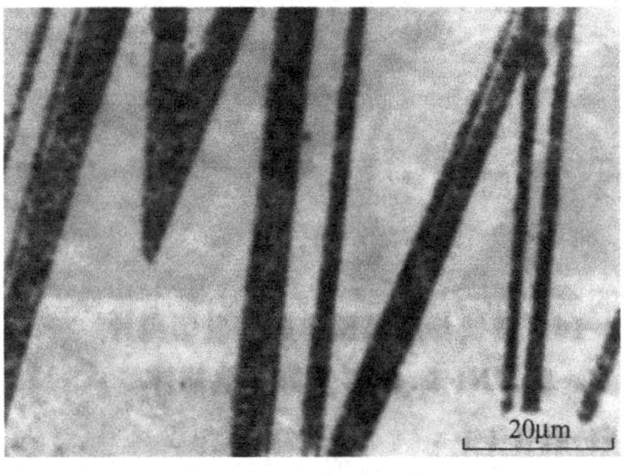

图 4.19　薄板状马氏体（Fe-31Ni-0.23C）

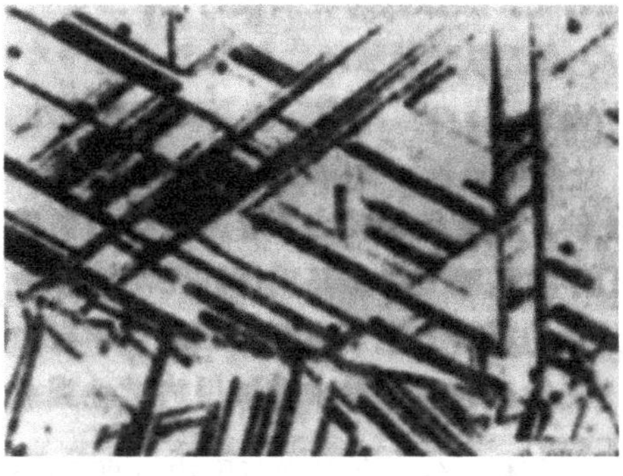

图 4.20　ε′马氏体（Fe-16.4Mn）

4.3.2 影响马氏体形态及内部亚结构的因素

如上所述，马氏体具有各种不同形态。马氏体形态与钢或合金的化学成分有着密切关系，但成分的变化究竟是通过什么因素来影响形态目前还没有统一认识。现将影响马氏体形态及其内部亚结构的因素分述如下。

(1) 化学成分的影响

① 碳含量

母相奥氏体的化学成分是影响马氏体形态及其亚结构的主要因素。其中以碳含量最为重要。在碳钢中含碳量低于0.3%C以下时为板条状马氏体，含碳量高于1.0%C以上时为透镜片状马氏体，含碳量介于0.3%～1.0%之间时通常为板条马氏体与透镜片状马氏体的混合组织。图4.21表示了碳含量对铁碳合金马氏体类型和M_s点及残余奥氏体的影响。由图中可以看出，碳含量小于0.4%C的钢中基本没有残余奥氏体，M_s随碳含量的增高而下降，而孪晶马氏体量和残余奥氏体则随之升高。在Fe-Ni-C合金中，马氏体的形态及亚结构也与含碳量有密切关系，从图4.22中可以看出，随含碳量增加，马氏体的形态逐渐由板条状向透镜片状及薄板状转化。此外，从图中还可以看出，透镜片状和薄板状马氏体的形成温度都随碳含量的增加而升高。

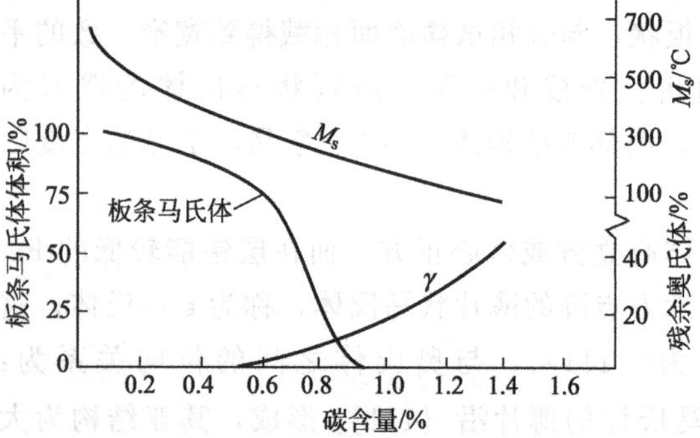

图4.21 碳含量对M_s点、板条马氏体量和残余奥氏体的影响（碳钢淬至室温）

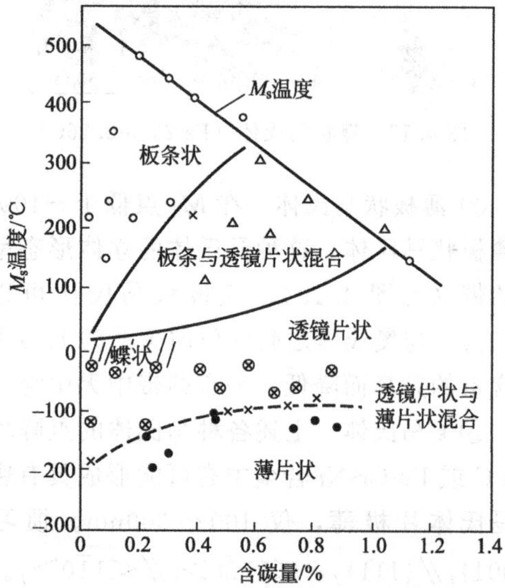

图4.22 Fe-Ni-C合金的马氏体形态与含碳量与M_s点的关系

② 合金元素

凡能缩小奥氏体相区的合金元素均促使得到板条马氏体（如Cr、Mo、W、V等）；凡能扩大奥氏体相区的，将促使马氏体形态从板条马氏体转化为透镜片状马氏体（如C、N、Ni、Mn、Cu、Co等）。能显著降低奥氏体层错能的合金元素将促使转化为薄片状ε马氏体，如Mn。

(2) 马氏体形成温度的影响

马氏体是在一个温度范围内（即M_s～M_f）形成的，马氏体的形态与其形成温度的高低（即M_s点）有一定关系。通常认为，马氏体形态随M_s点的下降从板条状向片状转化。而在铁碳合金中，随含碳量增加，M_s 降低，当低于某一温度（300～320℃）时，容易产生相变孪晶，因而形成片状马氏体。

M_s 点影响马氏体形态的原因是，由于低碳马氏体的 M_s 点高，马氏体的形成温度相对较高，这时是以切变量较大的 $(111)_\gamma$ 为惯习面，同时在较高的温度下滑移比孪生易于发生，而且在面心立方点阵中的 $\{111\}_\gamma$ 晶系较少，因此形成马氏体的起始位向数少，所以有利于在同一奥氏体中形成群集状马氏体。而随着 M_s 点温度降低，马氏体的形成温度较低，孪生变得比滑移更易于发生，同时以 $\{225\}_\gamma$ 或 $\{259\}_\gamma$ 为惯习面形成马氏体，由于晶系较多，形成马氏体的起始位向数增多，因此，在同一奥氏体中易于形成相邻马氏体片互不平行的孪晶片状马氏体。

对 Fe-Ni-C 系合金可通过改变奥氏体化温度而使 M_s 发生变化，因此可以在同一成分合金中获得不同的 M_s 点。从图 4.22 也可以看出，随马氏体的形成温度降低，Fe-Ni-C 系合金的马氏体的形态将按照：板条状→蝶状→片状→薄片状的顺序转化，亚结构则由位错逐步转化为孪晶。当 M_s 点较高时，可能只形成板条状马氏体；对于 M_s 点略低的奥氏体，可能形成板条状与片状的混合组织；而 M_s 点更低的奥氏体，不再形成板条状马氏体，相变一开始就形成片状马氏体；对于 M_s 点极低的奥氏体，片状马氏体也不再形成，而只能形成薄片状马氏体。

(3) 奥氏体的层错能的影响

奥氏体层错能低时，易于形成薄片状 ε 马氏体，但是层错能的大小对其它形态马氏体的影响认识还没有统一。一般认为，奥氏体的层错能越低，越难于形成相变孪晶，而越趋向于形成位错型马氏体。如层错能极低的 18-8 型镍铬不锈钢即使在液氢温度下也能形成位错板条状马氏体。

(4) 奥氏体和马氏体的强度的影响

研究表明，马氏体形态变化和奥氏体强度之间的存在对应关系。当 M_s 点处的奥氏体屈服强度小于 200MPa 时，若形成的马氏体的强度较低，则形成惯习面为 $(111)_\gamma$ 的板条状马氏体；若马氏体的强度较高，则得到惯习面为 $(225)_\gamma$ 的片状马氏体；而当奥氏体的屈服强度大于 200MPa 时，则形成具有较高的强度的并且惯习面为的 $(259)_\gamma$ 的片状马氏体。

马氏体形态与奥氏体强度之间出现的这种关系是由于奥氏体的强度的高低决定了其相变时的变形方式（滑移或孪生）。如果马氏体形成时，相变应力的松弛只以孪生变形方式进行，则得到惯习面为 $(259)_\gamma$ 的马氏体，如果相变应力的松弛一部分在奥氏体内以滑移方式进行，一部分在马氏体内部以孪生方式进行，则得到惯习面为 $(225)_\gamma$ 的马氏体，如果在马氏体内也以滑移方式进行，则得到惯习面为 $(111)_\gamma$ 的马氏体。

(5) 马氏体的滑移和孪生变形的临界切应力大小的影响

马氏体内部结构取决于相变时的变形方式是滑移还是孪生，也就是要受到马氏体相变时奥氏体发生变形的临界切应力大小的影响。图 4.23 示意地表示出马氏体滑移或孪生的临界切应力和 M_s、M_f 温度对形成马氏体形态的影响。图中的箭头表示相应线条可能

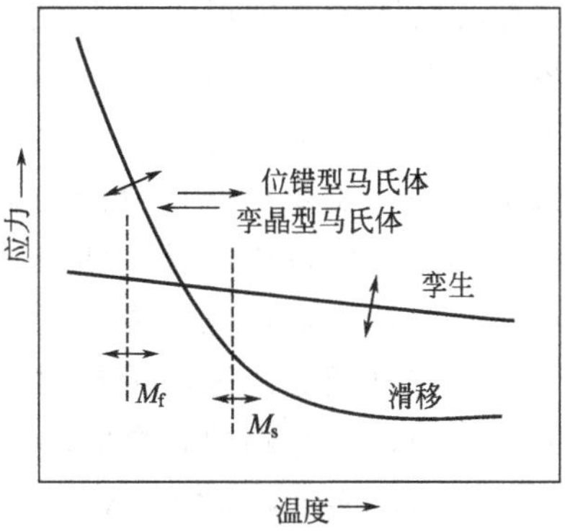

图 4.23　马氏体塑性变形的临界切应力对马氏体形态的影响

移动的方向，这种移动是合金成分变化引起的。线条的移动将导致滑移孪生曲线交点的移动。由图中可见，对 M_s 点和 M_f 点均较高的低碳钢，引起滑移所需要的临界切应力低于引起孪生所需要的临界切应力，因而得到含高密度位错的板条马氏体。相反，如果是 M_s 点和 M_f 点均较低的高碳钢，引起孪生所需要的临界切应力较小，从而得到含大量孪晶的片状马氏体。如果是碳含量中等的中碳钢，M_s 点和 M_f 点恰如图中所示之位置，在马氏体相变过程中，先形成板条马氏体，然后又可形成片状马氏体，即形成两种马氏体的混合组织。

4.4 马氏体转变的热力学

马氏体转变与液态金属的凝固以及钢的加热转变等固态相变一样，也符合相变的一般规律，遵循相变的热力学条件。转变的驱动力也来自新、旧两相的化学自由能差。但是，马氏体转变也有不同于其它相变的特点，这是由马氏体转变的特定条件所决定的。

4.4.1 马氏体转变的驱动力

马氏体转变和其它相变一样也必须具有相变驱动力，马氏体相变驱动力是新相马氏体与母相奥氏体的化学自由能差。同一成分合金的马氏体与奥氏体的化学自由能和温度的关系如图 4.24 所示。由图中可以看出，当温度为两相热力学平衡温度 T_0 时，两相自由能相等，即有：$G_\gamma = G_{\alpha'}$，表示两相处于热力学平衡状态。当温度高于 T_0 时，两相自由能差 $\Delta G_{\gamma\to\alpha'} = G_{\alpha'} - G_\gamma > 0$，说明马氏体自由能高于奥氏体的自由能，奥氏体比马氏体稳定，不会发生奥氏体向马氏体转变；反之，当温度低于 T_0 时，$\Delta G_{\gamma\to\alpha'} = G_{\alpha'} - G_\gamma < 0$，说明马氏体比奥氏体稳定，奥氏体有向马氏体转变的趋势，$\Delta G_{\gamma\to\alpha'}$ 即为马氏体相变的驱动力。显然，在 T_0 温度处，$\Delta G_{\gamma\to\alpha'} = 0$。所以，马氏体转变开始点 M_s 必须在 T_0 以下，这样才能够由过冷获得相变所需要的化学驱动力。而逆转变开始点 A_s 必然在 T_0 以上，以便由过热提供逆转变所需要的化学驱动力。

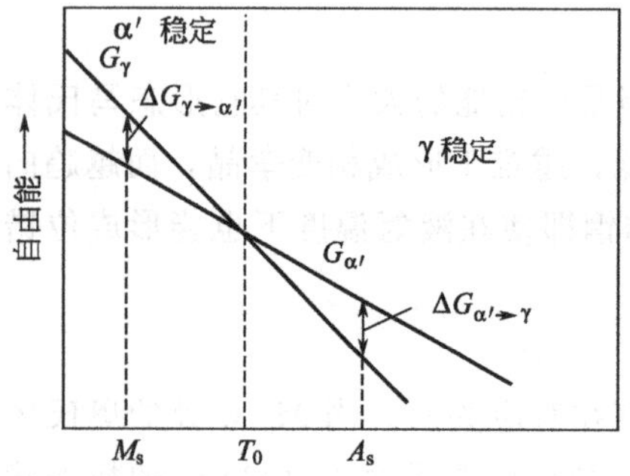

图 4.24 马氏体与奥氏体的自由能和温度的关系

在马氏体形成过程中，还会产生各种相变阻力。马氏体相变的阻力也是新相形成时的界面能及各种应变能。由于马氏体和奥氏体之间存在共格界面，所以界面能很小，而弹性应变能很大，它是马氏体转变的主要阻力。此外，由于马氏体相变是通过切变方式进行的，需要克服切变阻力而使母相点阵发生改组，为此需要消耗能量；同时还在马氏体晶体中造成大量位错或孪晶等晶体缺陷导致能量升高，并且在周围奥氏体中还将产生塑性变形，也需要消耗能量。以上这些因素使马氏体相变阻力增大。尽管非均匀形核时母相晶体缺陷可提供一定的能量，但亦需要新相与母相之间具有较大的自由能差，即提供足够的相变驱动力。

若以 ΔG_S 表示界面能，ΔG_E 表示弹性应变能消耗，ΔG_P 表示塑性应变能消耗的总和，则对马氏体转变来说，其相变热力学表述式应为

$$\Delta G = -\Delta G_{\gamma\to\alpha'} + \Delta G_S + \Delta G_E + \Delta G_P$$

从以上可知，由马氏体转变的切变特征而引起的能量消耗很大，因而要满足马氏体形成的条件：$\Delta G<0$，亦即 $\Delta G_{\gamma\to\alpha'}>\Delta G_S+\Delta G_E+\Delta G_P$，就必须有较大的过冷度（$\Delta T=T_0-M_s$），以便为马氏体转变提供足够的化学驱动力。这就是为什么马氏体转变时需要很大过冷度的原因。

还应指出，在马氏体转变时，母相奥氏体中存在的各种晶体缺陷（如点缺陷、位错和内界面等）既可能因形成一定的组态而提高奥氏体的强度，使相变阻力增大，又可能为相变提供能量，使相变驱动力增大，即存在着两种相反的效应。此外，外加应力场的存在对相变驱动力也会产生某种影响。这些因素在我们讨论马氏体相变驱动力及与此有关的特性时都应加以考虑。

综上所述，由于马氏体转变时需要增加的能量较多，故阻力较大，致使转变必须在较大的过冷度下才就进行。亦即必须过冷到 M_s 点以下，转变才能发生。

4.4.2　M_s 点的物理意义

前已述及马氏体转变需要深度过冷的原因。已知过冷度 $\Delta T=T_0-M_s$，M_s 为马氏体开始转变温度。因此，M_s 点的物理意义即为奥氏体和马氏体两相自由能之差（即相变驱动力）达到相变所需的最小化学驱动力值时的温度，或者说，M_s 点反映了使马氏体转变得以进行所需要的最小过冷度。

若奥氏体过冷到 M_s 点以下某温度，形成一定数量的马氏体后，便会使相变驱动力（$\Delta G_{\gamma\to\alpha'}$）与相变阻力（$\Delta G_S+\Delta G_E+\Delta G_P$）达到平衡，即 $\Delta G=0$，这时转变也就立即中止，若再继续降温，使 $\Delta G_{\gamma\to\alpha'}$ 值增大，以满足 $\Delta G<0$，则转变又继续进行，直到终了（即再降温，转变也不能进行）为止。这就是马氏体转变需要不断降温的原因。

4.4.3　影响钢 M_s 点的主要因素

M_s 点在生产中具有非常重要的意义，例如，生产中制定等温淬火、分级淬火等热处理工艺时必须以 M_s 点为依据；此外，M_s 点的高低会直接影响到淬火钢中残余奥氏体的含量以及淬火变形和开裂的倾向；还有 M_s 点的高低往往影响着淬火马氏体体的形态和亚结构，从而影响着钢的性能。因此了解影响 M_s 点的因素是十分必要的。

(1) 奥氏体的化学成分

奥氏体的化学成分对 M_s 的影响十分显著，而奥氏体的化学成分又取决于钢的化学成分和奥氏体化温度和保温时间，在钢的化学成分中又以碳含量对 M_s 的影响最为显著。

① 碳的影响　无论是碳钢或还是合金钢，碳含量的增加可强烈地降低 M_s 点。图 4.25 表示碳含量对碳钢 M_s 和 M_f 点的影响。图中可以看出，随奥氏体碳含量的增加，M_s 和 M_f 均显著下降，但二者下降的趋势不同，随碳含量增加 M_s 基本上呈连续平缓的下降，而 M_f 在碳含量低于 0.6%时下降很激烈，在碳含量超过 0.6%以后，M_f 下降又变得很缓慢。碳含量为 0.6%时，M_f 约为 0℃。在碳含量小于 0.6%以前，随碳含量的增加，马氏体形成的温度间隔也在增大。

② 合金元素的影响　钢中常见的合金元素对 M_s 的影响如图 4.26 所示。可以看出，除 Al 和 Co 可以提高 M_s 外，其它合金元素均使 M_s 点降低。降低 M_s 点的元素，按其影响的强烈顺序排列为：Mn、Cr、Ni、Mo、Cu、W、V、Ti。钢中单独加入 Si 对 M_s 的影响不大，但是在 Ni-Cr 钢中 Si 可以降低钢的 M_s 点。

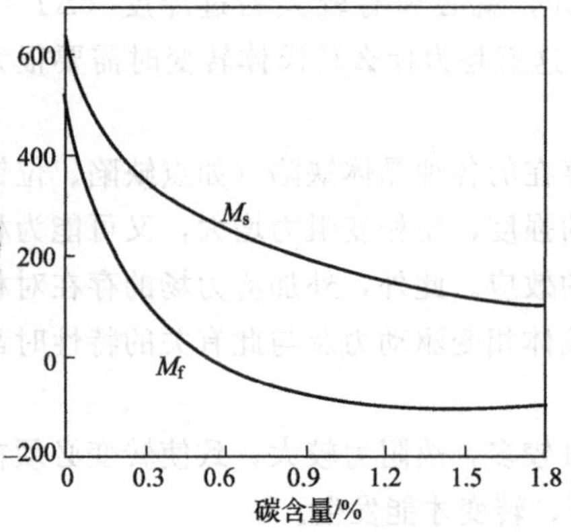

图 4.25 碳含量对碳钢 M_s 和 M_f 的影响

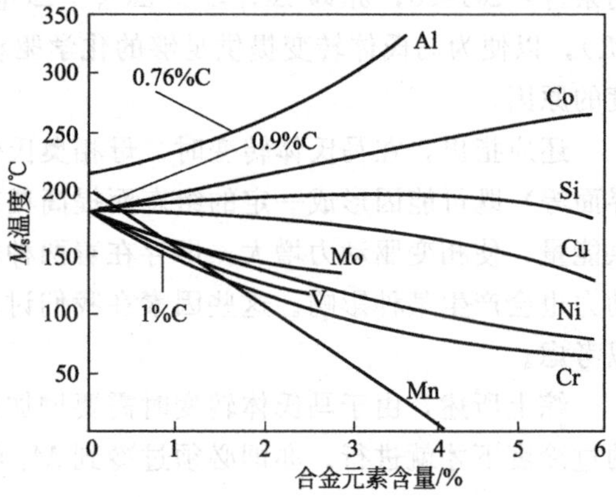

图 4.26 合金元素含量对 M_s 的影响

合金元素对 M_s 的影响主要取决于合金元素对平衡温度 T_0 的影响及对奥氏体的强化效应。凡是强烈降低 T_0 又强化奥氏体的元素，均强烈降低 M_s 点，如 Mn、Cr、Ni、Cu 与 C 类似，既降低 T_0 温度，又增高奥氏体的屈服强度，所以降低 M_s 点。而 Al、Co、Si、Mo、W、V、Ti 等均提高 T_0 温度，但也不同程度地增加奥氏体的屈服强度，若提高 T_0 的作用大时，则使 M_s 点升高，如 Al、Co；若强化奥氏体的作用大时，则使 M_s 点降低；若两方面的作用大致相当时，则对 M_s 点的影响不大，如 Si 元素。

此外，合金元素的影响程度还与钢的碳含量有关，随碳含量的增加，合金元素影响程度增大。并且，多种合金元素同时加入时的影响与单一合金元素的影响也不相同，多种合金元素的影响更为复杂。

(2) 塑性变形的影响

在 M_s 点以上一定的温度范围内进行塑性变形会促使奥氏体在变形温度下发生马氏体转变，即相当于塑性变形促使 M_s 点提高。这种因形变而促成的马氏体又称为形变诱发马氏体。但是，产生应变诱发马氏体的温度有一个最高限，称为 M_d 点。高于 M_d 点进行塑性变形，便不会产生应变诱发马氏体。这是因为塑性变形能为马氏体转变提供附加的驱动力（称机械驱动力），补偿了相变所需要的部分化学驱动力，因而使转变可以在较高的温度下发生，即相当于提高了 M_s 点。也可以解释为适当的塑性变形可以提供有利于马氏体形核的晶体缺陷（层错、位错），从而促进了马氏体的形成；若高于 M_d 点，则因化学驱动力不足而不会发生上述转变。形变诱发马氏体的原理示意图见图 4.27。

形变诱发马氏体转变除与温度有关外，也与变形量有关。一般来说，在 M_s～M_d 温度范围内塑性变形量愈大，则形变诱发马氏体的形成量愈多，但是变形对随后冷却时继续发生的马氏体转变却起着抑制作用。例如对于 Fe-22.7Ni-3.1Mn 合金在室温（高于该合金 M_s 点）下进行不同程度的塑性变形，以考察变形量对马氏体转变的影响，结果表明，当压缩形变度大于 1.5%后即可明显地看出对诱发马氏体形成的作用，但随形变度的增加在随后连续冷却时所形成的马氏体量愈来愈少。当压缩形变度为 72%时，随后冷却时的马氏体转变几乎被完全抑制（见图 4.28）。这可能是由于大量塑性变形在奥氏体中引起的晶体缺陷组态（如高密度位错区、大量亚晶界等）强化了母相，从而阻碍了马氏体的形成所致。

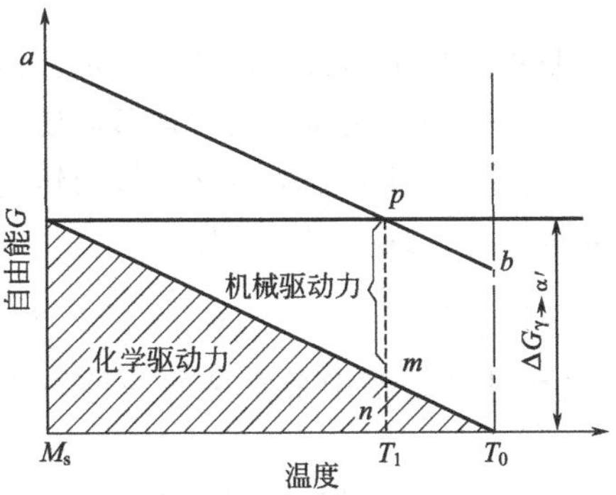

图 4.27　形变诱发马氏体的原理示意图

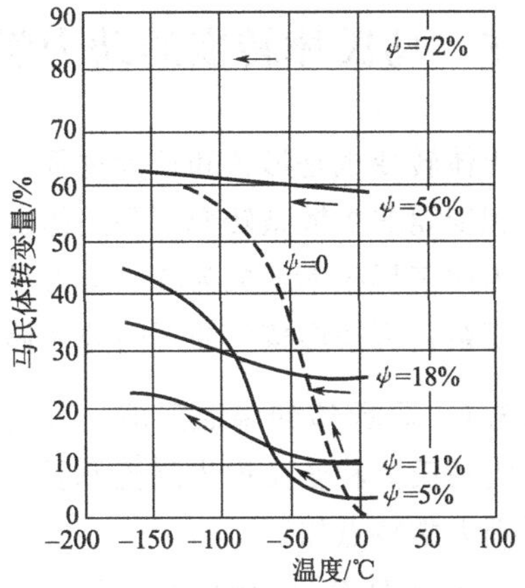

图 4.28　变形量对马氏体转变的影响

在 M_s 点以下塑性形变对马氏体转变的影响，与上述规律相似。

至于在 M_d 点以上对奥氏体进行塑性变形，虽不能在形变温度下诱发形成马氏体，但却同样对随后冷却时的马氏体转变发生影响。通常情况是少量的塑性形变能促进随后冷却时的马氏体转变（使 M_s 点提高），而超过一定限度的塑性形变则起着相反的作用，甚至使奥氏体完全稳定化。

（3）应力的影响

钢中有应力存在时，将会引起 M_s 点的变化。研究发现，奥氏体在 M_s 以上的温度受力弯曲时，在受拉应力的一侧发生马氏体转变，而在受压应力的一侧仍保持为奥氏体状态。这是因为马氏体的比容大，转变时要产生体积膨胀，因而，拉应力（也包括单向压应力）状态必然会促进马氏体形成，从而表现为使 M_s 点升高，而多向压应力则会阻止马氏体形成，使 M_s 点下降。

（4）奥氏体化条件的影响

加热温度和保温时间对 M_s 点的影响较为复杂。一方面，加热温度升高和保温时间的延长有利于碳和合金元素进一步溶入奥氏体中，而使 M_s 点下降，而另一方面，又会引起奥氏体晶粒的长大，并使其晶体缺陷减少，马氏体形成时的切变阻力减小，从而使 M_s 点升高。

一般情况下，若不发生化学成分变化，即在完全奥氏体化条件下，提高加热温度和延长保温时间将使 M_s 点有所升高；而在不完全加热条件下，提高温度或延长时间将使奥氏体中的碳及合金元素含量增加，导致 M_s 点下降。

（5）冷却速度的影响

在生产条件下，冷却速度一般对 M_s 点无影响。但在高速淬火时，M_s 点随淬火速度增大而升高。对碳钢来说，当冷却速度小于 6.6×10^3℃/s 时，M_s 没有变化，当冷却速度大于 15×10^3℃/s 时，M_s 也不再变化，但却升高 80～135℃，而冷却速度在 6.6×10^3℃/s～15×10^3℃/s 范围内，M_s 随冷却速度增加而升高。

（6）磁场的影响

磁场的存在可使 M_s 点升高，在相同的温度下马氏体转变量增加，但对 M_s 点以下的转变行为无影响。

4.5 马氏体转变的动力学

马氏体转变也是形核和长大过程，其转变动力学是由形核率和长大速度所决定。但由于马氏体相变属非扩散型转变，马氏体的长大速度一般较大，即马氏体晶核一旦形成便会很快长大，因此其形核率就成为转变动力学的一个主要控制因素。铁基合金中马氏体的转变动力学比较复杂，可按形核率的不同分大体上可以分为四种类型。现分别讨论如下。

4.5.1 马氏体的降温形成（变温瞬时形核、瞬时长大）

这类马氏体相变又称为降温马氏体相变，是碳钢和低合金钢中最常见的一种马氏体相变。其动力学特点如下。

① 当奥氏体被过冷到 M_s 点以下时，在该温度下能够形成马氏体的晶核瞬时即可形成，而且必须不断降温，马氏体晶核才能不断地形成，且晶核形成速度极快；②马氏体晶核形成后马氏体的长大速度极快，甚至在极低温度下仍能高速长大，即马氏体长大所需的激活能极小；③一个马氏体单晶长大到一定极限尺寸后就不再长大。随温度降低而继续进行的马氏体相变，不是依靠已有马氏体单晶的进一步长大，而是依靠形成新的马氏体晶核，长成新的马氏体。

因此，在马氏体的降温形成过程中，马氏体转变必须在连续不断的降温过程中才能进行，瞬时形核，瞬时长大，形核后以极大的速度长大到极限尺寸，相变时马氏体量的增加是由于降温过程中新的马氏体的形成，而不是已有马氏体的长大，等温停留转变立即停止。

按照马氏体相变的热力学条件，钢中马氏体相变时的过冷度非常大，相变驱动力很大，同时，马氏体长大过程中，其共格界面上存在弹性应力，使界面移动的阻力降低，而且原子只需作不超过一个原子间距的近程迁移，因此，长大激活能很小。所以马氏体长大速度极快，甚至可以认为马氏体相变速度仅取决于形核率，而与长大速度无关。一般来说，马氏体片在形核后 10^{-4}～10^{-7}秒内即可以长大到极限尺寸。

降温形成马氏体的量，主要取决于冷却所达到的温度，即 M_s 以下的深冷程度，等温保持时转变一般不再进行，这一特点意味着，形核似乎是在不需要热激活的情况下发生的，所以也称其为非热学性转变。

奥氏体的化学成分虽然对 M_s 具有很大的影响，但其对马氏体转变动力学的影响，几乎完全是通过 M_s 点起作用，在 M_s 以下的转变过程不随成分发生显著变化。

影响 M_s 点和马氏体转变动力学过程的一切因素都会影响到转变结束后残余奥氏体数量的多少。例如：化学成分对 M_s 点有显著影响，结果导致室温下残余奥氏体的量有很大差异，如表 4.2 所示。从表中可以看出，碳含量对残余奥氏体量的影响十分显著，一般认为，淬火钢碳含量超过 0.4%后就应考虑残余奥氏体对性能的影响。

表 4.2 每增加 1%合金元素时残余奥氏体量的变化

元 素	C	Mn	Cr	Ni	Mo	W	Si	Co	Al
残余奥氏体量变化/%	50	20	11	10	9	8	6	−3	−4

其次，影响残余奥氏体量的其它因素，如奥氏体化温度、冷却速度和外加应力等，可定性归纳于表 4.3 中。

表 4.3　影响残余奥氏体量的各种因素

影响因素	残余奥氏体多	残余奥氏体少	影响因素	残余奥氏体多	残余奥氏体少
含碳量	高碳	低碳	在 $M_s \sim M_f$ 之间冷却	缓冷	急冷
奥氏体温度	高温	低温	应力	压应力	拉应力
淬火冷却	油冷	水冷			

4.5.2　马氏体的爆发式转变（自触发形核，瞬时长大）

在 M_s 点低于 0℃的 Fe-Ni 和 Fe-Ni-C 等合金中发现，它们的马氏体转变动力学曲线和降温马氏体转变曲线有很大的差别。这种转变在 M_s 点以下某一温度突然发生，具有爆发性，并且一次爆发中形成一定数量的马氏体，并伴有响声，同时急剧放出相变潜热，使试样温度升高。

爆发式转变有一固定的温度，即爆发式转变温度，通常用 M_b 表示，并且 $M_b \leqslant M_s$。当第一片马氏体形成时，其尖端应力足以促使另一片马氏体的形核和长大，因而呈连锁式反应，则可能激发出大量马氏体而引起爆发式转变，伴有响声，并急剧放热，在合适的条件下，爆发转变量可超过 70%，温度可上升 30℃。马氏体的惯习面为 $\{259\}_\gamma$，有明显的中脊，显微组织呈“Z”字形。爆发转变停止后，为使马氏体相变得以继续进行，必须继续降低温度。

由于爆发转变时马氏体晶核是由转变开始时形成的第一片马氏体触发形成的，故称为自触发形核。马氏体片的长大速度极快，且与温度无关。晶界因具有位向差不规则的特点，而成为爆发转变传递的障碍，因此，在同样 M_b 温度下，细晶粒合金的爆发转变量较小。马氏体的爆发转变，常因受爆发热的影响而伴有马氏体的等温形成。

4.5.3　马氏体的等温形成（等温形核，瞬时长大）

马氏体的等温转变最早是在 Fe-Ni-Mn、Fe-Ni-Cr 合金和 1.1C-5.2Mn 钢中发现的。这类合金的 M_s 点均在 0℃以下，其马氏体转变完全是在等温过程中形成的。因此，这类马氏体相变亦称为等温马氏体相变。

马氏体等温转变的主要特点。

① 马氏体晶核可以等温形成，晶核形成需要一定的孕育期，形核率随过冷度增大而先增后减，符合一般的热激活形核规律。

② 马氏体晶核形成后马氏体的长大速度仍然极快，且长大到一定尺寸后也不再长大。因马氏体可以等温形成，故马氏体转变量亦可随等温时间延长而增加。

③ 马氏体等温转变动力学也可用等温转变图（IT 图）来表示，曲线具有“C”形状。

④ 等温马氏体相变的一个重要特征是相变不能进行到底，只能有部分奥氏体可以等温转变为马氏体。这是因为随等温转变进行，因马氏体相变的体积变化引起未转变奥氏体变形，从而使未转变奥氏体向马氏体转变时的切变阻力增大而产生稳定化。因此，必须增大过冷度，即增大相变驱动力才能使相变继续进行。

4.5.4　表面马氏体

将试样在稍高于 M_s 点的温度下等温，往往会在试样表面层形成马氏体，其组织形态、形成速度、晶体学特征都和 M_s 点温度以下试样内部形成的马氏体相同，若将马氏体磨去，试样内部仍为奥氏体，这种只产生于表面层的马氏体称为“表面马氏体”。

表面马氏体形成的原因：由于试样的表面层与心部的受力状态不同，在表面形成马氏体时可以不受三向压应力的阻碍，而在试样内部形成马氏体时，由于马氏体的比容大于周围奥氏体而造成三向压应力，使马氏体难以形成。所以，表面马氏体的 M_s 点要比大块试样内部的 M_s 点高，因此，引发了表面层在整体 M_s 点稍高的温度范围内发生了马氏体转变，形成了表面马氏体。

表面马氏体的形成也是一种等温相变，但与等温形核、瞬时长大的大块材料的等温马氏体相变不同。表面马氏体相变的形核过程也需要有孕育期，但长大速度极慢，且惯习面不是 $\{225\}_\gamma$ 而是 $\{112\}_\gamma$，位向关系为西山关系，形态不是片状而呈条状。

4.5.5 奥氏体的稳定化

奥氏体稳定化是马氏体转变动力学中的一个特殊问题。所谓奥氏体的稳定化是指奥氏体在外界因素的作用下，由于内部结构发生了某种变化，而使奥氏体向马氏体的转变呈现迟滞的现象。由于奥氏体的稳定化将使钢件在淬火组织中产生较多的残余奥氏体，从而降低工件的硬度和尺寸稳定性。而另一方面，残余奥氏体增多也可以改善工件的韧性和接触疲劳性能。因此，掌握奥氏体稳定化的规律，不仅有助于了解马氏体转变机制，而且具有较大的实际意义。奥氏体稳定化分为热稳定化和机械稳定化两种。

(1) 奥氏体的热稳定化

淬火冷却时，因缓慢冷却或在冷却过程中于某一温度等温停留，引起的奥氏体稳定性提高，而使马氏体转变迟滞的现象，称为奥氏体的热稳定化。

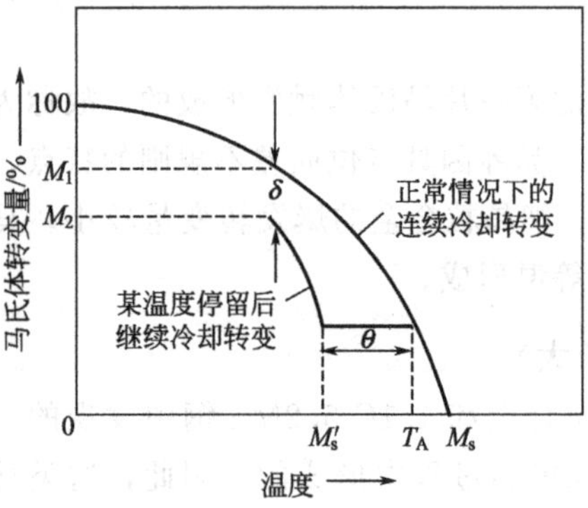

图 4.29 奥氏体的热稳定化现象示意

若将淬火试样，在淬火过程中于某一温度等温停留一定时间后，再继续冷却时，其马氏体转变量与温度的关系便会发生变化，如图 4.29 所示。由图可见，在 M_s 点从以下的 T_A 温度停留一定时间后再继续冷却，马氏体转变并不立即恢复，而要冷至 M_s' 温度才重新形成马氏体。即要滞后 θ 度，转变才能继续进行。和正常情况下的连续冷却转变相比，同样温度条件下的转变量少了 $\delta(\delta=M_1-M_2)$。δ 量的大小与测定温度有关。

奥氏体热稳定化的程度可以用滞后温度 θ 以及残余奥氏体增量 δ 来表示。滞后温度 θ 值越大，说明奥氏体的稳定化程度越高。缓慢冷却也能引起奥氏体的热稳定化，因为缓慢冷却相当于一连串温度下的短时停留，故油冷淬火至室温所保留的残余奥氏体量较水冷淬火的高。

热稳定化产生的主要原因是钢及合金中有碳、氮原子的存在。碳、氮原子在适当温度下向点阵位错处偏聚，钉扎位错，不仅强化奥氏体，使马氏体相变切变阻力增大，同时钉扎马氏体的晶坯，阻碍其长大。因此，发生马氏体转变时，必须附加化学驱动力以克服溶质原子的钉扎阻力。为获得这个附加的化学驱动力所需的过冷度，即为滞后温度 θ 值。

而对于不含碳、氮原子的钢，一般不产生热稳定化，即使产生热稳定化，程度也非常轻微。

影响热稳定化程度的因素主要有，等温温度、等温时间、合金的化学成分以及已转变的马氏体含量。

① 等温温度的影响　研究表明，热稳定化有一温度上限，通常以 M_c 表示，在 M_c 以上等温停留，并不产生热稳定化现象，只有在 M_c 点以下等温停留或缓慢冷却才会引起热稳定化。由于热稳定化的产生与碳、氮等溶质原子的偏聚钉扎作用有关，等温温度的升高，提高了碳、氮原子偏聚速度，使达到最大稳定化时间缩短，促进稳定化的产生。

② 等温时间的影响　在一定的温度下，等温保持的时间越长，则达到的奥氏体稳定化程度越高；等温温度越高，达到最大稳定化程度的时间越短；时间过长则情况相反。等温时间的延长，会促使碳、氮原子的偏聚量，使奥氏体稳定化程度提高。

③ 化学成分的影响　其中碳、氮原子影响最为重要，研究表明，碳、氮原子总量大于 0.01%就产生稳定化现象。碳含量增加，稳定化作用增强。而对于强碳化物形成元素，如 Cr、Mo、V 等均有促进热稳定化的作用；非碳化物形成元素，如 Ni、Si 等则对热稳定化无影响。

④ 已转变的马氏体量的影响　已转变的马氏体量越多，等温停留时所产生的稳定化程度越高，这与马氏体形成时对周围奥氏体的机械作用会促进热稳定性有关。

反稳定化现象：将稳定化的过冷奥氏体加热到一定温度以上，由于原子的热运动增强，溶质原子会扩散离去，使稳定化作用下降甚至消失，这种现象称为反稳定化现象。这个加热温度称为反稳定化温度。

(2) 奥氏体的机械稳定化

在 M_d 以上的温度下，对奥氏体进行塑性变形，当变形量足够大时，可以使随后的马氏体转变困难，M_s 点降低，残余奥氏体量增多。这种现象称为机械稳定化。

在 M_d 以下对奥氏体进行塑性变形时，可诱发马氏体转变，但也使未转变的奥氏体变得稳定，即使未转变的奥氏体同样产生机械稳定化作用。

值得注意的是，对奥氏体进行少量的塑性变形时，则有促进马氏体形成的作用，只有在较大变形情况下，才会起到奥氏体稳定化作用，而且形变温度愈低，变形量越大时，奥氏体的稳定化程度愈高。

机械稳定化产生的机制：在对奥氏体进行少量变形时，由于多晶体各个晶粒的塑性变形不可能同时进行，必然会在奥氏体产生很大的内应力，这些应力的存在对马氏体转变有促进作用。而对奥氏体进行大量的塑性变形，会在奥氏体内产生大量的晶体学缺陷，使位错密度升高，导致奥氏体的屈服强度升高，马氏体形成时的切变阻力增大，奥氏体稳定性提高。变形温度越低，变形量越大，奥氏体的强度升越明显，奥氏体向马氏体转变越困难，奥氏体稳定性越高。

在热稳定化中，已形成的马氏体对周围奥氏体的机械作用，会促进热稳定化程度的发展，实质是由于相变而造成未转变奥氏体的塑性变形所引起的机械稳定化的作用。

4.6　马氏体的力学性能

淬火得到马氏体组织是热处理强化的重要手段。钢件经淬火回火后获得的各种组织及力学性能也主要决定于淬火马氏体。因此，掌握马氏体组织的力学性能及其变化规律对于制定钢铁零件的热处理工艺，设计最佳组织与性能组合，正确合理地选择材料，分析各种质量问题等都具有重要意义。

4.6.1 马氏体的硬度和强度

(1) 马氏体的硬度

钢中马氏体最主要的特点是具有高硬度和高强度。马氏体的硬度主要决定于马氏体的碳含量，而合金元素的影响较小。图 4.30 为马氏体的碳含量对马氏体硬度的影响。图中曲线 1 为完全淬火后的硬度曲线。可以看出，碳含量低时，淬火后硬度随碳含量增加而增加；但是碳含量高时，由于淬火后残余奥氏体量增多，淬火所得的残余奥氏体量增加，硬度随碳含量增加反而有所下降。曲线 2 是过共析钢不完全淬火的硬度曲线，淬火马氏体碳含量均相同，不随钢中碳含量而变，故硬度值也不变。曲线 3 是马氏体硬度与碳含量的关系。可以看出，碳含量在 0.4%以下时，马氏体硬度值随碳含量增加而显著增加，但当碳含量超过 0.6%时，硬度增长趋势明显下降。

(2) 马氏体的强度

钢的屈服强度也随碳含量的增加而升高（图 4.31）。马氏体之所以具有高的硬度和强度，一般认为是由多方面因造成的，包括相变强化、固溶强化、时效强化、晶界强化等，具体原因可解释如下。

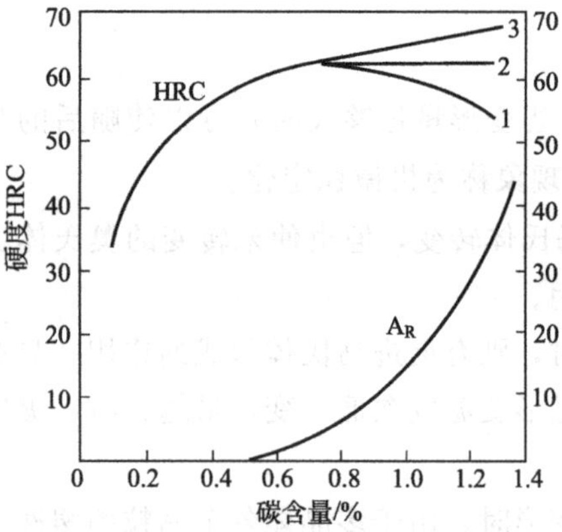

图 4.30 碳含量对马氏体硬度的影响

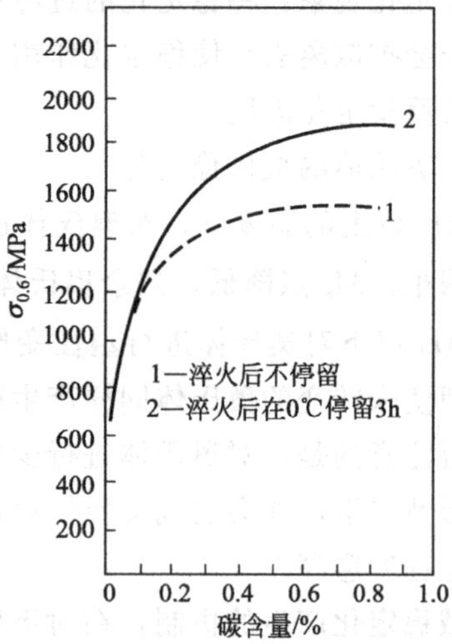

图 4.31 碳含量对马氏体屈服强度的影响

(3) 马氏体具有高硬度高强度的原因

马氏体具有高硬度、高强度的原因主要来自以下几个方面。

① 相变强化 马氏体转变时的不均匀切变以及界面附近的塑性变形将在马氏体晶体内造成大量晶体缺陷，其中包括位错、孪晶以及层错等。显然，晶体缺陷的增加将对马氏体产生强化作用，其本质与形变强化一样，通常称为相变强化。

② 固溶强化 钢中马氏体是碳溶于 α-Fe 所形成的过饱固溶体。马氏体中以间隙式溶入的过饱和碳原子将强烈地引起点阵畸变，从而形成以碳原子为中心的应力场，这个应力场与位错发生交互作用而产生碳原子对位错的钉扎作用，故使马氏体显著强化。马氏体中碳含量愈多，强化作用也愈显著。值当碳含量超过 0.4%后，可能由于碳原子靠得太近，使相邻碳原子所造成的应力场相互抵消，减弱了强化效果。

③ 时效强化 由于碳原子极易扩散，在室温下就可以通过扩散在位错及其它晶体缺陷处产生偏聚或碳化物的弥散析出，钉扎位错，使位错运动困难，从而引起时效强化。由于大多数钢的 M_s 点大都在室温以上，因此，淬火过程形成的马氏体在室温停留时，或在外力作

用下，都会发生“自回火”现象，即产生了时效强化，所以，生产中所得的马氏体的强度包含了碳的时效强化效应。如图 4.31 所示，若将钢淬火形成马氏体后，在 0℃时效 3h，测量 0℃时的屈服极限 $\sigma_{0.6}$，结果发现，时效后的强度（曲线 2）较未进行时效的强度（曲线 1）有明显提高，并且碳含量越高，强度提高得越多。故当碳含量大于 0.4%时，碳可以通过时效强化对强度作出贡献。

④ 晶界强化　原始奥氏体晶粒大小及板条马氏体束的大小对马氏体强度会产生一定的影响，这一影响也符合细晶强化的规律。原始奥氏体晶粒越细小、马氏体板条束越小，则马氏体强度越高。这是由于相界面阻碍位错的运动造成的马氏体强化。

4.6.2　马氏体的塑性和韧性

过去认为，马氏体强度、硬度高，塑性和韧性很低。这种观点是片面的。实际上，马氏体的塑性和韧性与马氏体的碳含量及亚结构有很大关系，并且可以在相当大的范围内变动。低碳的位错型马氏体具有较高的塑性和韧性，而高碳的孪晶马氏体则硬度高，韧性低，脆性大。实际上，马氏体的塑性和韧性是随碳含量增高而急剧降低的。表 4.4 列出了含碳量与塑性和韧性关系。

表 4.4　淬火钢的塑性和韧性与碳含量的关系

含碳量 /%	延伸率(δ) /%	断面收缩率 (ψ)/%	冲击韧性 (a_k)/J·cm^{-2}	含碳量 /%	延伸率(δ) /%	断面收缩率 (ψ)/%	冲击韧性 (a_k)/J·cm^{-2}
0.15	～15	30～40	78.4	0.35	2～4	7～12	14.7～29.4
0.25	5～8	10～20	19.6～39.2	0.45	1～2	2～4	4.9～14.7

研究表明，当碳含量低于 0.4%时，马氏体具有较高的塑性和韧性，碳含量越低，塑性和韧性越高。当碳含量超过 0.4%时，马氏体塑性和韧性很低，变得硬而脆，即使经过低温回火，其塑韧性仍不高。因此，要保证马氏体具有较高的塑性和韧性，其碳含量不宜大于 0.4%～0.5%。

除碳含量外，马氏体的亚结构对韧性也有显著影响。在具有相同屈服强度的条件下，板条（位错）马氏体比片状（孪晶）马氏体的韧性好得多，即在具有较高强度、硬度的同时，还具有相当高的塑性和韧性。

其原因是由于在片状马氏体中孪晶亚结构的存在大大减少了有效滑移系，同时在回火时，碳化物沿孪晶面不均匀析出使脆性增大；此外，片状马氏体中含碳量高，晶格畸变大，淬火应力大，以及存在大量的显微裂纹也是其韧性差的原因。而板条马氏体中含碳量低，可以发生“自回火”，且碳化物分布均匀；其次是胞状的位错亚结构中位错分布不均匀，存在低密度位错区，为位错提供了活动余地，由于位错运动能缓和局部应力集中，延缓裂纹形核及削减已有裂纹尖端的应力峰，而对韧性有利；此外，淬火应力小，不存在显微裂纹，裂纹通过马氏体条也不易扩展，因此，板条马氏体具有很高的强度和良好的韧性。

综上所述，马氏体的力学性能主要取决于含碳量、组织形态和内部亚结构。板条马氏体具有优良的强韧性，片状马氏体的硬度高，但塑性、韧性很差。通过热处理可以改变马氏体的形态，增加板条马氏体的相对数量，从而可显著提高钢的强韧性，这是一条充分发挥钢材潜力的有效途径。

4.6.3　马氏体的相变诱发塑性

金属及合金在相变过程中塑性增大，往往在低于母相屈服强度时发生塑性变形，这种现象称相变诱发塑性。钢在马氏体相变的同时产生相变塑性的现象称马氏体的相变塑性。

图 4.32 为 Fe-15Cr-15Ni 合金淬火后在不同温度下进行拉伸时测得的延伸率值的变化。可以看出，在 $M_s \sim M_d$ 温度范围内，延伸率有明显提高。显然，这是由于塑性变形诱发形成了马氏体，而马氏体一旦形成又诱发了塑性所致。

引起马氏体相变诱发塑性的原因，一是由于塑性形变而引起的应力集中处产生了应变诱发马氏体，而马氏体的比容比母相奥氏体为大，使该处的应力集中得到松弛。所以，马氏体形成时可缓解或松弛局部应力集中，防止裂纹形成，即使形成裂纹也会由于马氏体相变使裂纹尖端应力集中得到松弛，从而抑制微裂纹扩展，提高塑性和断裂韧性。二是由于塑性变形区有形变马氏体形成，随着形变量的增加，提高了加工硬化率，使变形抗力增加，导致已塑性变形区再发生塑性变形困难，从而抑制颈缩的形成，使随后的变形发生其它部位，提高了均匀塑性变形能力。

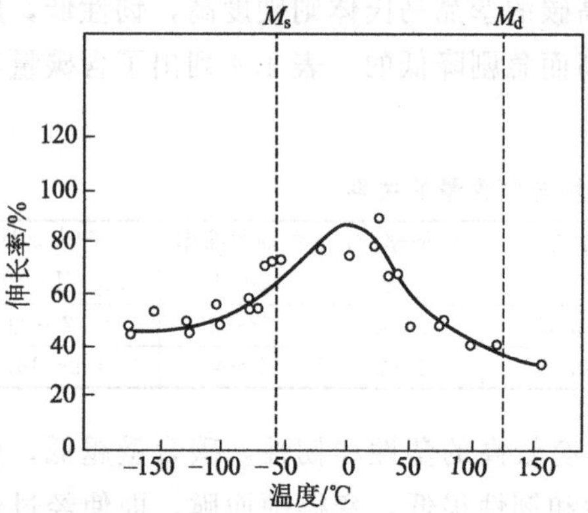

图 4.32 马氏体的相变诱发塑性

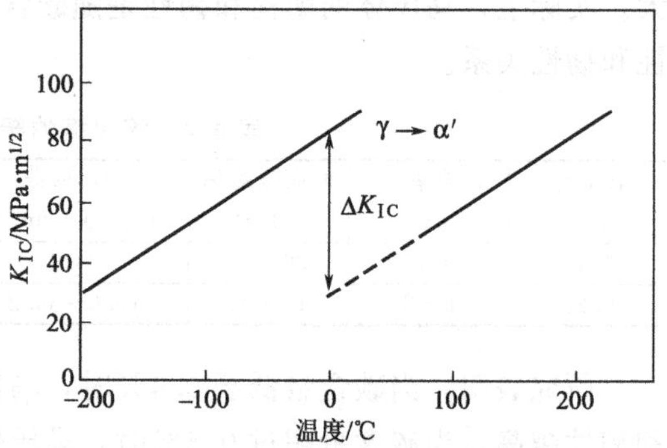

图 4.33 断裂韧性与温度的关系

马氏体相变所诱发的塑性还可以显著提高钢的韧性。例如，图 4.33 表示了含碳 0.6% 的 Cr-Ni-Mn 钢经 1200℃奥氏体化后水冷，然后在 460℃进行 75% 的挤压变形后，在不同温度条件下测量的断裂韧性与温度的关系。可以看出，在 100～200℃的温度区间，由于在断裂过程中没有发生马氏体相变，所以断裂韧度 K_{IC}很低；而在－196～20℃的温度范围，因在断裂过程中伴随有马氏体相变，结果使 K_{IC}显著升高。

马氏体的相变塑性在实际生产中有许多应用，例如大型齿轮的加压淬火以及高速钢拉刀淬火时的热校直等。这些工艺都是在马氏体转变时加上外力，利用马氏体的相变诱发塑性来达到减小淬火变形和开裂的倾向，或者进行变形校正。利用马氏体相变诱发塑性理论还设计出了相变诱发塑性钢（TRIP 钢），这种钢在成分设计时满足 $M_d > 20℃ > M_s$，因此，钢在室温变形时便会诱发出形变马氏体，而马氏体转变又诱发出相变塑性，使该钢具有很高的强度和良好的塑韧性。

复习思考题

1. 什么是马氏体？马氏体转变的主要特点是什么？
2. 简述钢中板条马氏体和的形貌特征和亚结构，并说明它们在性能上的差异。
3. 钢中马氏体的位相关系有哪几种？
4. M_s 点的物理意义是什么？影响 M_s 点的主要因素有哪些？

5. M_d 点的物理意义是什么？应力诱发马氏体转变在什么条件下发生？

6. 什么是奥氏体稳定化现象？热稳定化和机械稳定化受哪些因素的影响？

7. 分析影响马氏体形态的主要因素，说明这些因素是如何影响马氏体形态的。

8. 马氏体转变为什么必须在很大过冷度下才能发生？

9. 为什么高碳钢较低碳钢残余奥氏体量多？低于 M_f 就一定能获得 100%的马氏体吗？

10. 说明马氏体具有高硬度的主要原因。

11. 为什么板条马氏体比片状马氏体具有较好的塑性和韧性？

12. 说明奥氏体的含碳量对 M_s 点和马氏体转变产物有什么影响？

第5章 贝氏体转变

贝氏体转变是过冷奥氏体介于珠光体和马氏体转变之间的一种转变，由于这一转变在中间温度范围内发生，故被称为中温转变。在此温度范围内，铁原子已难以扩散，而碳原子还能进行扩散，这就决定了这种转变既不同珠光体转变也不同于马氏体转变，而是兼有珠光体和马氏体转变的某些特征。一般情况下，将过冷奥氏体在中温范围内形成的由铁素体和渗碳体组成的非层状组织统称为贝氏体。

由于贝氏体转变的复杂性和转变产物的多样性，目前对贝氏体的转变的机制还没有统一认识，但并不妨碍贝氏体组织在实际生产上的广泛使用。如通过等温淬火工艺，在稍高于 M_s 温度范围内发生贝氏体转变，获得的下贝氏体组织具有优良的综合力学性能，并可以减少工件的变形和开裂。此外，利用合金元素对过冷奥氏体发珠光体和贝氏体转变的作用规律开发出的贝氏体钢，在空冷条件下即可获得贝氏体组织并具有良好性能。因此，了解贝氏体转变有着重要的理论和实际意义。

5.1 贝氏体转变特征和晶体学

5.1.1 贝氏体转变特征

由于贝氏体转变温度介于珠光体转变和马氏体转变之间，因而贝氏体转变兼有珠光体转变与马氏体转变的某些特征。归纳起来，主要有以下几点。

(1) 贝氏体转变是形核和长大过程

贝氏体转变也是一个形核和长大的过程。贝氏体的形核需要有一定的孕育期，其领先相通常是铁素体，而且贝氏体转变速度远比马氏体转变为慢。

(2) 贝氏体形成时会产生表面浮凸，新相与母相间存在一定的晶体学位向关系

在贝氏体转变中，当铁素体形成时，也会在抛光的试样表面上产生表面浮凸。这说明铁素体可能是按切变共格方式长大的，母相奥氏体与新相贝氏体铁素体之间维持切变共格关系，贝氏体中的铁素体与母相奥氏体之间存在着一定的惯习面和位向关系。

(3) 贝氏体转变是在一个温度范围形成的

贝氏体转变有一个上限温度（B_s），奥氏体必须过冷到 B_s 以下才能发生贝氏体转变，高于该温度则不能形成，贝氏体转变也有一个下限温度（B_f），到达此温度则转变即告终止。

(4) 贝氏体转变具有不完全性

贝氏体转变也具有不完全性，即使冷至 B_f 温度，贝氏体转变也不能进行完全。在贝氏体转变开始后，经过一定时间，形成一定数量的贝氏体后，转变会停下来。即奥氏体不能百分之百地转变为贝氏体。这种现象被称为贝氏体转变的不完全性。

(5) 贝氏体转变的扩散性

由于贝氏体转变是在中温区，在这个温度范围内尚可进行原子的扩散，因此，贝氏体转变中存在着原子的扩散。一般认为，在贝氏体转变过程中，只存在着碳原子的扩散，而铁及合金元素的原子是不能发生扩散的。碳原子可以在奥氏体中扩散，也可以在铁素体中扩散。

由此可见，贝氏体转变的扩散性是指碳原子的扩散。

由上述主要特征可以看出，贝氏体转变在某些方面与珠光体转变相类似，而在另外一些方面又与马氏体转变相类似。

5.1.2　贝氏体转变的晶体学

贝氏体形成时，贝氏体铁素体是在奥氏体的一定晶面上以切变方式形成，并和奥氏体保持共格联系，即贝氏体转变时有一定的惯习面。一般认为，上贝氏体的惯习面为 $\{111\}_\gamma$，下贝氏体的惯习面一般为 $\{225\}_\gamma$。同时贝氏体转变过程中铁素体与母相奥氏体之间保持严格的晶体学位向关系。一般认为，贝氏体铁素体与奥氏体之间的晶体学位向存在 K-S 关系。此外，贝氏体中渗碳体与母相奥氏体以及渗碳体与铁素体之间也遵循一定的晶体学位向关系。上贝氏体中，碳化物惯习面为 $(2\bar{2}7)_\gamma$，与奥氏体之间存在 Pitsch 关系，即

$$(001)_{Fe_3C}//(\bar{2}25)_\gamma,[010]_{Fe_3C}//[110]_\gamma,[100]_{Fe_3C}//[5\bar{5}4]_\gamma$$

5.2　贝氏体的组织形态

钢中贝氏体的组织形态是随着钢的化学成分及形成温度的不同而呈现多种不同的形态，除了典型的上贝氏体和下贝氏体两种组织外，还有粒状贝氏体、无碳化物贝氏体、柱状贝氏体及反常贝氏体等。下面就钢中存在的主要贝氏体组织及其结构特征进行讨论。

5.2.1　上贝氏体（$B_上$）

在贝氏体相变区较高温度范围内形成的贝氏体称为上贝氏体。对于中、高碳钢来说，上贝氏体大约在 350～550℃的温度区间形成，因其形成在贝氏体转变区的高温区，所以称为上贝氏体。

上贝氏体是由铁素体和渗碳体组成的。典型的上贝氏体为成束分布、平行排列的铁素体和夹于其间的断续的条状渗碳体的混合物。在光学显微镜下观察可以看到成束分布，大致平行的铁素体板条自奥氏体晶界向一侧或两侧奥氏体晶内生长，渗碳体分布于铁素体板之间，整体在光学显微镜下呈羽毛状，故又可称上贝氏体为羽毛状贝氏体（见图 5.1）。在电子显微镜下观察，可以清楚地看到在平行的条状铁素体之间常存在断续的、粗条状的渗碳体，（见图 5.2）。上贝氏体中铁素体的亚结构是位错，其密度约为 10^8～10^9/cm，比板条马氏体低 2～3 个数量级，并且随着形成温度降低，位错密度逐渐增大。

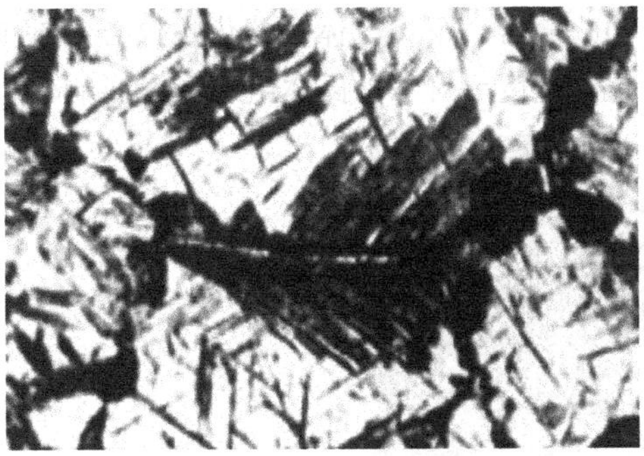

图 5.1　上贝氏体光学金相组织（400×）

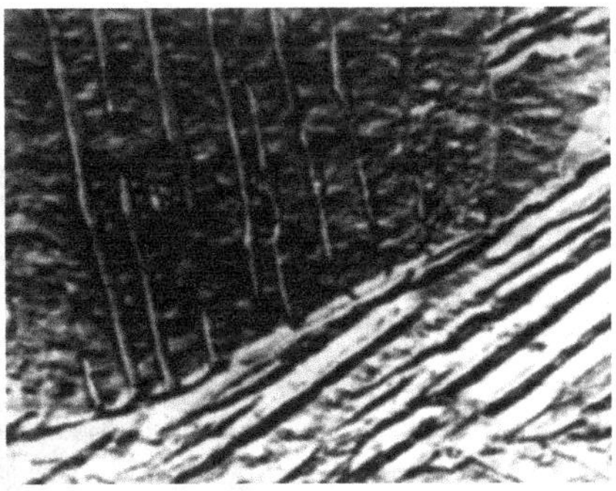

图 5.2　上贝氏体电镜组织（复型）（5000×）

上贝氏体中的板条铁素体束与板条马氏体束很接近，板条束内相邻铁素体板条之间的位向差很小，束与束之间则有较大的位向差。上贝氏体中的碳化物分布在铁素体条之间，均为

渗碳体型碳化物。碳化物的形态取决于奥氏体的碳含量。碳含量低时，碳化物沿条间呈不连续的粒状或链珠状分布；碳含量高时则呈杆状，甚至呈连续分布。

在上贝氏体中，除贝氏体铁素体及渗碳体外，还可能存在未转变的残余奥氏体，尤其是当钢中含有 Si、Al 等元素时，由于 Si、Al 能扼制渗碳体的析出，故使残余奥氏体量增多。

影响上贝氏体组织形态的因素主要有碳含量和形成温度。随钢中碳含量的增加，上贝氏体中的铁素板条更多、更薄，渗碳体的形态由粒状向链球状、短杆状过渡，甚至连续分布。渗碳体的数量随碳含量的增加而增多，不但分布于铁素体板之间，而且可能分布于各铁素体板条内部。随形成温度的降低，铁素体板条变薄、细小，渗碳体更细小、更密集。

5.2.2 下贝氏体（$B_{下}$）

在贝氏体转变区域的低温范围内形成的贝氏体称为下贝氏体。高碳钢中下贝氏体大约在350℃以下形成。碳含量低时，下贝氏体形成温度有可能高于 350℃。

下贝氏体也是由铁素体和碳化物两个相组成的组织。但铁素体的形态与钢中的碳含量有关，在含碳量较低的铁碳合金中，贝氏体铁素体通常由若干平行排列的板条形成板条束，呈板条状形态（类似于板条马氏体）（见图 5.3）。而在含碳量高的铁碳合金中，贝氏体铁素体往往呈片状，且片与片之间有一定角度，（与片状马氏体相类似）（见图 5.4）。在碳含量中等的铁碳合金中，则为两种形态并存。

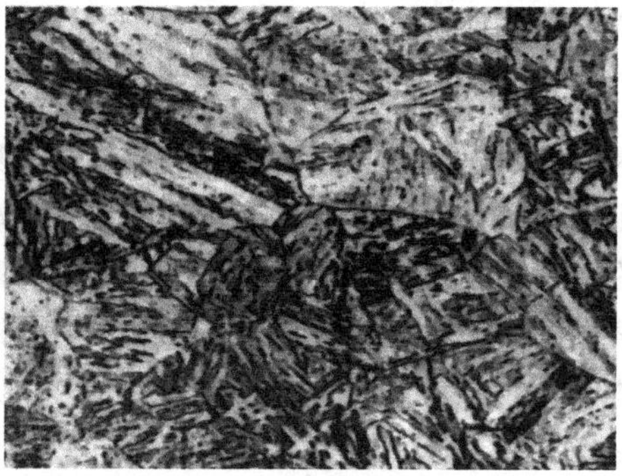

图 5.3 低碳钢中下贝氏体形态（500×）

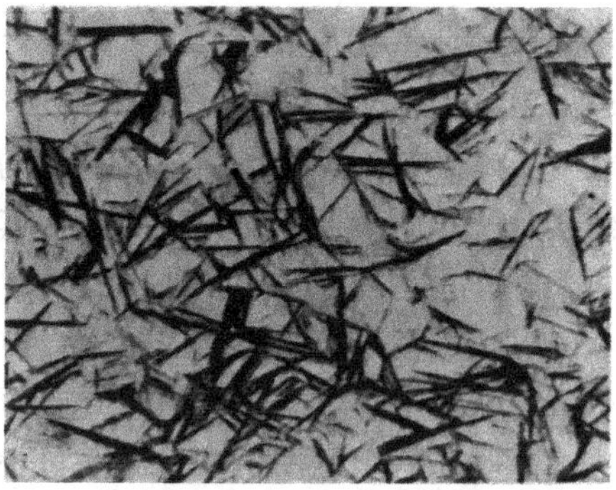

图 5.4 高碳钢下贝氏体形态（500×）

研究表明，下贝氏体的形核部位大多在奥氏体晶界上，但也有在奥氏体晶粒内部形成的。在电镜下观察，在贝氏体铁素体基体上存在许多细片状或颗粒状的渗碳体或 ε-碳化物，它们与铁素体的长轴呈 55°～60°的方向排列成行（见图 5.5）。通常，下贝氏体的碳化物仅分布在铁素体片的内部，钢的化学成分，奥氏体晶粒大小和均匀化程度等对下贝氏体组织形态影响较小。

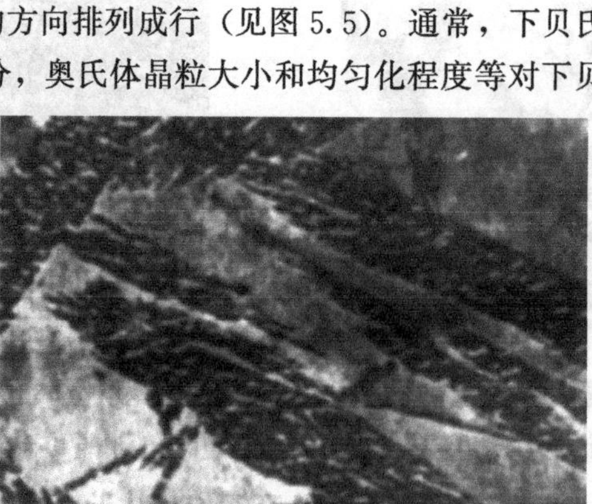

图 5.5 下贝氏体电镜组织（复型）（10000×）

下贝氏体形成时也会在光滑试样表面产生浮凸。下贝氏体铁素体的亚结构与板条马氏体和上贝氏体铁素体相似，也是缠结位错。但位错密度往往高于上贝氏体铁素体，而且未发现有孪晶亚结构存在。

5.2.3　粒状贝氏体（$B_{粒}$）

粒状贝氏体是在低、中碳合金钢中以一定速度连续冷却后或在稍高于上贝氏体相变区高温范围内等温时获得的。如在正火、热轧空冷或焊缝热影响区组织中都可出现这种组织。

粒状贝氏体是由块状铁素体和富碳奥氏体所组成的，其组织特征是呈粒状、岛状或长条状的富碳奥氏体不连续地分布在块状铁素体的基体上（见图5.6）。在光镜下较难识别粒状贝氏体的组织形貌，在电镜下则可看出粒状（岛状）物大都分布在铁素体之中，常常具有一定的方向性（图5.7）。这种组织的基体是由条状铁素体合并而成的，铁素体的碳含量很低，接近平衡浓度，而富碳奥氏体区的碳含量则很高。铁素体与富碳奥氏体区的合金元素含量与钢的平均含量相同，这表明在粒状贝氏体形成过程中有碳的扩散而无合金元素的扩散。

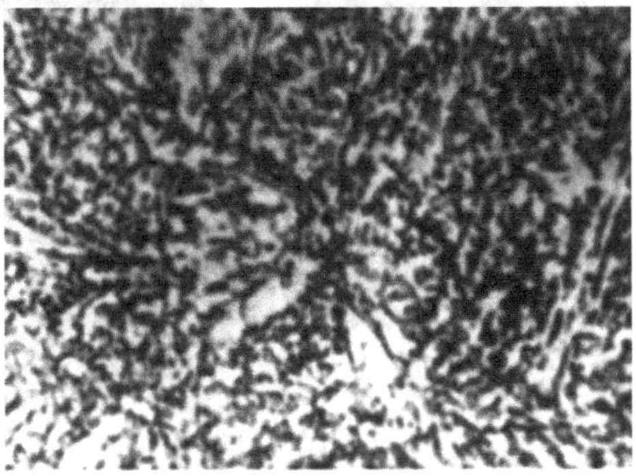

图5.6　粒状贝氏体组织（500×）

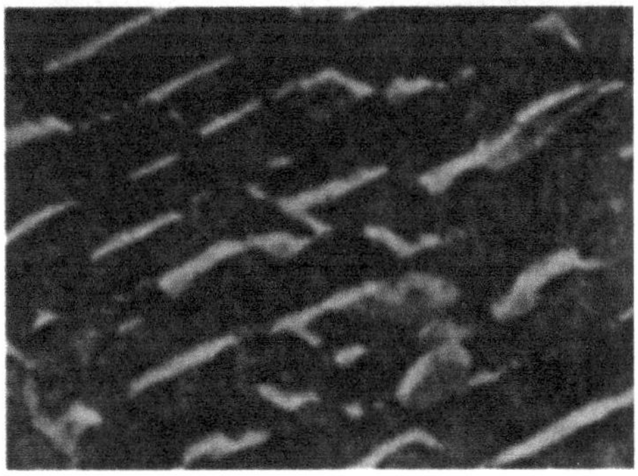

图5.7　粒状贝氏体电镜组织（复型）（3000×）

富碳奥氏体区在随后冷却过程中可能发生以下三种情况：①部分或全部分解为铁素体和碳化物的混合物；②部分转变为马氏体，这种马氏体的碳含量甚高，常常是孪晶马氏体；③全部保留下来，成为残余奥氏体。

5.2.4　无碳化物贝氏体（$B_{无}$）

无碳化物贝氏体一般形成于低碳钢中，是在贝氏体相变区最高温度范围内形成的。无碳化物贝氏体由大致平行的铁素体板条束和未转变的奥氏体组成，铁素体板条自奥氏体晶界处形成，成束地向一侧晶粒内长大，在铁素体板条之间分布着富碳的奥氏体，铁素体与奥氏体内均无碳化物析出，故称为无碳化物贝氏体，它是贝氏体的一种特殊形态（图5.8）。

富碳的奥氏体在随后的等温和冷却过程中还会发生相应的变化，可能转变为珠光体、其它类型的贝氏体或马氏体，也有可能保持奥氏体状态不变。可见，无碳化物贝氏体是不能单独存在的，而是与其它组织共存的。

无碳化物贝氏体形成时也会出现表面浮凸，其铁素体中也有一定数量的位错。

图5.8　无碳化物贝氏体（1000×）

5.2.5 反常贝氏体

反常贝氏体出现在过共析钢中，形成温度稍高于 350℃，以渗碳体为领先相。由于和一般贝氏体以铁素体领先形核相反，故称为反常贝氏体。如图 5.9 是 1.17%C-4.9%Ni 钢中的反常贝氏体的电镜照片。图中较大的针状碳化物是魏氏组织碳化物，在这种碳化物两侧形成的是铁素体片层，这种混合物为反常贝氏体。图中较小的杆状物是贝氏体中的碳化物，它和铁素体组成的混合物则为普通上贝氏体。

5.2.6 柱状贝氏体

柱状贝氏体一般在高碳钢或高碳合金钢的贝氏体转变区的较低温度范围内等温时形成。在高压下，柱状贝氏体也可在中碳钢中形成。由图 5.10 为 1.02%C-3.5%Mn-0.1%V 钢的柱状贝氏体组织。可以看出，柱状贝氏体中的铁素体是呈放射状的，碳化物分布在铁素体内部（与下贝氏体相似）。另外，柱状贝氏体形成时不产生表面浮凸。

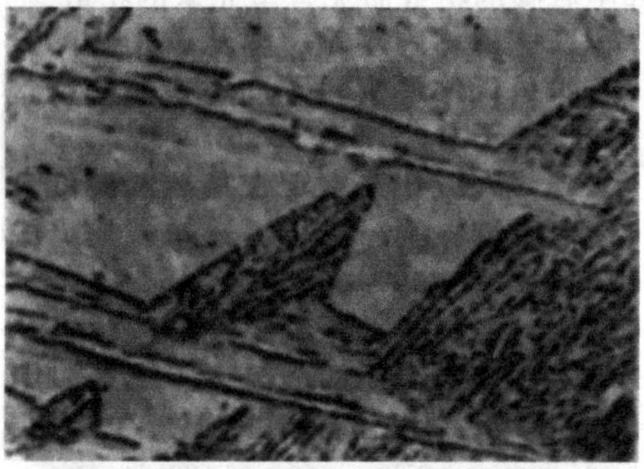

图 5.9 反常贝氏体电镜照片（8000×）

图 5.10 柱状贝氏体组织（500×）

5.3 贝氏体的形成条件

5.3.1 贝氏体转变热力学条件

贝氏体转变和其它相变一样，也是通过形核与长大进行的，必须满足一定的热力学条件，即系统总的自由能变化 $\Delta G \leqslant 0$ 时，转变才能进行。由于贝氏体转变属于切变共格有扩散型相变，奥氏体向贝氏体转变时，铁的晶格改组也是通过共格切变方式进行的，同时转变过程中有碳原子的扩散。因此，与马氏体转变相似，系统总的自由能变化也是由体积自由能 ΔG_V、表面能 ΔG_S、弹性应变能 ΔG_E 三相组成

$$\Delta G = \Delta G_V + \Delta G_S + \Delta G_E$$
$$= V\Delta g_V + S\sigma + V\varepsilon$$

即满足条件 $$\Delta G = V\Delta g_V + S\sigma + V\varepsilon \leqslant 0$$

由上式可知，体积自由能的减小即相变的驱动力（ΔG_V）必须能够补偿表面能（ΔG_S）和弹性应变能的增加（ΔG_E）等相变阻力消耗能量的总和，即满足 $\Delta G \leqslant 0$ 相变才能发生。

根据热力学原理，固相的自由能随温度降低而减小。图 5.11 绘出了奥氏体与贝氏体自由能随温度变化曲线的示意图，可以看出，奥氏体自由能曲线比贝氏体自由能曲线的斜率大，曲线的交点为两相自由能相等的温度 B_0，这种情况与马氏体和珠光体转变相类似（图 5.11 中虚线分别表示马氏体和珠光体的自由能曲线）。与马氏体相变进行比较，贝氏体转变

时由于碳在奥氏体中发生扩散，降低了贝氏体中铁素体的过饱和含碳量，从而使铁素体的自由能降低，从而在相同温度下，新、旧两相之间的体积自由能差 ΔG_V 增大，相变驱动力增大。同时，由于碳的脱溶析出，使奥氏体与贝氏体之间的比容差减小，因此由相变时体积变化引起的弹性应变能 ΔG_E 减小，所以从相变热力学条件看，贝氏体转变开始温度 B_s 应高于 M_s 点，即贝氏体转变是在 M_s 点以上温度范围内发生。

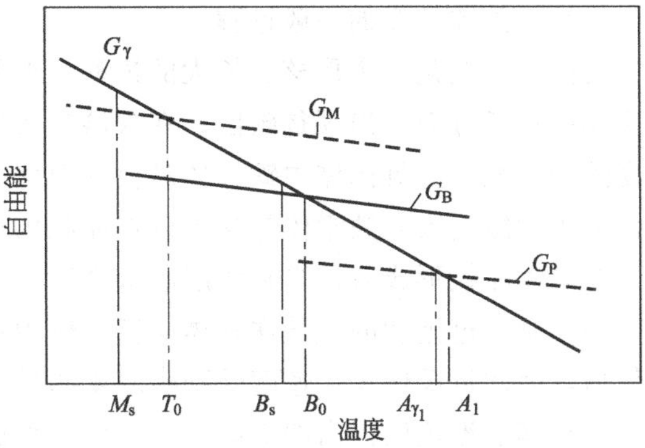

图 5.11　奥氏体与贝氏体的自由能与温度关系

另外，与珠光体转变相比，贝氏体形成时贝氏体中铁素体的过饱和程度要比珠光体中铁素体的过饱和程度大，新相与母相的弹性应变能（ΔG_E）比珠光体转变时的弹性应变能（ΔG_E）大，因此，贝氏体转变应在珠光体转变温度之下发生。

由于贝氏体形成时产生的弹性应变能（ΔG_E）小于马氏体的弹性应变能（ΔG_E）而大于珠光体的弹性应变能（ΔG_E），使得贝氏体转变开始温度 B_s 与 B_0 之间的温度差小于马氏体转变时 M_s 与 T_0 之间的温度差，而大于珠光体转变时的 A_{r_1} 与 A_r 之间的温度差。

与马氏体转变相似，贝氏体转变也存在一个温度范围，即过冷奥氏体在 B_s～B_f 之间发生贝氏体转变，B_s 点为贝氏体转变的上限温度，位于 T_0 以下、M_s 以上。过冷奥氏体处于 B_s 以上温度不发生贝氏体转变。值 B_f 为贝氏体转变的下限温度，在此温度以下不发生贝氏体转变。B_s 点和 B_f 点与钢的成分有关，通常是随钢中含碳量及合金元素的增加而降低。

5.3.2　贝氏体铁素体的形成

在贝氏体转变时奥氏体中会发生碳的扩散，使碳原子重新分配。由于贝氏体中的铁素体是低碳相，而碳化物是高碳相，当贝氏体转变时，为了使铁素体得以形核，在过冷奥氏体中必须通过碳的扩散来实现其重新分布，形成富碳区和贫碳区，以满足新相形核时所必需的浓度（成分）条件。

由图 5.12 可以看出，如亚共析钢的奥氏体被过冷到高于 M_s 点的某一温度 T_1 等温时，它已经处于 A_{ccm} 延长线以下，这意味着碳在奥氏体中处于过饱和状态，从热力学上来看，碳应具有从奥氏体中析出的倾向。因此，奥氏体内必将发生碳原子的扩散重新分配，造成奥氏体内碳的分布不均匀，出现一些贫碳微区。当某一贫碳微区的含碳量达到 C_1 时，则 T_1 达到了这一浓度奥氏体的 M_s 点。如果该微区的尺寸达到临界尺寸，那么相变的驱动力足以使该微区按马氏体转变机构形成铁素体核心并向奥氏体内一定方向长大。

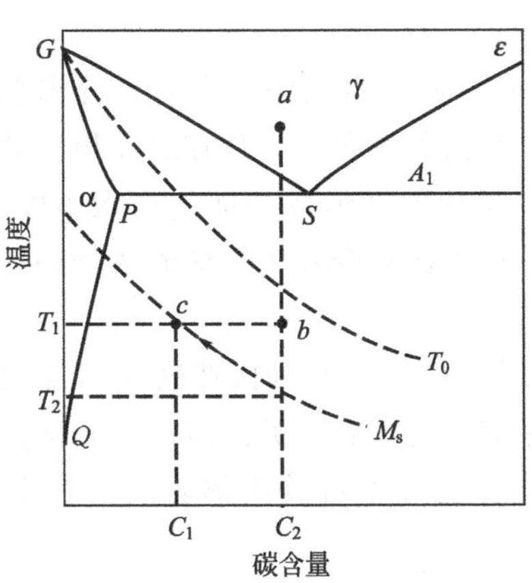

图 5.12　贝氏体转变与碳含量的关系

由图 5.12 还可以看出，等温转变温度越低则转变所需要的碳浓度降低越小，铁素体的含碳过饱和度越大。例如在 T_2 温度等温转变时，奥氏体的碳浓度只要降低到 C_2，则 T_2 温度便可达到 M_s 点，发生共格切变。

5.3.3 贝氏体转变动力学

(1) 贝氏体转变的一般过程

贝氏体转变是一个形核、长大的过程，形核需要有一定的孕育期。在孕育期内由于碳在奥氏体中重新分布，出现贫碳区，在含碳量较低的部位，首先形成铁素体晶核，成为贝氏体转变的领先相。上贝氏体中铁素体晶核一般优先在奥氏体晶界贫碳区形成。在下贝氏体形成时，由于过冷度大，铁素体晶核可以在晶粒内形成。

铁素体晶核形成后，当碳浓度起伏合适，且晶核大小超过临界尺寸时便开始长大。在其长大的同时，过饱和的碳从铁素体向奥氏体中扩散，并于铁素体条间或铁素体内部沉淀析出碳化物，因此贝氏体长大速度受到碳原子的扩散控制。上贝氏体中铁素体的长大速度主要取决于碳在其前沿奥氏体内的扩散速度，而下贝氏体的长大速度主要取决于碳在铁素体内的扩散速度。

贝氏体的转变包括铁素体的长大与碳化物的析出两个基本过程，它们决定了贝氏体中两个基本组成相的形态、尺寸和分布。

(2) 贝氏体转变动力学的特点

① 贝氏体转变速度比马氏体转变速度慢得多　贝氏体长大速度，比马氏体的长大速度要慢很多。一般认为这是由于贝氏体的长大速度受碳原子从铁素体中的脱溶析出所控制的缘故。

② 贝氏体转变的不完全性　贝氏体转变是在一个温度范围内进行的，在 B_s 温度以下，贝氏体才可以形成，而且随着等温温度的降低，最大转变量会逐渐增加。对于碳钢、中碳 Mn 钢、中碳 Si-Mn 钢来说，只要等温温度降低到某一温度，奥氏体可以全部转变为贝氏体，见图 5.13。但是，对于许多种合金钢而言，即使等温温度降低到很低的温度，仍有部分奥氏体未发生转变并残留下来，这种现象称为“转变不完全性”。

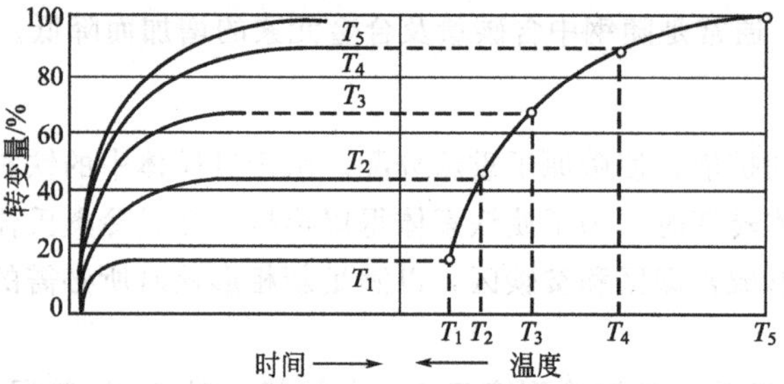

图 5.13 贝氏体转变量与等温温度 T 的关系示意图

③ 可能与珠光体转变或与马氏体转变重叠　在碳钢和一些合金钢中，在某一等温温度范围之内，贝氏体转变可能与珠光体转变发生部分重叠。有两种情况，一是在过冷奥氏体等温转变过程中，珠光体转变发生在贝氏体转变之前，过冷奥氏体在形成一部分珠光体以后，接着转变为贝氏体；二是在过冷奥氏体等温转变过程中，贝氏体转变发生在珠光体开始转变之前，过冷奥氏体在形成一部分贝氏体以后，接着转变为珠光体。

对于具有较高 M_s 点的钢，当温度在 M_s 点以下时，贝氏体转变和马氏体转变可能发生重叠。当奥氏体急冷至 $M_s \sim M_f$ 温度范围的某一温度并保持恒定以后，奥氏体先有一部分发生马氏体转变，以后其余部分发生贝氏体转变，马氏体转变可以对贝氏体转变产生促进作用。

(3) 贝氏体等温转变动力学图

与珠光体一样，贝氏体的等温转变动力学图也呈“C”字形，也存在 C 曲线的“鼻子”。由图 5.14 可以看出，在 B_s 点以上，不发生贝氏体转变。在 B_s 点以下，随着转变温度降低，等温转变的孕育期和转变时间逐渐减小后又逐渐增加，即相变速度先增后减，在 C 曲线的“鼻子”温度，贝氏体相变的孕育期和转变时间最短，相变速度最快。对于碳钢，由于珠光体转变与贝氏体转变的 C 曲线重叠在一起，因此合并成一个 C 曲线（见图 5.15）。

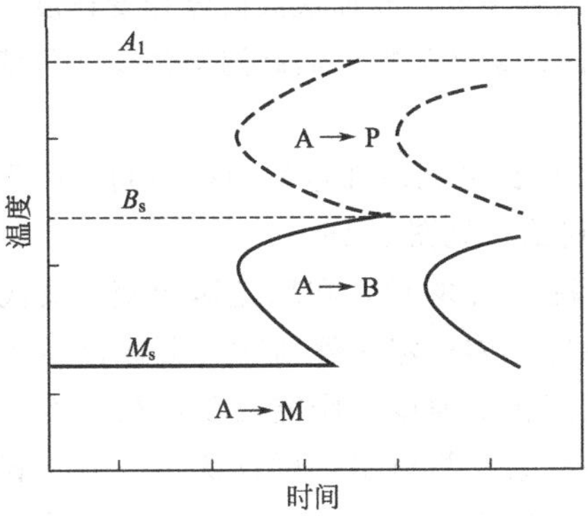

图 5.14　合金钢等温转变动力学图

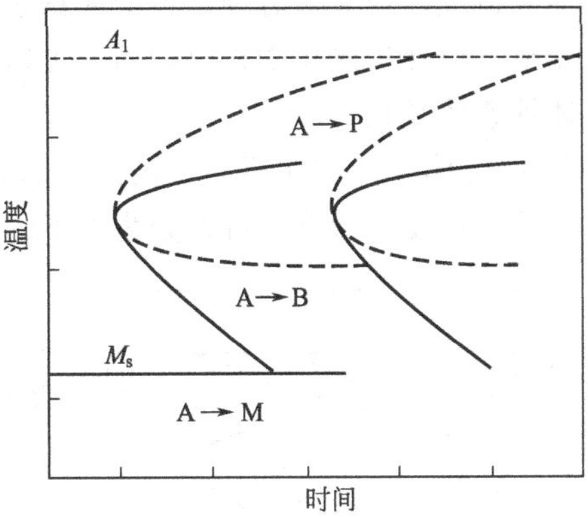

图 5.15　碳钢等温转变动力学图

(4) 影响贝氏体转变动力学的因素

① 化学成分的影响　含碳量的影响。随着钢中碳含量的增加，贝氏体相变速度减小，等温转变 C 曲线右移，而且“鼻子”温度下降。这是因为碳含量高，形成贝氏体时需要扩散的碳原子量增加。

合金元素的影响。钢中常用的合金元素中，除了 Co 和 Al 加速贝氏体相变速度以外，其它合金元素，如 Mn、Ni、Cu、Cr、Mo、W、Si、V 等，都延缓贝氏体的形成。同时也使贝氏体相变温度范围收窄，其中以 Mn、Cr、Ni 的影响最为显著。值得一提的是，钢中加入微量的 B，能降低奥氏体的晶界能，抑制先共析铁素体晶核的形成，显著推迟珠光体转变。所以在低碳贝氏体钢中通常都含有少量的 Mo 及微量的 B，如国产低碳贝氏体钢 14CrMnMoVB 和 12MnMoVB 钢。钢中同时加入多种合金元素，其相互影响比较复杂。一般说来，合金元素由于影响 C 在奥氏体和铁素体中的扩散速度，从而影响贝氏体的转变速度；同时，合金元素影响了体积（化学）自由能与温度之间的关系，从而提高或降低 B_s 温度。

② 奥氏体晶粒大小和奥氏体化温度的影响　由于奥氏体晶界是贝氏体的优先形核部位，所以一般来说，随奥氏体晶粒长大，贝氏体相变孕育期延长，形成一定数量贝氏体所需的时间增加，相变速度会减小。

提高奥氏体化温度或延长保温时间，一方面使碳化物溶解趋于完全，使奥氏体成分更加均匀化，同时又使奥氏体晶粒长大，因而贝氏体相变速度减小。但是，温度过高或保温时间过长时，又有加速贝氏体相变的作用，即形成一定数量贝氏体所需的时间短。

③ 应力和塑性变形的影响　研究表明，拉应力使贝氏体相变加速。随应力增加，贝氏体相变速度提高。当应力超过其屈服强度时，贝氏体相变速度的提高尤为显著。

塑性变形对贝氏体相变的影响比较复杂。一般情况下，在高温区（1000～800℃）对奥氏体进行塑性变形，将使贝氏体相变孕育期延长，相变速度减慢，相变不完全程度增加。在中温区（600～300℃）对奥氏体进行塑性变形，则贝氏体相变孕育期缩短，相变速度加快。

高温变形时可能产生两种相反的作用：一方面，塑性变形使奥氏体的晶体缺陷密度增高，有利于碳的扩散，故使贝氏体相变加速；另一方面，奥氏体的塑性变形会产生多边化亚结构，破坏晶粒取向的连续性，不利于铁素体的共格长大，故使贝氏体相变减慢。当后者占优势时，贝氏体相变将减慢。中温塑性变形不仅使奥氏体中的缺陷密度增高，有利于碳的扩散，而且造成内应力，有利于贝氏体铁素体按切变机制形成，故加快贝氏体相变速度。中温塑性变形不仅促进碳化物析出，而且可以细化贝氏体铁素体晶粒。而高温塑性变形只能细化贝氏体铁素体晶粒。

④ 奥氏体冷却时在不同温度停留的影响　过冷奥氏体在冷却过程中在不同温度下停留时对贝氏体相变的影响，可以分为以下的三种情况讨论。见图 5.16。

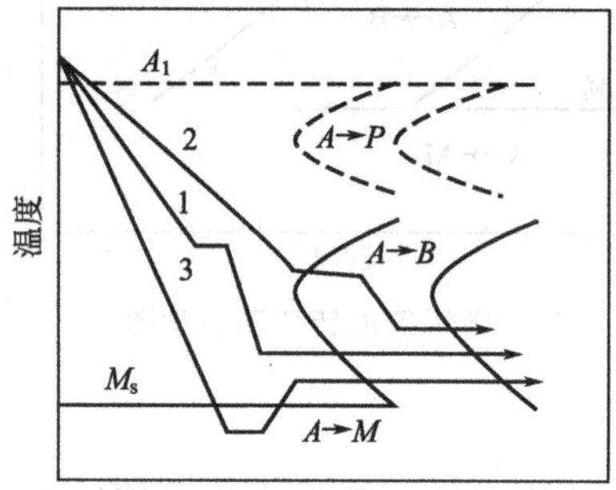

图 5.16　过冷奥氏体在不同温度下停留对贝氏体相变影响

第一种情况（曲线 1），在珠光体相变与贝氏体相变之间的过冷奥氏体稳定区停留时，会促进随后的贝氏体相变，提高转变速度。研究发现，在过冷奥氏体稳定区停留后有碳化物析出，可以认为，由于碳化物析出降低了奥氏体中碳和合金元素的浓度，即降低了奥氏体的稳定性，所以使贝氏体相变加速。

第二种情况（曲线 2），在贝氏体形成温度范围的高温区停留，形成部分上贝氏体后再冷却至贝氏体相变的低温区时，将使下贝氏体相变的孕育期延长，降低其转变速度。这表明，高温停留和发生部分上贝氏体相变，将使未转变奥氏体的稳定性增加。

第三种情况（曲线 3），在 M_s 点稍下温度或在贝氏体形成温度范围的低温区停留，先形成少量的马氏体或下贝氏体后再升高至较高温度时，先形成的马氏体或下贝氏体都将促进随后的贝氏体转变，使贝氏体转变速度增加。其原因是由于较低温度下的部分相变使奥氏体点阵发生畸变（或应变），从而加速了贝氏体的形核，即所谓应变促发形核，加速了贝氏体的形成。

5.4 贝氏体的转变机理

贝氏体转变包括贝氏体铁素体的形成以及碳化物的析出。长期以来，围绕着这两个问题进行争论。在争论中最主要的是切变机制与台阶机制之争。

5.4.1 切变机理

柯梭和 Cottrell 在贝氏体转变研究中最早发现有浮凸效应，并认为贝氏体转变的浮凸与马氏体转变的相似，提出了贝氏体转变的切变机理。这一理论认为，贝氏体转变温度高于马氏体转变，在这一温度下，碳原子仍具有较强的扩散能力，因此，当贝氏体中铁素体在以切变共格方式长大的同时，还将伴随着碳原子的扩散以及碳化物从铁素体中沉淀析出的过程，并且，贝氏体转变的速度主要受碳原子扩散过程的影响。

(1) 高温区的贝氏体相变（无碳化物贝氏体的形成）

当温度较高时，碳不仅在铁素体中有较高的扩散能力，而且在奥氏体中也有相当的扩散能力，故在奥氏体晶粒中，当一个条状铁素体形成并长大时，铁素体中过饱和碳可以通过铁素体-奥氏体相界面很快扩散到奥氏体中而使铁素体碳含量降低到平衡浓度。并且由于自促发作用在其两侧也有条状铁素体形成。由于扩散能力强，进入奥氏体中的碳很快向其内部扩散，使奥氏体的碳含量都得到提高而不至于聚集在界面附近析出碳化物。这样就形成了由板条状铁素体组成的无碳化物贝氏体［见图 5.17(a)］。

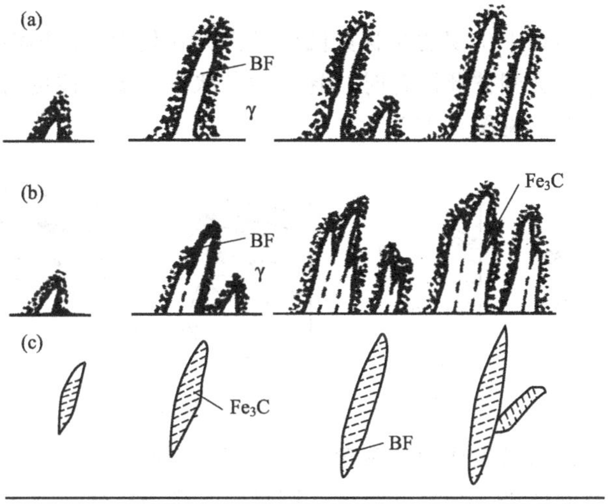

图 5.17 贝氏体的形成机理

(a) 无碳化物贝氏体；(b) 上贝氏体；(c) 下贝氏体

由于转变温度较高，过冷度较小，新相与母相间的化学自由能差较小，相变驱动力较小，不足以补偿在更多的新相形成时所需消耗的界面能和各种应变能，因而形成的贝氏体铁素体量较少，且宽度较大。亦即上述转变进行到一定程度后便会自行中途停顿下来。至于位于铁素体板条间的富碳奥氏体，在随后冷却过程中依其稳定性和冷速的不同，则可部分地继续转变为马氏体或奥氏体的其它分解产物。也可能全部保留下来。

(2) 中温区的贝氏体相变（上贝氏体的形成）

在 350～550℃的中温区，相变初期与高温区相变基本一样。首先在奥氏体晶界附近形成铁素体晶核，并且成排地向奥氏体晶内长大，同时，铁素体中多余的碳通过扩散向两侧相界面移动。由于形成温度相对较低，碳的扩散能力有所下降，加之由于过冷度较大，相变驱动力增大，所形成的贝氏体铁素体量较多，板条较为密集。

由于碳原子在铁素体中的扩散速度大于在奥氏体中的扩散速度，此时碳在铁素体中仍可顺利地进行扩散，但在奥氏体中的扩散已经很困难，这样通过铁素体-奥氏体相界面进入板条间奥氏体中的碳就不能充分向板条束以外的奥氏体中扩散逸去，于是当碳浓度升高到一定程度时，将在条状铁素体之间析出渗碳体，由于得不到奥氏体中碳原子的不断补充，这些在铁素体条间析出的渗碳体是不连续的，结果得到呈羽毛状的典型上贝氏体组织。转变温度愈低，形成的贝氏体铁素体量愈多，而且板条也愈窄；同时，随着碳的扩散系数减小，使上贝氏体中的碳化物也变得更细小［见图 5.17(b)］。

(3) 低温区的贝氏体相变（下贝氏体的形成）

当温度较低时，在中、高碳钢中，首先在奥氏体晶界或晶内某些贫碳区形成铁素体晶核，并按切变共格方式长大成片状或透镜状。由于相变温度更低，碳原子在奥氏体中已不能扩散，但在铁素体中尚有一定的扩散能力，仍能在铁素体中进行短程扩散，但较难扩散至相界面处。因此，当铁素体长大时，碳原子在铁素体晶内沿一定晶面或亚晶界偏聚，继而析出细片状碳化物，从而得到在片状铁素体上分布着与铁素体长轴呈一定交角（55°～60°）、排列成行的碳化物的下贝氏体组织。并且转变温度愈低，其中碳化物沉淀的弥散度便愈大，且铁素体中碳的过饱和度也愈高［见图 5.17(c)］。

（4）粒状贝氏体的形成

可以认为某些低合金钢中出现的粒状贝氏体是由无碳化物贝氏体演变而来的，当无碳化物贝氏体的条状铁素体长大到彼此汇合时，剩下的岛状富碳奥氏体更为铁素体所包围，沿铁素体条间呈条状断续分布（见图 5.18）。

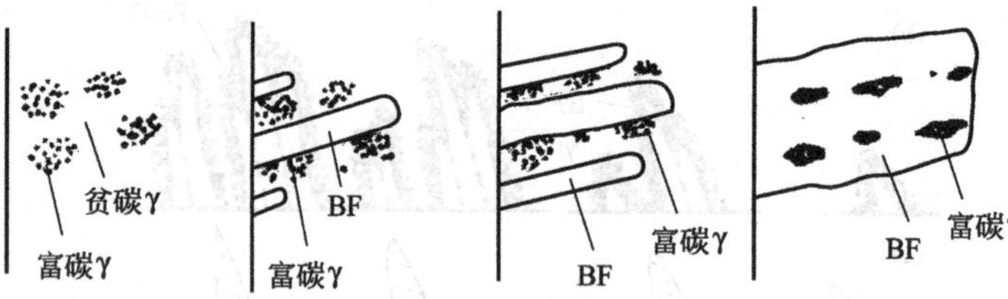

图 5.18 粒状贝氏体的形成

因钢的碳含量低，岛状奥氏体中的碳含量不至于过高而析出碳化物，这样就形成粒状贝氏体。如果延长等温时间或进一步降低温度，则岛状富碳奥氏体将有可能分解为珠光体或转变为马氏体，也有可能保留到室温。

可以看出，按照切变理论的观点，不同形态贝氏体中的铁素体都是通过切变机制形成的，只是因为形成温度不同，使铁素体中的碳扩散析出以及碳化物的形成方式不同而导致贝氏体组织形态的不同。碳的扩散及沉淀析出是控制贝氏体相变及其组织形态的基本因素，阻碍碳的扩散或碳化物沉淀的合金元素都会提高富碳奥氏体的碳浓度而提高其稳定性，并使贝氏体的形态发生变化。

5.4.2 台阶机理

对于贝氏体的形成机理，Arornson 等人认为贝氏体是以扩散而非切变方式形成的，并提出了台阶理论。与贝氏体转变切变理论不同，Arornson 虽也承认有表面浮凸存在，但认为贝氏体转变的表面浮凸与马氏体转变的表面浮凸是不同的，贝氏体浮凸是由于转变产物的体积变化造成的，而并非由于切变所致。他从组织的定义出发，认为贝氏体是非片层的共析反应产物，贝氏体转变同珠光体转变机理相同，两者的区别仅在于后者是片层状。从而提出了贝氏体铁素体的长大是按台阶机理进行，并受碳的扩散所控制。台阶机理长大的示意图见图 5.19。

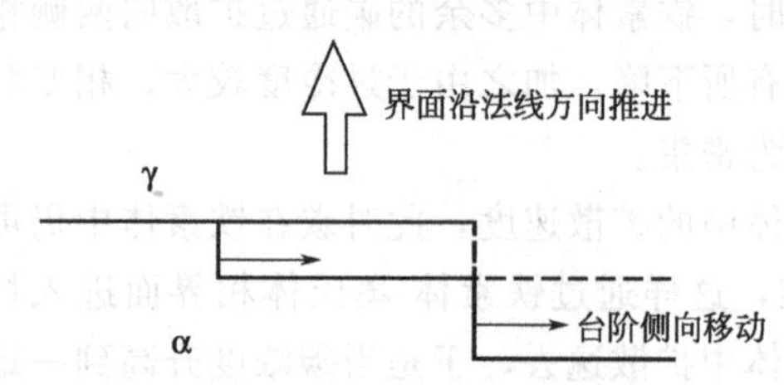

图 5.19 晶核台阶机理长大

图中台阶的宽面（水平面）为 α-γ 的半共格相界面，但是台阶的端面（垂直面）为无序结构（非共格面），其原子处于较高的能量状态，因此这一界面具有较高的活动性，易于实现迁移，使台阶侧向移动，从而导致台阶宽面向前（空心箭头所示方向）推进。

综上所述，对于贝氏体转变机理，目前还没有统一的认识，存在切变机制和扩散机制两种不同的观点，但随着研究的不断深入，人们对贝氏体转变的本质和规律性的认识也会更加清晰完整。

5.5 贝氏体的力学性能

贝氏体的力学性能主要决定于其组织形态。但贝氏体组织的形态十分复杂，往往与钢的化学成分及热处理工艺条件（如等温温度或冷却速度等）有很大关系，因此，了解并掌握贝氏体的组织和力学性能的关系及其影响因素，对实际生产中利用贝氏体组织改善工程材料的性能和开发新型贝氏体结构钢都具有重要意义。

5.5.1 钢中常见贝氏体组织的力学性能

钢中常见贝氏体组织主要有上贝氏体、下贝氏体和粒状贝氏体。一般来说，上贝氏体的强度低，韧性很差，下贝氏体的强度高，韧性好，而粒状贝氏体具有较好的强韧性。

由于上贝氏体的形成温度较高，铁素体条粗大，碳的过饱和度低，因而强度和硬度较低。另外，上贝氏体中碳化物颗粒粗大，且呈断续条状分布于铁素体条间，铁素体条和碳化物的分布具有明显的方向性，这种组织状态使铁素体条间易于产生脆断同时铁素体条本身也可能成为裂纹扩展的路径，所以上贝氏体的冲击韧性较低。越是靠近贝氏体区上限温度形成的上贝氏体，韧性越差，强度越低。因此，在工程材料中一般应避免上贝氏体组织的形成。

下贝氏体中铁素体针细小、分布均匀，在铁素体内又沉淀，析出大量细小、弥散的碳化物，而且铁素体内含有过饱和的碳及很高密度的位错，因此下贝氏体不但强度高，而且韧性也好，即具有良好的综合力学性能，缺口敏感性和脆性转折温度都较低，是一种理想的组织。在生产中以获得下贝氏体组织为目的的等温淬火工艺得到了广泛的应用。

粒状贝氏体组织中，在颗粒状或针状铁素体基体中分布着许多小岛，这些小岛无论是残余奥氏体、马氏体，还是奥氏体的分解产物都可以起到复相强化作用。粒状贝氏体具有较好的强韧性，在生产中已经得到应用。

5.5.2 影响贝氏体强度和硬度的主要因素

贝氏体的强度和硬度主要取决于下列几个因素。

（1）贝氏体中铁素体

如果把贝氏体中铁素体板条（片）看成贝氏体的晶粒，那么贝氏体的强度和硬度与贝氏体中铁素体的晶粒大小有很大关系，符合细晶强化的原理，即贝氏体中铁素体的晶粒越细小，贝氏体的强度和硬度就越高，而且韧性和塑性也有所提高。贝氏体中铁素体的晶粒大小主要取决于奥氏体晶粒大小（影响铁素体条的长度）和形成温度（影响铁素体条的厚度），但以后者为主。贝氏体形成温度越低，贝氏体铁素体晶粒的整体尺寸就越小。贝氏体的强度和硬度就越高。此外，贝氏体铁素体的晶粒尺寸与屈服强度的关系也服从 Hall-Petch 公式。图 5.20 为贝氏体铁素体晶粒尺寸对强度的影响，可以看出，贝氏体铁素体晶粒愈细小，钢的强度愈高。

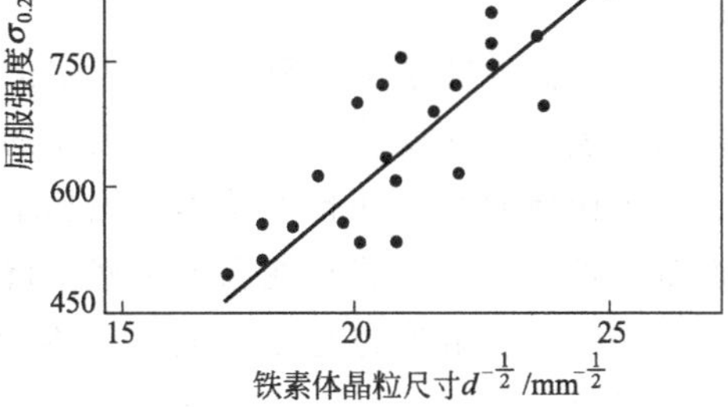

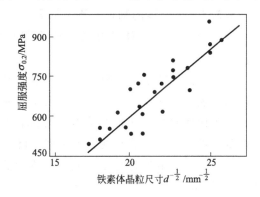

图 5.20　贝氏体铁素体晶粒尺寸与强度关系

（2）碳化物的弥散度和分布状况

根据弥散强化原理，碳化物颗粒尺寸越细小，数量越多，对强度的贡献就越大。在渗碳体尺寸相同情况下，贝氏体中渗碳体数量越多，则硬度和强度就越高，而韧性和塑性下降。

渗碳体的数量主要取决于钢中的碳含量。贝氏体中渗碳体可以是片状、粒状、断续杆状或层状。一般来说，渗碳体为粒状时贝氏体的韧性较高，为细小片状时其强度较高，为断续杆状或层状时其脆性较大。

通常，渗碳体等向均匀弥散分布时，强度较高，韧性较好。在上贝氏体中渗碳体易定向不均匀分布，且颗粒较粗大，而在下贝氏体中渗碳体分布较为均匀，且颗粒较细小，所以上贝氏体的强度和韧性要比下贝氏体低很多。

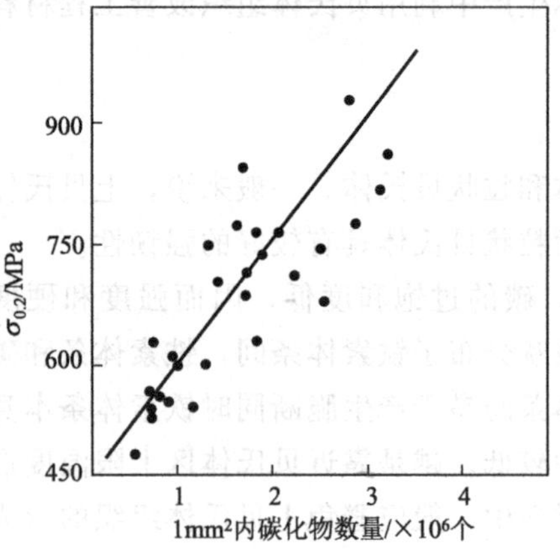

图 5.21　碳化物的弥散度对贝氏体强度的影响

贝氏体中碳化物的弥散强化作用在下贝氏体中占有特别重要的地位，但对上贝氏体来说则相对显得次要，其原因在于上贝氏体中碳化物较粗大，而且分布状况不良（处于铁素体板条间）。贝氏体中碳化物的弥散度对强度的影响见图 5.21。可见，碳化物弥散度愈大，强度值愈高。

(3) 溶质元素固溶强化

如前所述，随贝氏体形成温度降低，贝氏体铁素体中过饱和碳的含量会增加，固溶强化作用也会增大。贝氏体铁素体往往较平衡状态铁素体的碳含量稍高，但一般<0.25%。贝氏体铁素体的过饱和度主要受形成温度的影响，形成温度越低，碳的过饱和度就越大，其强度和硬度升高，但韧性和塑性降低较少。

对于溶入贝氏体中的其它合金因素来说，它们的固溶强化作用比碳小得多。需要说明的是，尽管随转变温度的降低，贝氏体铁素体中碳的过饱和度增大，固溶强化效果显著增大，但与同一种钢的马氏体相比，由于碳含量比马氏体低得多，故其固溶强化效果比马氏体小得多。

(4) 位错密度

贝氏体铁素体的亚结构主要是缠结位错。随转变温度的降低，贝氏体铁素体中的位错密度不断增高。强度和韧性也会提高。并且随贝氏体铁素体的亚结构尺寸减小，强度和韧性也会提高。

5.5.3　贝氏体的韧性及影响因素

(1) 上、下贝氏体的冲击韧性和韧脆转变温度

韧性是高性能结构材料的一项重要的性能指标。研究表面，在低碳钢中，上贝氏体的冲击韧性比下贝氏体要低，并且贝氏体组织从上贝氏体过渡到下贝氏体时韧脆转变温度突然下降，下贝氏体的韧脆转变温度也总是比上贝氏体为低。如图 5.22 所示。

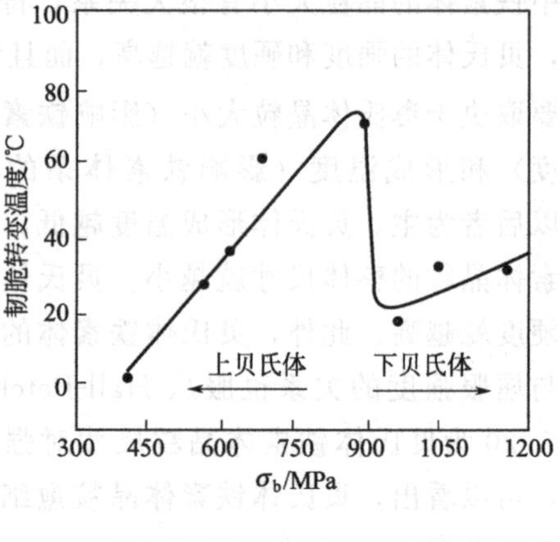

图 5.22　低碳贝氏体钢的韧脆转变温度与强度关系

其原因可能是：在上贝氏体中存在粗大碳化

物颗粒或断续条状碳化物，也可能存在高碳马氏体（由未转变奥氏体在冷却过程中形成），所以容易形成大于临界尺寸的裂纹，并且裂纹一旦扩展，便不能由贝氏体中铁素体之间的小角晶界来阻止，而只能由大角贝氏体“束”界或原始奥氏体晶界来阻止。因此上贝氏体组织中裂纹扩展迅速。

在下贝氏体组织中，较小的碳化物颗粒不易形成裂纹，即使形成裂纹也难以达到临界尺寸，并且即使形成解理裂纹，其扩展也将受到大量弥散碳化物颗粒和位错的阻止。因此，裂纹形成后也不易扩展，常常被抑制而必须形成新的裂纹，因而脆性转折温度降低。所以，下贝氏体组织尽管强度较高，但其冲击韧性要比强度稍低的上贝氏体组织要高得多。

（2）影响贝氏体冲击韧性的因素

① 铁素体板条和板条束的尺寸　板条厚度与板条束直径的大小是相关联的。板条厚度增加，板条束的直径亦相应增大，反之则减小。板条束直径大小对韧脆转变温度的影响实质上表现为对断裂解理小平面的影响。因为解理断口是由许多解理小平面所组成，材料由韧性断裂转变为脆性断裂时，裂纹的传播即是靠这些小平面相互连接而实现。通常可把板条束直径近似地认为相当于解理小平面的尺寸，因为相邻板条束的位向差一般均较大，使裂纹的扩展易于受到板条束界面的阻碍，这样即形成了一个解理小平面。但是如果有些相邻板条束的位向差较小时，其界面则不会成为对裂纹扩展的障碍，此时解理小平面的尺寸即大于板条束的直径。可见，理解小平面的直径即相当于裂纹传播的一个单元尺寸，简称为单元裂纹路程，亦可看作为有效晶粒尺寸。一般来说，解理小平面的直径随板条束直径的增大而增大，并由此而导致韧脆转变温度的升高。上贝氏体的铁素体板条束直径一般都比下贝氏体为大，所以前者的韧脆转变温度总是高于后者。韧脆转变温度的升高，显然对冲击韧性是很不利的。

② 碳化物的形态和分布　在上贝氏体中碳化物分布在贝氏体铁素体板条之间，较为粗大并且沿铁素体板条方向不呈连续的短杆状分布，具有明显的方向性，这样在碳化物与铁素体界面处往往易于萌生微裂纹，微裂纹一旦形成，便会很快扩展。在下贝氏体中，碳化物分布于铁素体片内，且尺寸极细小，不易产生裂纹。一旦有裂纹出现，其扩展将被细小碳化物或高密度的位错所阻止，从而表现出较高的冲击韧性和较低的韧脆转变温度。

③ M-A岛状相　在粒状贝氏体组织中，当岛状相的组成物主要为残余奥氏体时，有利于提高贝氏体的冲击韧性。但对于韧脆转变温度来说，不论岛状相的组成比如何，总会使韧脆转变温度升高，原因是岛状相中的马氏体以及冷至低温后由残余奥氏体转变而来的马氏体均属高碳孪晶型，不利于阻碍解理裂纹的萌生和扩展。

④ 奥氏体晶粒度　细化奥氏体晶粒可以使转变后的贝氏体铁素体板条厚度和板条束直径的减小，从而有利于冲击韧性的改善。对上贝氏体这种改善作用更加明显，而对于下贝氏体由于其铁素体的尺寸本来就比上贝氏体为小，奥氏体晶粒细化对下贝氏体冲击韧性的改善不明显。

复习思考题

1. 什么是贝氏体？钢中常见的贝氏体有哪些？
2. 贝氏体转变的主要特征是什么？
3. 影响贝氏体转变的主要因素是什么？

4. 简述粒状贝氏体的形成过程。
5. 简述上贝氏体和下贝氏体的形貌特征，形成条件及性能差别。
6. 影响贝氏体强度和硬度的主要因素是什么？
7. 为什么下贝氏体组织的强韧性远高于上贝氏体组织？
8. 贝氏体转变与马氏体转变和珠光体转变有哪些异同点？

第6章 钢的过冷奥氏体转变图

在热处理过程中，加热和冷却是两个重要的阶段，钢件热处理后的性能在很大程度上取决于冷却时奥氏体转变产物的类型和组织形态。Fe-Fe_3C 相图主要反映在平衡条件下，铁碳合金的成分-温度-组织（相组成）之间的变化规律，而不能表示热处理过程中在非平衡条件下的转变规律。如前所述，由于转变温度不同，过冷奥氏体将按不同机理转变成完全不同的组织，在较高温度范围内发生的是扩散型相变即珠光体类型的转变，在中温温度范围内发生的是半扩散型相变即贝氏体类型转变；而在低温范围内以则发生无扩散型相变即马氏体转变。虽然转变类型主要取决于形成温度，但是转变的进程与转变量等因素又与时间（或冷却速度）密切相关，因此对于一定成分的铁碳合金来说，其过冷奥氏体转变是一个与温度和时间（或冷却速度）相关的过程，通常可以用温度、时间和转变程度之间关系的过冷奥氏体转变图表示。

钢的过冷奥氏体转变图就是研究某一成分钢的过冷奥氏体转变产物与温度、时间的关系及其变化规律的图解。根据冷却方式不同，过冷奥氏体转变图可分为等温转变图及连续冷却转变图两类，它们是制定热处理工艺，合理选择钢材及预测零件热处理后性能的重要的理论依据之一。

6.1 过冷奥氏体等温转变图

6.1.1 过冷奥氏体转变图的概念

由 Fe-Fe_3C 相图可以知道，如果将奥氏体状态的钢冷却到 A_1 温度以下，将发生共析转变，形成铁素体与渗碳体两相混合物。从热力学上讲，这是由于在此温度下奥氏体的自由能比铁素体与渗碳体两相混合物的自由能高，在热力学上处于不稳定状态，因此奥氏体将发生分解，转变为珠光体或其它组织。在临界温度以下处于不稳定状态的奥氏体称为过冷奥氏体。

在热处理生产中，奥氏体的冷却方式可以有等温冷却和连续冷却两种方式，所谓等温冷却是将奥氏体状态的钢迅速冷至临界点以下某一温度保温一定时间，使奥氏体在该温度下发生组织转变，然后再冷至室温的方式，见图 6.1 中曲线 1；所谓连续冷却是将奥氏体状态的钢以一定速度冷至室温，使奥氏体在一个温度范围内发生连续转变，见图 6.1 中曲线 2。连续冷却是热处理中常见的冷却方式。

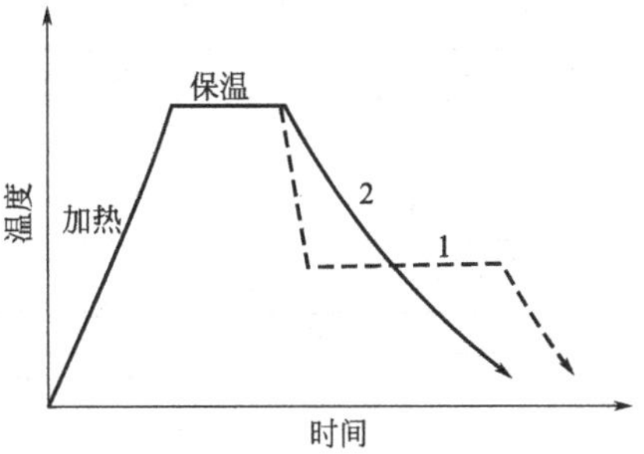

图 6.1 奥氏体冷却方式

但在热处理过程中发生的等温冷却转变和连续冷却转变都不是一个平衡过程，所发生的转变温度、转变时间、转变产物及转变量等不能完全依据 Fe-Fe_3C 相图来判定和分析，而必须采用过冷奥氏体的等温转变图或连续冷却转变图进行分析。

所谓过冷奥氏体等温转变图是表示过冷奥氏体在等温条件下转变时，过冷奥氏体的转变温度、转变的开始时间和终了时间与转变产物及其转变量之间关系的图解。通常又将其称为等温转变C曲线，也可称作IT(Isothermal Transformation) 图或 TTT(Temperature-Time-Transformation) 图。

过冷奥氏体等温转变图是反映在不同连续冷却条件下，过冷奥氏体的冷却速度与转变温度、转变时间、转变产物的类型以及转变量之间关系的图解。通常又称为连续转变C曲线，又可称作CT或CCT(Continuous Cooling Transformation) 图。

6.1.2 过冷奥氏体等温转变图（IT图）的建立

目前IT图的测定方法主要有：金相法、膨胀法、磁性法、电阻法、热分析法等。IT图的测定依据是利用过冷奥氏体转变产物的组织形态或物理性质发生的变化测定。

(1) 金相法

金相法的原理是利用金相显微镜直接观察过冷奥氏体在不同等温温度下，各转变阶段的转变产物及其数量，根据组织的变化来确定过冷奥氏体等温转变的起止时间，从而绘制出等温转变图。

测量方法：将 ϕ10mm×1.5mm 的圆片状试样分成若干组，每组试样5～10个。首先选一组试样加热至奥氏体化后，迅速转入给定温度的等温浴炉中冷却，停留不同时间之后，逐个取出试样，迅速淬入盐水中激冷，使尚未转变的奥氏体转变为马氏体，因此，马氏体量即未转变的过冷奥氏体量。显然，等温时间不同，转变产物量就不同。再用金相法确定在给定温度下，保持一定时间后的转变产物类型和转变量的百分数。一般将奥氏体转变量为1%所需的时间定为转变于开始时间，而把转变量为98%所需的时间定为转变终了的时间。多组试样在不同等温温度下进行试验，将各温度下的转变开始点和终了点都绘在温度与时间的半对数坐标系中，并将不同温度下的转变开始点和转变终了点分别连接成曲线，就可以得到所测量钢的过冷奥氏体等温转变曲线，如图6.2所示。

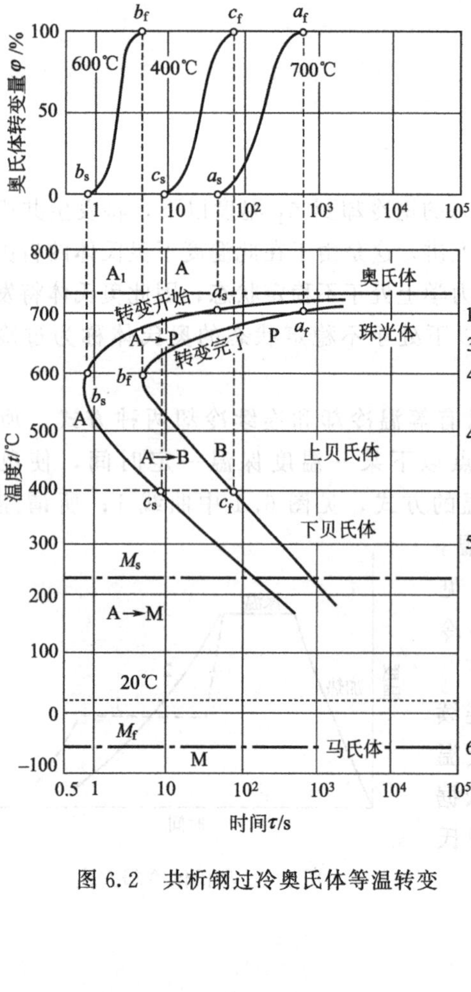

图6.2 共析钢过冷奥氏体等温转变

金相法的优点是能比较准确地测出转变的开始点和终了点，并可直接观察到转变产物的组织形态和转变量，其缺点测量的工作量大。

(2) 膨胀法

膨胀法的测量原理是利用过冷奥氏体转变时发生的比容变化来测定过冷奥氏体在等温过程中转变的起止时间，从而测定出等温转变图。

测量方法是利用热膨胀仪测定过冷奥

氏体在不同等温温度下转变的起止时间。测定时，将试样加热奥氏体化，随后迅速转入预先控制好的等温炉中进行等温转变，膨胀仪可自动记录出等温转变时所引起的试样膨胀量与时间的关系曲线，如图 6.3 所示。图中，*bc* 段为过冷奥氏体冷却收缩，*cd* 段为等温转变前的孕育期，*de* 段为发生珠光体或贝氏体转变的等温转变阶段，*d* 点为转变开始点，*e* 点为转变终了点。最后将不同等温温度下得到的各个转变开始点和终了点都绘在温度与时间的半对数坐标系中，并分别连接成曲线，就可以得到等温转变曲线。

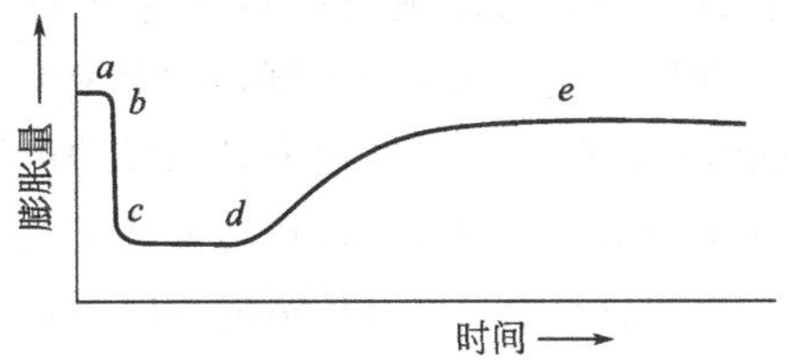

图 6.3　等温转变时膨胀-时间曲线

膨胀法的优点是测量速度快，易于确定在各转变量下所需的时间，能测出过共析钢的先共析产物的析出线。缺点是当膨胀曲线变化较平缓时，转折点不易测准。

(3) 磁性法

磁性法的测量原理是利用奥氏体为顺磁性，而其转变产物（铁素体、贝氏体和马氏体）在居里点以下均为铁磁体。通过过冷奥氏体在居里点以下等温或降温过程中引起的由顺磁性到铁磁性的变化来确定转变的起止时间以测定转变曲线。

磁性法的优点是试样少、测量所需时间短，容易确定各转变产物达到一定转变量时所需的时间。缺点是不能测出过共析钢的先共析产物的析出线和亚共析钢珠光体转变的开始线。原因是渗碳体的居里点为 200℃，在高于该温度析出时无磁性表现，而珠光体与铁素体都是铁磁相而无法区分。

上述方法各有优缺点，故在实际测量中往往是几种方法配合使用，以取长补短。此外，电阻法、热分析法和 X 射线衍射法等也可用于测定钢的 IT 图。

6.1.3　过冷奥氏体等温转变图（IT 图）的分析

图 6.4 为共析钢的过冷奥氏体等温转变图（IT 图），图中最上面一条水平虚线表示钢的临界温度 A_1，即奥氏体与珠光体的平衡温度。图中下边的水平线 M_s 为马氏体转变开始温度，M_s 以下还有一条水平线 M_f 为马氏体转变终了温度。在 A_1 与 M_s 线之间有两条 C 曲线，左侧一条为过冷奥氏体转变开始线，右侧一条为过冷奥氏体转变终了线。

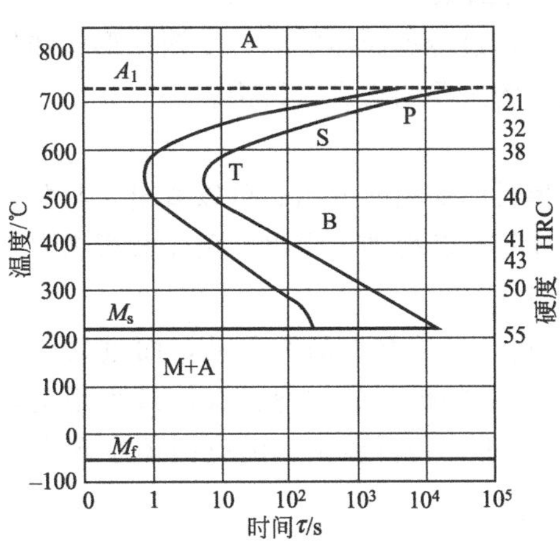

图 6.4　共析钢的过冷奥氏体等温转变图

A_1 线以上是奥氏体稳定区，A_1 以下奥氏体处于不稳定状态。M_s 线至 M_f 线之间的区域为马氏体转变区，过冷奥氏体冷却至 M_s 线以下将发生马氏体转变。过冷奥氏体转变开始线与转变终了线之间的区域为过冷奥氏体转变区，在该区域过冷奥氏体向珠光体或贝氏体转变，在转变终了线右侧的区域为过冷奥氏体转变产物区。在 A_1 线以下、M_s 线以上以及纵坐标与过冷奥氏体转变开始线之间的区域为过冷奥氏体区，过冷奥氏体在该区域内不发生转变，处于不稳定状态。

在 A_1 温度以下，过冷奥氏体转变开始线与纵坐标之间的水平距离为过冷奥氏体在该温度下的孕育期，孕育期的长短表示过冷奥氏体稳定性的高低。在A_1以下，随等温温度降低，孕育期缩短，过冷奥氏体转变速度增大，在550℃左右共析钢的孕育期最短，转变速度最快。此后，随等温温度下降，孕育期又不断增加，转变速度减小。在孕育期最短的温度区域，C曲线向左凸出，一般称为C曲线的鼻子，鼻子的位置（即所处的温度和时间坐标）对钢的淬透性十分重要。过冷奥氏体转变终了线与纵坐标之间的水平距离则表示在不同温度下转变完成所需要的总时间。转变所需的总时间随等温温度的变化规律也和孕育期的变化规律相似。

过冷奥氏体在A_1以下进行等温转变时，因等温温度范围不同会发生不同类型的组织转变，获得不同转变产物，一般可分为三个温度段。

对共析钢而言，在A_1到鼻子温度（550℃左右）的高温区，发生珠光体转变，转变产物由高温向低温依次为珠光体、索氏体和屈氏体。在鼻子温度（550℃左右）到M_s点的中温区，发生贝氏体转变，中温区的上部区域（鼻子温度－350℃左右）则获得上贝氏体组织，中温区的下部区域（350℃左右－M_s点）得到下贝氏体组织。在M_s到M_f点的低温区，发生马氏体转变，获得马氏体组织。

应当指出，共析钢的过冷奥氏体等温转变图中（图6.4），珠光体和贝氏体转变是相互重叠的，故只有一组C形曲线。但随着钢的成分及其它因素的不同，珠光体转变与贝氏体转变的温度区间和孕育期会发生程度不同的变化，从而可能出现这两类转变曲线在位置上或部分重叠、或彼此分离、或一前一后等情况，如图6.5所示。

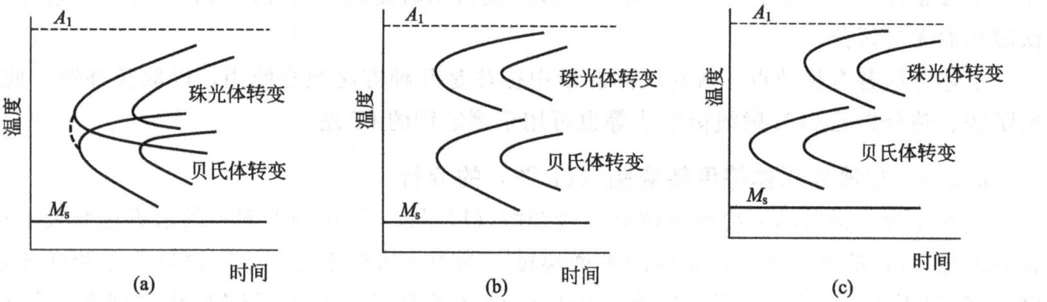

图6.5 不同类型的过冷奥氏体等温转变

6.1.4 影响过冷奥氏体等温转变图（IT图）的因素

由于钢的化学成分、奥氏体化条件等因素的不同，过冷奥氏体等温转变图在形状和位置上会产生很大差异。现就影响过冷奥氏体等温转变图的主要因素进行讨论。

（1）含碳量的影响

如图6.6是亚共析钢、共析钢和过共析钢过冷奥氏体等温转变图。可以看出，与共析钢过冷奥氏体等温转变图相比，亚共析钢的过冷奥氏体等温转变图上多出一条先共析铁素体析出线，而在过共析钢中多出一条先共析渗碳体析出线。

在正常加热条件下，亚共析碳钢的C曲线随着碳含量的增加向右移动，而过共析碳钢的C曲线则随着碳含量的增加向左移动。故在碳钢中以共析钢的过冷奥氏体最为稳定，亦即其C曲线处于最右的位置。另外，不论亚共析碳钢还是共析碳钢，随奥氏体中碳含量的增加，M_s点及M_f点均会下降。

（2）合金元素的影响

一般而言，当合金元素充分溶入奥氏体的情况下，除Co以外，几乎所有合金元素都能增加过冷奥氏体的稳定性，使过冷奥氏体等温转变C曲线向右移，并使M_s点降低。如果未

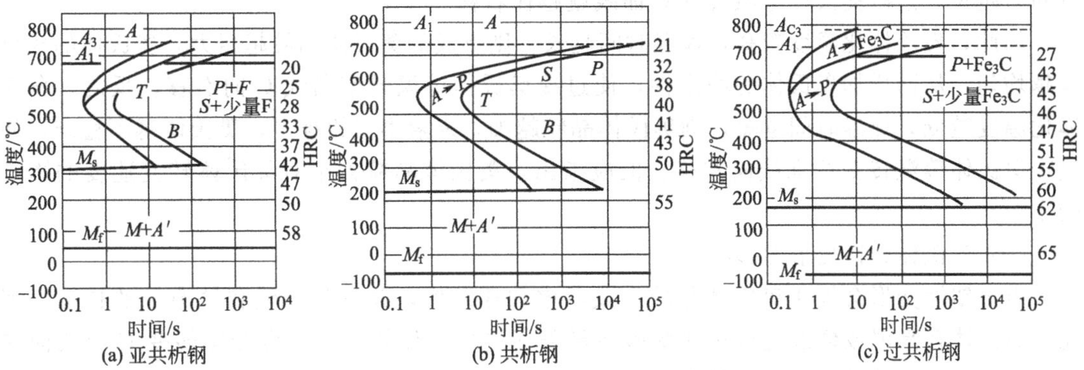

图 6.6　亚共析钢、共析钢和过共析钢过冷奥氏体等温转变图比较

溶入奥氏体，则由于存在未溶的碳化物或夹杂物，往往会起非均匀形核作用，从而促进过冷奥氏体的转变，使 C 曲线左移。

根据合金元素对 C 曲线的影响。可将合金元素分为两大类。

① 非（或弱）碳化物形成元素，主要有 Co、Ni、Mn、Si、Cu、B 等。除 Co 外，都不同程度地同时降低珠光体转变和贝氏体转变的速度，亦即使 C 曲线右移，但不改变其形状，仍呈现与碳钢相似的单一"鼻子"的 C 曲线。

② 碳化物形成元素，主要有 Cr、Mo、W、V、Ti 等。这类元素如溶入奥氏体中也将不同程度地降低珠光体转变和贝氏体转变的速度，同时还使珠光体转变 C 曲线移向高温，并使贝氏体转变 C 曲线移向低温，当钢中这类元素含量较高时，将使上述两种转变的 C 曲线彼此分离，使等温转变图出现双 C 曲线的特征。

如果钢中同时含有几种合金元素时，其综合作用比单一元素的作用要更加复杂。常见合金元素对过冷奥氏体等温转变图的形状、位置及 M_s 点的影响可用图 6.7 来概括表示。

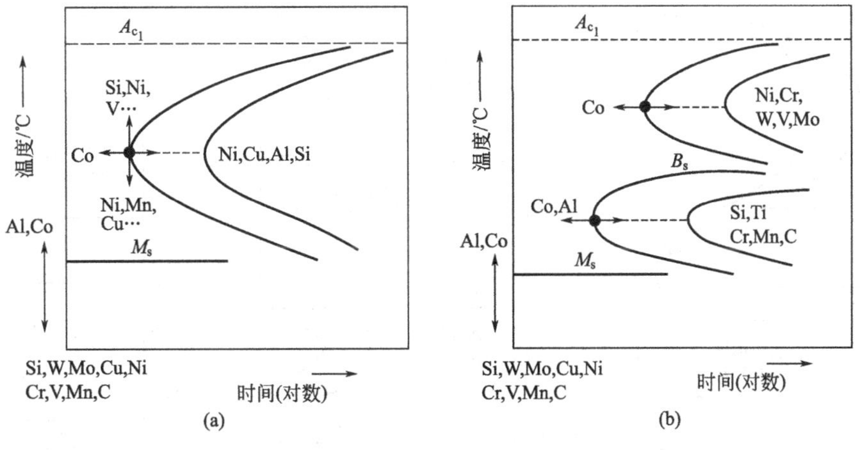

图 6.7　合金元素对过冷奥氏体等温转变图的影响

(3) 奥氏体化条件的影响

奥氏体化时，加热温度的高低和保温时间的长短，会影响到奥氏体的晶粒大小和成分的均匀化，从而影响过冷奥氏体的稳定性及 C 曲线位置。奥氏体晶粒越细小，使晶界的总面积增加，有利于新相的形核和原子的扩散，因此有利于先共析转变和珠光体转变，使珠光体转变 C 曲线左移。奥氏体成分越均匀，则奥氏体越稳定，新相形核和长大过程中所需要的

时间就越长，过冷奥氏体等温转变C曲线就越往右移。

因此，奥氏体化温度越高，保温时间越长，则形成的奥氏体晶粒越粗大，奥氏体的成分也越均匀，从而增加奥氏体的稳定性，使过冷奥氏体等温转变曲线C向右移。反之，奥氏体化温度越低，保温时间越短，则奥氏体晶粒越细，未溶第二相越多，奥氏体越不稳定，使过冷奥氏体等温转变C曲线向左移。但应指出，奥氏体晶粒大小对贝氏体转变速度的影响较小。

(4) 奥氏体塑性变形的影响

由于塑性变形会细化奥氏体晶粒，或者增加亚结构，并有利于碳和铁原子的扩散，因此，奥氏体在高温或低温进行塑性变形会显著促进珠光体转变，使珠光体转变C曲线向左移动。但对贝氏体转变的影响则不完全相同，表现为高温塑性变形对之有减缓作用，而低温塑性形变对之有加速作用。这是因为高温变形使奥氏体晶粒中产生了多边化亚结构，在一定程度上破坏了晶粒取向的延续性，使贝氏体转变时铁素体的共格生长受到阻碍，从而减慢了转变过程；而在低温形变时将在奥氏体中形成大量位错，可大大促进碳的扩散，有利于贝氏体的形核，从而加速了转变过程。

6.1.5 过冷奥氏体等温转变图（IT图）的基本类型

从上面的讨论我们已经知道，由于各种合金元素等因素的影响，使过冷奥氏体的珠光体转变、贝氏体转变及马氏体转变的温度范围及转变速度产生很大的变化，使C曲线的形状或位置呈现多种变化，可将C曲线的基本类型大体归纳为以下几种。

① 具有单一的“C”形曲线。这种C曲线的珠光体转变与贝氏体转变的C曲线部分相重叠，在A_1～M_s之间，C曲线只有一个“鼻子”，鼻尖温度约为500～600℃，该处孕育期最短。在“鼻子”以上进行珠光体转变，在“鼻子”以下进行贝氏体转变。这种类型多见于碳钢或含有Si、Ni、Cu、Co及低Mn含量的低合金钢中，如图6.8(a)。

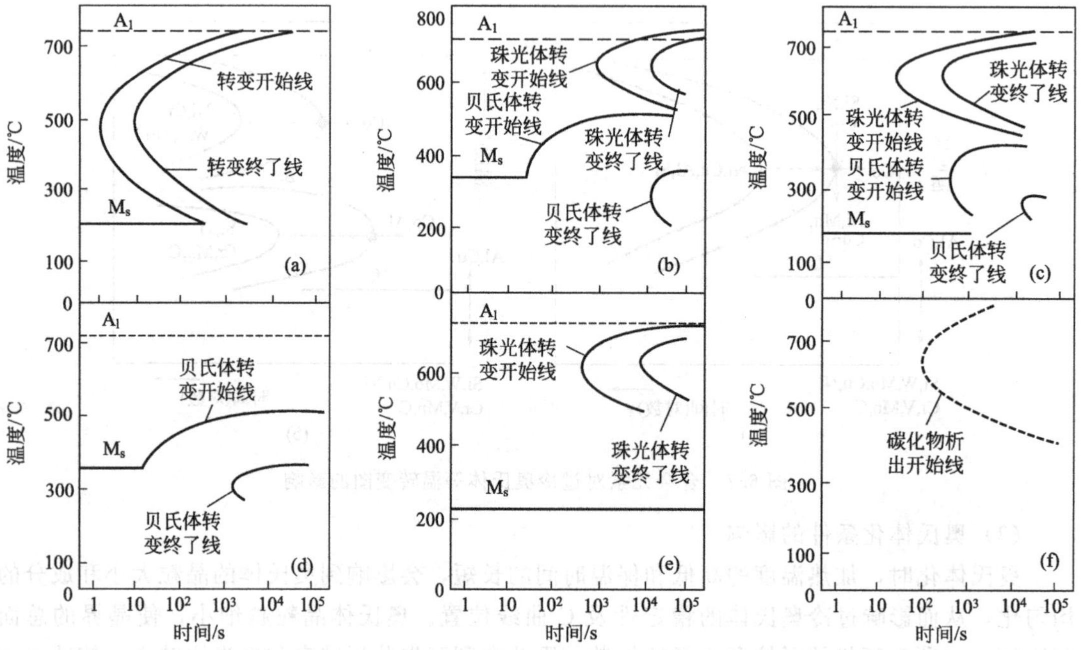

图6.8　过冷奥氏体等温转变图（IT图）的类型

② 具有双“C”型的曲线。当钢中加入能使贝氏体转变温度范围下降，或使珠光体转变温度范围上升的合金元素（如 Cr、Mo、W、V 等）时，随着合金元素含量的增加，珠光体转变 C 曲线与贝氏体转变 C 曲线逐渐分离，使 C 曲线呈现双“C”形状，当合金元素含量足够高时，珠光体转变 C 曲线与贝氏体转变 C 曲线将完全分开，在珠光体转变和贝氏体转变之间出现一个奥氏体稳定区，如图 6.8(b)、(c) 所示。

具有双“C”型的曲线也会出现两种情况，一是珠光体转变的孕育期比贝氏体转变长，即出现珠光体转变的 C 曲线靠右，贝氏体转变的 C 曲线在左的情况，这是由于所加入的合金元素不仅能使珠光体转变与贝氏体转变分离，而且能使球光体转变速度显著减慢，但对贝氏体转变速度影响较小，这时将得到如图 6.8(b) 所示的等温转变图，这种 C 曲线在含有铬、钼、钨、钒等强碳化物形成元素的钢（如 40CrNiMoA）中经常出现。二是珠光体转变的孕育期比贝氏体转变的短，即出现珠光体转变的 C 曲线靠左，而贝氏体转变的 C 曲线在右情况，这是由于加入的合金元素能使贝氏体转变速度显著减慢，而对珠光体转变速度影响不大，将得到如图 6.8(c) 所示的等温转变图，这种 C 曲线在碳含量较高的合金钢（如 Cr12MoV）中经常出现。

③ 只有贝氏体转变曲线。在低碳钢中加入较多 Mn、Cr、Ni、W、Mo 元素时（如 18Cr2Ni4WA 钢），由于这些合金元素使珠光体转变受到极大的抑制，孕育期大大延长，以致珠光体转变 C 曲线未能在图中出现，而只出现贝氏体转变 C 曲线，如图 6.8(d) 所示。

④ 只有珠光体转变曲线。在中高碳铬钢中（如 3Cr13、4Cr13、Cr12），由于合金元素 Cr 含量很高，使贝氏体转变受到强烈抑制，孕育期大大延长，以致贝氏体转变曲线未能在图中出现，而只有珠光体 C 曲线，如图 6.8(e) 所示。

⑤ 在 M_s 点以上整个温度区内不出现 C 曲线，无任何其它相变，只析出碳化物。在碳和合金元素含量较高的情况下，球光体转变与贝氏体转变被强烈抑制，同时，M_s 点降到室温以下，于是从 A_1 到室温的整个温度范围内，除了析出碳化物外，不发生任何相变，这类钢通常为奥氏体钢（如 4Cr14Ni14W2Mo），如图 6.8(f) 所示。

由以上讨论可以看出，奥氏体等温转变图的形状和位置是各种因素综合作用的结果，因此，在使用等温转变图时，必须充分了解所使用钢材的化学成分、奥氏体化条件等因素，否则可能导致错误的结果。

6.2　过冷奥氏体连续冷却转变图

过冷奥氏体的等温转变图反映了过冷奥氏体在等温条件下的转变规律，可以用来指导等温热处理（如等温淬火、等温退火）的工艺制订。但实际热处理（如退火、正火和淬火等）常常是在连续冷却条件下进行的，其转变规律与等温转变相差很大，虽然也可借助等温转变图来分析连续冷却过程中奥氏体的转变情况，但这往往是粗略的，有时甚至会出现较大的出入，因此，建立过冷奥氏体连续冷却转变图是十分必要的。过冷奥氏体连续冷却转变曲线反映了在连续冷却条件下过冷奥氏体的转变规律，是分析转变产物的组织与性能的依据，也是制热处理工艺的重要参考资料。

6.2.1　过冷奥氏体连续冷却转变图（CT 图）的建立

测定钢的过冷奥氏体连续冷却转变图的方法有金相硬度法、端淬法、膨胀法、磁性法等几种。由于上述方法各有其优缺点，实际测量中往往是几种方法配合使用。

（1）金相硬度法

测量原理：将被测钢加工成ϕ15mm×3mm试样，取5～8个试样为一组，加热至奥氏体化温度并保温后，以一定速度冷至指定的温度T_1，T_2、T_3，…后，立即放入水中激冷。观察各试样的金相组织并测量硬度，可确定过冷奥氏体转变的开始点和终了点。再在另一些冷却速度条件下重复上述操作，即可求得在各种规定冷却速度下的转变开始点、某一定转变量的点以及转变终了点。把各种相同物理意义的点连接起来，就可得到过冷奥氏体连续冷却转变图，金相硬度法的测量原理参见图6.9。

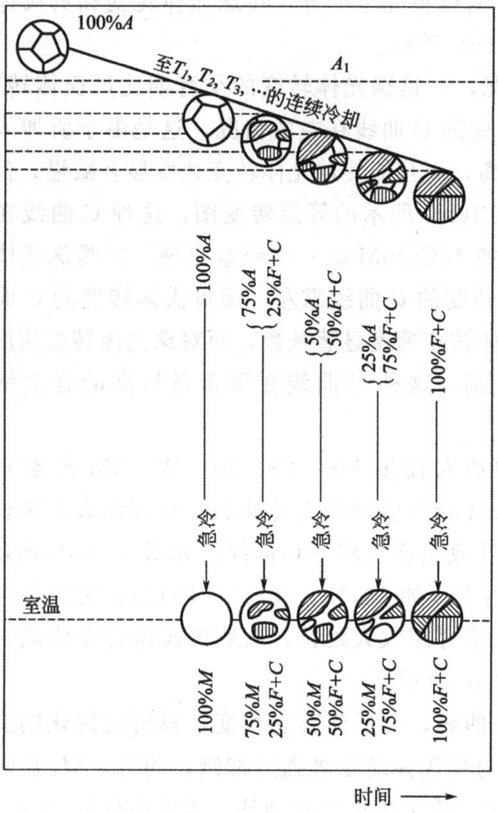

图6.9 金相硬度法的测量过冷奥氏体CT图原理

（2）端淬法

测量原理及方法：先取一个标准端淬试样（ϕ25mm×100mm），在距离水冷端不同位置焊一组热电偶，将试样进行奥氏体化后，从炉中取出并立即在其末端喷水冷却，记录各热电偶所反映的冷却曲线[见图6.10(a)]。接着再取一组端淬试样，进行同样的奥氏体化，然后逐个喷水，每个试样喷水时间各异，到达规定时间（如τ_1、τ_2、τ_3，…）后，停止喷水并立即淬入盐水中，使未转变的过冷奥氏体转变为马氏体。最后观察各试样距水冷端同一位置的金相组织，并测定硬度。从而测出该位置（实质是某一冷却速度）的转变开始点和转变终了点。同时也可测出各种转变产物的相对百分量。再将各冷却速度下的转变开始点及终了点绘入温度-时间半对数坐标系，连接成线即得到CT图，见图6.10(b)。

（3）膨胀法

测量原理：利用快速膨胀仪进行测量。将ϕ30mm试样进行奥氏体化后，以不同冷却速度冷却（可由计算机程序控制），得到不同速度条件下的膨胀曲线，在膨胀曲线上找出转变开始点（转变量为1%）、转变终了点（转变量为99%）所对应的温度和时间，并标记在温度-时间半对数坐标系中，连接相同意义的点，就可得到了过冷奥氏体连续冷却转变图。为了提高测量精度，常配合使用金相法。

6.2.2 过冷奥氏体连续冷却转变图的分析

（1）共析钢的过冷奥氏体连续冷却转变图

如图6.11为共析钢的过冷奥氏体连续冷却转变图。可以看出，共析钢的过冷奥氏体连续冷却转变图只有珠光体转变区和马氏体转变区，没有贝氏体转变区，说明共析钢在连续冷却过程中不会发生贝氏体转变。

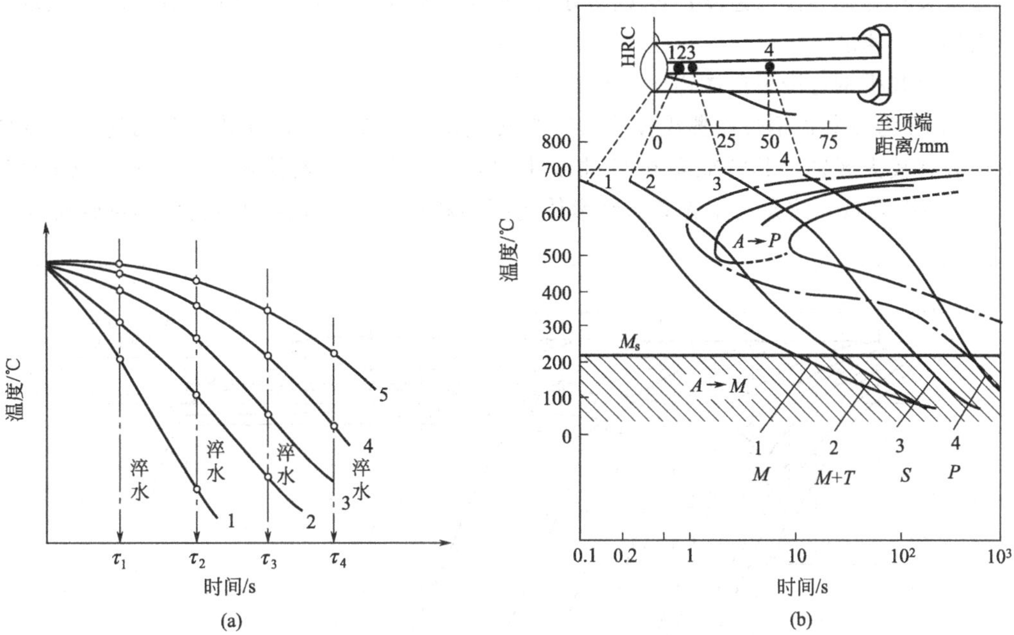

图 6.10　端淬法测量过冷奥氏体 CT 图原理

珠光体转变区由三条曲线构成：图中左边一条线为过冷奥氏体转变开始线；右边一条线为过冷奥氏体转变终了线；两条曲线下面的连线为过冷奥氏体转变中止线。当连续冷却曲线碰到转变中止线时，珠光体转变中止，余下的奥氏体一直保持到 M_s 以下转变为马氏体。M_s 和冷速 V_c 线以下为马氏体转变区。

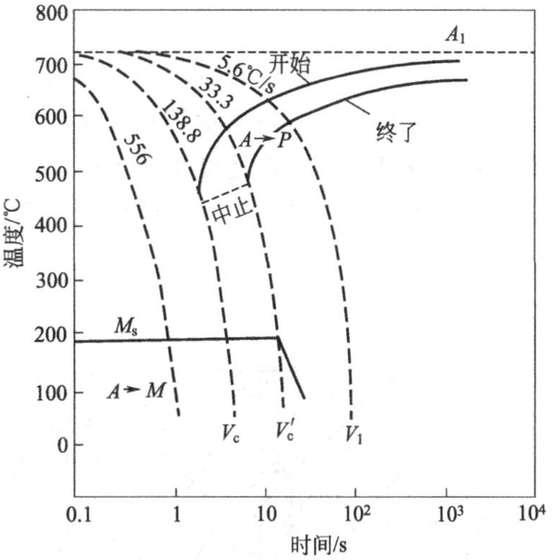

图 6.11　共析钢的 CT 图

过冷奥氏体以 V_1 速度冷却时，当冷却曲线与珠光体转变线相交时，奥氏体便开始向珠光体转变，与珠光体转变终了线相交时，则奥氏体转变完了，得到 100%的珠光体。当冷却速度增大到 V_c'时也得到 100%的珠光体，转变过程与 V_1 相同，但转变开始和转变终了的温度降低，转变温度区间增大，转变时间缩短，得到的珠光体组织也更加细小。当冷却速度增大处于 V_c 与 V_c'之间时，冷却曲线与珠光体转变开始线相交时，发生珠光体转变，但冷至转变中止线时，则珠光体转变停止，继续冷至 M_s 点以下，未转变的过冷奥氏体发生马氏体转变，室温组织为珠光体＋马氏体。如果冷却速度达到 V_c 时，则冷却曲线不再与转变开始线相交，即奥氏体不再发生珠光体转变而全部过冷到马氏体区，发生马氏体转变。最终得到马氏体＋残余奥氏体。此后再增大冷速，转变情况不再发生变化。

由以上分析可知，V_c 与 V_c'是两个临界冷却速度。V_c 表示过冷奥氏体在连续冷却过程中不发生分解，全部冷至 M_s 点以下发生马氏体转变的最小冷却速度，称为上临界冷却速度，通常又称为临界淬火速度；V'_c则表示过冷奥氏体全部得到珠光体的最大冷却速度，称为下临界冷却速度。

（2）亚共析钢过冷奥氏体连续冷却转变图

图 6.12 为亚共析钢过冷奥氏体连续冷却转变图。可以看出，亚共析钢的连续转变图与共析钢的有较大区别，其特征是在 C 曲线中出现了先共析铁素体析出区和贝氏体转变区，且 M_s 线右端降低，这是由于先共析铁素体的析出和贝氏体转变使周围奥氏体富碳所致。

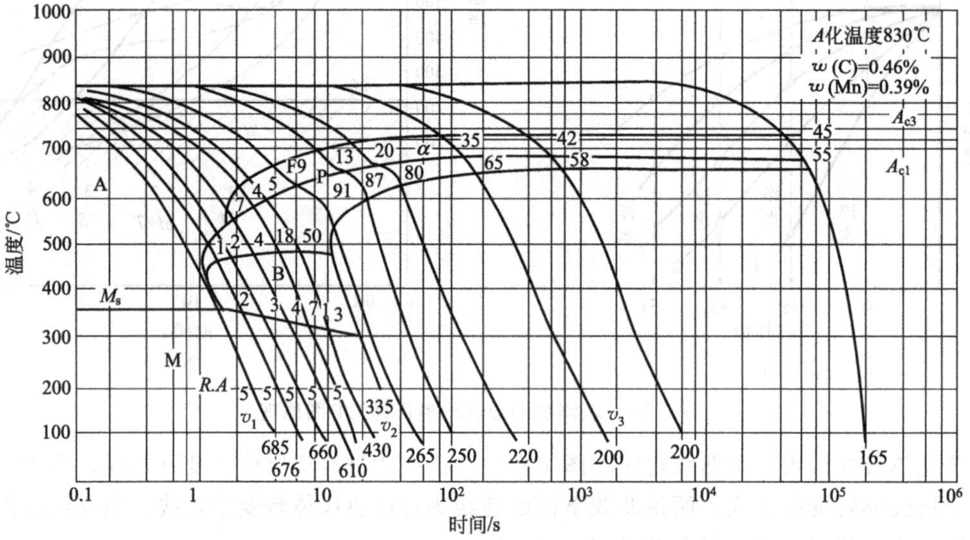

图 6.12 亚共析钢的过冷奥氏体连续冷却转变

从图中还可以看出，随着冷却速度的增大，在过冷奥氏体转变组织中，铁素体析出量、珠光体转变量和贝氏体转变量都是先增后减，直至为零。而马氏体转变量则越来越多，钢的硬度也越来越高。当冷却速度小于下临界冷却速度时，奥氏体中只析出铁素体和发生珠光体转变，不发生贝氏体转变和马氏体转变。而当冷却速度大于上临界冷却速度时，奥氏体只发

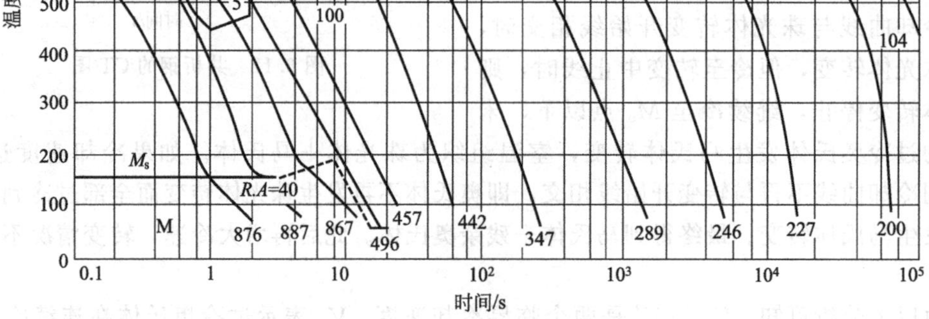

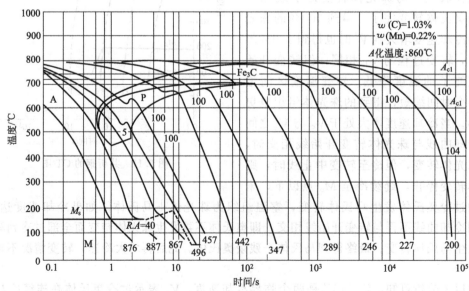

图 6.13 过共析钢的过冷奥氏体连续冷却转变

生马氏体转变，而不发生珠光体和贝氏体转变。当冷却速度处于上临界冷却速度与下临界冷却速度之间时，冷却曲线先后穿过铁素体、珠光体、贝氏体和马氏体四个区域，最后得到铁素体＋珠光体＋贝氏体＋马氏体的混合组织。

(3) 过共析钢的过冷奥氏体连续冷却转变图

图 6.13 为过共析钢的过冷奥氏体连续冷却转变图。由图可以看出，过共析钢的连续冷却转变图与共析钢的相似，也无贝氏体转变区。但与共析钢不同的是它有先共析渗碳体析出区，并且其 M_s 线右端有所升高。这是由于过共析钢的奥氏体在以较慢速度冷却时，在发生马氏体转变之前，有先共析渗碳体析出，使周围奥氏体贫碳造成的。

6.2.3 过冷奥氏体连续冷却转变图的基本类型

由于钢的化学成分（包括碳及合金元素含量）的差异，奥氏体化条件的不同以及其它因素的影响，使过冷奥氏体的稳定性发生变化，也使得过冷奥氏体的连续冷却转变图出现多种不同的形式。一般情况下，各种影响冷奥氏体等温转变图的因素，对连续转变图也是通用的。过冷奥氏体连续冷却转变图的基本类型见图 6.14。

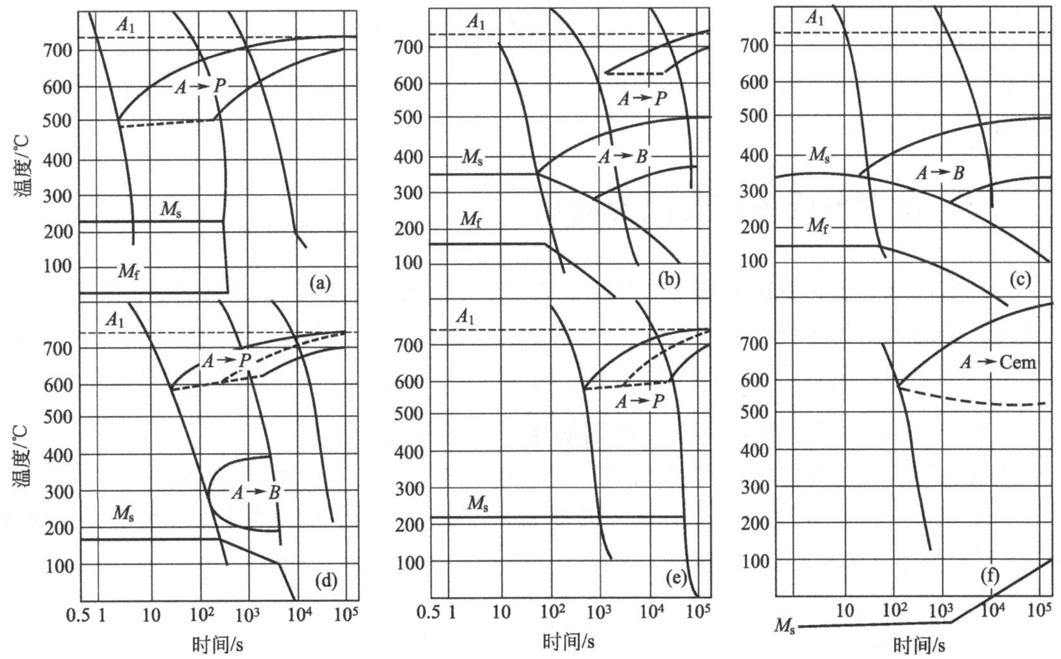

图 6.14　过冷奥氏体连续冷却转变图的基本类型

需要注意的是，在应用过冷奥氏体连续冷却转变图时，也必须注意其标明的试验条件，如奥氏体化温度和晶粒度等是否与实际应用的条件相符，因条件不同，情况会有所差异。

6.2.4 过冷奥氏体连续冷却转变图与等温转变图的比较

由于过冷奥氏体连续冷却转变图与等温转变图采用的纵坐标（温度）与横坐标（时间）完全相同，因此可以将两类图形叠绘在同一个温度时间半对数坐标系中对比，现以共析钢为例进行比较说明，见图 6.15。可以看出，连续冷却转变图的位置处于等温转变图的右下方，这说明在连续冷却转变过程中过冷奥氏体的转变温度低于相应的等温转变时的温度，且孕育期较长。实验证明，其它钢种也具有同样的规律。

由于等温转变的产物为单一的组织，而连续冷却转变是在一个温度范围内进行的，因此

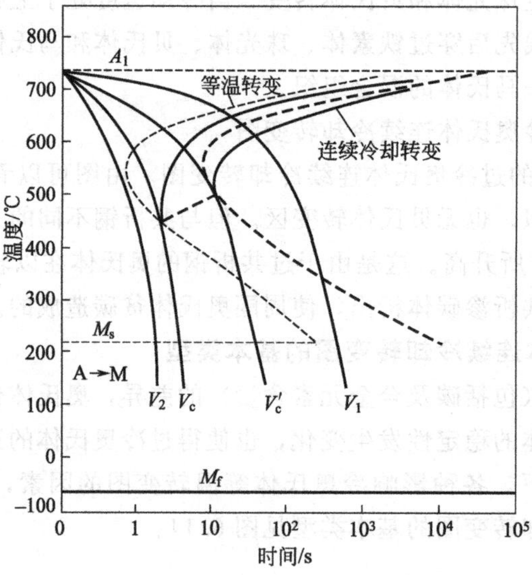

图 6.15 共析钢的 CT 图与 IT 图比较

可以把连续冷却转变看成是无数个微小的等温转变过程的总和。转变产物是不同温度下等温转变组织的混合组织。

6.3 过冷奥氏体转变图的应用

过冷奥氏体等温转变图与连续冷却转变图揭示了过冷奥氏体在临界温度 A_1 以下等温转变或连续冷却转变的转变产物与温度、时间或冷速之间关系与规律，是制定正确的热处理工艺、分析研究钢材在不同热处理条件下的组织和性能、合理选用钢材的重要工具。

6.3.1 利用过冷奥氏体等温转变图确定淬火临界冷却速度（V_c）

淬火临界冷却速度 V_c 是奥氏体在冷却过程中全部转变为马氏体的最小冷速。

如图 6.16 所示，在过冷奥氏体等温转变图上，绘制与鼻子相切的冷却曲线 V_c'，可得到从 A_1 到鼻子温度 t_m 的平均冷速 V_c，即

$$V_c'=\frac{A_1-t_m}{\tau_m}$$

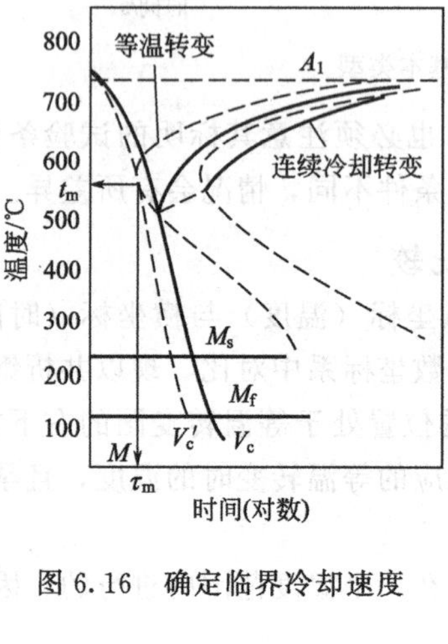

图 6.16 确定临界冷却速度

式中 A_1——钢的临界点，℃；

t_m——鼻尖处温度，℃；

τ_m——鼻尖处的孕育期，s。

但由于连续冷却时，其转变曲线总是位于等温转变曲线的右侧，其孕育期较长。故必须对该式进行修正。根据经验，需引入修正系数 1.5，因此，可得到临界冷却速度 V_c 为

$$V_c=\frac{A_1-t_m}{1.5\tau_m}$$

6.3.2 分析转变产物及性能

从连续冷却图上可根据不同的冷却速度方便地得知

可能得到的转变产物以及其力学性能（如硬度等）。但若只有等温转变图而无连续冷却图时，可以利用等温转变图近似地推测出在连续冷却条件下，奥氏体的转变过程及其转变产物。方法是把已知的冷却曲线叠绘在 C 曲线上，根据两者的交点便可粗略估计这种钢在某一冷却速度下的转变温度范围及其产物。

6.3.3　确定工艺规程

钢的等温转变图可以直接用来确定热处理工艺规程。举例如下。

（1）普通退火和等温退火

如图 6.17 所示，普通退火时，可借助于等温转变图确定钢在缓慢冷却时大致的转变温度范围和所需的冷却时间；等温退火时，可直接从等温转变图上确定所需的等温温度和等温时间，并可估计出其应得的组织。

（2）分级淬火

分级淬火是一种能减小淬火内应力，减少工件变形和避免开裂的淬火工艺。其操作方法是将奥氏体化后的钢件在 M_s 点以上奥氏体较稳定的某一温度下作短暂停留，使钢件表面与心部的达到相同温度或温差减小，然后将钢件取出在空气中冷却（见图 6.18）。根据等温转变图可以确定过冷奥氏体比较稳定的区域位置，M_s 点的温度以及分级所需的冷却速度，还可以选择浴槽的温度，估计钢件在浴槽中需停留的时间等。

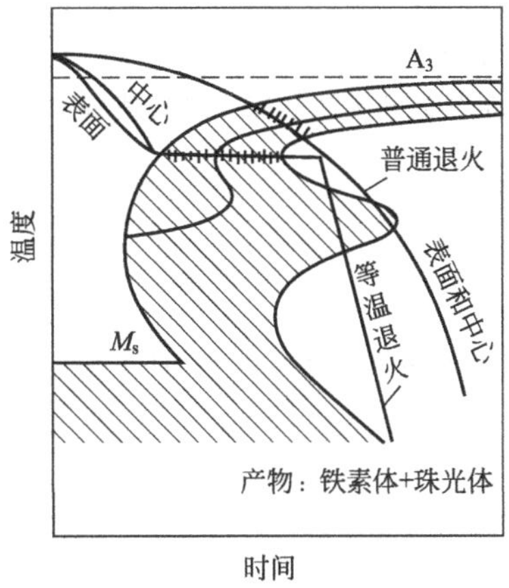

图 6.17　普通退火和等温退火与等温转变图关系

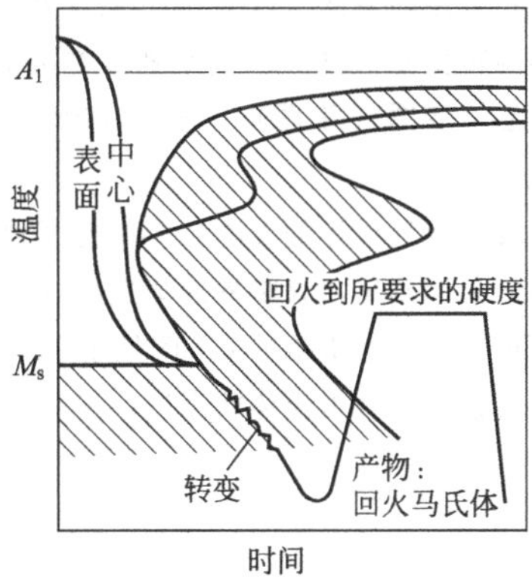

图 6.18　分级淬火与等温转变图的关系

（3）等温淬火

等温淬火是一种使过冷奥氏体转变为下贝氏体的热处理工艺。利用等温转变图可以确定过冷奥氏体等温转变为下贝氏体的温度范围，以及完成这种转变所需要的时间等，为等温淬火工艺的制定提供依据，见图 6.19。

（4）形变热处理

它是将压力加工与热处理相结合施行综合强化的一种工艺，这种方法可以获得很高的强度与韧性的配合，并能够简化金属零件的生产流程，提高经济效益。在制定形变热处理工艺时，通常是以等温转变图为依据。例如低温形变淬火和低温形变等温淬火中的形变都是在过冷奥氏体稳定区域进行的，然后淬火或等温淬火。因此可根据等温转变图判断某种钢是否适于进行这两种形变热处理，以及选择形变温度、形变时间或等温淬火温度和保持时间参数等，见图 6.20。

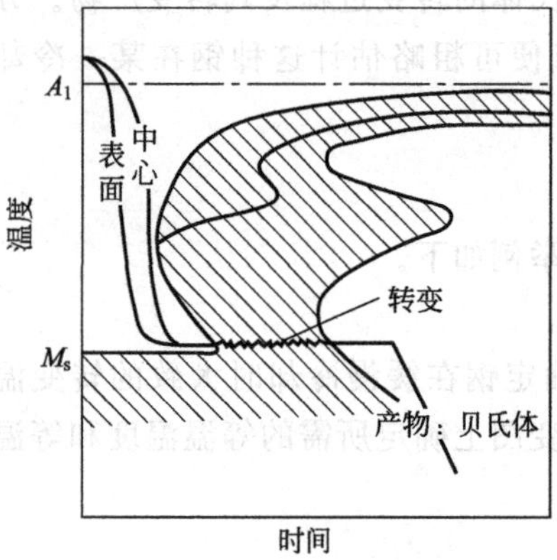

图 6.19 等温淬火与等温转变图的关系

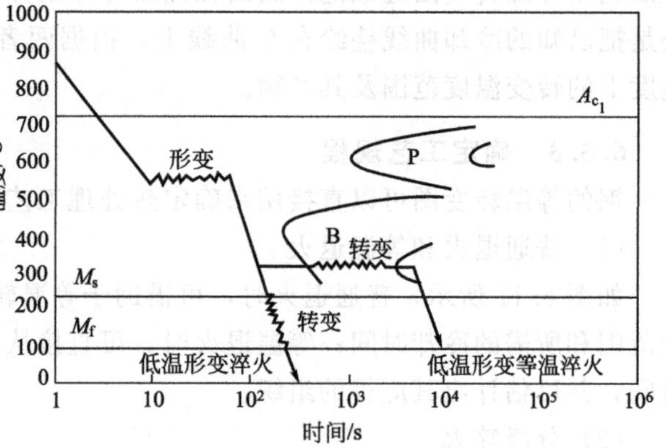

图 6.20 低温形变淬火和低温形变等温淬火工艺

复习思考题

1. 什么是过冷奥氏体的 IT 图和 CT 图？两者有何区别和联系？

2. 测定等温转变图（IT 图）的主要方法有哪些？各有什么特点？

3. 等温转变图（IT 图）有哪些基本类型？它们是如何形成的？

4. 等温转变图（IT 图）与连续冷却转变图（CT 图）在制定热处理工艺和探寻热处理新工艺等方面有什么指导意义？

5. 比较过冷奥氏体的上临界冷却速度和下临界冷却速度有何不同？

6. 如何利用确定淬火临界冷却速度（V_c）？

7. 分析为什么共析钢的 CT 图处于 IT 图的右下方？

8. 共析钢加热到奥氏体状态后，采用连续冷却的方法能否获得下贝氏体？用 IT 图分析怎样才能得到下贝氏体？

第 7 章　过饱和固溶体的脱溶分解

铝合金、低碳钢和其它有色合金经热加工或冷变形后，在一定温度下放置一段时间，其力学性能会发生变化，强度、硬度升高而塑性、韧性下降。这种金属材料性能随时间而变化的现象通常被人们称为“时效”，而其本质则是金属材料内部过饱和固溶体的脱溶分解过程。

金属材料（钢、铝合金、镁合金、铍青铜及镍基高温合金）经加热、固溶、快速冷却，即所谓“固溶处理”后，其固溶体内部的合金元素处于过饱和状态。这种过饱和的固溶体在低于其固溶度温度保温时，若固溶原子仍具有一定扩散能力时，则会发生脱溶（析出），即时效现象，从而使金属材料的性能发生前述变化。

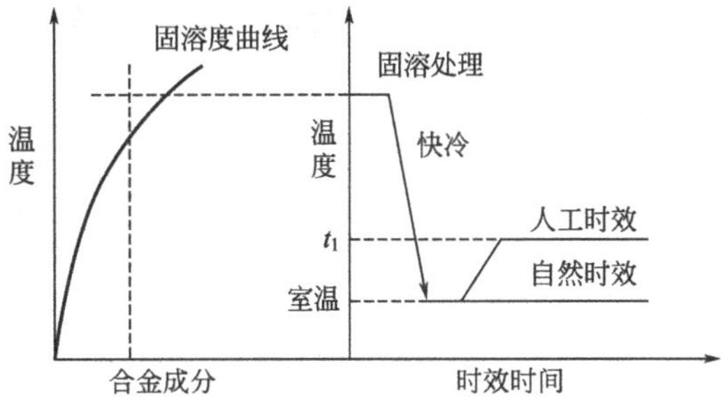

图 7.1　时效工艺

时效发生在室温时，称为自然时效；发生在一定的人工控制温度时，称为人工时效，如图 7.1 所示。固溶度曲线，固溶元素的过饱和状态和较低温度原子扩散能力，成为金属材料时效过程的三个控制性要素。

7.1　铝合金的时效

早先人们偶然发现 Al-Cu-Mn-Mg 合金淬火后在室温放置，硬度随时间的推移不断升高，但在光学显微镜下没有观察到任何变化，因此无法推测硬度升高的原因，只能称此现象为时效硬化。1920 年 Merica 在确定了几种元素在 Al 中的固溶度曲线后提出，发生时效硬化原因是在固溶度曲线以下从过饱和固溶体中析出了某种高硬度的细小第二相，之后采用 X 射线结构分析和电子显微分析技术证实了上述观点。经过多年的研究，发现了大量能够发生时效硬化的合金。事实上，时效硬化已经成为以无多形性转变元素为基的合金的主要强化方法。

7.1.1　时效过程与时效产物及特性

过饱和固溶体是一种非平衡状态；固溶原子脱溶是自发过程，这种过程通常要经历几个阶段：

① 首先在过饱和固溶体中形成溶质原子偏聚区（G·P 区）。

② 继之形成介稳过渡相（介稳过渡相可能有多种，见铝合金时效部分）。

③ 最终形成稳定（平衡）相。

G·P 区与固溶体相基本完全共格，晶体结构也与母相相同，唯一不同的是成分组成，故不能当做新“相”处理。介稳相与固溶体母相基体完全或部分共格，具有自身独立的晶体结构和化学成分。一般以平衡相符号加角标方式表示，如 θ'、θ''、θ'''等。平衡相与母相化学成分与晶体结构均不同，与母相基体呈非共格关系，一般用 θ 等符号表示。

G·P区比介稳相和平衡相容易形成也更容易溶解。如将处于G·P区阶段的金属合金加热，使之溶解后快冷，可将合金恢复到时效前状态，即所谓“回归”。

下面以Al-Cu合金为例介绍其组织与性能变化的一般规律。

7.1.2 Al-Cu合金时效过程中微观组织变化

凡是有固溶度变化的相图，从单相区进入两相区都会发生脱溶沉淀。在时效合金中，Al-Cu系是出现过渡相数量最多的，现以 w(Cu)为0.045的Al-Cu合金为例说明铝合金的时效。图7.2表示的是Al-Cu相图富Al一角。该合金室温由α固溶体和θ相($CuAl_2$)构成，加热到550℃保温一周，然后缓冷到20℃，可以看到有第二相（θ相）在α相的晶界及晶内析出。晶内析出的θ相相互平行，进一步分析得出这些析出相均平行于α相的{111}面，形成魏氏组织。使θ溶入α，得到单相α固溶体，如果淬火快冷θ相的析出被抑制，便得到过饱和α固溶体，然后再加热到130℃保温进行时效处理，随时间的延长，将发生下列析出过程（析出序列）。

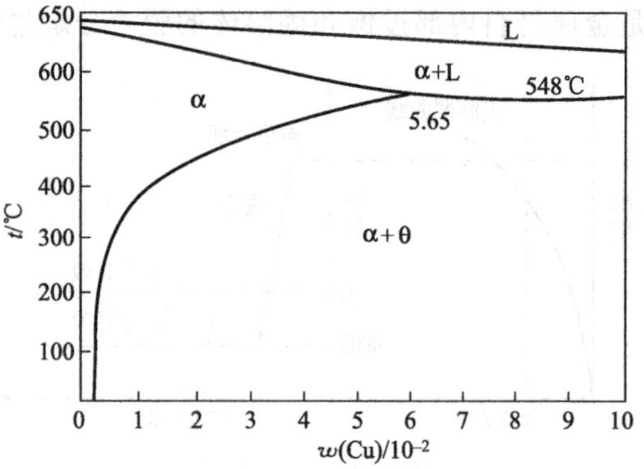

图7.2 Al-Cu相图富Al一角

$$\alpha \rightarrow G\cdot P区(G\cdot P\,I) \rightarrow \theta''(G\cdot P\,II) \rightarrow \theta' \rightarrow \theta$$

G·P区（也称G·PⅠ区）在电子显微镜下观察呈圆盘状，直径约为8nm，厚度约为0.3～0.6nm，ω_{Cu}为0.90，是溶质原子富集区。它在母相的{100}晶面上形成，点阵与基体α相相同（面心立方），并与α相完全共格。G·P区较均匀地分布在α基体上，密度约为(10^{17}～10^{18})个/cm^3。

随时效时间延长，形成θ″过渡相（又称G·PⅡ区）。在电子显微镜下呈直径为30nm，厚度为2nm的圆片状。θ″相也是在母相α的{100}晶面上形成的，具有正方点阵，点阵常数为 $a=b=0.404$nm，$c=0.768$nm（c为与脱溶片相垂直的方向）。θ″与母相保持共格关系，取向为 $\{100\}_{\theta''}//\{100\}_{\alpha}$。成分接近于$CuAl_2$的θ″相已真正脱溶，与基体保持共格关系，使其周围基体产生弹性应变，导致合金时效强化。θ″可能由G·P区转化而成，也可靠母相生核和G·P区溶解而长大。

尺寸高达100nm以上的θ′相在光学显微镜下便可观察到，也呈原片状，但是结构为正方点阵，$a=b=0.404$nm，$c=0.58$nm。θ′大多沿基体的{100}晶面析出，成分与$CuAl_2$近似，取向关系与θ″相同。但是它与母相之间呈半共格关系，其间存在位错，减小了应变能，比θ″的强化作用小，使合金硬度有所下降。

最后形成的平衡相θ也具有正方点阵，$a=b=0.606$nm，$c=0.487$nm。θ相的分布大多数是不均匀的，往往在原晶界和相界上形核长大，然后既向α基体生长，也向θ′中生长。θ相与基体相呈非共格关系，对合金强化作用显著减小，如图7.3所示的Al-Cu合金时效硬化曲线。随着时效的进一步发展，小的析出物溶解，大的析出物不断长大，粒子间的平均间距增大，导致强度的下降，称为过时效。图7.4为6063铝合金热轧板材在三个时效状态，即欠时效（UA）、峰值时效（PA）和过时效（OA）状态（固溶处理后在160℃时效1h、2h；

在 250℃时效 3h）的透射电镜照片。6063 铝合金属于时效强化合金，时效析出物为 G・P 区—β′相—β 相。合金在 UA 和 PA 状态下，时效析出相为 G・P 区。在 OA 状态下，合金中的时效析出相为 β′相。6063 铝合金在峰值时效状态下抗拉强度达到最大值。但是随着合金的静态强度的提高，其疲劳强度/抗拉强度的比值是下降的。即合金的相对抗疲劳能力随着静强度的提高而下降。

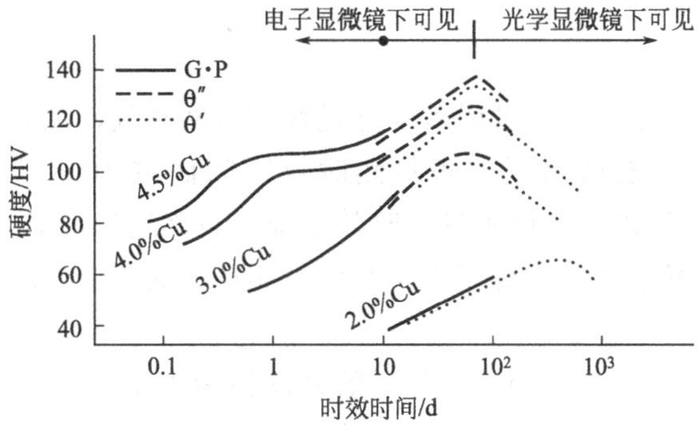

图 7.3 Al-Cu 合金的时效硬化曲线（130℃时效）

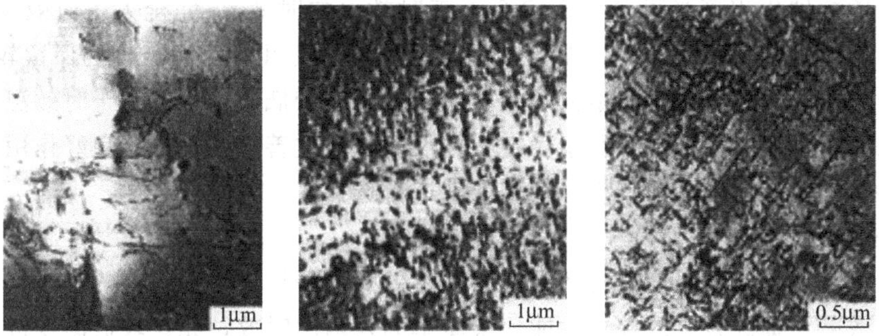

(a) 欠时效 (b) 峰值时效 (c) 过时效

图 7.4 6063 铝合金在不同状态的显微组织

7.1.3 Al-Cu 合金在时效过程中的性能变化

将硬铝合金加热到 550℃保温几个小时，可以获得单相固溶体，此时若将铝合金快速冷却到 20℃，则得到过饱和单相固溶体。然后将合金加热到一个中间温度进行时效，测量合金性能随时效时间的变化，图 7.5 是硬铝合金在不同温度下的时效曲线。可以看到：合金的硬度（强度）存在一个最大值，且与时效温度有关。时效温度越高，到达硬度最大值的时间越短，而硬度最大值越低。

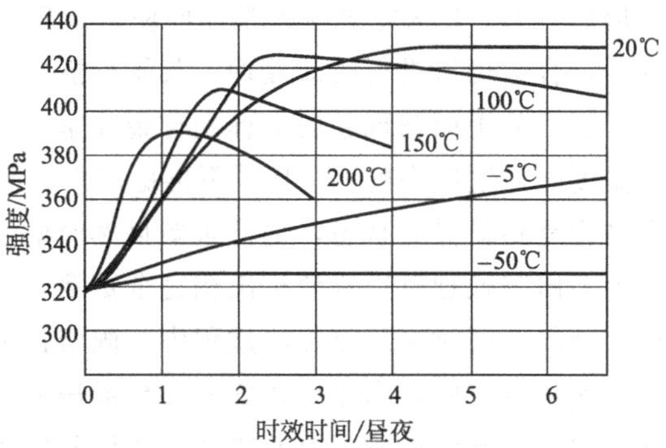

图 7.5 硬铝合金在不同温度下的时效曲线

从 Al-Cu 合金时效过程中硬度曲线（图 7.3），可以看出，不同时效阶段多少有点重叠。硬化的第一阶段是由于 G・P 区形成引起的，之后 θ''对合金有进一步的硬化作用。θ''和 θ'共存时，合金呈现最大的硬度。随着 θ'的粗化，合金的硬度下降，最后将趋向于形成平衡相 θ。

在110℃和130℃时效，硬度达到最大值前，还存在一个硬度的平台。而在较高时效温度时，最大硬度较低且没有硬度平台，这是由于在较高温度下，α相将首先转变成θ，如果时效温度较低，将首先转变成θ'，注意在这个温度不形成G·P区和θ''。此外如果合金在较低温度下形成G·P区后，升温到θ和θ''相区，则G·P区溶解，合金软化，这种现象称为回归。合金回归后，再次进行时效时，仍可产生硬化，但时效速度减慢，其余变化不大。

7.1.4 时效方式

(1) 自然时效

淬火后在室温自然放置所进行的时效强化过程称自然时效，沉淀产物为G·P区，故也称亚稳定时效。生产上，有时为了缩短自然时效时间而在100℃以下加热，沉淀相仍为G·P区，时效组织的性质未变，仍属自然时效范畴。自然时效后合金性能的特点是强度较高，塑性及韧性良好，抗腐蚀性也优于人工时效，而且热处理工艺简单。

(2) 人工时效

在较高温度加热（>100℃）所进行的时效处理称为人工时效。此时的主要沉淀相是过渡相，如Al-Cu系中的θ'和θ''相，Al-Cu-Mg系中的S′相，Al-Mg-Si系中的β相等。人工时效后，合金的强度，特别是屈服强度高于自然时效，但塑性及抗蚀性稍差。

人工时效按硬化程度尚可分为不完全人工时效（欠时效）、完全人工时效（峰值时效）和过时效。经不完全人工时效后，强度未达到最大值，其目的是让合金仍保留较高的塑性、韧性。完全人工时效使合金处于最大硬化状态，但塑性较低。过时效由于时效温度较高，时效时间较长，组织比较稳定，有利于稳定零件尺寸，对改善抗蚀性也有良好作用，但强度稍低，这三种人工时效制度可根据零件使用要求进行选择。

(3) 分级时效

这是在淬火后于不同温度进行两次或多次时效的一种综合处理，目的是改善时效组织的均匀性和弥散度，提高合金的综合性能。最简单的是两次时效，先在较低温度进行一次预时效处理，目的是形成具有一定尺寸的G·P区，然后再在较高温度下进行最终时效处理。此时，G·P区转化为过渡相（如θ'、θ''、S′相等）。因较低温度形成的G·P区均匀，弥散程度高，由此转化而成的过渡相，相应也比较均匀，因而比简单的一次人工时效获得更为理想的综合性能。

(4) 回归处理

自然时效后的铝合金若在较高温度（大多在200℃附近）短期加热并快冷，由于自然时效期形成的G·P区完全融入基体而使合金恢复到新淬火状态，这种处理称回归处理。回归处理后，合金仍可进行时效处理，其硬化能力几乎和原来淬火的合金相同，而且回归处理可多次进行。关于回归现象的解释是合金在室温自然时效时，形成G·P区尺寸较小，加热到较高温度时，这些小的G·P区不再稳定而重新溶入固溶体中，此时将合金快冷到室温，则合金又恢复到新淬火状态，仍可重新自然时效。在理论上回归处理不受处理次数的限制，但实际上，回归处理时很难使析出相完全重溶，造成以后时效过程呈局部析出，使时效强化效果逐次减弱。同时在反复加热过程中，固溶体晶粒有越来越大的趋势，这对性能不利。

在实际生产中，当零件在修复和校形需要恢复合金的塑性时，可应用回归处理，特别是当现场缺少重新淬火所需要的较高加热设备或重新淬火可能导致过量变形时，则应用回归处理比较方便。但应注意，进行回归处理的零件必须是能保证快速加热到回归温度并在短时间内使零件截面温度达到均匀，随后快速冷却。否则，在回归处理过程中将同时发生人工时效，零件就不能恢复到新淬火状态。

7.1.5 影响时效的因素

(1) 从淬火到人工时效之间停留时间的影响

研究发现，某些铝合金如 Al-Mg-Si 系合金在室温停留后再进行人工时效，合金的强度指标达不到最大值，而塑性有所上升。如 ZL101 铸造铝合金，淬火后在室温下停留一天后再进行人工时效，强度极限较淬火后立即时效的要低 10～20MPa，但塑性要比立刻进行时效的铝合金有所提高。

(2) 化学成分的影响

一种合金能否通过时效强化，首先取决于组成合金的元素能否溶解于固溶体以及固溶度随温度变化的程度。如硅、锰在铝中的固溶度比较小，且随温度变化不大，而镁、锌虽然在铝基固溶体中有较大的固溶度，但它们与铝形成的化合物的结构与基体差异不大，强化效果甚微。因此，二元铝-硅、铝-锰、铝-镁、铝-锌通常都不采用时效强化处理。而有些二元合金，如铝-铜合金及三元合金或多元合金，如铝-镁-硅、铝-铜-镁-硅合金等，它们在热处理过程中有溶解度和固态相变，则可通过热处理进行强化。

(3) 固溶处理工艺的影响

为获得良好的时效强化效果，在不发生过热、过烧及晶粒长大的条件下，淬火加热温度高些，保温时间长些，有利于获得最大过饱和度的均匀固溶体。另外在淬火冷却过程不析出第二相，否则在随后时效处理时，已析出相将起晶核作用，造成局部不均匀析出而降低时效强化效果。

(4) 时效温度的影响

在不同温度时效时，析出相的临界晶核大小、数量、成分以及聚集长大的速度不同。若温度过低，由于扩散困难，G・P 区不易形成，时效后强度、硬度低。当时效温度过高时，扩散易进行，过饱和固溶体中析出相的临界晶核尺寸大，时效后强度、硬度偏低，即产生过时效。因此，各种合金都有最适宜的时效温度。

7.2 钢中的时效

工业用钢中也存在时效过程，例如铁素体中析出三次渗碳体，工业纯铁或低碳钢中析出碳化物或氮化物等，都是过饱和固溶体脱溶过程。在历史上，人们很早就知道碳钢马氏体回火时要经历一系列复杂的反应，其最终产物是渗碳体弥散分布在铁素体基体中，并将回火过程分为四个阶段（见 7.3 节）；后来，随着测试手段的发展，又发现在 ε 碳化物沉淀以前，马氏体中还有更小尺度的组织变化，为了不改变人们对回火阶段的传统划分，将回火第一阶段以前所发生的组织变化归于时效阶段。时效阶段也可看做是整个回火过程的一部分，钢中时效过程对于钢性能的影响，可采用 7.1 节的原理进行解释。

如，Winchell 等发现，原生马氏体在从远低于室温到略高于室温的温度范围时效时，硬度有很明显的变化（见图 7.6），而此时并没有任何碳化物开始沉淀。

7.2.1 马氏体时效钢的时效

马氏体时效钢是指超低碳 [w (C)≤0.03%] 高镍 (18%～25%)，含有时效强化元素的高合金超高强度钢。由于此类钢种中含镍量高，淬透性好，含碳量低，可以形成完全板条状的马氏体淬火组织。在随后的时效过程中，具有高位错密度的板条马氏体易于形成柯氏气团，并以气团为核心，析出大量弥散、部分共格的金属间化合物，从而强化钢的组织。

图 7.7 表示出了 18Ni 型马氏体时效钢的热处理工艺。其在时效过程中析出的高硬度 Ni_3Mn、Ni_3Ti 等过渡相高度弥散且与基体保持半共格关系，可大大提高钢的强度。18Ni 可用来制造飞船壳体、飞机起落架、扭力转动轴、高压容器和模具等部件。

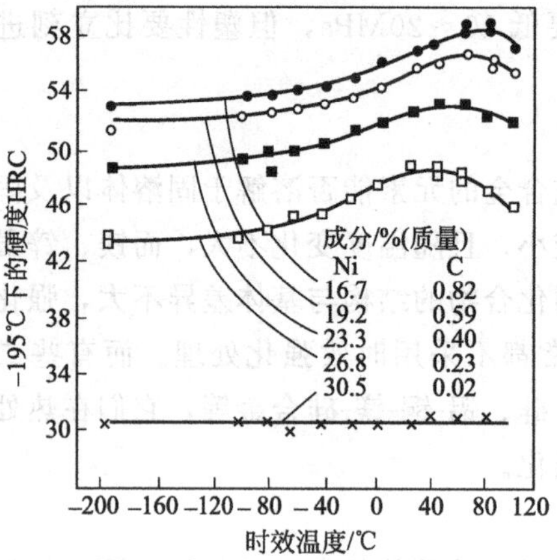

图 7.6 Fe-Ni-C 马氏体在不同温度时效 3h 后于−195℃测得的硬度

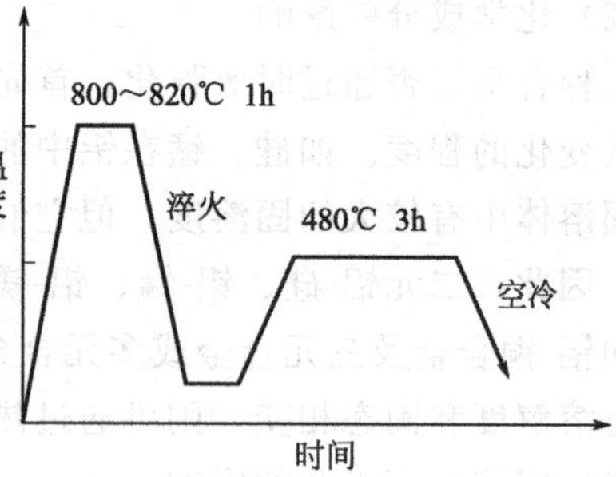

图 7.7 18Ni 型马氏体时效钢热处理工艺

7.2.2 低碳钢的形变时效

低碳钢经冷变形后，可在室温或较高温度下具有形变时效现象，强度，硬度增高；塑性，韧性下降，图 7.8 表示的是低碳钢形变时效的应力-应变曲线。

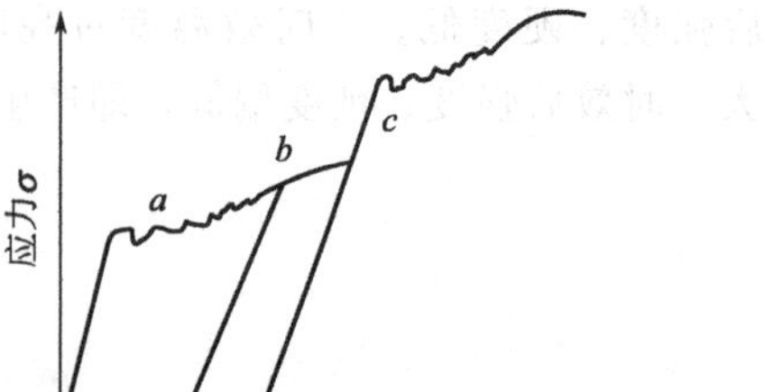

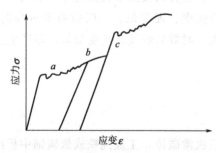

图 7.8 低碳钢形变时效的应力-应变曲线

实验证明：低碳钢经冷变形后，如立即进行拉伸实验，不会出现明显的屈服现象；但经过时效后，却又重新具有屈服现象。

低碳钢的形变时效与碳，氮原子的扩散密切相关。冷变形使铁素体中位错密度增加，时效过程中碳，氮原子扩散至位错处形成柯氏气团，从而使钢的强度，硬度升高。

在冲压低碳沸腾钢钢板时，在钢板产生屈服的时刻不能进行大变形冷冲压，否则会在局部受应力较大的部位发生突然的屈服延伸，出现皱纹。实际生产中可对钢板进行小变形（进入 b 区）消除屈服现象后立即冷冲压；如不能立即冷冲压，则应将钢板贮存在零下低温，抑制时效过程（避免进入 c 区）。

7.3 钢的回火转变

回火是将淬火钢加热到低于临界点 A_1 的某一温度保温一定时间，使淬火组织转变为稳定的回火组织，然后以适当的方式冷却到室温的一种热处理工艺。

淬火组织一般来说都有很强的内应力和显微裂纹，硬度高，脆性大，某些碳含量较高的钢制大型零件或复杂零件甚至淬火后在等待回火期间就会发生突然爆裂。淬火零件不经过回火就投入使用是危险的，淬火钢必须立即回火，以消除或减少内应力，防止变形和开裂，并获得稳定的组织和所需的性能。

为了保证淬火钢回火获得所需的组织和性能，必须研究淬火钢在回火过程中的组织转变，探讨回火钢性能和组织形态之间的关系，为正确制定回火工艺提供理论依据。

7.3.1 淬火钢在回火时的组织转变

钢淬火后的组织主要是由马氏体或马氏体+残余奥氏体组成。此外，还可能存在一些未溶碳化物。“原生”（或称“初生”）淬火态马氏体和残余奥氏体组织是高度不稳定的，马氏体处于含碳过饱和状态，残余奥氏体处于过冷状态，它们都有向铁素体+渗碳体的稳定状态转变的趋势，但是在室温下，原子扩散能力很低，这种转变很困难，回火过程中，C原子的扩散能力提高，促进这种转变过程。

淬火钢在回火过程中发生组织转变，必然伴随着某些物理性能的变化。在钢的各种组织中，马氏体比容最大，其次是珠光体，奥氏体最小。从储存的相变潜热来看，残余奥氏体储存了钢在加热时由珠光体转变为奥氏体时所吸收的所有相变潜热；而淬火成为马氏体则会放出部分潜热，仍保留部分潜热能。因此，回火时淬火马氏体发生转变时体积缩小并放出潜热；残余奥氏体发生转变时体积膨胀并放出热能。淬火钢试样于不同温度下回火时的体积和比热容变化情况见图7.9和图7.10。

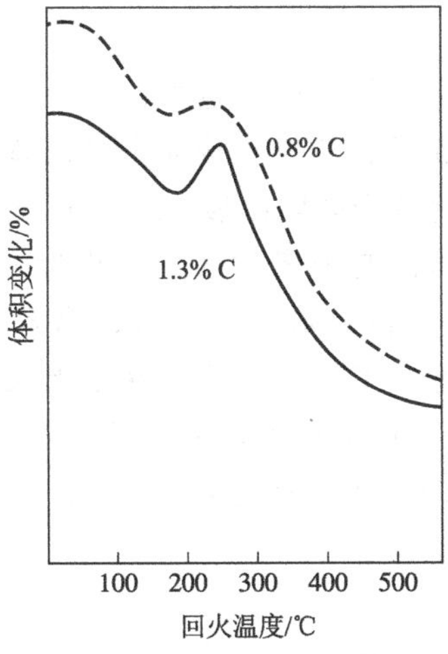

图7.9 碳钢回火时的膨胀曲线

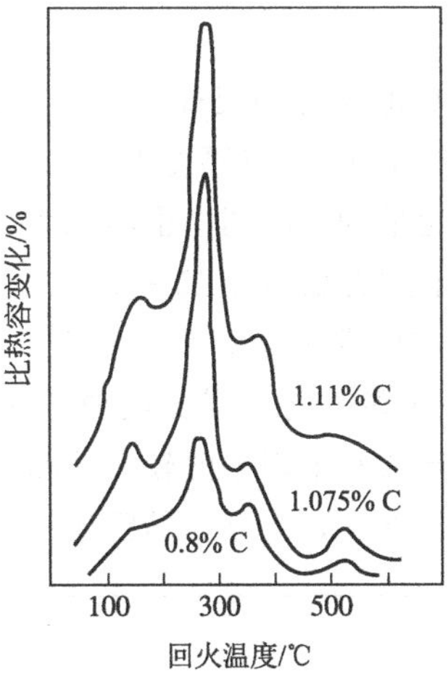

图7.10 碳钢回火时的热分析曲线

配以金相、硬度测定结果，可确定淬火钢回火时，随着回火温度升高和时间延长，相应地发生以下几种组织转变，见表7.1。

表7.1 淬火高碳钢回火时的组织转变和物理性能转变

阶段	温度/℃	长度变化	放热情况	硬度变化	最终组织
时效阶段	<100	变化不大	—	—	—
第一阶段	100～300	收缩	放热	—	回火马氏体
第二阶段	200～300	膨胀	显著放热	少许硬化	回火马氏体
第三阶段	200～350	收缩	放热	软化	回火托氏体
第四阶段	>350	收缩	放热	软化	回火索氏体

(1) 时效阶段(100℃以下)——马氏体中碳原子的偏聚

马氏体中过饱和的碳原子处于晶格扁八面体间隙位置，使晶格产生较大的弹性畸变，这部分畸变能储存在马氏体内；加之马氏体晶体中存在较多的微观缺陷，因此使马氏体能量增加，处于不稳定状态。在80～100℃以下温度回火时，铁和合金元素的原子难以进行扩散迁移，但C、N等间隙原子尚能作短距离的扩散迁移。当C、N原子扩散到上述微观缺陷的间隙位置后，将降低马氏体的能量。因此，马氏体中过饱和的C、N原子自发向微观缺陷处偏聚。

① 低碳位错型马氏体中碳的偏聚　对于板条状马氏体，由于晶体内部存在大量位错，碳原子倾向于在位错线附近偏聚，形成碳的偏聚区，导致马氏体弹性变形减小，畸变能下降。因此，在板条马氏体中，碳原子与位错结合成偏聚区。偏聚区形成的条件有：马氏体中不具备形成碳化物的条件或形成的碳化物稳定性小于偏聚区；碳原子扩散能力不能过大，否则偏聚区将因碳原子扩散而消失。

② 高碳片状马氏体中碳原子的富集区　对于亚结构主要是孪晶的片状马氏体，由于它可被利用的低能量位错位置很少，因此除了少量的碳原子向位错线偏聚外，大量碳原子可能在某些晶面上富集，形成小片状富碳区。富碳区通常厚度只有几个Å，直径小于10Å。钢中的含碳量越高，形成的富碳区越多，硬度也有所提高。

碳富集区只是碳原子在某一晶面上的富集，与马氏体母相保持密切的联系，它的存在将使马氏体点阵发生畸变，随富集区数量的增加，畸变量也增加，马氏体硬度将有所提高。

钢中C原子的偏聚现象无法用普通金相方法观察到，但可以用电阻、内耗等试验方法来推测。图7.11是将厚度为0.25mm的不同含碳量的钢片试样淬火成完全马氏体后，放入液氮中并测量的电阻图。由图7.11可将电阻率变化分为两个区域：第一区，从0～0.2%C，C对电阻率的贡献是$1\mu\Omega\cdot cm/(0.1C)$；第二区碳的贡献是前者的3倍，约为$3\mu\Omega\cdot cm/(0.1C)$。在低碳区电阻率特别低，是因为淬火时原子向位错偏聚的缘故；当含碳量超过0.2%时，可供C原子偏聚的位置几乎饱和，因此，多余的C原子必定存在于无缺陷的晶格上，从而导致对电阻率的较大贡献。用此观点可以较圆满地解释含碳量低于0.2%时，马氏体不呈现正方度，为立方马氏体；当含碳量高于0.2%时，才能察觉出正方度。

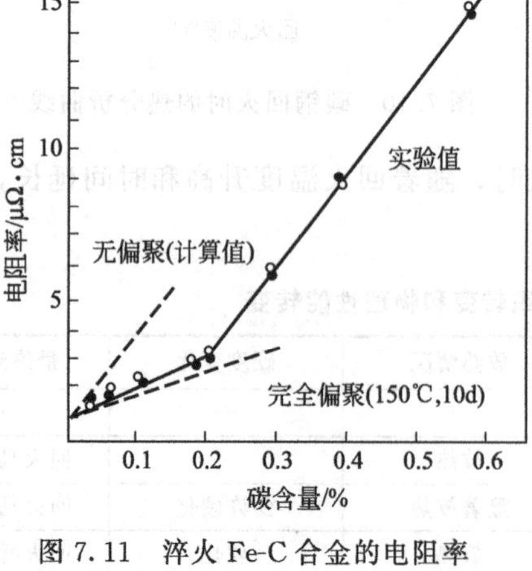

图7.11　淬火Fe-C合金的电阻率与含碳量的关系

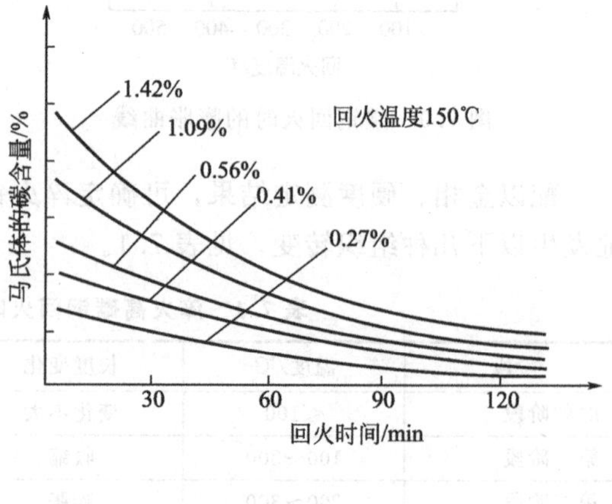

图7.12　回火时间对马氏体分解的影响

(2) 回火第一阶段 (100～300℃)——马氏体分解

当回火温度超过 80℃时，马氏体将发生分解，从过饱和的 α 固溶体中析出弥散的 ε-Fe_xC 碳化物，这种碳化物的成分和结构不同于渗碳体，是亚稳相。

随着回火温度升高，马氏体中碳的过饱和度不断下降。由于马氏体碳含量的下降，将使点阵常数 c 下降，a 升高，c/a 下降，马氏体硬度下降。并且，随着回火温度的升高，原马氏体中含碳量高的其碳含量下降幅度较大，而含碳量低的下降幅度小，即含碳量越高，碳的析出速度越快。结构分析表明，300℃左右时，c/a 基本上等于 1。

在一定温度下，随回火时间的延长，碳析出更充分，当回火时间超过 2h 后，碳含量几乎不再发生变化，但是原来碳含量高的马氏体最后碳含量仍然较高（见图 7.12 和图 7.13）。相同碳含量的淬火马氏体，回火温度越高，析出的碳就越多，最后马氏体中的碳含量就越低（见图 7.14，其中回火时间为 1h）。

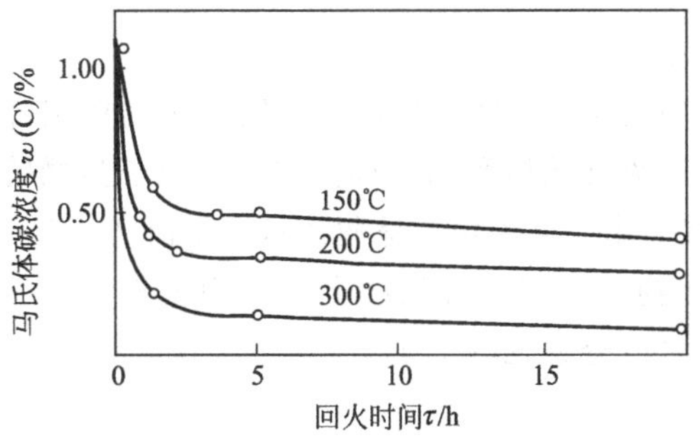

图 7.13　回火时间对马氏体中碳含量的影响 [w(C)=1.09%]

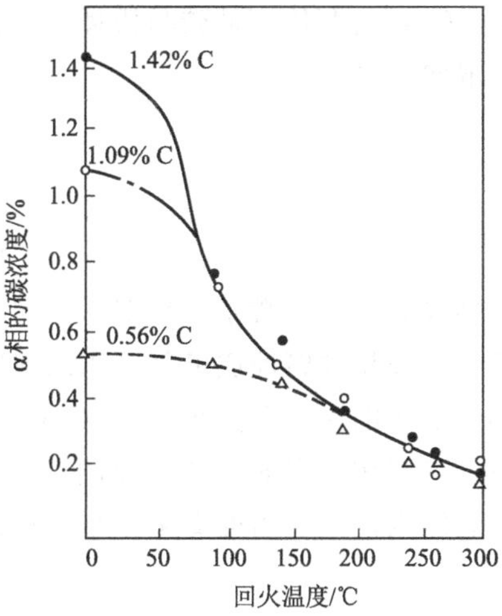

图 7.14　回火温度对碳含量的影响

① 高碳片状马氏体的分解　高碳马氏体的分解由两个阶段组成，分别是两相式分解和连续式分解。

a. 两相式分解（双相分解）　当回火温度较低（20～150℃）时，经回火后，在同一片马氏体中会出现两种不同的正方度，一种对应未经回火的高碳马氏体；另一种对应低碳马氏体。高正方度部分保持原始的碳含量，低正方度部分已经析出了一部分碳，碳含量为一恒定值。在分解过程中，碳以碳化物的形式在马氏体中析出，此时析出的碳化物为亚稳态碳化物，属于 Fe_3N 型，一般称为 ε 碳化物，用 ε-Fe_xC 表示，其中 x 常为 2～3。晶格结构如图 7.15 所示。

出现两种正方度的原因在于：由于温度较低，碳原子的扩散能力很弱，ε-Fe_xC 在马氏体某些碳的富集区通过能量、结构和成分起伏形核，并向马氏体中长大。在长大时，要吸收碳，所以碳化物附近的马氏体向其提供碳原子，而远离 ε-Fe_xC 的马氏体中的碳原子含量却保持不变。这样，在同一片马氏体中出现了成分不同而结构相同的两个区域，每个区域相当于一种相，所以称为两相分解，结构示意见图 7.16。合金元素对马氏体的两相分解没有影响。

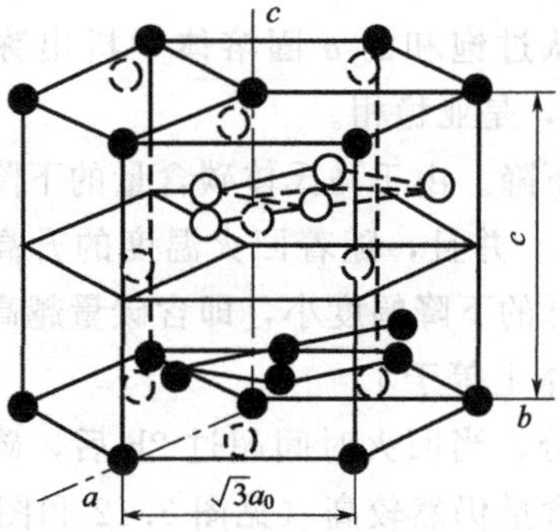

图 7.15 ε 碳化物的晶格

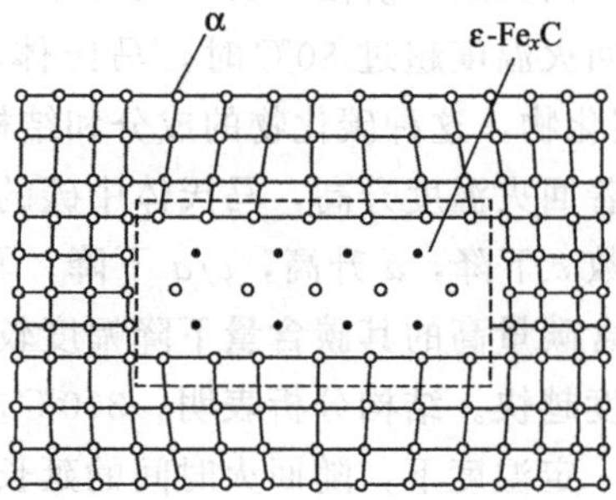

图 7.16 回火马氏体的原子结构示意

Jack 采用 X 射线分析表明，ε 碳化物具有密排六方结构，成分在 Fe_2C 和 Fe_3C 之间（约 $Fe_{2.4}C$），与基体（低碳马氏体 α′）之间保持共格关系，惯习面常为 $\{100\}_{\alpha'}$，存在如下晶体学取向关系

$$(0001)_\varepsilon \parallel (011)_{\alpha'}$$
$$(00\bar{1}1)_\varepsilon \parallel (101)_{\alpha'}$$
$$[1\bar{2}10]_\varepsilon \parallel [01\bar{1}]_{\alpha'}$$

使用普通金相显微镜，观察不出回火马氏体中的 ε 碳化物，但由于 ε 碳化物的析出却会使马氏体片极易被腐蚀成黑色，所以很容易区分淬火马氏体和回火马氏体。在电子显微镜下可观察到 ε 碳化物，呈长度为 1000 Å 左右的条状。由于 ε 碳化物呈薄片状，平卧于 $\{100\}_{\alpha'}$ 面族中三组互相垂直的（100）面上，所以 ε 碳化物薄片在三维尺度上是互相垂直的，而在钢样品表面则以一定角度交叉分布。马氏体的二阶段分解见图 7.17。

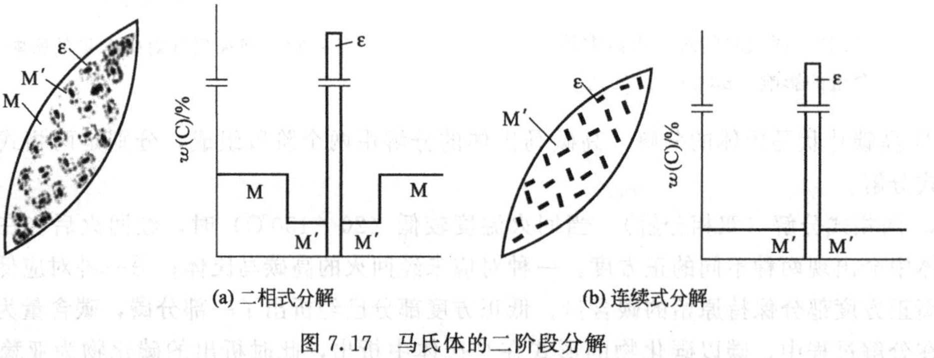

图 7.17 马氏体的二阶段分解

高碳钢淬火在 200℃以下回火时得到的具有一定过饱和度的 α 固溶体和弥散分布的 ε 碳化物组成的复相组织，属于回火马氏体（$M_{回}$），图 7.18 和图 7.19 分别是其显微和透射电镜照片。

b. 连续式分解（单相分解） 当回火温度超过 150℃后，回火后马氏体的 c/a 是单值。这是因为，马氏体中碳的浓度因两相式分解存在一定的碳浓度梯度，温度升高后，碳原子的活动能力增强，可远距离扩散，从而使马氏体的碳含量趋于一致，马氏体内的碳含量是连续变化的。合金元素对马氏体的单相分解具有明显的影响。最后得到的组织为回火马氏体：$M' + \varepsilon\text{-}Fe_xC$。

图 7.18　回火马氏体

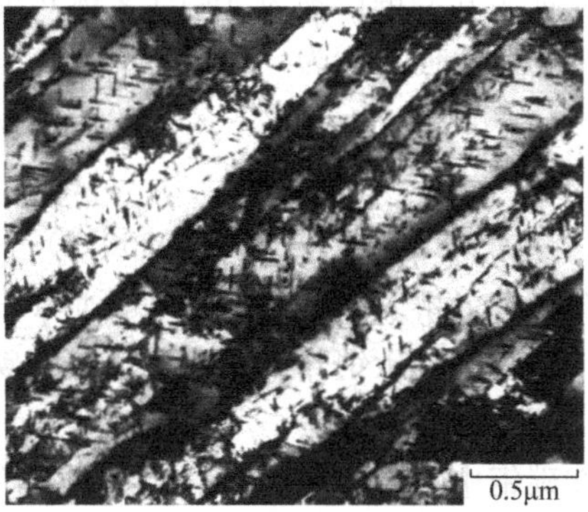

图 7.19　透射电镜下的回火马氏体形貌

随回火温度升高，碳析出量逐渐增加，使正方度趋向于 1。300℃时，$c/a=1$，此时碳元素已经达到平衡状态，马氏体分解终了。

② 低碳位错马氏体的分解　对于低碳位错马氏体，在 100～200℃范围内回火时，偏聚区的稳定性高于 $\varepsilon\text{-}Fe_xC$。碳原子此时仍处于位错线的间隙位置，以偏聚区状态存在于马氏体内，而不析出碳化物。例如：0.8%C 钢，淬火后在 200℃回火，使马氏体中析出 $\varepsilon\text{-}Fe_xC$；然后对其进行塑性变形引入位错，再重新在 200℃回火，可发现位错区的 $\varepsilon\text{-}Fe_xC$ 部分重溶。

③ 中碳钢马氏体的分解　中碳钢的淬火组织，是由板条马氏体和片状马氏体混合而成。回火时马氏体的分解，也按上述两种方式进行。

(3) 回火第二阶段（200～300℃）——残余奥氏体的转变

钢在淬火后，组织中总含有一定量的残余奥氏体。含碳量越高的钢淬火后残余奥氏体越多，在 200～300℃温度区间回火时，这些残余奥氏体将发生分解，随着回火温度升高，残余奥氏体的数量逐渐减少。残余奥氏体回火时的转变随回火温度不同而不同，含 1.11%C、4.11%Cr 钢的残余奥氏体恒温分解动力学曲线如图 7.20。由图可见，残余奥氏体与过冷奥氏体的分解动力学曲线是非常相似的，都呈现出 C 型的形貌。

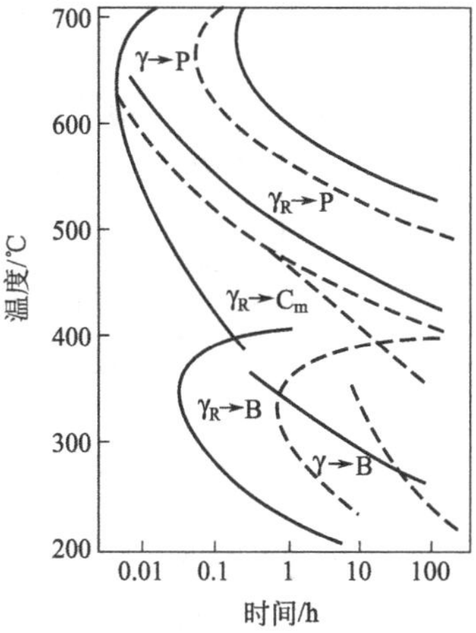

图 7.20　残余奥氏体等温转变图

淬火钢在连续缓慢加热条件下，当温度升高到 200℃左右时，可以明显地观察到残余奥氏体的转变。残余奥氏体分解的产物是过饱和的 α 固溶体和 ε 碳化物组成的复相组织，相当于回火马氏体或下贝氏体。可表示为

$$\gamma_A \longrightarrow M_{回} \text{ 或 } B(\alpha_{相}+\varepsilon\text{-}Fe_xC)$$

此时，α 相中的含碳量与马氏体在该温度分解后的含碳量相近，或与过冷奥氏体在相应温度下形成的下贝氏体相近。

通常，在 M_s 以下回火时残余奥氏体转变为马氏体，然后分解为回火马氏体；而在贝氏体转变区回火时，残余奥氏体转变为下贝氏体。

Nagakura 等将含有大量残余奥氏体的高碳钢试样放在电子显微镜中进行回火并作原位

观察，证实其分解产物为 Fe_3C（又称 θ 相）和铁素体。在所有情况下形成的 Fe_3C 均为粒状，分解产物的取向关系为

$$(100)_\theta \parallel (011)_\alpha \parallel (111)_\gamma$$

$$[010]_\theta \parallel [11\bar{1}]_\alpha \parallel [10\bar{1}]_\gamma$$

（4）回火第三阶段（200～350℃）——过渡碳化物的转变

马氏体分解及残余奥氏体转变形成的 ε-碳化物是亚稳定的过渡相。当回火温度升高至 250～350℃时，碳钢马氏体内过饱和的碳原子几乎全部脱溶，并形成比 ε-碳化物更稳定的碳化物。

在碳钢中比 ε-碳化物更稳定的碳化物常见的有两种：χ-碳化物（Fe_5C_2，单斜晶系，见图 7.21）和 θ-碳化物（Fe_3C，正交晶系，见图 7.22），它们的磁性转变点分别为 270℃和 208℃，稳定性均高于 ε-Fe_xC。碳钢回火过程中碳化物的转变序列可能为

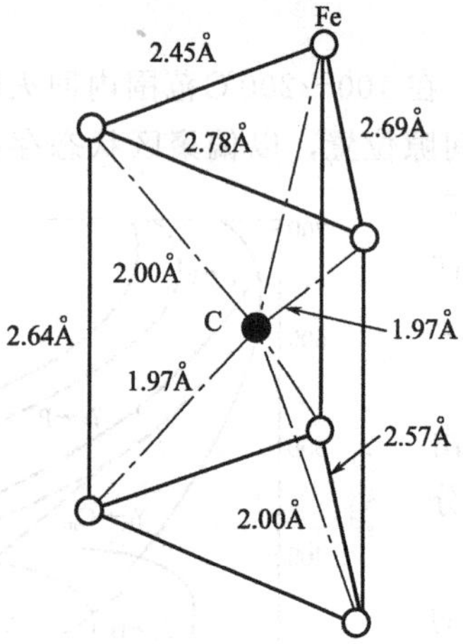

图 7.21　χ 碳化物

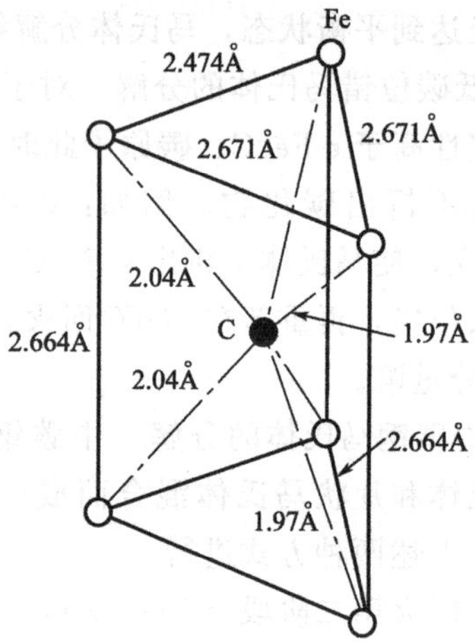

图 7.22　θ 碳化物

$\alpha' \rightarrow \alpha_{相} \rightarrow \varepsilon\text{-}Fe_xC \rightarrow \alpha_{相} + \chi\text{-}Fe_5C_2 + \varepsilon\text{-}Fe_xC \rightarrow \alpha_{相} + \theta\text{-}Fe_3C + \chi\text{-}Fe_5C_2 + \varepsilon\text{-}Fe_xC \rightarrow \alpha$ 相 $+ \theta\text{-}Fe_3C + \chi\text{-}Fe_5C_2 \rightarrow \alpha_{相} + \theta\text{-}Fe_3C$

碳钢回火过程中是否出现 χ-Fe_5C_2，可能与钢的含碳量有关，含碳量高时有利于 χ-Fe_5C_2 的形成。在低碳钢和中碳钢中，χ-Fe_5C_2 的惯习面是 $\{112\}_{\alpha'}$，并与基体有如下确定的取向关系

$$(100)_\chi \parallel (\bar{1}\,\bar{2}1)_\alpha$$

$$(010)_\chi \parallel (101)_\alpha$$

$$[001]_\chi \parallel [\bar{1}11]_\alpha$$

当回火温度升高到 400℃时，淬火马氏体完全分解，但 α 相仍保持针状外形，碳化物全部转变为细粒状 θ-Fe_3C，即渗碳体。在低碳钢和中碳钢中，渗碳体在马氏体板条中形核，沿马氏体的 $\{110\}_{\alpha'}$ 惯析面长成细片状，并与基体有如下确定的取向关系

$$(001)_\theta \parallel (211)_\alpha$$

$$[100]_\theta \parallel [01\bar{1}]_\alpha$$

$$[010]_\theta \parallel [\bar{1}11]_\alpha$$

碳化物的形成是通过形核-长大方式进行的。对于低碳钢，当回火温度高于 200℃时，

直接由偏聚区析出 θ-Fe_3C，也有可能由马氏体板条边界上析出。而对于高碳钢，马氏体分解析出 ε-Fe_xC。ε-Fe_xC 与马氏体保持共格关系，随着 ε-Fe_xC 的长大将使母相的点阵畸变增大。当 ε-Fe_xC 长大到一定尺寸后，共格关系将被破坏，此时 ε-Fe_xC 将转变为更稳定的碳化物。一般可在 250℃以上出现此过程。

碳化物转变也是一个形核-长大过程。具体又可分为两种：原位形核（原位转变），即在原碳化物基础上发生成分变化和点阵重构，形成更稳定的碳化物；独立形核长大（离位转变），即原碳化物溶回到母相中，新的、更稳定的碳化物在其它部位重新形核、长大。

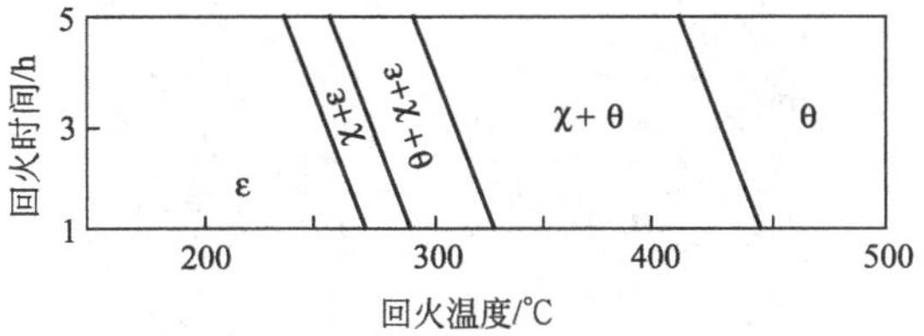

图 7.23　高碳钢（1.34%C）回火时碳化物转变温度和时间关系

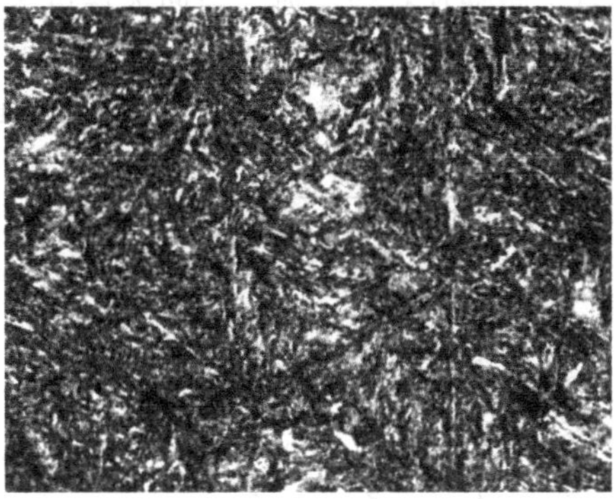

图 7.24　回火屈氏体

回火时碳化物转变的主要决定因素是温度，但也与时间有关，随着回火时间的增长，发生碳化物转变的温度降低，见图 7.23。

ε-Fe_xC 碳化物转变为其它类型碳化物时，新生成的碳化物往往呈薄片状，且常分布在马氏体的孪晶界或马氏体边界处。随着马氏体含碳量的降低，薄片状碳化物减少。研究表明，不论马氏体的形态如何，在回火过程中，当回火温度较低时，都存在这样的薄片状碳化物。碳化物本身是脆性相，特别是当它呈薄片状，分布在马氏体的孪晶界或马氏体边界上时，将使钢的脆性增大。一般认为，这种状态分布的碳化物是产生第一类回火脆性的原因之一。

回火温度更高时，形成的碳化物会全部转变为 θ- Fe_3C，这种由针状 α 相和与其无共格联系的细粒状渗碳体组成的机械混合物（无共格关系）称为回火屈氏体（$T_{回}$），图 7.24 是回火屈氏体的照片。

（5）回火第四阶段（350℃以上）——α 相状态的变化及碳化物的聚集长大

一般在淬火钢件中存在有较大的第一类、第二类和第三类内应力，而回火可将内应力消除。实验证明，当回火温度达到 550℃时，碳钢的第一类残余内应力接近于全部消除；第二类、第三类内应力也消除大半。综合看来，当回火温度为 400～600℃时，由于马氏体分解、碳化物转变、渗碳体聚集长大及 α 相回复或再结晶，淬火钢的残余内应力基本消除。

当回火温度升高到 300～400℃之间时，析出的渗碳体逐渐聚集和球化，片状渗碳体的长度和宽度之比逐渐缩小，最终形成粒状渗碳体。当回火温度高于 600℃时，细粒状碳化物将迅速聚集并粗化。碳化物的球化长大过程是按照小颗粒溶解、大颗粒长大的机制进行的。图 7.25 是 0.34%C 钢渗碳体颗粒直径与回火温度、回火时间之间的关系曲线图。

在低碳板条马氏体中，由于淬火马氏体晶粒的形状为非等轴状，且晶内的位错密度很高，与冷变形金属相似，所以在回火过程中也发生回复和再结晶。一般说来，600℃以下是回复阶段，600℃以上是再结晶阶段。对于板条马氏体，在回复过程中，α相中的位错胞和胞内的位错线将逐渐消失，晶体中的位错密度降低，剩下的位错将重新排列成二维位错网络（位错墙），形成由它们分割而成的亚晶粒。回火高于400℃后，α相已经开始明显回复，回复后的α相仍呈板条状。回火温度高于600℃时，回复了的α相开始发生再结晶。此时由位错密度很低的等轴α相新晶粒逐渐代替板条状α相晶粒。由于第二相粒子对晶界有钉扎作用，回火时析出的碳化物颗粒对于α相的再结晶具有阻碍作用。钢中碳含量越高，α相的再结晶越困难。

对于高碳片状马氏体，当回火温度高于250℃时，马氏体片中的孪晶亚组织开始消失，同时在马氏体内出现位错线；当回火温度达到400℃时，孪晶全部消失而变成位错，α相发生回复；当温度高于600℃时，α相发生再结晶。

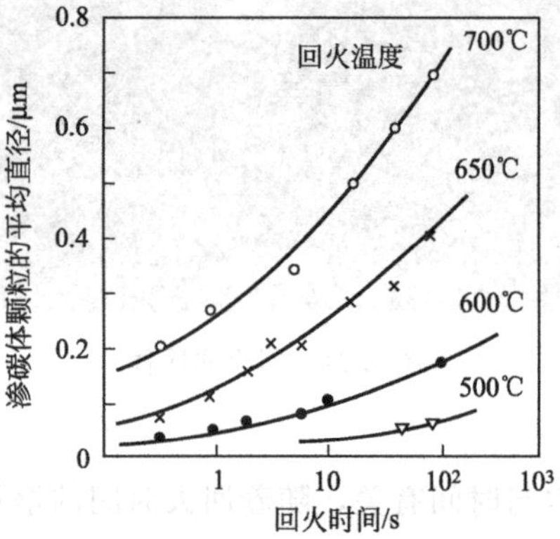

图 7.25 0.34%C 钢渗碳体颗粒直径与回火温度、回火时间之间的关系

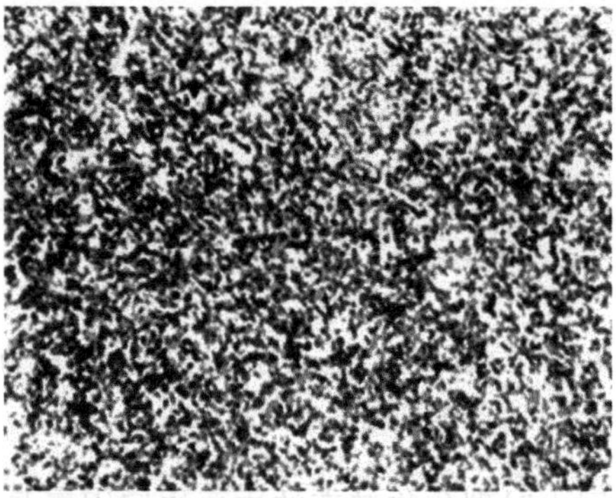

图 7.26 回火索氏体

综上所述，淬火钢在500～650℃回火时，渗碳体聚集成较大的颗粒，同时，马氏体的针状形态消失，形成多边形的等轴铁素体，这种铁素体和粗粒状渗碳体的机械混合物称为回火索氏体（$S_{回}$）。高碳、低碳马氏体最终都会得到回火索氏体，图 7.26 是回火索氏体的照片。

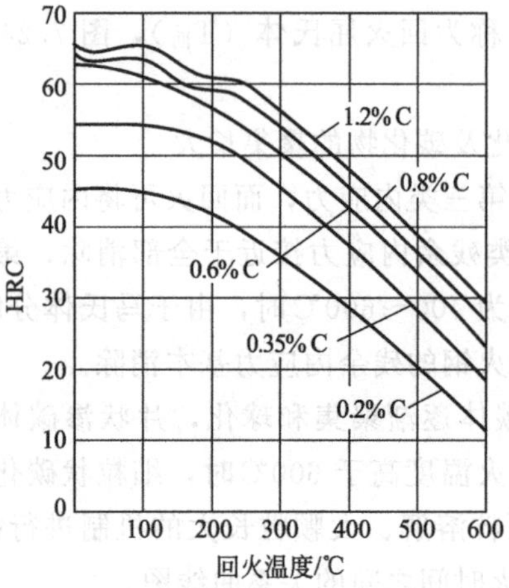

图 7.27 回火温度对淬火碳钢硬度的影响

7.3.2 淬火钢回火时力学性能的变化

淬火钢在回火过程中，由于组织发生了一系列变化，钢的力学性能也随之发生相应的变化。淬火钢在回火时力学性能变化的总趋势是：随着回火温度的升高，钢的硬度、强度逐渐降低，而塑性、韧性不断提高。

（1）硬度

淬火钢回火时硬度的变化规律如图 7.27 所示。由图可以看出，总的变化趋势是随着回火温度升高，钢的硬度连续下降。但含碳量大于0.8%的高碳钢在100℃左右回火时，硬度反而略有升高。这是由于马氏体中碳原子的偏聚及ε-碳化物析出引起弥散强化造成的。在200～300℃回火时，硬度下降的趋势变得平缓。这是由于马氏体分解使钢的硬度降低及残余奥氏体转变为下贝氏体或回火马氏体使钢的硬度升高，两方面因素综合影响的结果。回火温度超过 300℃以后，由于 ε-碳化物转变为渗碳体，与母相的共格关系被破坏，以及渗碳体聚集长大，使钢的硬度呈直线下降。

(2) 强度和塑性

碳钢随回火温度的升高，其强度 σ_s、σ_b 不断下降，而塑性 δ 和 ψ 不断升高（见图 7.28）。但在200～300℃较低温度回火时，由于内应力的消除，钢的强度和硬度都得到提高。对于一些工具材料，可采用低温回火以保证较高的强度和耐磨性 [图 7.28(c)]。但高碳钢低温回火后塑性较差，而低碳钢低温回火后具有良好的综合力学性能 [图 7.28(a)]。在 300～400℃回火时，钢的弹性极限 σ_e 最高，因此一些弹簧钢件均采用中温回火。当回火温度进一步提高，钢的强度迅速下降，但钢的塑性和韧性却随回火温度升高而增加。在 500～600℃回火时，塑性达到较高的数值，并且保留相当高的强度。因此中碳钢采用淬火加高温回火可以获得良好的综合力学性能 [图 7.28(b)]。

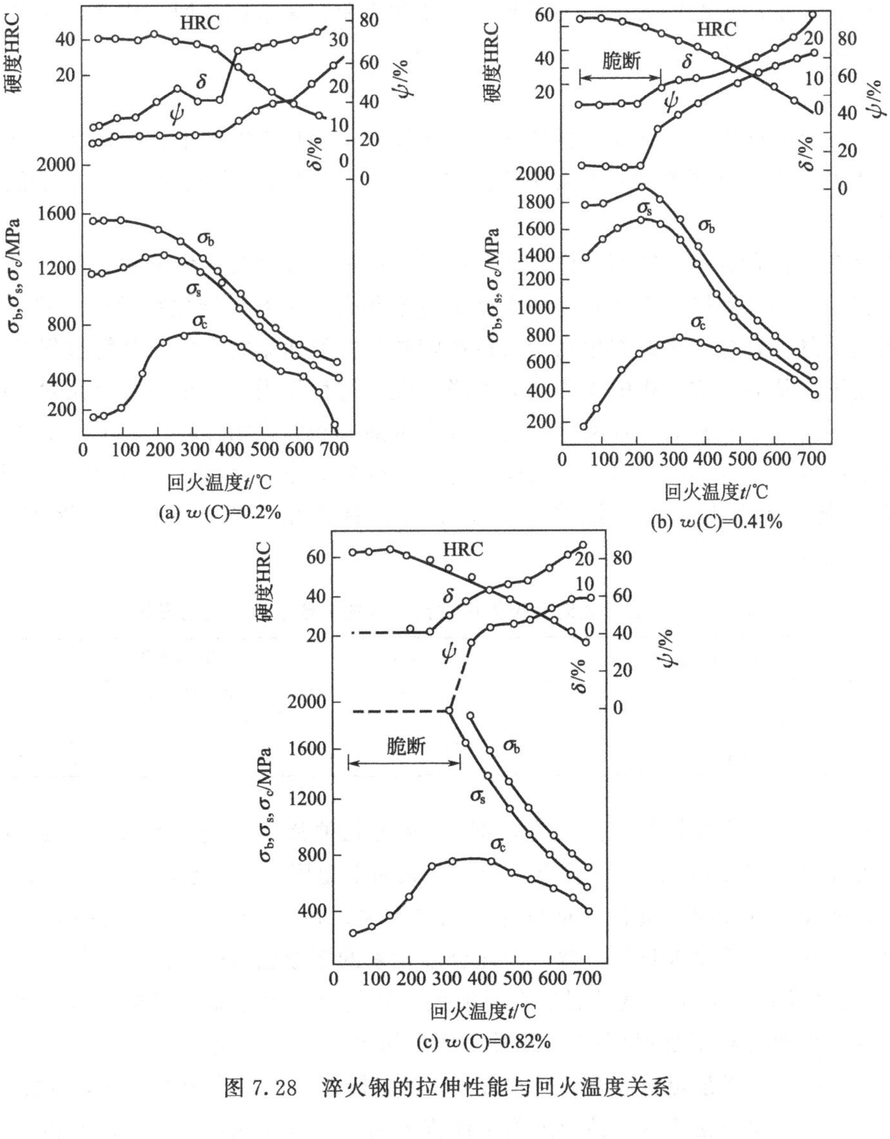

图 7.28　淬火钢的拉伸性能与回火温度关系

合金元素可使钢的各种回火转变温度范围向高温推移，可以减小钢在回火过程中硬度下降的趋势，提高回火稳定性（即钢在回火过程中抵抗硬度下降的能力）。与相同含碳量的碳钢相比，在高于 300℃回火时，在相同回火温度和回火时间情况下，合金钢具有较高的强度和硬度。反过来，为得到相同的强度和硬度，合金钢可以在更高的温度下回火，这有利于钢的塑性和韧性的提高。强碳化物形成元素还可在高温回火时析出弥散的特殊碳化物，使钢的硬度显著升高，造成二次硬化。

(3) 韧性

冲击韧性不一定单调地随回火温度的升高而增大，可能在两个温度区域内出现韧性下降的现象，形成 250～400℃的低温回火脆性区和 450～650℃的高温回火脆性区（具体见 7.3.4 节）。

7.3.3 合金元素对回火的影响

合金元素对钢的回火转变以及回火后的组织和性能具有很大影响，可归结为三个方面：延缓钢的软化，提高钢的回火抗力；引起二次硬化现象；影响钢的回火脆性。这里只讨论前两个方面，回火脆性见 7.3.4 节。

(1) 提高钢的回火抗力

回火抗力指随回火温度升高，材料的强度和硬度下降快慢的程度，也称回火稳定性或抗回火软化能力。通常以钢的回火温度-硬度曲线来表示，硬度下降慢则表示回火稳定性高或回火抗力大。

其原因在于：合金钢与碳钢一样，在回火过程中都将发生马氏体分解，但它们的分解速度不同。在马氏体分解阶段中要发生马氏体中过饱和碳的脱溶和碳化物微粒的聚集，同时 α 相中含碳量下降。合金元素的作用在于通过影响碳的扩散而影响马氏体分解过程及碳化物微粒的聚集速度，从而影响 α 相中碳浓度的下降速度。这种作用的大小因合金元素与碳的结合力不同而不同。合金元素的这种阻碍 α 相中含碳量降低和碳化物颗粒长大可使钢件保持高硬度、高强度的性质。碳钢回火时，马氏体中过饱和碳的完全脱溶温度约为 300℃，加入合金元素可使完全脱溶温度向高温推移 100～150℃，具体见表 7.2，表中各钢均回火至含 0.25%C，$c/a=1.003$。

表 7.2 合金元素对马氏体中过饱和碳的完全脱溶温度的影响

序号	钢的成分	温度/℃	序号	钢的成分	温度/℃
1	1.4%C	250	4	1.97%C-3.92%Co	400
2	1.1%C-2.0%Si	300	5	1.2%C-2.0%Mo	400
3	GCr15	350	6	1.0 %C-7.93%Cr-3.85%W-1.24%V	450

合金元素一般都提高钢的回火抗力，图 7.29 为几种常见合金元素对含 0.2%C 钢回火后引起的硬度增量（ΔHV）。可以看出，合金元素对低温回火后的硬度影响很小，这是由于在时效阶段所发生的碳原子重新分布与合金元素无关。在 100～200℃之间回火所发生的过渡碳化物的沉淀，并不要求长程扩散，因此合金元素的影响也很微弱。

在 316℃回火时，合金元素的影响有所加强，其共同作用是降低碳原子的扩散系数。于此温度下碳的扩散已经不是速度控制因素，其对回火抗力的影响较微弱；另外，在这一温度，合金元素本身的扩散也较微弱。硅在 316℃提高回火抗力的作用最显著，这除了有固溶强化的作用外，主要是由于硅在该温度附近能强烈阻止过渡碳化物向渗碳体的转变。

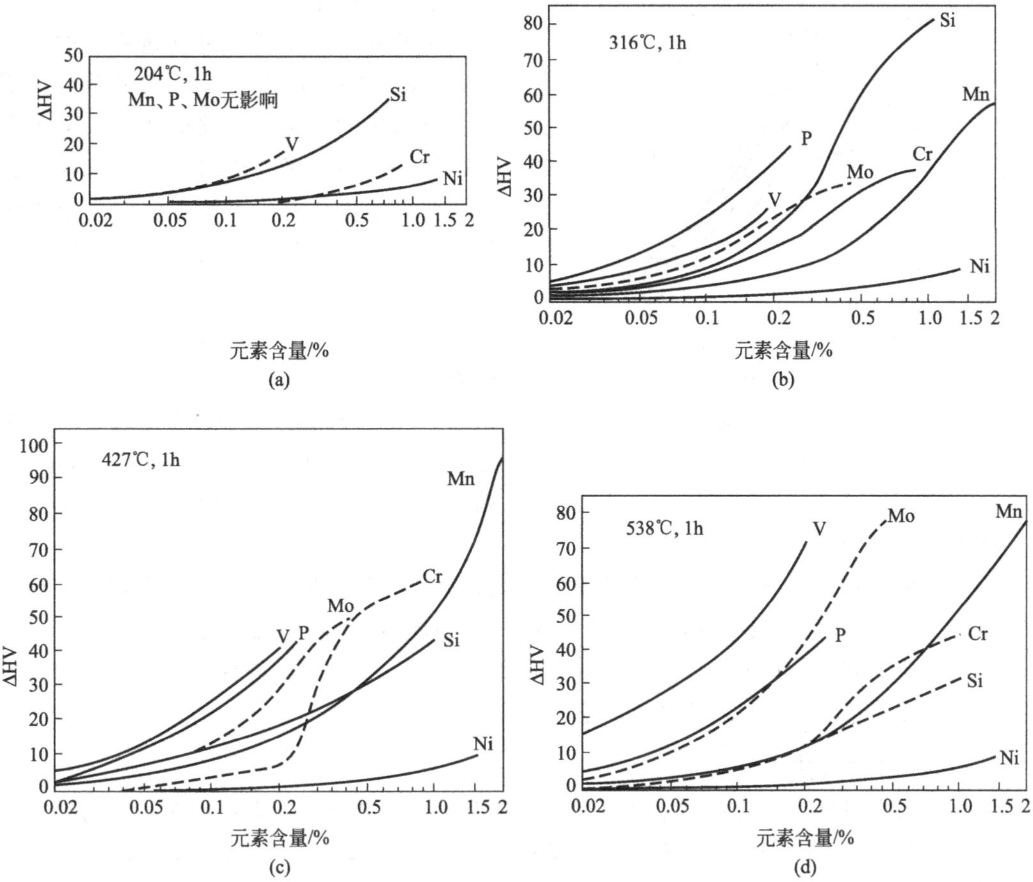

图 7.29　几种合金元素对含 0.2%C 钢回火后引起的硬度增量

在 427℃回火时，合金元素阻碍渗碳体颗粒粗化的影响加强；538℃回火时，合金元素主要是通过阻止碳化物聚集长大和铁素体晶粒等轴化而延缓硬度的下降。

此外，镍和磷引起的硬度增量在所有回火温度下都是同一值，说明其作用只是固溶强化，而与回火转变无关；铬和锰引起的硬度增量随回火温度变化较大，说明它们对碳化物转变的各个阶段都有一定影响。

(2) 引起二次淬火

当淬火钢中存在残余奥氏体时，合金元素对残余奥氏体的分解也有影响。有时，残余奥氏体甚至可以在回火时转变为珠光体或贝氏体。若回火保温时残余奥氏体还是没有分解掉，在随后的冷却过程中，由于催化（又称反稳定化）作用，它很可能发生马氏体转变，这一现象称为二次淬火。二次淬火是有害的，它并不会使钢的硬度增加很多，因为新生成的马氏体量是很少的，但却明显增加钢的脆性。因此，对产生了二次淬火的钢必需再次进行回火处理，这对于高碳高合金钢的零件具有现实意义。

(3) 引起二次硬化

所谓二次硬化现象，是指某些淬火合金钢在 500～600℃回火后硬度增高，在硬度-回火温度曲线上出现峰值的现象。图 7.30 是含 0.1%C 钼钢回火时出现的二次硬化现象。

只有含量超过一定值的碳化物形成元素特别是强碳化物形成元素（如钒、钛、钼、钨、铬等）才会引起二次硬化；非碳化物形成元素（如镍、硅等）和弱碳化物形成元素（如锰）

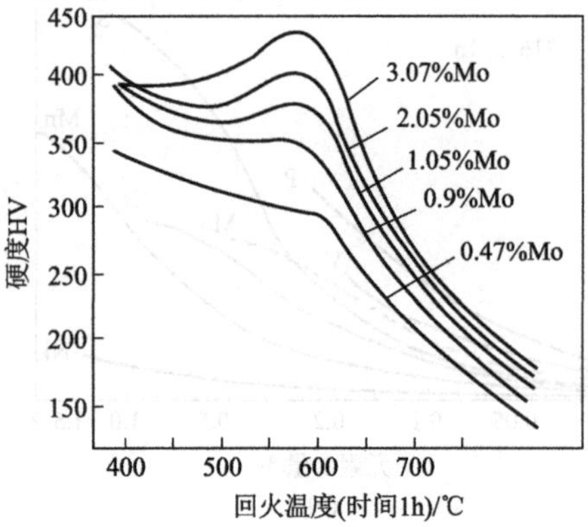

图 7.30 含 0.1%C 钼钢回火时出现的二次硬化现象

都不能引起二次硬化。

二次硬化从本质上是一种共格析出的合金碳化物（如 VC、TiC 或 Mo_2C 等）取代渗碳体而形成弥散强化作用的结果。渗碳体之所以会被合金碳化物取代是因为后者在热力学上更稳定，有些合金钢的回火过程还有一个渗碳体向合金碳化物转变的过程。下面是几种常见的强碳化物形成元素的转变序列

钒钢：$Fe_3C \rightarrow V_4C_3$ 或 VC

钛钢：$Fe_3C \rightarrow TiC$

钼钢：$Fe_3C \rightarrow Mo_2C \rightarrow Mo_6C$（或 Fe_3Mo_3C）；在一定条件下还可能有 MoC、$Mo_{23}C_6$、Mo_3C 等。

钨钢：$Fe_3C \rightarrow W_2C \rightarrow$（$W_{23}C_6$）$\rightarrow W_6C$

铬钢：$Fe_3C \rightarrow Cr_7C_3 \rightarrow Cr_{23}C_6$

合金碳化物越稳定越细小，强化效果就越大；以上完整序列中最右边的碳化物一般要在650℃以上长时间回火才会出现，且一旦出现，钢的硬度会下降，通常称为过时效。二次硬化效应在工业上有十分重要的意义，例如工具钢靠它可保持高的红硬性；某些耐热钢靠它可维持高温强度；某些结构钢和不锈钢靠它可改善力学性能。

7.3.4 回火脆性

淬火钢回火时冲击韧度并不总是随回火温度升高而单调增大，有些钢在一定的温度范围内回火时，其冲击韧度显著下降，这种脆化现象叫做钢的回火脆性，图 7.31 是中碳镍铬钢冲击韧性与回火温度的关系。该种钢在250～400℃温度范围内出现的回火脆性叫第一类回火脆性，也叫低温回火脆性；在450～650℃温度范围内出现的回火脆性叫第二类回火脆性，也叫高温回火脆性。

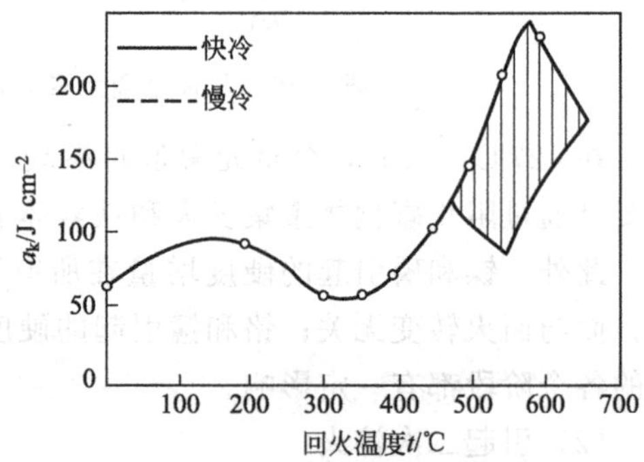

图 7.31 中碳镍铬钢冲击韧性与回火温度的关系

（1）第一类回火脆性

第一类回火脆性几乎在所有的工业用钢中都会出现。产生低温回火脆性的原因，目前还不十分清楚。一般认为是由于碳化物以断续的薄片状沿马氏体片或马氏体条的界面析出所造成的。这种硬而脆的薄片碳化物与马氏体间的结合较弱，降低了马氏体晶界处的断裂强度，使之成为裂纹扩展的路径，因而导致脆性断裂，使冲击韧性下降。如果提高回火温度，由于析出的碳化物聚集和球化，改善了脆化界面状况而使钢的韧性又重新恢复或提高。

钢中含有合金元素一般不能抑制第一类回火脆性，但 Si、Cr、Mn 等元素可使脆化温度推向更高温度。例如，w(Si)＝1.0%～1.5%的钢，产生脆化的温度为 300～320℃；而 w(Si)＝1.0%～1.5%、w(Cr)＝1.5%～2.0%的钢，脆化温度可达 350～370℃。

到目前为止，还没有一种有效地消除第一类回火脆性的热处理或合金化方法。为了防止

第一类回火脆性，通常的办法就是避免在脆化温度范围内回火。

(2) 第二类回火脆性

第二类回火脆性主要在合金结构钢中出现，碳素钢一般不出现这类回火脆性，当钢中含有 Cr、Mn、P、As、Sb、Sn 等元素时，第二类回火脆性增大。将脆化状态的钢重新高温回火，然后快速冷却，即可消除脆性。因此这种回火脆性可以通过再次高温回火并快冷的办法消除。但是若将已消除回火脆性的钢件重新于脆化温度区间加热，然后缓冷，脆性又会重新出现，故又称之为可逆回火脆性。第二类回火脆性的产生机制至今尚未彻底清楚。近年来的研究指出，回火时 Sb、Sn、As、P 等杂质元素在原奥氏体晶界上偏聚或以化合物形式析出，降低了晶界的断裂强度，是导致第二类回火脆性的主要原因。Cr、Mn、Ni 等合金元素不但促进这些杂质元素向晶界偏聚，而且本身也向晶界偏聚，进一步降低了晶界的强度，从而增大了回火脆性倾向。Mo、W 等合金元素则抑制第二类回火脆性倾向。

上述杂质元素偏聚机制能较好地解释高温回火脆性的许多现象，并能有力地说明钢在 450～550℃长期停留使杂质原子有足够的时间向晶界偏聚而造成脆化的原因。却难以说明这类回火脆性对冷速的敏感性。

为了防止第二类回火脆性，对于用回火脆性敏感钢制造的小尺寸的工件，可采用高温回火后快速冷却的方法。也可通过提高钢的纯度，减少钢中的杂质元素以及在钢中加入适量的 Mo、W 等合金元素，来抑制杂质元素向晶界偏聚，从而降低钢的回火脆性，对于大截面工件用钢广泛采用这种方法。对亚共析钢可采用在 A_1～A_3 临界区加热亚温淬火的方法，使 P 等有害杂质元素溶入铁素体中，从而减小这些杂质在原始奥氏体晶界上的偏聚，可显著减弱回火脆性。此外，采用形变热处理方法也可以减弱回火脆性。

7.4　调幅分解

调幅分解是过饱和固溶体分解的一种特殊形式，它由一种固溶体分解为两种结构相同而成分不同的微区。调幅分解与形核—长大型的脱溶分解不同，不需要激活能。一旦开始分解，系统自由能便连续下降，分解过程是自发进行的，不需要形核，为无核转变。分解产物只有溶质的富区和贫区，二者之间在开始阶段没有明显的界面，因而具有很好的强韧性和某些理想的物理性能。下面主要分析其形成的热力学条件和相变特点及组织性能。

7.4.1　调幅分解的热力学条件

图 7.32(a) 为具有溶解度变化的 A-B 合金相图。成分为 x_0 的合金在 t_1 温度固溶处理后快冷至 t_2 温度时，处于过饱和状态的亚稳态 α 将分解为成分 x_1 的 α_1 和成分 x_2 的 α_2 两相。在 t_2 温度下固溶体的自由能-成分曲线如图 7.32(b) 所示。曲线上的拐点（$d^2G/dx^2=0$）与相图中虚线上的 P、Q 两点相对应，虚线为不同温度下拐点的轨迹，称为拐点线。合金成分处于拐点线之内（$d^2G/dx^2<0$）的固溶体，当存在任何微量的成分起伏时都将会分解为富 A 和富 B 的两相，都会引起体积自由能的下降。例如成分为 x_0 的合金，在 t_2 温度时的自由能为 G_0，分解为两相后的自由能为 G_1，显然 $G_1<G_0$，即分解后体系自由能下降，$d^2G/dx^2<0$，也就是相变驱动力 $\Delta G_V<0$。成分在拐点线之外（$d^2G/dx^2>0$）的固溶体，例如图中 x_0'，当出现微量的成分起伏时，将导致体系自由能升高，只有通过形核长大才会发生脱溶分解。

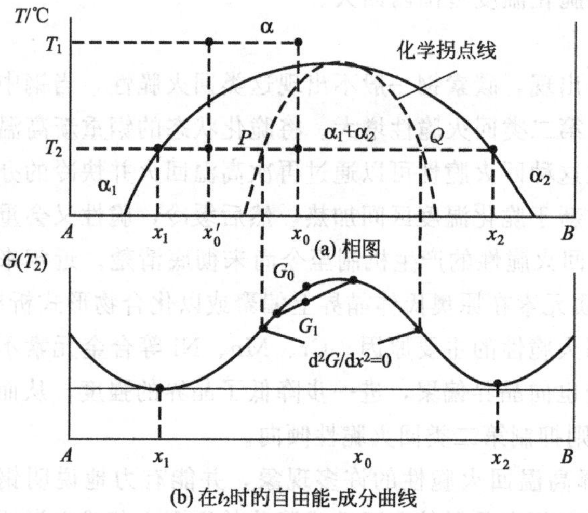

图 7.32　调幅分解的驱动力分析

应当指出，即使固溶体的成分位于拐点以内，也不一定发生调幅分解，还要看梯度能和应变能两相阻力的大小。梯度能是由于微区之间的浓度梯度影响了原子间的化学键，使化学位升高而增加的能量。应变能是指固溶体内成分波动，点阵常数变化，而为了保持微区之间的共格结合所产生的应变能，这两相能量的增值都是调幅分解的阻力。可见，调幅分解能否发生，要由两个因素决定：一是其成分必须在两个化学拐点之间；二是每个原子应具有足够的相变驱动力 ΔG_V，以克服所增加的阻力。

7.4.2　调幅分解的特点

① 调幅分解过程的成分变化是通过上坡扩散来实现的，如图 7.33 所示。首先是出现微区的成分起伏，随后通过溶质原子从低浓度区向高浓度区扩散，使成分起伏不断增幅（富 A 的继续富 A，富 B 的继续富 B)，直至分解为成分 x_1 的 α_1 和成分 x_2 的 α_2 的两相平衡相为止，因此又称为增幅分解。

② 调幅分解不经历形核阶段，因此不会出现另一种晶体结构，也不存在明显的相界面。若忽略畸变能，单从化学自由能考虑，调幅分解不需要形核功也就不需要克服热力学能垒，所以分解速度很快。而通常的形核长大过程，其晶核的长大是通过正常扩散（下坡扩散）进行的，而晶坯一旦产生就具有最大的浓度，新相与基体之间始终存在明显的界面。

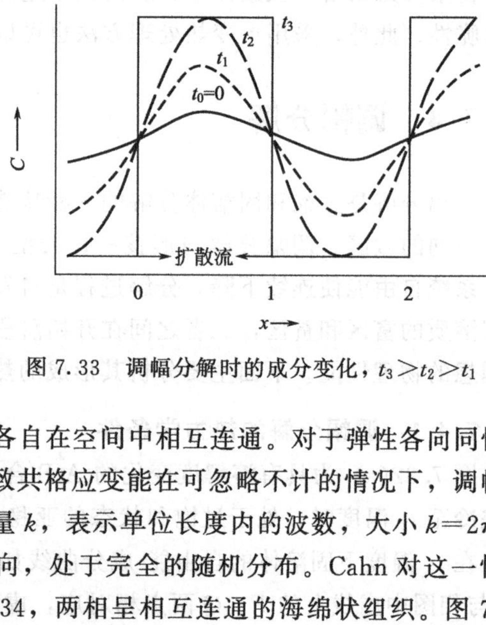

图 7.33　调幅分解时的成分变化，$t_3>t_2>t_1$

7.4.3　调幅分解的组织和性能

实验结果表明，通过调幅分解产生的两项各自在空间中相互连通。对于弹性各向同性的晶态固溶体或两组元的原子尺寸差 η 很小，以致共格应变能在可忽略不计的情况下，调幅分解产生的成分调制波矢（描述成分波函数的矢量 k，表示单位长度内的波数，大小 $k=2\pi/\lambda$，方向和波的传播方向相同）将无一定的择优取向，处于完全的随机分布。Cahn 对这一情况的调幅分解产物形体的计算机模拟结果如图 7.34，两相呈相互连通的海绵状组织。图 7.35 为 Fe-28Cr-13Co 永磁合金经调幅分解后的场离子显微镜（FIM）照片，合金中 α_1 和 α_2 相均各自相互连通，与计算机模拟结果一致。

对于弹性各向异性的固溶体，调幅分解所形成的新相将择优长大，即选择弹性变形抗力较小的晶向优先长大。由于实际晶体的弹性模量总是各向异性，因此大多数调幅组织常具有定向排列的特征。对于立方晶系材料，最常见的是沿＜100＞方向的成分调制优先长大。如 AlNiCo8 永磁合金在 800℃调幅分解 3min 后所得组织分别为富 Fe-Co 相和富 Ni-Al 相，富

Fe-Co 相沿<100>晶向析出，呈网格状排列。

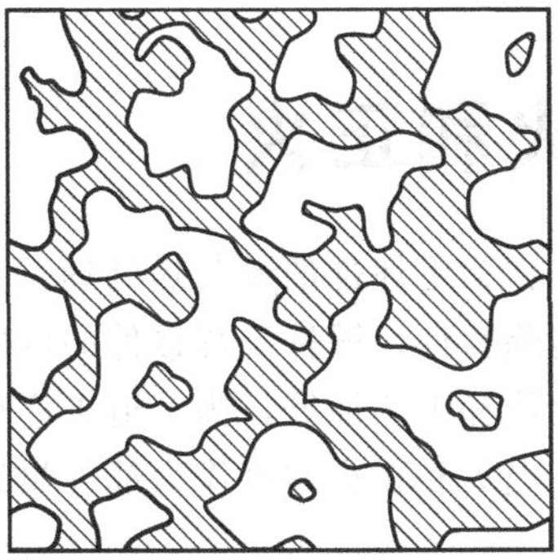

图 7.34　调幅分解产物形体的计算机模拟

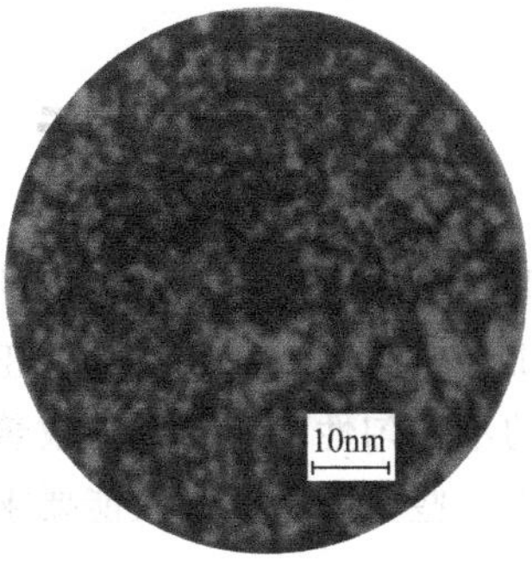

图 7.35　Fe-28Cr-13Co 永磁合金调幅分解 FIM 照片

一般而言，调幅分解后所得调幅组织的弥散度很大，特别是在形成初期，这种组织分布均匀，因而具有较高的屈服强度和永磁性能。例如，Cu-30Ni-2.8Cr 合金在 900～1000℃保温，然后在 760～450℃区间慢冷，可得到调幅组织，获得最高力学性能。AlNiCo8 永磁合金通过调幅分解形成强磁性的富 Fe-Co 区和弱磁性的富 Ni-Al 区，具有单磁畴效应，呈现很好的永磁特性。这种合金在磁场中进行调幅分解处理，可获得具有方向性的调幅分解，从而进一步提高其永磁性能。

复习思考题

1. 时效处理过程的实质是什么？为什么时效析出强化要好于冷却时直接析出的强化？
2. 解释铝合金的淬软现象。
3. 请解释不可热处理强化铝合金不可热处理强化的原因，并指出其有哪些可用的强化手段。
4. 时效强化时，时效时间应控制在什么范围以内？原因是什么？
5. 高碳钢是否可以时效强化？

第 8 章　钢的退火和正火

退火和正火是生产上应用广泛的热处理工艺，一般作为毛坯件的预备热处理。大部分机器零件及工、模具的毛坯经退火和正火后，不仅可以消除铸件、锻件及焊接件的内应力及成分和组织的不均匀性，而且也能改善和调整钢的力学性能和工艺性能，为下道工序作好组织准备。对于一些受力不大、性能要求不高的机器零件，退火和正火亦可作为最终热处理。

8.1　钢的退火

退火是钢的热处理工艺中应用最广、花样最多的一种工艺。退火是将组织偏离平衡状态的钢加热到适当的温度，保持一定时间，然后缓慢冷却以获得接近平衡状态组织的热处理工艺。其目的是调整硬度，改善切削加工性能，均匀钢的化学成分和组织，消除内应力，细化晶粒，提高力学性能或为最终热处理作组织准备。

钢件退火工艺种类很多，按加热温度可分为两大类：一类是在临界温度（A_{c_1} 或 A_{c_3}）以上的退火，又称相变重结晶退火，包括扩散退火、完全退火、不完全退火和球化退火等；另一类是在临界温度以下的退火，包括再结晶退火和去应力退火等。碳钢不同退火工艺的加热温度范围和工艺曲线如图 8.1 所示。

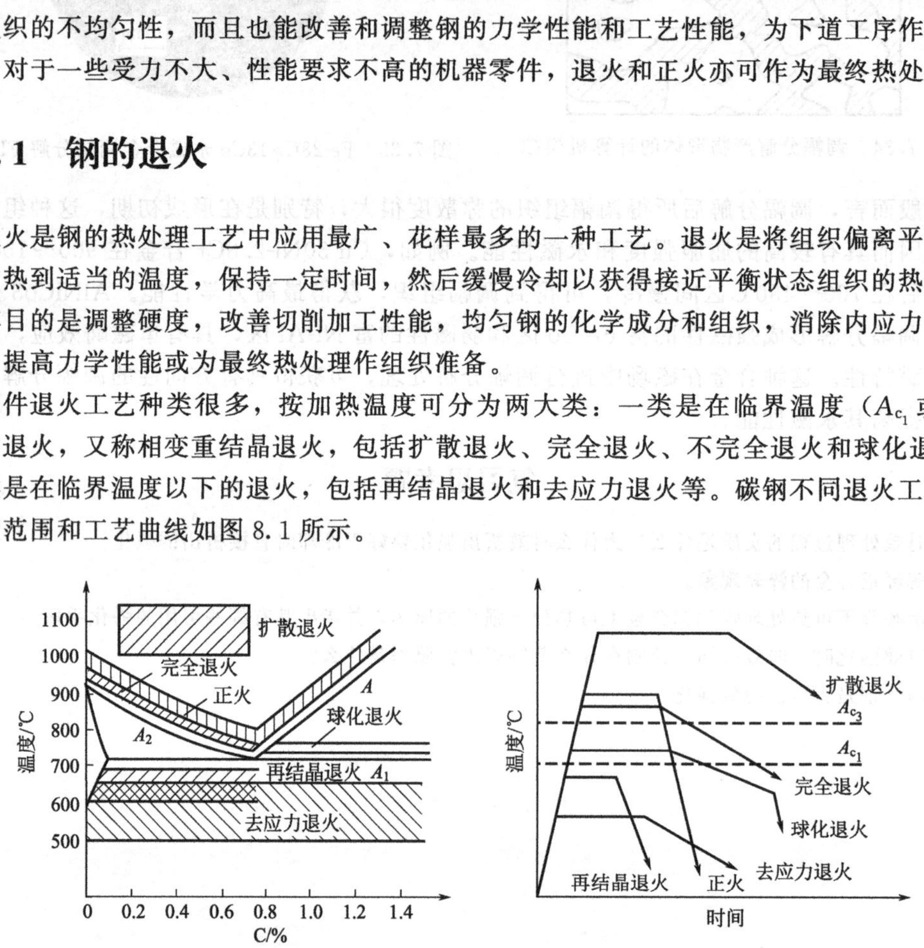

(a) 加热温度范围　　(b) 工艺曲线

图 8.1　碳钢退火和正火工艺示意图

铸铁件的退火工艺包括各种石墨化退火及去应力退火等。

有色金属工件的退火主要有铸态的扩散退火、变形合金的再结晶退火及去应力退火等。

8.1.1　扩散退火

将金属铸锭、铸件或锻坯加热至略低于固相线的温度，长时间保温，然后随炉缓冷，消除或减少化学成分偏析及组织的不均匀性，以达到均匀化目的的热处理工艺称为扩散退火，又称均匀化退火。

铸件凝固时要发生偏析，造成成分和组织的不均匀。具有不均匀组织的铸锭在轧制成钢材时，将形成带状组织，其特点是：有的区域铁素体多，有的区域珠光体多，且二区域并排地沿轧制方向排列。这种成分和结构的不均匀性需要元素长程扩散才能消除，因而扩散退火生产周期长，能量消耗大，生产率低，工件烧损严重，因此，该退火多用于优质合金钢及偏析现象较为严重的合金铸件。

钢件扩散退火加热温度通常选择在 A_{c_3} 或 $A_{c_{cm}}$ 以上 150～300℃。钢中合金元素含量越高，偏析程度越严重，加热温度应越高，一般在固相线以下 100～200℃，以防止钢件过烧。碳钢一般为 1100～1200℃，合金钢一般为 1200～1300℃。加热速度常控制在 100～200℃/h。扩散退火的保温时间一般采用经验公式进行估算。估算方法是：保温时间一般按截面厚度每 25mm 保温 30～60min，或按每 1mm 厚度保温 1.5～2.5min 来计算。若装炉量较大，可按下式计算

$$\tau=8.5+Q/4 \tag{8.1}$$

式中，τ 为时间，h；Q 为装炉量，t。一般扩散退火时间不超过 15h，否则氧化烧损严重。冷却速度一般为 50℃/h，高合金钢则为 20～30℃/h。通常降温到 600℃以下，即可出炉空冷。高合金钢和高淬透性钢最好冷至 350℃左右出炉，以免产生应力及硬度偏高。

因为扩散退火在高温下进行，且工艺时间长，因而退火后将使奥氏体晶粒十分粗大，因此，必须补充一次完全退火或正火来细化晶粒，消除过热缺陷。对于铸锭来说，尚需压力加工，而压力加工可以细化晶粒，故此时不必在扩散退火后补充完全退火。

应该指出，用扩散退火解决钢材成分和组织的不均匀性是有限的。例如对结晶过程中形成碳化物及夹杂物来说，扩散退火就无能为力，此时只能通过反复锻打的办法才能改善。

一般铜合金的扩散退火温度范围为 700～950℃，铝合金的扩散退火温度范围为 400～500℃。

8.1.2　完全退火

将钢件或毛坯加热到 A_{c_3} 以上，保温足够长时间，使钢中组织完全转变成奥氏体后，缓慢冷却，以获得接近平衡组织的热处理工艺称为完全退火。

完全退火的目的是细化晶粒，均匀组织，消除内应力，降低硬度和改善钢的切削加工性能。因此完全退火的温度不宜过高，一般在 A_{c_3} 以上 20～30℃，适用于含碳 0.30%～0.60%的中碳钢。表 8.1 为常用结构钢的完全退火温度与退火后硬度。

表 8.1　常用结构钢的完全退火温度与硬度值

钢　号	退火温度/℃	退火后硬度 HBS	钢　号	退火温度/℃	退火后硬度 HBS
45	790～870	137～207	50CrVA	810～870	179～255
40Cr	860～890	≤207	65Mn	790～840	196～229
40MnVB	850～880	≤207	60Si2MnA	840～860	185～255
42SiMn	850～870	≤207	38CrMoAl	900～930	≤229
35CrMo	830～850	197～229			

在中碳结构钢锻、轧件和铸件中，常见的缺陷组织有魏氏组织、晶粒粗大的过热组织和带状组织等；在焊接工件的焊缝处，组织不均匀，热影响区也具有过热组织和魏氏组织，且存在很大的内应力。经过完全退火后，组织发生重结晶，使晶粒细化，组织均匀，魏氏组织和带状组织得以消除，大大改善了钢的组织和性能。对于锻、轧件，完全退火工序应安排在工件热锻、热轧之后，切削加工之前进行；对于焊件或铸钢件，一般安排在焊接或浇注后（或扩散退火后）进行。

工件在退火温度下的保温不仅要使工件透烧（即心部也达到加热所要求的温度），而且还要保证组织全部转变为奥氏体。由于完全退火时加热温度超过 A_{c_3} 不多，所以相变进行得很慢，特别是粗大铁素体或碳化物的溶解和奥氏体成分的均匀过程，均需要较长的时间。

完全退火的保温时间与钢材的化学成分、工件的形状与尺寸、加热方式、装炉量和装炉方式等因素有关。一般碳钢或低合金钢工件，当装炉量不大时，在箱式炉中的保温时间以工件的有效厚度来计算：$\tau=KD$。式中，D 为工件有效厚度，mm；K 为加热系数，一般取 1.5～2.0min/mm。装炉量大时，则根据具体情况延长保温时间。

对常用结构钢、弹簧钢及热作模具钢钢锭，完全退火的加热速度取 100～200℃/h，保温时间按式(8.1) 计算。

对亚共析钢锻、轧钢材，通过完全退火，主要消除锻后组织及硬度的不均匀性，改善切削加工性能，并为后续热处理作好组织准备，其保温时间可稍短于钢锭的退火，一般可按下式计算

$$\tau=(3\sim4)+(0.4\sim0.5)Q \tag{8.2}$$

退火后的冷却速度应缓慢，以保证奥氏体在 A_{r_1} 点以下不大的过冷度情况下进行珠光体转变，以免硬度过高。一般碳钢冷却速度应小于 200℃/h；低合金钢的冷却速度应降至 100℃/h；高合金钢的冷却速度应更小，一般为 50℃/h。

8.1.3 不完全退火

将钢加热到 $A_{c_1}\sim A_{c_3}$（亚共析钢）或 $A_{c_1}\sim A_{c_{cm}}$（过共析钢）之间，保温后缓慢冷却，以获得接近平衡组织的热处理工艺称为不完全退火。

“不完全”是指两相区加热时只有部分组织进行了相变重结晶。其目的是消除因热加工所产生的内应力，是钢件软化或改善工具钢的可加工性。由于加热到两相区温度，仅使珠光体发生相变重结晶转变为奥氏体，因此基本上不改变先共析铁素体或渗碳体的形态及分布。

不完全退火主要应用于大批或大量生产的亚共析钢锻件。如果亚共析钢锻件的锻造工艺正常，原始组织中的铁素体已均匀、细小，只是珠光体的片间距小、内应力较大，那么只要在 $A_{c_1}\sim A_{c_3}$ 温度区间进行不完全退火，即可使珠光体的片间距增大，使硬度有所下降，内应力也有所减小。不完全退火加热温度较完全退火低，工艺周期也较短，消耗热能较少，可降低成本，提高生产效率。因此，对锻造工艺正常的亚共析钢锻件，可采用不完全退火代替完全退火。

过共析钢的不完全退火，实质上是球化退火的一种。

8.1.4 球化退火

使钢中碳化物球状化而进行的退火工艺称为球化退火。其目的是降低硬度，均匀组织，改善切削加工性能；消除网状或粗大碳化物颗粒，为最终热处理（淬火）做好组织准备，从而减小淬火时的变形与开裂。

球化退火主要应用于碳素工具钢、合金工具钢和轴承钢制作的刀具、冷作模具及轴承零件的预备热处理。

球化退火的加热温度不宜过高，一般在 A_{c_1} 温度以上 20～30℃，采用随炉加热。保温时间也不能太长，一般以 2～4h 为宜。冷却方式通常采用炉冷，或在 A_{r_1} 以下 20℃左右进行较长时间的等温处理。球化退火的关键在于使奥氏体中保留大量未溶的碳化物质点，并造成奥氏体中碳浓度分布的不均匀性。如果加热温度过高或保温时间过长，则使大部分碳化物溶解，并形成均匀的奥氏体，在随后冷却时球化核心减少，使球化不完全。渗碳体颗粒大小取

决于冷却速度或等温温度，冷却速度快或等温温度低，珠光体在较低温度下形成，碳化物聚集作用小，容易形成片状碳化物，从而使硬度偏高。

常用的球化退火工艺主要有以下三种，如图 8.2 所示。

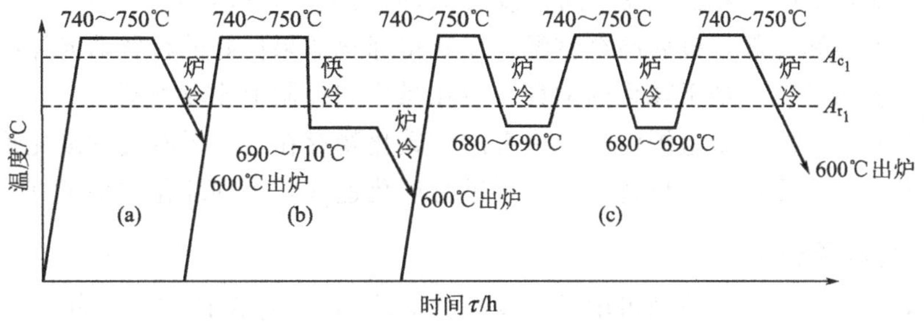

图 8.2　碳素工具钢（T7～T10）的几种球化退火工艺

（a）一次球化退火；（b）等温球化退火；（c）往复球化退火

（1）一次球化退火

一次球化退火的工艺曲线如图 8.2(a) 所示。将钢加热到 A_{c_1} 温度以上 20～30℃，保温一定时间后，以极慢的速度冷却（20～60℃/h），以保证碳化物充分球化，待炉温降至 600℃以下出炉空冷。该工艺是目前生产中应用最广泛的球化退火工艺，它实际上是不完全退火。该方法适用于共析钢和过共析钢的球化退火，球化比较充分，效果较好，但退火周期比较长，能耗较大，生产率比较低。

（2）等温球化退火

等温球化退火的工艺曲线如图 8.2(b) 所示。将钢加热到 A_{c_1} 温度以上 20～30℃，保温 2～4h 后，快冷至 A_{r_1} 以下 20℃左右，等温 3～6h，以使碳化物达到充分球化的效果，再随炉降至 600℃以下出炉空冷。这种方法适用于过共析钢、合金工具钢的球化退火，球化很充分，并且容易控制，退火周期比较短，适宜于大件的球化退火。常用工具钢等温球化退火工艺规范见表 8.2。

表 8.2　常用工具钢等温球化退火工艺规范

钢　号	保温温度/℃	等温温度/℃	等温时间/h	退火后硬度 HBS
T7	750～770	640～670	2～3	≤187
T8A	740～760	650～680	2～3	≤187
T10A	750～770	680～700	2～3	163～197
T12A	750～770	680～700	2～3	163～207
9Mn2V	740～760	630～650	3～4	≤229
9SiCr	790～810	700～720	3～4	197～241
CrMn	770～810	680～700	3～4	197～241
CrWMn	780～800	690～710	3～4	207～255
GCr15	780～810	680～710	3～4	207～229
5CrNiMo	760～780	≈610	3～4	197～241
5CrMnMo	850～870	≈680	3～4	197～241
Cr12	850～870	720～750	3～4	207～255
Cr12MoV	850～870	720～750	3～4	207～255
3Cr2W8	850～880	730～750	3～4	207～255
W18Cr4V	850～880	730～750	4～5	207～255
W6Mo5Cr4V2	870～890	740～750	4～5	255
1Cr13、2Cr13	860～880	730～750	3～4	147～207

(3) 往复球化退火

往复球化退火的工艺曲线如图 8.2(c) 所示。将钢加热至略高于 A_{c_1} 点 10～20℃的温度，例如对碳钢和低合金钢可于 730～740℃加热保温一定时间，而后随炉冷至略低于 A_{r_1} 的温度等温处理，例如在 680℃保温一段时间，接着又加热到 730～740℃，而后又冷却至 680℃，如此多次反复加热和冷却，最后冷至室温，以获得球化效果更好的粒状珠光体组织。这种工艺特别适用于前两种工艺难于球化的钢种，但在操作和控制上比较繁琐。

球化退火前，钢的原始组织中不允许有网状碳化物存在，如果有网状碳化物存在时，应该事先进行正火，消除网状碳化物，然后再进行球化退火，否则球化效果不好。

8.1.5 再结晶退火

经过冷变形后的金属加热到再结晶温度以上、A_{c_1} 以下，保持适当时间，使形变晶粒重新转变为均匀的等轴晶粒，以消除形变强化和残余应力的热处理工艺，称为再结晶退火。再结晶退火的目的是消除加工硬化，提高延展性（塑性），改善切削加工及压延成型性能。

再结晶退火在高于再结晶温度进行。再结晶温度随着合金成分及冷塑性变形量而有所变化。为产生再结晶所需的最小变形量称为临界变形量。钢的临界变形量为 6%～10%。再结晶温度随变形量增加而降低，到一定值时不再变化。纯金属的再结晶温度：铁为 450℃，铜为 270℃，铝为 100℃。一般钢材再结晶退火温度常取 650～700℃，铜合金为 600～700℃，铝合金为 350～400℃。

再结晶退火既可作为钢材或其它合金多道冷变形之间的中间退火，也可作为冷变形钢材或其它合金成品的最终热处理。

8.1.6 去应力退火

为了去除由于形变加工、锻造、焊接等所引起的及铸件内存在的残余应力（但不引起组织的变化）而进行的退火，称为去应力退火。由于材料成分、加工方法、内应力大小及分布的不同，以及去除程度的不同，去应力退火的加热温度范围很宽，应根据具体情况决定。例如低碳结构钢热锻后，如硬度不高，适于切削加工，可不进行正火，而在 500℃左右进行去应力退火；中碳结构钢为避免调质时的淬火变形，需在切削加工或最终热处理前进行 500～650℃的去应力退火；对切削加工量大，形状复杂而要求严格的刀具、模具等，在粗加工及半精加工之间，淬火之前，常进行 600～700℃、2～4h 的去应力退火；对经索氏体化处理的弹簧钢丝，在盘制成弹簧后，虽不经淬火回火处理，但应进行去应力退火，以防止制成成品后因应力状态改变而产生变形，常用温度一般在 250～350℃之间，此时还可产生时效作用，使强度有所提高。

去应力退火后，均应缓慢冷却，以免产生新的应力。

8.2 钢的正火

正火是将钢加热到 A_{c_3} 和 $A_{c_{cm}}$ 以上 30～50℃，保温一定时间，使之完全奥氏体化，然后在空气中冷却（大件也可采用鼓风或喷雾），得到珠光体类型组织的热处理工艺。

正火的目的是获得一定硬度、细化晶粒，并获得较均匀的组织和性能。正火是工业上常用的热处理工艺之一，既可作为预备热处理工艺，为下续热处理工艺提供适宜的组织状态等；也可作为最终热处理工艺，提供合适的力学性能。此外，正火处理也常用来消除某些处理缺陷。

正火时一般采用热炉装料，加热过程中工件内温差较大，为了缩短工件在高温时的停留时间，而心部又能达到要求的加热温度，所以采用稍高于完全退火的温度。一般工件保温时间以工件透烧为准，即心部达到要求的加热温度为准。常用钢的正火加热温度及硬度值见表 8.3。

表 8.3　常用钢的正火加热温度及硬度值

钢　号	加热温度/℃	正火后硬度 HBS	备　　注
35	860～900	146～197	
45	840～880	170～217	
20Cr	870～900	143～197	渗碳前的预先热处理
20CrMnTi	920～970	160～207	渗碳前的预先热处理
20MnVB	880～900	149～179	渗碳前的预先热处理
40Cr	870～890	179～229	
40MnVB	860～890	159～207	正火后 680～720℃高温回火
50Mn2	820～860	192～241	正火后 630～650℃高温回火
40CrNiMoA	890～920	220～270	
38CrMoAlA	930～970	179～229	正火后 700～720℃高温回火
9Mn2V	860～880		消除网状碳化物
GCr15	900～950		消除网状碳化物
CrWMn	970～990		消除网状碳化物

正火工艺主要应用于以下几个方面。

① 改善低碳钢的切削加工性能。含碳量低于 0.25%的碳钢，退火后硬度过低，切削加工时容易“粘刀”，表面粗糙度很差，通过正火使硬度提高至 140～190HBS，接近于最佳切削加工硬度，从而改善切削加工性能。

② 消除中碳钢热加工缺陷，并为淬火作好组织准备。中碳结构钢铸件、锻件、轧件以及焊接件，在热加工后易出现魏氏组织、粗大晶粒等过热缺陷和带状组织，通过正火可以消除这些缺陷，并可以细化晶粒、均匀组织、消除应力，达到为最终热处理作好组织准备的目的。

③ 消除过共析钢的网状碳化物。过共析钢在淬火之前要进行球化退火，以便于进行机械加工，并为淬火作好组织准备。但当过共析钢中存在严重的网状碳化物时，球化退火的效果较差，应先通过正火消除过共析钢中的网状碳化物，以提高此后球化退火的质量。

④ 提高普通结构件的力学性能。对一些受力不大、性能要求不高的零件，正火可以达到一定综合力学性能，用正火作为最终热处理代替调质处理，可减少工序、节约能源、提高生产效率。

8.3　退火和正火后组织与性能

退火和正火所得到的均是珠光体型组织，或者说是铁素体和渗碳体的机械混合物。但是正火与退火比较时，正火的珠光体是在较大的过冷度下到的，因而对亚共析钢来说，析出的先共析铁素体较少，珠光体数量较多（伪共析），珠光体片间距较小。此外，由于转变温度较低，珠光体成核率较大，因而珠光体团的尺寸较小。对过共析钢来说，正火与完全退火相比较，不仅珠光体的片间距及团直径较小，而且可以抑制先共析网状渗碳体的析出，而完全退火的则有网状渗碳体存在。

由于退火（主要指完全退火）与正火在组织上有上述差异，因而在性能上也不同。对亚共析钢，若以 40Cr 钢为例，其正火与退火后的力学性能如表 8.4 所示。

表 8.4 40Cr 钢正火与退火后的力学性能

工 艺	σ_b/MPa	σ_s/MPa	δ/%	ψ/%	α_k/(J/cm^2)
退火	643	357	21	53.5	54.9
正火	739	441	20.9	76.0	76.5

由表 8.4 可见，正火与退火相比较，正火的强度和韧性较高，二者的塑性相近。对过共析钢，完全退火因有网状渗碳体存在，其强度、硬度、韧性均低于正火的。只有球化退火，因其所得组织为球状珠光体，故其综合性能优于正火。

在生产上对退火、正火的选用，应该根据钢种，冷、热加工工艺以及零件的使用条件等来进行。根据钢中碳含量不同，一般按如下原则选用。

① 含碳 0.25%以下的钢，在没有其它热处理工序时，可用正火来提高硬度。对渗碳钢，用正火消除锻造缺陷并提高切削加工性能。但对含碳低于 0.25%的钢，应采用高温正火。对这类钢，只有形状复杂的大型铸件，才用退火消除铸造应力。

② 对含碳 0.25%～0.50%的钢，一般采用正火。其中含碳 0.25%～0.35%的钢，正火后其硬度接近于最佳切削加工的硬度。对含碳较高的钢，硬度虽稍高（200HBS），但由于正火生产率高，成本低，仍采用正火。只有对合金元素含量较高的钢才采用完全退火。

③ 对含碳 0.50%～0.75%的钢，一般采用完全退火。因为含碳量较高，正火后硬度太高，不利于切削加工，而退火后的硬度正好适宜于切削加工。此外，该类钢多在淬火、回火状态下使用，因此一般工序安排是以退火降低硬度，然后进行切削加工，最终进行淬火、回火。

④ 含碳 0.75%～1.0%的钢，有的用来制造弹簧，有的用来制造刀具。前者采用完全退火作预备热处理，后者则采用球化退火。当采用不完全退火法使渗碳体球化时，应先进行正火处理，以消除网状渗碳体，并细化珠光体片。

⑤ 含碳大于 1.0%的钢，一般用于制造工具，均采用球化退火作预备热处理。

当钢中含有较多合金元素时，由于合金元素强烈地改变了过冷奥氏体连续冷却转变曲线，因此上述原则就不再适用。例如低碳高合金钢 18Cr2Ni4WA 没有珠光体转变，即使在极缓慢的冷却速度下退火，也不可能得到珠光体型组织，一般需用高温回火来降低硬度，以便切削加工。

8.4 退火、正火缺陷

退火和正火由于加热或冷却不当，会出现一些与预期目的相反的组织，造成缺陷。一般常见缺陷如下。

(1) 硬度偏高

经常出现在中、高碳钢锻件中。主要是由于退火时加热温度过高，冷却速度较快，球化不充分或碳化物弥散度较大引起的。也与装炉量过大、炉温不均匀有关。特别是对合金元素含量较高、过冷奥氏体稳定的钢，组织中出现索氏体、屈氏体，甚至贝氏体、马氏体组织，因而退火后硬度常高于规定的硬度范围。为了获得所需硬度，应重新进行退火。

（2）过热

工件在加热时加热温度过高、保温时间过长及炉内温度不均匀等都可以造成局部过热。其组织特征是形成粗晶粒的组织，若冷却又较快时（如正火）会出现粗大的魏氏组织，使钢的性能恶化。可通过完全退火使晶粒细化。

（3）球化不均匀

球化不均匀形成原因是球化退火前没有消除网状渗碳体，形成残存大块状碳化物，或球化退火工艺控制不当，在球化退火时出现片状碳化物。它们使得硬度偏高，而且在后续的淬火加热时碳化物易溶入奥氏体中，因而使淬火开裂倾向增加。消除办法是进行正火后重新进行一次球化退火。

（4）网状组织

网状组织主要是由于加热温度过高，冷却速度过慢所引起的。因为网状铁素体或渗碳体会降低钢的力学性能，特别是网状渗碳体，在后继淬火加热时很难消除，因此必须严格控制。该缺陷一般采取重新正火的办法来消除。

复习思考题

1. 简述退火的种类、目的和所采用的加热温度范围。

2. 何谓完全退火？适用于何种钢？过共析钢为何不进行完全退火？

3. 何谓球化退火？为什么工具钢采用球化退火而不采用完全退火？常用的球化退火工艺有哪几种？并用工艺曲线简示之。

4. 正火与退火的主要区别是什么？生产中应如何选择正火及退火？

5. 退火与正火有哪些常见缺陷？其产生原因与补救方法有哪些？

6. 现有一批 45 钢普通车床传动齿轮，其工艺路线为：锻造→热处理→机加工→感应加热淬火→低温回火→磨削。试问锻后应进行何种热处理？为什么？

7. 确定下列钢件的退火方法，并指出退火的目的及退火后的组织。

（1）经过冷轧后的 15 钢钢板，要求低硬度；

（2）ZG270-500（ZG35）的铸造齿轮；

（3）锻造过热的 60 钢钢坯；

（4）具有片状渗碳体的 T12 钢坯。

8. 指出下列钢件的锻件毛坯进行预先热处理正火的主要目的及正火后的显微组织：

（1）20 钢齿轮；

（2）45 钢小轴；

（3）T12 钢锉刀。

第9章 钢的淬火及回火

淬火是热处理工艺中最重要的工序，它可以显著地提高钢的强度和硬度，淬火与不同温度的回火相结合，则可以得到不同的强度、塑性和韧性的良好配合，满足各种机器零件的力学性能要求。

9.1 钢的淬火

把钢加热到临界点 A_{c_1} 或 A_{c_3} 以上，保温后以大于临界冷却速度冷却，以得到介稳状态的马氏体或贝氏体组织的热处理工艺方法称为淬火。

淬火的目的是在工件截面上获得所需要的马氏体或下贝氏体组织。为此，应首先将钢加热到临界点（A_{c_1}）以上，以获得奥氏体组织，然后在大于临界冷却速度的条件下冷却，冷到 M_s 点以下时奥氏体转变为马氏体。应注意，不能只根据冷却速度的快慢来判别是否是淬火。例如低碳钢水冷往往只得到珠光体组织，此时就不能称作淬火，只能说是水冷正火；又如高速钢空冷可得到马氏体组织，则此时就应称为淬火，而不是正火。

关于临界冷却速度的概念在研究连续冷却转变图（CCT 图）时已经知道，从淬火工艺角度考虑，若允许得到贝氏体组织，则临界淬火冷却速度应指在连续冷却转变图中能抑制珠光体型（包括先共析组织）转变的最低冷却速度。如以得到全部马氏体作为淬火定义，则临界冷却速度应为能抑制所有非马氏体转变的最小冷却速度。一般没有特殊说明的，所谓临界淬火冷却速度，均指得到完全马氏体组织的最低冷却速度。

显然，工件实际淬火效果取决于工件在淬火冷却时的各部分冷却速度。只有在那些冷却速度大于临界淬火冷却速度的部位，才能达到淬火的目的。

钢淬火后得到的组织主要是马氏体（或下贝氏体），此外还有少量残余奥氏体，对高碳钢还有未溶碳化物。钢件淬火的主要目的是提高强度、硬度和耐磨性。结构钢通过淬火和高温回火后，可以获得较好的强度和塑性、韧性的配合；弹簧钢通过淬火和中温回火后，可以获得很高的弹性极限；工具钢、轴承钢通过淬火和低温回火后，可以获得高硬度和高耐磨性；对某些特殊合金淬火还会提高其物理性能（如高的铁磁性、热弹性即形状记忆特性）。

9.2 淬火介质

在淬火工艺中采用的冷却介质称为淬火介质，它对钢淬火冷却过程有重要影响。正确选择淬火介质能充分发挥钢材的潜能，有效防止或减少工件的变形开裂，提高淬火质量。

9.2.1 对淬火介质的要求

淬火介质首先应具有足够的冷却能力，以保证工件的冷却速度大于临界淬火冷却速度。但过高的冷速将增加工件截面的温差使应力增大，容易引起变形或开裂。因此淬火介质的冷却能力又不宜过大。

理想的淬火介质冷却特性曲线如图 9.1 所示。即在过冷奥氏体最不稳定的区域，即珠光体转变区，具有较快的冷却速度，而在 M_s 点附近的温度区域冷却速度比较缓慢。这样既可以保证较高的冷速又不致产生过高的淬火应力。但这样的理想的淬火介质很难找到。

在实际生产中，淬火介质还应具有适应钢种范围尽量宽、使用过程不变质、不腐蚀工件、不粘附工件、不易燃易爆、环保、价格便宜和来源广等优点。

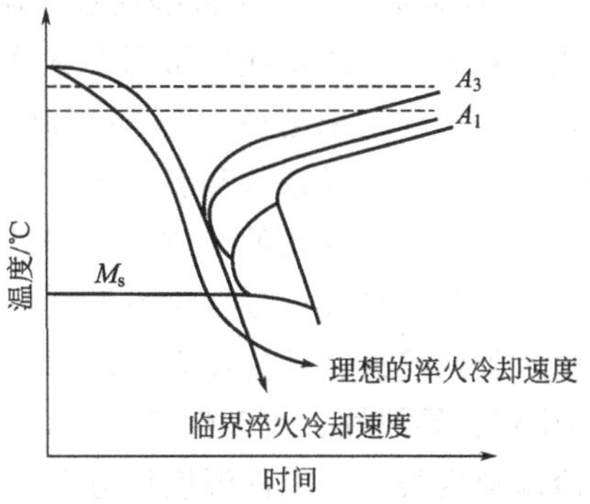

图 9.1　理想淬火介质冷却特性曲线

9.2.2　淬火介质的冷却作用

按聚集状态不同，淬火介质可分为固态、液态和气态三种。对在固态介质中的淬火冷却，若为静止接触，则是二固态物质的热传导问题；若为沸腾床冷却，则取决于沸腾床的工作特性。对在气体介质中的淬火冷却，一般认为是气体介质加热的逆过程。

最常用的淬火介质是液态介质，因为工件淬火时温度很高，高温工件放入低温液态介质中，不仅发生传热作用，还可能引起淬火介质的物态变化。因此，工件淬火的冷却过程不仅是简单传热学的问题，尚应考虑淬火介质的物态变化问题。

根据工件淬火冷却过程中，淬火介质是否发生物态变化，可把液态淬火介质分成有物态变化的和无物态变化的两类。

(1) 有物态变化的介质的冷却过程

钢件在有物态变化的淬火介质中淬火冷却时，其冷却过程分为三个阶段。

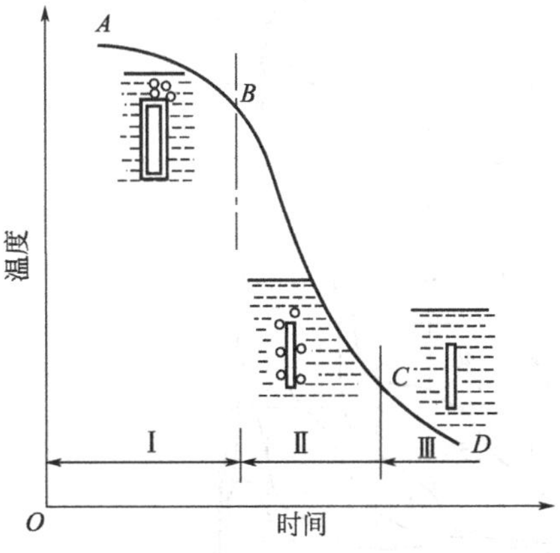

图 9.2　淬火过程的冷却机理

① 蒸汽膜阶段　当灼热工件投入淬火介质后，瞬间就在工件表面产生大量的过热蒸汽，紧贴工件形成连续的蒸汽膜，使工件与液体分开。由于蒸汽是热的不良导体，这阶段的冷却主要靠辐射传热完成。因此，冷却速度比较缓慢。其冷却过程示意图如图 9.2 中的 AB 段。冷却开始时，由于工件放出的热量大于介质从蒸汽膜中带走的热量，故膜的厚度不断增加。随着冷却的进行，工件温度不断降低，膜的厚度及其稳定性也逐渐减小，直至膜破裂而消失，这是冷却的第Ⅰ阶段。蒸汽膜的破裂温度（图 9.2 中的 B 点）称为淬火介质的“特性温度”，是评价淬火介质的重要指标。对 20℃的水，其特性温度约为 300℃。

② 沸腾阶段　随工件表面温度降低，工件表面产生的蒸汽量少于蒸汽从工件表面逸出的量，工件表面的蒸汽膜破裂，进入泡状沸腾阶段，冷却介质与工件直接接触，在工件表面激烈沸腾而带出大量热量，故冷却速度很快，如图 9.2 中的 BC 段。沸腾阶段前期冷却速度很大，随工件温度下降而逐渐减慢，直到介质的沸点或分解温度为止，这是冷却的第Ⅱ阶段。这阶段的冷却速度取决于淬火介质的汽化热，汽化热越大，则从工件带走的热量越多，冷却速度也越快。

③ 对流阶段　当工件表面温度降至介质的沸点或分解温度以下时，工件的冷却主要靠介质的对流，是冷却速度最低的阶段，如图 9.2 中的 *CD* 段。随工件与介质温差的不断减小，冷却速度越来越小，这是冷却的第Ⅲ阶段。此时影响对流传热的因素起主导作用，如介质的比热、热传导系数和黏度等。

(2) 无物态变化的介质的冷却过程

这类介质在淬火过程中不发生物态变化，如熔盐、熔碱、熔融金属及气体，多用于分级淬火及等温淬火。其传热方式是传导和对流，因此其冷却能力除取决于介质本身的物理性质(如比容、导热性、流动性等)外，还和工件与介质的温度差有关。工件温度较高时，介质的冷却速度很高，工件温度接近介质温度时，冷却速度迅速降低。

9.2.3　常用淬火介质及其冷却特性

常用淬火介质有水及其溶液、油、水油混合液(乳化液)以及低熔点熔盐。

(1) 水

水是最常用的淬火介质，它不仅来源丰富，价格低廉，安全、清洁，而且具有较强的冷却能力。水的汽化热在0℃时为2500kJ/kg，100℃时为2257kJ/kg，热传导系数在20℃时为2.2kJ/(m·h·℃)。图 9.3 为水在静止和流动状态的冷却特性。由图可见：水温对冷却特性影响很大，随着水温的提高，水的冷却速度降低，特别是蒸汽膜阶段延长，特性温度降低；水的冷却速度快，特别是在 100～400℃温度范围内的冷却速度特别快；循环水的冷却能力大于静止水的，特别是在蒸汽膜阶段，其冷却能力提高得更多。

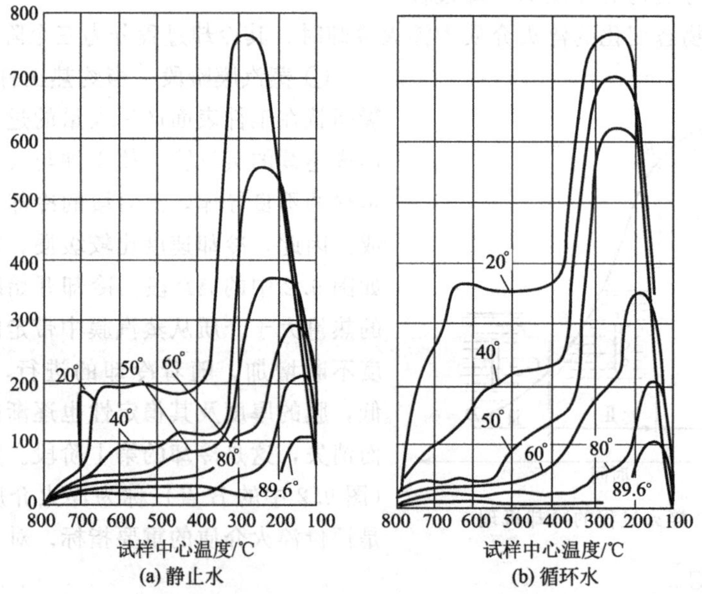

图 9.3　水的冷却特性

水作为淬火介质主要缺点是：冷却能力对水温的变化较敏感，水温升高，冷却能力急剧下降，故适用温度一般为 20～40℃，最高不超过 60℃；在马氏体转变区的冷却速度太大，易使工件严重变形甚至开裂；不溶或微溶杂质(如油、肥皂等)会显著降低其冷却能力，使工件淬火后易产生软点。

(2) 无机物水溶液

为了提高水的冷却能力，往往在水中添加一定量（一般为 5%～10%）的盐或碱。水中溶入盐、碱等物质可以加快蒸汽膜破裂，提前进入沸腾阶段，提高其在高温区的冷却速度，使钢件获得较厚的淬硬层。图 9.4 和图 9.5 分别为盐水和碱水的冷却特性曲线，图中虚线为 20℃纯水的冷却特性。

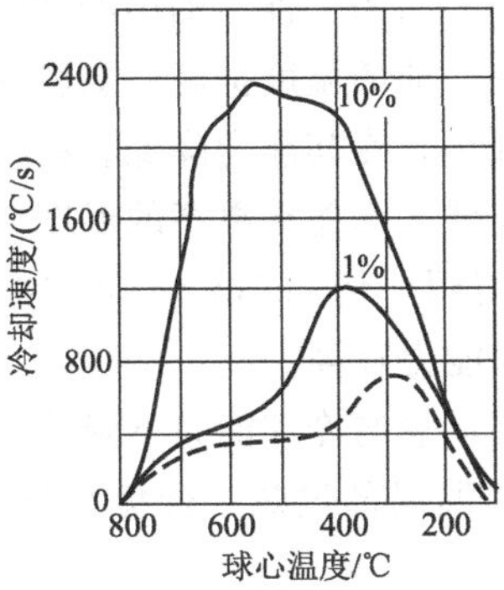

图 9.4　NaCl 水溶液的冷却曲线

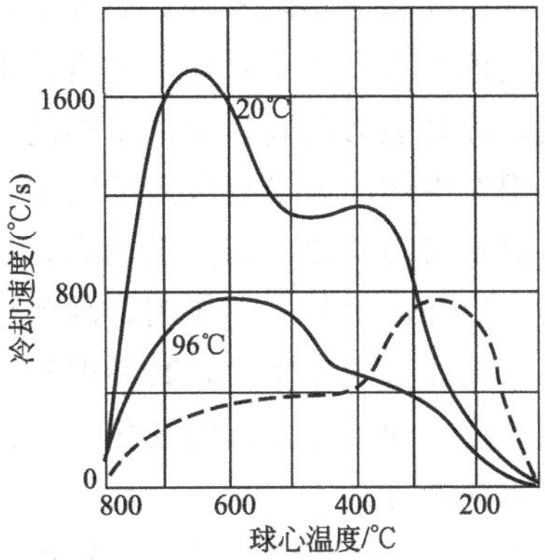

图 9.5　NaOH 水溶液的冷却曲线

由图可见，食盐水溶液的冷却能力在食盐浓度较低时随着食盐浓度的增加而提高，10%的食盐水溶液几乎没有蒸汽膜阶段，在 400～650℃温度范围内有最大冷却速度，无论 1%或 10%浓度的食盐水溶液的冷却速度均大于纯水的，而 10%的又远大于 1%的。20℃的碱水溶液也具有很高的冷却能力，几乎看不到蒸汽膜阶段。温度的影响和普通水有类似规律，随着温度提高，冷却能力降低。

碱水（NaOH）溶液作淬火介质时它能和已氧化的工件表面发生反应，淬火后工件表面呈银白色，具有较好的外观。但这种溶液对工件及设备腐蚀较大，淬火时有刺激性气味，溅在皮肤上有刺激作用，所以使用时应注意排风及其它防护条件。由于存在后面的这些问题，因此碱水溶液未能在生产中广泛应用。

（3）油

淬火用油有植物油与矿物油两大类。植物油如豆油、芝麻油等，虽有较好的冷却特性，但因易于老化、价格昂贵等缺点，已为矿物油所取代。

矿物油是从天然石油中提炼的油。用作淬火介质的一般为润滑油，如锭子油、机油等。其沸点一般在 250～400℃左右，是具有物态变化的淬火介质。但由于它的沸点较高，与水比较其特性温度较高。图 9.6 为油与水的冷却特性比较。由图可见，油的特性温度较水高，在 500～350℃左右处于沸腾阶段，其下就处于对流阶段。也就是说，油的冷却速度在 500～350℃最快，其下就比较慢，这种冷却特性是比较理想的。对一般钢来说，正好在其过冷奥氏体最不稳定区有最快的冷却速度，如此可以获得最大的淬硬层深度，而在马氏体转变区有最小的冷却速度，可以使组织应力减至最小，防止淬火裂纹的发生。水虽然在

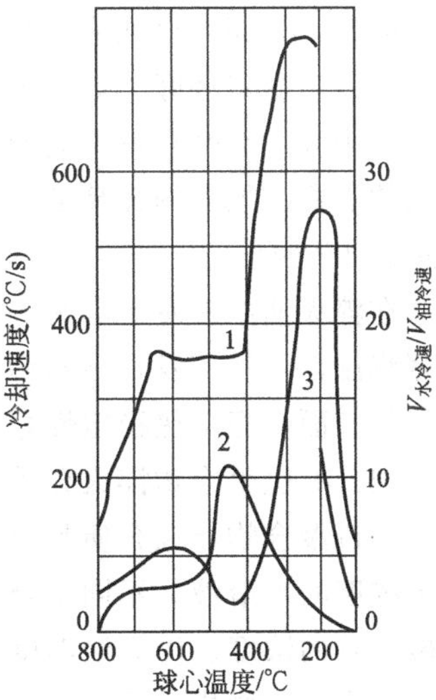

图 9.6　20℃水和 50℃3# 锭子油的冷却速度与银球中心（直径 20mm）温度的关系

1—水；2—油；3—水、油中冷却速度之比

高温区仍有比油高的冷却速度，但其最大冷却速度正好在一般钢的马氏体转变温度范围，因此不理想。

油的冷却能力及其使用温度范围主要取决于油的黏度及闪点。黏度及闪点较低的油，如10#和20#机油，一般使用温度在80℃以下。这种油在20℃到80℃温度范围内变化时，工件表面的冷却速度实际不变，即油温对冷却速度没有影响。因为工件在油中冷却时，影响其冷却速度的因素有两个：油的黏度及工件表面与油的温差。油的温度提高，黏度减少，流动性提高，冷却能力提高；而油温提高，工件与油的温差减小，冷却能力降低。在黏度低的油中，油温对冷却能力没有太大的影响。这种油由于闪点较低，不能在更高的温度使用，以防失火。黏度较高的油，闪点也较高，可以在较高温度下使用，例如160～250℃左右。这种油黏度对冷却速度起主导作用，因此随着油温的升高冷却能力提高。

淬火油经长期使用后，其黏度和闪点升高，产生油渣，油的冷却能力下降，这种现象称为油的老化。为了防止油的老化，应控制油温，并防止油温局部过热，避免水分带入油中，经常清除油渣等。

但是，油的冷却能力还是比较低，特别是在高温区域，即一般碳钢或低合金钢过冷奥氏体最不稳定区。目前发展的高速淬火油就是在油中加入添加剂，以提高特性温度，或增加油对金属表面的湿润作用，以提高其蒸汽膜阶段的热传导作用。如添加高分子碳氢化合物（汽缸油、聚合物），在高温下高聚合作用物质粘附在工件表面，降低蒸汽膜的稳定性，缩短了蒸汽膜阶段。在油中添加硝酸盐、磷酸盐、酚盐或环烷酸盐等金属有机化合物，能提高金属表面与油的湿润作用，同时还可阻止形成不能溶解于油的老化产物结块，从而推迟形成油渣。

随着可控气氛热处理的广泛应用，要求工件淬火后能获得光亮的表面，故需采用光亮淬火油。光亮淬火油除要求有较好的冷却性能和能耐老化性能外，还应具有不使工件氧化的性能。因此，光亮淬火油应含水分少，含硫量低，氧化倾向小，或对已氧化工件有还原作用，以及具有热稳定性好、灼热工件淬火时气体发生量少等特点。目前通常在矿物油中加入油溶性高分子添加剂来获得不同的冷却能力的光亮淬火油，即高、中、低速光亮淬火油，以满足不同的需要。加入的光亮剂中以咪唑啉油酸盐、双脂、聚异丁烯丁二酰亚胺等的效果较好，含量以1%为佳。

在淬火油中，发展的另一系列是真空淬火油。这种油专门用于真空淬火，它具有低的饱和蒸汽压，不易蒸发，不易污染炉膛并很少影响真空炉的真空度，有较好的冷却性能，淬火后工件表面光亮，热稳定性好。

(4) 有机聚合物淬火介质

有机聚合物淬火介质是由某些高分子聚合物、防腐剂、消泡剂和其它添加剂组成的具有一定浓度的水溶液。不同聚合物介质的淬火性能相差甚远，通过选用不同的聚合物种类，控制聚合物的浓度、淬火液温度和淬火槽的搅拌强度，可以使淬火介质具有范围宽广的冷却性能。该介质不燃烧，没有烟雾，具有较大发展前景。

目前常用的聚合物淬火介质有聚乙烯醇、聚烷撑二醇、聚乙烯吡咯烷酮、聚丙烯酰胺等。

① 聚乙烯醇（PVA） PVA是应用最早的有机聚合物淬火介质，一般为白色、无臭、无味粉末，由聚醋酸乙烯酯经皂化制成。PVA质量分数为0.05%～0.3%，数值低时，冷却能力接近水，数值高时，冷却能力接近油。PVA在我国感应热处理喷射淬火中应用广泛。

PVA 淬火剂使用质量分数低、用量省是其优点，但其冷却速度对浓度波动过于敏感，控制和调节浓度和冷却速度困难，故工件淬火质量的均匀性和重复性不易保证，并且使用中易分解，易生成糊状膜及皮膜堵塞喷水孔，还存在排放公害等问题。

② 聚烷撑二醇（PAG）　PAG 是目前应用最广的聚合物淬火介质，它衍生于环氧乙烷和环氧丙烷的共聚反应。PAG 在水中的溶解度随温度升高而下降，当加热至一定温度后，会出现 PAG 和水分离现象，称为“逆溶性”。利用 PAG 的逆溶性可在工件表面形成热阻层，通过改变溶液浓度、淬火温度及搅拌强度就可以对 PAG 淬火液的冷却能力进行调整。

PAG 淬火液适用于工件的浸入淬火，包括普碳钢、硼钢、弹簧钢、马氏体不锈钢、低中合金渗碳钢和较大截面的高合金钢制工件，所处理的工件尺寸范围小至 1mm（如针、开口簧环、螺钉、紧固体等），大至几吨（如轴和其它锻件）。

质量浓度为 5%～10%的 PAG 淬火液还可以广泛应用于感应淬火和喷射淬火而不产生硬度不均匀现象，并可以控制变形和防止对感应淬火设备的腐蚀。用 PAG 淬火液对铝合金工件淬火也可收到良好效果。

③ 聚乙烯吡咯烷酮（PVP）　PVP 是由 *N*-乙烯吡咯烷酮的游离基聚合而成的一种白色粉状物。配制这类淬火介质的关键是选择好聚合物，所有的聚合物为不饱和的含有环状碳、氮和氧侧链基的 C_2—C_4 烯烃水溶性聚合物。该技术于 1975 年申报专利，并开始用于热处理淬火，主要应用于高频、火焰加热等表面淬火。中碳钢淬火用质量分数小于 4%的 PVP 溶液，高碳钢、合金钢淬火用质量分数为 4%～10%的 PVP 溶液，使用温度为 25～30℃。

PVP 淬火介质的优点是使用浓度低，防裂能力强；具有消泡性和防锈性，管理容易；有较强的抗腐蚀能力；对人体无害；化学耗氧量特别低，不污染环境等。其主要问题是相对分子质量易变化，遇热或震动就分解等。

④ 聚丙烯酰胺（PAM）　PAM 是一种有机化合物，供货状态有粉末状及黏稠状两种，一般使用黏稠状的，它具有无色、无味、无毒、透明的特点，但遇氢氧化钠易发生水解。溶于水后，可显著增加水的黏度值，溶解量越大，黏度越大。溶液的浓度越高，冷却速度越慢。

PAM 淬火介质使用安全，对设备没有腐蚀作用，配制方便，可以通过改变浓度配比来调节介质的冷却能力，因而适用于碳素钢，低合金结构钢，弹簧钢及低淬透性工具钢、模具钢的淬火。喷射淬火时淬火剂的质量分数为 5%～8%，浸入淬火时淬火剂的质量分数为 15%～20%。

9.3 钢的淬透性

9.3.1 淬透性与淬硬性概念

钢的淬透性是指钢在淬火时获得马氏体的能力，它是钢材固有的一种属性，主要与钢的过冷奥氏体稳定性或与钢的临界冷却速度有关。

淬硬性是指钢在正常淬火条件下，所能够达到的最高硬度。淬硬性主要与钢中的碳含量有关，更确切地说，它取决于淬火加热时固溶于奥氏体中的碳含量。

如图 9.7 为两种钢材淬透性比较示意图。设有两种钢材制的两根棒料，直径相同，在相同淬火介质中淬火冷却，淬火后在其横截面上观察金相组织及硬度分布曲线，图中画剖面线区为马氏体，其余部分为非马氏体区。由图看到右侧钢棒的马氏体区较深，因而其淬透性较好；左侧材料的马氏体硬度较高，即其淬硬性却较好。

9.3.2 影响钢的淬透性的因素

（1）钢的化学成分

图 9.8 为钢中含碳量对碳钢临界淬火冷却速度的影响。由图可见，对过共析钢当加热温度低于 $A_{c_{cm}}$ 点时，在含碳量低于 1%以下时，随着含碳量的增加，临界冷却速度下降，淬透性提高；含碳量超过 1%则相反。当加热温度高于 A_{c_3} 或 $A_{c_{cm}}$ 时，则随着含碳量的增加，临界冷却速度单调下降。

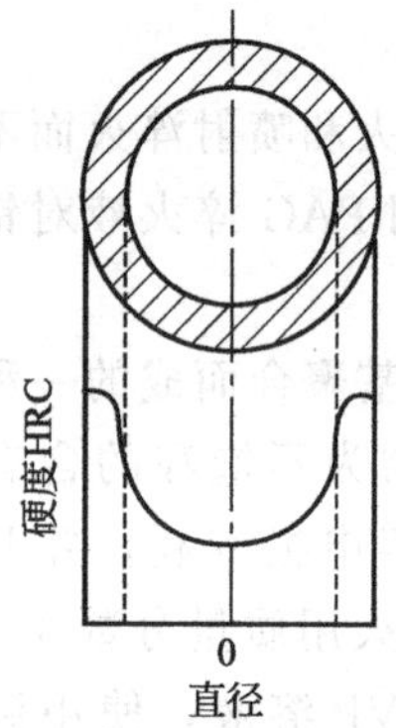

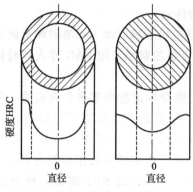

图 9.7 两种钢材淬透性的比较

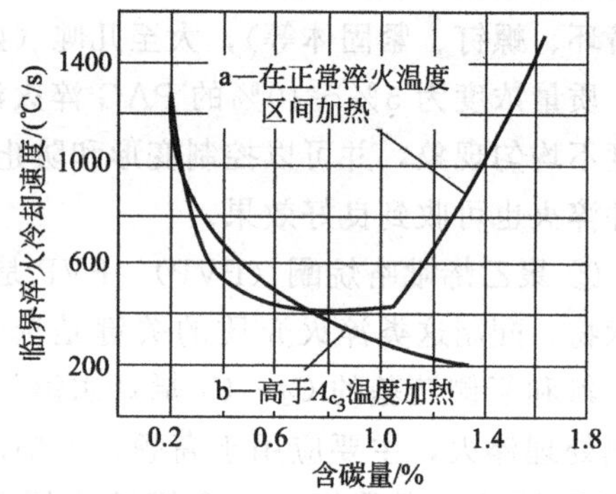

图 9.8 含碳量对临界淬火冷却速度的影响

除 Co 外，所有溶入奥氏体的合金元素都提高钢的淬透性。多种合金元素同时加入钢中，其影响不是单个合金元素作用的简单叠加。例如单独加入钒，常导致钢淬透性降低，但与锰同时加入时，锰的存在将促使钒碳化物的溶解，而使淬透性显著提高。

钢中加入微量硼（0.001%～0.003%）能显著提高钢的淬透性。但如含量过高（超过 0.0035%B），钢中将出现硼相，使脆性增加。硼对钢淬透性的良好作用是在于硼元素在奥氏体晶界富集，降低了奥氏体晶界的表面自由能，减少了铁素体在奥氏体晶界上的形核率，因此推迟了奥氏体向珠光体的转变。

（2）奥氏体晶粒度

奥氏体晶粒尺寸增大，淬透性提高，奥氏体晶粒尺寸对珠光体转变的延迟作用比对贝氏体的大。

（3）奥氏体化温度

提高奥氏体化温度，不仅能促使奥氏体晶粒增大，而且促使碳化物及其它非金属夹杂物溶入并使奥氏体成分均匀化。这均将提高过冷奥氏体的稳定性，从而提高淬透性。

（4）第二相的存在和分布

奥氏体中未溶的非金属夹杂物和碳化物的存在以及其大小和分布，影响过冷奥氏体的稳定性，从而影响淬透性。

此外，钢的原始组织、应变和外力场等对钢的淬透性也有影响。

9.3.3 淬透性的实验测定方法

钢的淬透性的测定方法很多，常用的有临界直径法和端淬试验法。

(1) 临界直径法

钢材在某种介质中淬火后，心部得到全部马氏体或 50%马氏体组织时的最大直径称为临界淬透直径，以 D_0 表示。其测定方法是将某种钢做成各种不同直径的一组圆柱体试样，按规定的条件淬火以后，找出其中截面中心恰好是含 50%马氏体组织的一根试样，该试样的直径就为临界淬透直径。这表明，小于此直径时均可被淬透，而大于此直径时不能被淬透。但对于成分一定的钢材，在一定的淬火介质中冷却时 D_0 值是一定的。常用钢的临界直径如表 9.1。

表 9.1　常用钢的临界直径

钢　号	临界直径/mm		钢　号	临界直径/mm	
	水冷	油冷		水冷	油冷
45	13～16.5	6～9.5	35CrMo	36～42	20～28
60	11～17	6～12	60Si2Mn	55～62	32～46
T10	10～15	<8	50CrVA	55～62	32～40
65Mn	25～30	17～25	38CrMoAlA	100	80
20Cr	12～19	6～12	20CrMnTi	22～35	15～24
40Cr	30～38	19～28	30CrMnSi	40～50	23～40
35SiMn	40～46	25～34	40MnB	50～55	28～40

显然，钢材及淬火介质不同，D_0 也就不同。为了排除冷却条件的影响，引入了理想临界直径的概念，一般用 D_i 表示。假设冷却介质的淬火烈度为无穷大，即试样淬入冷却介质时其表面温度可立即冷却到冷却介质的温度，此时所能淬透（形成 50%马氏体）的最大直径就称为理想临界直径。理想临界直径取决于钢的成分，而与试样尺寸及冷却介质无关，它是反应钢淬透性的基本判据。该数值在工程应用时作为基本换算量，从而使各种淬透性评定方法之间，以及不同淬火介质中淬火后的临界直径之间建立起一定的关系。图 9.9 是理想临界直径 D_i、实际临界直径 D_0 与淬火烈度 H 关系图。例如，已知某种钢的理想临界直径 D_i 为 50mm，如换算成油淬（淬火烈度 $H=0.4$）时的临界直径 D_0，可从 $H=0.4$ 时所对应的坐标上查出 D_0 为 20mm。

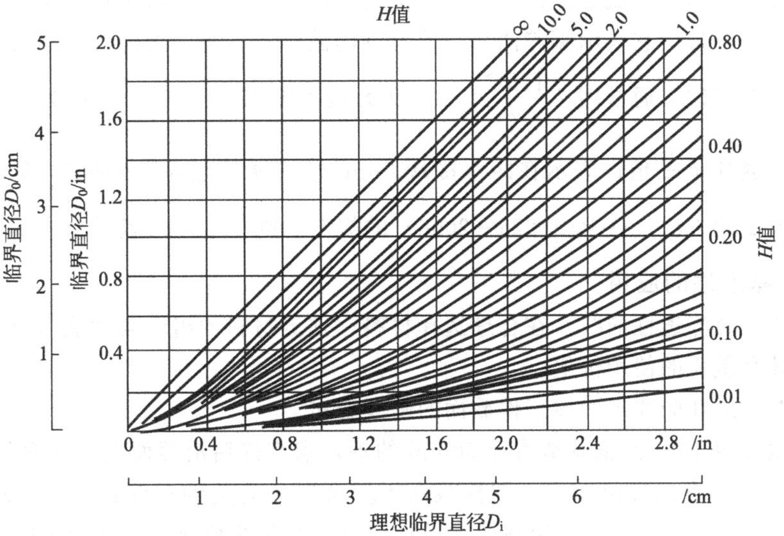

图 9.9　理想临界直径 D_i、实际临界直径 D_0 与淬火烈度 H 关系图

(2) 端淬法

该法为乔迈奈(W. E. Jominy)等人于1938年建议采用的，因而国外常称为“Jominy”端淬法。由于该法没有上述缺点，故被许多国家用作标准的淬透性试验，但稍有改动。我国《钢的淬透性末端淬火试验方法》(GB/T 225—2006)规定的试样形状尺寸及试验原理如图9.10所示。

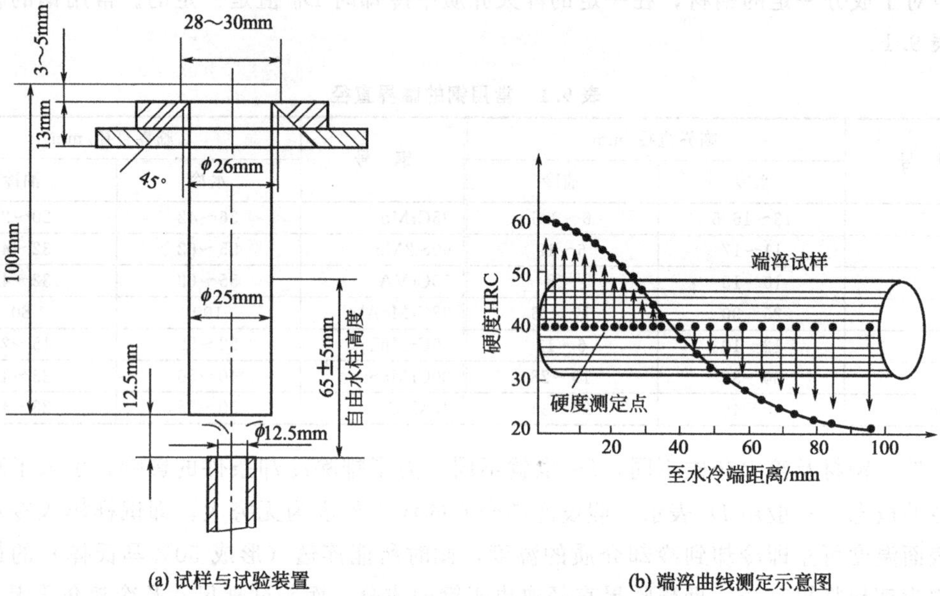

图9.10 端淬试样、试验装置及端淬曲线的测定

试验时，将按规定加热到淬火温度的试样迅速转移到端淬装置上，进行喷水冷却。喷水柱自由高度为65mm，喷水管口距试样末端为12.5mm，水温10～30℃。待试样冷却完毕后，沿试样轴线方向两侧各磨去0.4mm，然后自离水冷端(直接喷水冷却的一端)1.5mm处开始测定硬度，绘出硬度与水冷端距离的关系曲线，这一曲线即所谓端淬曲线。

由于一种钢号的化学成分允许在一定范围内波动，因而在一般手册中经常给出的不是一条曲线，而是一条带。它表示端淬曲线在此范围内波动，并称之为端淬曲线带。

钢的淬透性值过去通常用$J\dfrac{\mathrm{HRC}}{d}$表示，d为至水冷端的距离，HRC为在该处测得的硬度值。例如淬透性$J\dfrac{40}{5}$值即表示在距水冷端5mm处的硬度值为40HRC。现根据《钢的淬透性末端淬火试验方法》(GB/T 225—2006)的规定，则淬透性可表示为J40-5。

9.3.4 淬透性的应用

钢的淬透性及淬透性曲线，在合理选择材料、预测材料的组织与性能以及制定热处理工艺等方面都具有重要的使用价值。

(1) 根据淬透性曲线求圆棒工件截面的硬度分布

例如，欲选用45Mn2钢制造直径50mm的轴，求水淬后沿截面上的硬度分布曲线。

由图9.11(a)查出直径50mm圆棒截面不同位置处对应的端淬距离：取圆棒50mm引水平线与表面、3R/4、R/2(R为圆棒半径)及中心的曲线相交，得到距水冷端的距离。再由45Mn2钢的淬透性曲线[图9.12(a)]可查出对应点的硬度分别为表面55HRC，3R/4处

52HRC，$R/2$ 处 42HRC，中心 31HRC 根据这些数据，即可画出硬度分布曲线。

（2）根据工件的硬度要求，用淬透性曲线协助选择钢种与热处理工艺

例如，用 40MnB 钢制造直径 45mm 的轴，要求淬火后在 $R/2$ 处的硬度不低于 40HRC，问油淬是否合适？

根据图 9.11(b) 从纵坐标上直径为 45mm 处作一水平线，找出 $R/2$ 处的焦点的横坐标即对应的距水冷端的距离，再从 40MnB 钢的淬透性曲线［图 9.12(b)］上找出对应的硬度值。可见油淬不能满足要求，如水淬则满足要求。

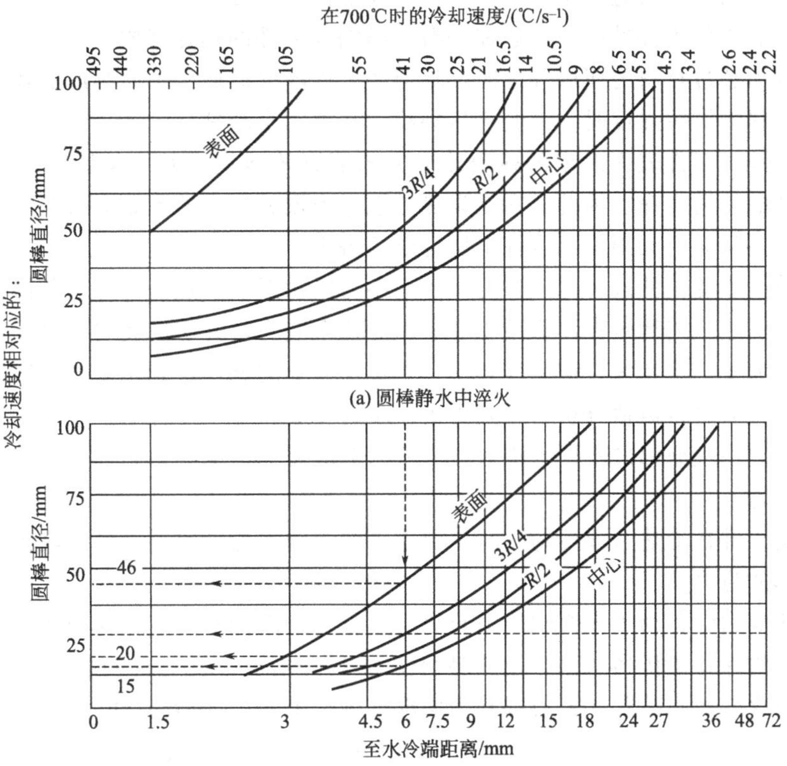

(a) 圆棒静水中淬火

(b) 圆棒静油中淬火

图 9.11　圆棒直径及截面上的位置与端淬试样上至水冷端距离关系

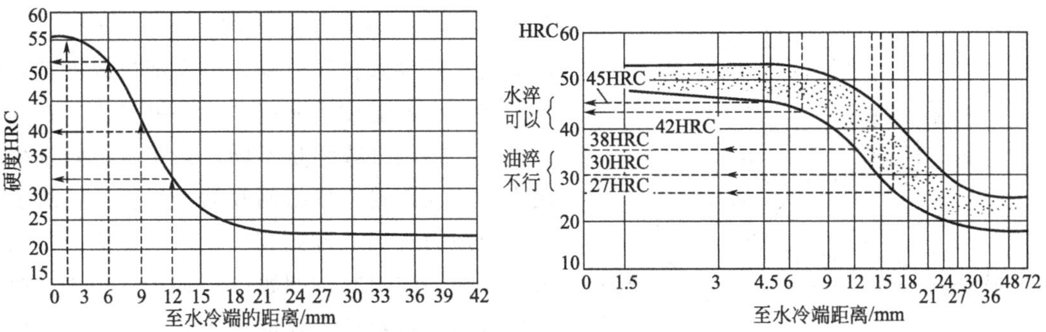

(a) 45Mn2钢

(b) 40MnB钢

图 9.12　钢的淬透性曲线

9.4 淬火应力、变形及开裂

机器零件在淬火时为了获得马氏体，一般要求快速冷却，这将引起零件不同部位冷速不同、温度不均，从而形成内应力，甚至导致工件的变形和开裂。因此，在研究淬火问题时应考虑工件在淬火过程中内应力的发生、发展及由此而产生的变形，甚至开裂等问题。

9.4.1 淬火应力

淬火应力是指在淬火过程中，由于工件不同部位的温度差异及组织转变不同时所引起的内应力。淬火后工件内部的应力状态和分布将影响到工件的热处理质量。

当淬火应力超过材料的屈服强度时，将会使工件淬火后产生不同程度的残余变形；当淬火应力超过材料的抗拉强度时，就会产生裂纹，甚至完全断裂。

但是，在淬火工件表面形成的残余压应力却能有效地提高其力学性能，特别是疲劳强度，提高工件的使用寿命。因此，在认识热处理应力形成规律的基础上研制和发展了一些新的热处理工艺，从而更大限度地发挥金属性能的潜力。

淬火应力由于受钢的成分、工件的尺寸大小与结构形状、热处理工艺条件等多种因素的影响，目前人们还只能测定在淬火后工件表面的残余应力，并借助剥层法经校正来估算其残余应力分布与大小。近年来，应用传热学、弹塑性力学的原理，采用有限元法，通过计算机对工件内淬火应力进行数值分析，得到更进一步的发展。

根据内应力产生原因的不同，淬火应力分为热应力和组织应力两种。

(1) 热应力

热应力是工件在加热（或冷却）时，由于不同部位的温度差异，导致热胀（或冷缩）的不一致所引起的应力。

在研究热应力时，为了把组织应力与热应力分开，选择不发生相变的奥氏体钢，从加热温度直至室温均保持奥氏体状态。设加热温度为 T_0，均温（即心部与表面温度均达到 T_0）后迅速投入淬火介质中冷却，其心部和表面温度将按图 9.13 随着时间的延长而下降。

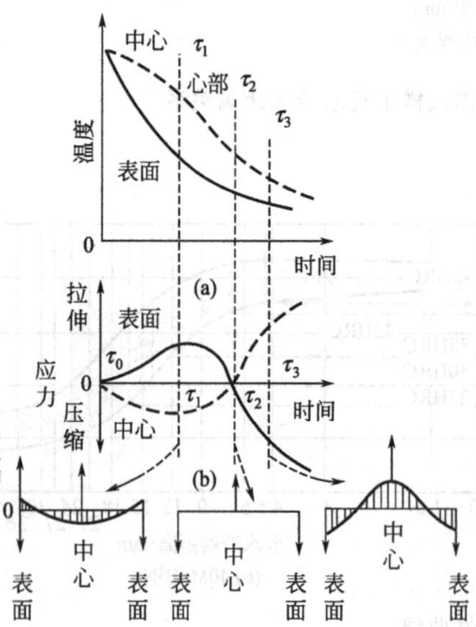

图 9.13 工件冷却时热应力的变化

在时间 τ_0 至 τ_1 这段时间内，工件表面与淬火介质的温度差别很大，散热很快，因而温度下降得很快，设下降到 T_1；心部靠工件内部温差由热传导方式散热，温度下降很慢，设下降到 T_1'；心部和表面产生很大的温差 T_1-T_1'。工件因温度下降导致体积收缩。表面部位温度低，收缩得多；心部温度下降得少，收缩得少。在同一工件上，因内外收缩量不同，则相互之间发生作用力。表面因受心部抵制收缩力而胀大，故表面产生拉应力；而心部则相反，产生压应力。当应力增大至一定值时，例如在 τ_1 时刻，由于此时温度比较高，材料屈服强度比较低，将产生塑性变形，松弛一部分弹性应力，其表面和心部应力如图 9.13 所示。再继续冷却时，由于表面温度已较低，与介质间的热交换已较少，故温度下降得较慢。而心部由于与表面温差大，故流向表面的热流较大，温度下降得快。

因此，在 τ_1 至 τ_2 这段时间内，表面收缩得比较慢，比容减得少；而心部由于温度下降得多，收缩得比较快，比容减得多。如此至 τ_2 时有可能表面和心部的比容差减少，相互胀缩的牵制作用减少，内应力减少。因为在 τ_1 时产生的塑性变形削减了部分内应力，因此在此时刻附近，有可能发生表面的温度虽仍低于心部，但此时内应力为零。再进一步冷却由 τ_2 至 τ_3，表面和心部均达到室温。但由于 τ_2 时心部温度 T_2' 高于表面温度 T_2，故在这段时间内心部收缩得比表面多。由于 τ_2 时工件内应力为零，此时将再次产生内应力，心部为拉应力，表面为压应力。因为此时温度很低，材料屈服强度较高，不发生塑性变形，内应力不会削减，此应力将残留于工件内。因此可以得出结论：淬火冷却时，由于热应力引起的残余应力表面为压应力，心部为拉应力。

综上所述，淬火冷却时产生的热应力是由于冷却过程中截面温度差所造成，冷却速度越大，截面温差越大，则产生的热应力越大。在相同冷却介质条件下，工件加热温度越高、尺寸越大、钢材热传导系数越小，工件内温差越大，热应力越大。

如果考虑到热应力在工件三个方向上的分布情况，则如图 9.14 所示。其中，沿直径方向（径向应力），心部为拉应力，表面应力为零，故一般可不予考虑。沿心轴方向（纵向或轴向应力）及切线方向（切向应力），表面均为压应力，心部为拉应力，特别是轴向拉应力相当大。常见的大型轴类零件如轧辊等，因冷却后轴向残余应力很大，再加上心部往往存在气孔、夹杂、锻造裂纹等缺陷，故容易造成横向开裂。这是热应力对大型零件造成不利的一面，但对一般形状简单的小轴零件还有其有利的一面，即所产生的表面压应力可提高其抗疲劳能力。

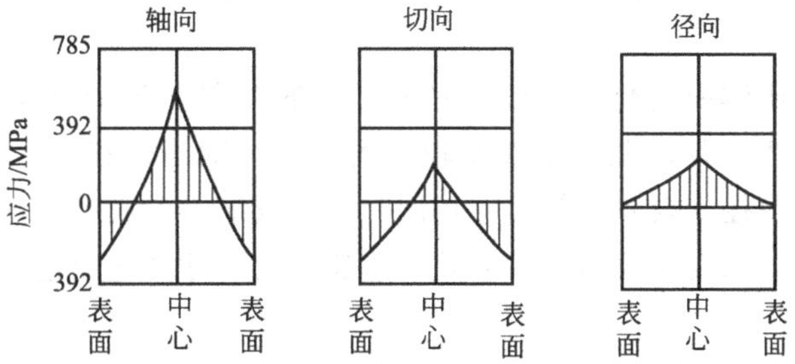

图 9.14　0.3%C 钢棒（ϕ44mm）在 700℃水冷时的残余热应力

（2）组织应力

由于热处理过程中各部位冷速的差异使工件各部位组织转变的不同时性所引起的应力称为组织应力。

钢中各种组织的比容是不同的，从奥氏体、珠光体、贝氏体到马氏体，比容逐渐增大。奥氏体比容最小，马氏体比容最大。因此，钢淬火时由奥氏体转变为马氏体将造成显著的体积膨胀。下面仍以圆柱形零件为例分析组织应力的变化规律。选用过冷奥氏体非常稳定的钢，使其从淬火温度极缓慢冷却至 M_s 点之前不发生马氏体转变并保持零件内外温度均匀，从而消除淬火冷却时热应力的影响。

零件从 M_s 点快速冷却的淬火初期，其表面直接与淬火介质接触，冷却很快，首先发生马氏体转变，体积要膨胀，而此时心部仍为奥氏体，体积不发生变化。因此心部阻止表面体积膨胀使零件表面处于压应力状态，而心部则处于拉应力状态。继续冷却时，零件表面马氏体转变基本结束，体积不再膨胀，而心部温度才下降到 M_s 点以下，开始发生马氏体转变，心部体积膨胀。此时表面已形成一层硬壳，心部体积膨胀使表面受拉应力，而心部受压应力。可见，组织应力引起的残余应力与热应力正好相反，表面为拉应力，心部为压应力。

组织应力大小与钢的化学成分、冶金质量、钢件结构尺寸、钢的导热性及在马氏体温度范围的冷速和钢的淬透性等因素有关。

实际工件在淬火冷却过程中，在组织转变发生之前只有热应力产生，到 M_s 以下则热应力与组织应力同时发生，且以组织应力为主。这两种应力综合的结果，便决定了钢件中实际存在的内应力。但这种综合作用是十分复杂的，在各种因素作用下，有时因两者的方向相反而起着抵消或削弱的作用，有时又因两者的方向相同而起着加强作用。

9.4.2 淬火变形

工件的变形包括尺寸变化和几何形状变化两种。前者是由于热处理过程中工件体积变化所引起的，它表现为工件体积按比例地胀大或缩小（又称体积变化）；后者是以扭曲或翘曲、弯曲的形式表现出来的（又称翘曲变形）。生产实践中工件的变形，多是兼有这两种情况。因此在一般情况下，往往不加以区分而统称为变形。不论哪种变形，主要都是由于热处理时，工件内部产生的内应力所造成的。

（1）淬火变形的基本规律

热应力引起的工件变形表现为工件沿最大尺寸方向收缩，沿最小尺寸方向增长，即力图使工件的棱角变圆，平面凸起，变得趋于球形。

组织应力引起的工件变形趋向与热应力相反，它表现为沿最大尺寸方向伸长，沿最小尺寸方向收缩，力图使工件的棱角突出，平面内凹，其外形好像一个承受外压的真空容器一样。

组织转变引起的比体积变化，一般总是使工件的体积在各个方向上作均匀的胀大或缩小。但对圆（方）孔体工件，尤其是壁厚较薄的工件，则当体积增大或减小时，往往是高度、外径（外廓）和内径（内腔）等尺寸均同时增大或缩小。内径（内腔）尺寸随体积的同步变化，主要是由于体积变化时引起的内腔周边长度的尺寸变化超过了壁厚方向上的尺寸变化所引起的。

热应力、组织应力和比体积差效应对变形趋向的影响可用图 9.15 归纳说明，它可以作为我们分析工件变形规律的基本依据。

（2）影响淬火变形的因素

影响变形的因素很多，其综合作用也十分复杂，主要有以下几个方面。

① 钢的淬透性　若钢的淬透性较好，则可以使用冷却较为缓和的淬火介质，因而其热应力就相对较小；再则，淬透性好，工件易淬透，一般是以组织应力造成的变形为主。反之，若钢的淬透性较差，则热应力对变形的作用就较大。

② 奥氏体的化学成分　奥氏体中碳含量愈低，热应力的作用就愈大。这是因为低碳马氏体的比容较小，组织应力也较小之故。反之，碳含量愈高，组织应力的作用便愈大。随着合金元素含量的提高，钢的屈服强度提高，淬透性也较好，一般均采用冷却较缓和的淬火介质，故使淬火变形较小。

奥氏体的化学成分影响到 M_s 点的高低。M_s 点的高低对淬火冷却时的热应力影响不大，

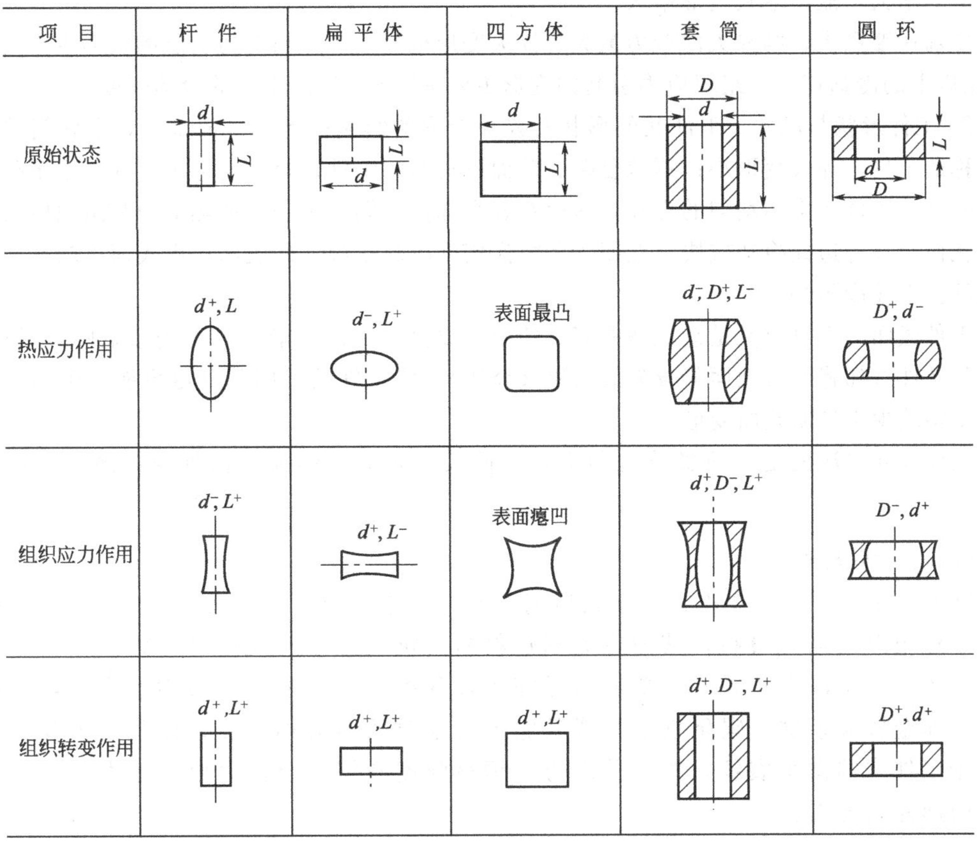
项目
杆件
扁平体
四方体
套筒
圆环
原始状态
d
L
D
热应力作用
d⁺, L
d⁻, L⁺
表面最凸
d⁻, D⁺, L⁻
D⁺, d⁻
组织应力作用
d⁻, L⁺
d⁺, L⁻
表面瘪凹
d⁺, D⁻, L⁺
D⁻, d⁺
组织转变作用
d⁺, L⁺
d⁺, L⁺
d⁺, L⁺
d⁺, D⁻, L⁺
D⁺, d⁺

图 9.15　各种简单形状零件的淬火变形趋向

但对组织应力却有很大影响。若 M_s 点较高，则开始发生马氏体转变时工件的温度较高，尚处于较好的塑性状态，因而在组织应力的作用下很易变形。所以 M_s 点愈高，组织应力对变形的影响就愈大。如 M_s 点较低，则发生马氏体转变时工件温度较低，塑性变形抗力较大，加之残余奥氏体量也较多，所以组织应力对变形的影响就小，此时工件就易于保留由热应力引起的变形趋向。

③ 原始组织　原始组织是指淬火前的组织状况，包括钢中夹杂物的等级、带状组织（铁素体或珠光体的带状分布、碳化物的带状分布）等级、成分偏析（包括碳化物偏析）程度、游离碳化物质点分布的方向性以及不同的预备热处理所得到的不同组织（如珠光体、索氏体、回火索氏体）等。

钢的带状组织和成分偏析易使钢加热至奥氏体状态后存在成分的不均匀性，因而可能影响到淬火后组织的不均匀性，即低碳、低合金元素区可能得不到马氏体（而得到屈氏体或贝氏体），或得到比容较小的低碳马氏体，从而造成工件不均匀的变形。

高碳合金钢（如高速钢 W18Cr4V 及高铬钢 Cr12）中碳化物分布的方向性，对钢淬火变形的影响较为显著，通常沿着碳化物带状方向的变形要大于垂直方向的变形，因此对于变形要求严格的工件，应合理选择纤维方向，必要时应当改锻。

原始组织的比容愈大，则其淬火前后的比容差别必然愈小，从而可减少体积变形。所以预先球化处理的工件淬火后的变形小，调质处理得到的回火索氏体组织也可减小淬火变形。

④ 热处理工艺　淬火加热温度提高，不仅使热应力增大，而且由于淬透性增加，也使

组织应力增大，故将导致变形增大。

冷却速度愈大，则淬火内应力愈大，淬火变形也愈大。但热应力引起的变形主要决定于 M_s 点以上的冷却速度，组织应力引起的变形主要决定于 M_s 点以下的冷却速度。

⑤ 工件形状与尺寸　工件几何形状对淬火变形的影响极大。一般来讲，形状简单、截面对称的工件，淬火变形小；形状复杂、截面不对称的工件，淬火变形大。这是由于截面不对称时会使工件产生不均匀的冷却，从而在各个部位之间产生一定的热应力和组织应力。通常，在棱边和薄边处冷却较快，在凹角和窄沟槽处冷却较慢，外表面比内表面冷却快，圆凸外表面比平面冷却快。

工件截面的不对称又是造成翘曲变形的根本原因，所以如能人为地创造某些“不对称”的冷却条件（如将厚大截面部分先放入淬火介质），使工件的不同部分尽可能得到均匀的冷却，则将减少工件的翘曲变形。

工件尺寸对淬火变形的影响也很大。工件尺寸越大，淬火时内外温差越大，变形就越大。

9.4.3 淬火开裂

淬火开裂主要发生在淬火冷却的后期，即马氏体转变基本结束或完全冷却后，此时工件塑性很差而强度很高，其内应力超过材料的抗拉强度时就会产生裂纹，甚至完全断裂。因此产生淬火开裂的主要原因是淬火过程中所产生的淬火应力过大。若工件内存在着非金属夹杂物，碳化物偏析或其它割离金属的粗大第二相，以及由于各种原因存在于工件中的微小裂纹，则这些地方，钢材强度减弱。当淬火应力过大时，也将由此而引起淬火开裂。

(1) 纵向裂纹

纵向裂纹是指沿着工件轴向方向由表面裂向心部的深度较大的裂纹。它往往在钢件完全淬透情况下发生，其形状如图 9.16 所示。

淬火时表面冷却较快，首先形成马氏体硬壳，心部随后转变为马氏体引起体积膨胀，使表面受较大拉应力而引起开裂。纵向裂纹的形成除了热处理工艺及操作方面的原因外，材料在热处理前的既存裂纹、大块非金属夹杂、严重的碳化物带状偏析等缺陷也是不容忽视的原因。这些缺陷的存在，既增加了工件的附加应力，也降低了材料的强度和韧性。在 M_s 点以下缓慢冷却可有效地避免产生这种裂纹。

(2) 横向裂纹和弧形裂纹

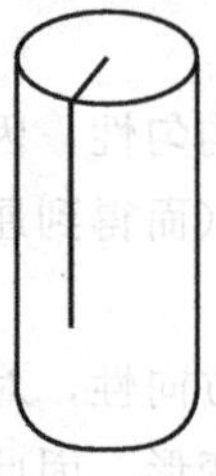

图 9.16　纵向裂纹

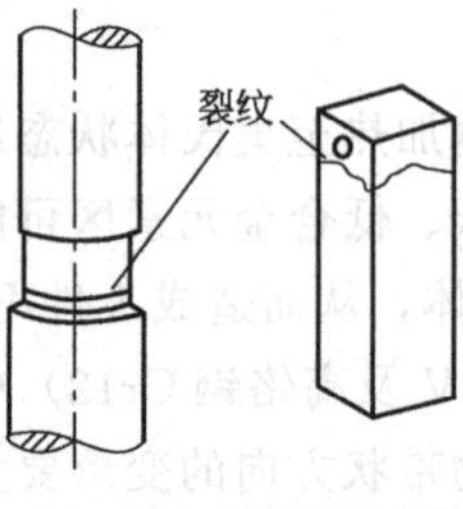

图 9.17　横向裂缝和弧形裂缝

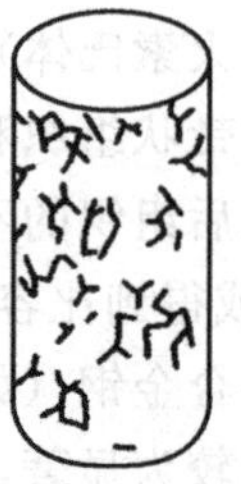

图 9.18　网状裂纹

横向裂纹垂直于轴线方向，而弧形裂纹多在工件形状突变的部位成弧形分布，如图 9.17 所示。这类裂纹往往是在工件被部分淬透时，于淬硬层与未淬硬层间的过渡区产生的，因为这一过渡区有一个大的应力峰值，而且轴向应力大于切向应力。大型锻件不可能完全淬透，且往往存在着气孔、夹杂物、锻造裂纹和白点等冶金缺陷，这些缺陷作为断裂的起点，在轴向拉应力作用下断裂。

(3) 网状裂纹

这是一种表面裂纹，其深度较浅，一般在 0.01～2mm 范围内，其裂纹往往呈任意方向，构成网状，而与工件外形无关，如图 9.18 所示。表面脱碳的高碳钢件极易形成网状裂纹，这是由于表面脱碳后，其马氏体比容较小，从而在表面形成拉应力所致。

9.5 淬火工艺

在工件的加工工艺流程中，淬火是使工件强化的主要工序。淬火工件的外形尺寸及几何精度在淬火前已处于最后完成阶段。因此，淬火不仅要保证良好的组织和性能，而且还要保持尺寸精度，而这两者之间往往存在矛盾。为了获得足够的硬度和淬透深度需激烈地冷却工件，但这又势必导致淬火应力的产生，增加变形开裂倾向。因此，淬火工艺远比退火、正火复杂。

确定工件淬火工艺的依据是工件图纸及技术要求，所用材料牌号，相变点及过冷奥氏体等温或连续冷却转变曲线，端淬曲线，加工工艺路线及淬火前的原始组织等。只有充分掌握这些原始材料，才能正确地确定淬火工艺规范。淬火工艺规范包括淬火加热方式、加热温度、保温时间、冷却介质及冷却方式等。

9.5.1 淬火加热规范的确定

制定淬火加热工艺主要是确定加热温度和加热时间，此外，还要确定加热方式。

(1) 淬火加热温度的确定

淬火加热温度的选择应以得到均匀细小的奥氏体晶粒为原则，以便淬火后获得细小的马氏体组织。淬火加热温度主要根据钢的临界点来确定。对亚共析钢，一般选用淬火加热温度为 A_{c_3}＋(30～50)℃，共析钢和过共析钢则为 A_{c_1}＋(30～50)℃。因为对亚共析钢来说，若加热温度低于 A_{c_3}，则加热状态为奥氏体与铁素体二相组成，淬火冷却后铁素体保存下来，使得零件淬火后硬度不均匀，强度和硬度降低。比 A_{c_3} 点高 30～50℃的目的是为了使工件心部在规定加热时间内保证达到 A_{c_3} 点以上的温度，铁素体能完全溶解于奥氏体中，奥氏体成分比较均匀，而奥氏体晶粒又不致粗大。对过共析钢来说，淬火加热温度在 A_{c_1}～$A_{c_{cm}}$ 之间时，加热状态为细小奥氏体晶粒和未溶解碳化物，淬火后得到隐晶马氏体和均匀分布的球状碳化物。这种组织不仅有高的强度和硬度、高的耐磨性，而且也有较好的韧性。如果淬火加热温度过高，碳化物溶解，奥氏体晶粒长大，淬火后得到片状马氏体（孪晶马氏体），其显微裂纹增加，脆性增大，淬火开裂倾向也增大。由于碳化物的溶解，奥氏体中含碳量增加，淬火后残余奥氏体量增多，钢的硬度和耐磨性降低。高于 A_{c_1} 点 30～50℃的目的和亚共析钢类似，是为了保证工件内部温度均高于 A_{c_1}。

确定淬火加热温度时，还应考虑工件的形状、尺寸、原始组织、加热速度、冷却介质和冷却方式等因素。

在工件尺寸大、加热速度快的情况下，淬火温度可选得高一些。因为工件大，传热慢，容易加热不足，使淬火后得不到全部马氏体或淬硬层减薄。加热速度快，工件温差大，也容易出现加热不足。另外，加热速度快，起始晶粒细，也允许采用较高加热温度。在这种情况下，淬火温度可取 A_{c_3} +(50～80)℃，对细晶粒钢有时取 A_{c_3} +100℃。对于形状较复杂，容易变形开裂的工件，加热速度较慢，淬火温度取下限。

考虑原始组织时，如先共析铁素体比较大，或珠光体片间距较大，为了加速奥氏体均匀化过程，淬火温度取得高一些。对过共析钢为了加速合金碳化物的溶解，以及合金元素的均匀化，也应采取较高的淬火温度。例如高速钢的 A_{c_1} 点为 820～840℃，淬火加热温度高达 1280℃。

考虑选用淬火介质和冷却方式时，在选用冷却速度较低的淬火介质和淬火方法的情况下，为了增加过冷奥氏体的稳定性，防止由于冷却速度较低而使工件在淬火时发生珠光体型转变，常取稍高的淬火加热温度。

表 9.2 列出了部分常用钢的临界点与淬火加热温度。

表 9.2 部分常用钢的临界点与淬火加热温度

钢号	临界点/℃		淬火温度/℃	钢号	临界点/℃		淬火温度/℃
	A_{c_1}	A_{c_3}, $A_{c_{cm}}$			A_{c_1}	A_{c_3}, $A_{c_{cm}}$	
45	724	780	820～840 盐水 840～860 碱浴	40SiCr	755	850	900～920 油或水
T10	730	800	780～800 盐水 810～830 硝盐、碱浴	35CrMo	755	800	850～870 油或水
CrWMn	750	940	830～870 油	60Si2Mn	755	810	840～870 油
9SiCr	770	870	850～870 油 860～880 硝盐、碱浴	20CrMnTi	740	825	830～850 油
Cr12MoV	810	1200	1020～1150 油	30CrMnSi	760	830	850～870 油
W18Cr4V	820	1330	1260～1280 油	20MnTiB	720	843	860～890 油
40Cr	743	782	850～870 油	40MnB	730	780	820～860 油
60Mn	727	765	850～870 油	38CrMoAl	800	940	930～950 油

(2) 淬火加热时间的确定

淬火加热时间应包括工件整个截面加热到预定淬火温度，并使之在该温度下完成组织转变、碳化物溶解和奥氏体成分均匀化所需的时间。因此，淬火加热时间包括升温和保温两段时间。在实际生产中，只有大型工件或装炉量很多情况下，才把升温时间和保温时间分别进行考虑。一般情况下把升温和保温两段时间通称为淬火加热时间。

在具体生产条件下，淬火加热时间常用经验公式计算，通过试验最终确定。常用经验公式是

$$\tau=\alpha KD \tag{9.1}$$

式中 τ——加热时间，min；

α——加热系数，min/mm；

K——装炉修正系数；

D——零件有效厚度，mm。

加热系数 α 表示工件单位厚度需要的加热时间，其大小与工件尺寸、加热介质和钢的化学成分有关，见表 9.3。

表 9.3　常用钢的加热时间系数

工件材料	工件直径/mm	<600℃箱式炉	750～850℃盐炉中加热或预热	800～900℃箱式炉或井式炉	1100～1300℃高温盐炉
碳钢	≤50 >50	—	0.3～0.4 0.4～0.5	1.0～1.2 1.2～1.5	—
合金钢	≤50 >50	—	0.45～0.50 0.50～0.55	1.2～1.5 1.5～1.8	—
高合金钢	—	0.35～0.40	0.30～0.35	—	0.17～0.20
高速钢	—	—	0.30～0.35	0.65～0.85	0.16～0.18

装炉量修正系数 K 是考虑装炉的多少而确定的。装炉量大时，K 值也应取得较大。一般为 1～1.5。

工件有效厚度 D 的计算，可按下述原则确定：圆柱体取直径，正方形截面取边长，长方形截面取短边长，板件取板厚，套筒类工件取壁厚，圆锥体取离小头 2/3 长度处直径，球体取球径的 0.6 倍作为有效厚度 D。

9.5.2　淬火介质及冷却方式的确定

淬火介质的选择，首先应按工件所采用的材料及其淬透层深度的要求，根据该种材料的端淬曲线，通过一定的图表来进行选择。若仅从淬透层深度角度考虑，凡是淬火烈度大于按淬透层深度所要求的淬火烈度的淬火介质都可采用。但是从淬火应力、变形和开裂的角度考虑，淬火介质的淬火烈度愈低愈好。综合这两方面的要求，选择淬火介质的首要原则是在满足工件淬透层深度要求的前提下，选择淬火烈度最低的淬火介质。

结合过冷奥氏体连续冷却转变曲线及淬火本质选择淬火介质时，还应考虑其冷却特性。在相当于被淬火钢的过冷奥氏体最不稳定区有足够的冷却能力，而在马氏体转变区其冷却速度却又很缓慢。

此外，淬火介质的冷却特性在使用过程中应该稳定，长期使用和存放不易变质，价格低廉，来源丰富，且无毒及无环境污染。

实际上很难得到同时能满足上述这些要求的淬火介质。在实践中，往往把淬火介质的选择与冷却方式的确定结合起来考虑。例如根据钢材不同温度区域对冷却速度的不同要求，在不同温度区域采用不同淬火烈度的淬火介质的冷却方式。又如为了破坏蒸汽膜，以提高高温区的冷却速度，采用强烈搅拌或喷射冷却的方式等。

一般来说，工件淬入淬火介质时应采用下述操作方法：厚薄不均的工件，厚的部分先淬入；细长工件一般应垂直淬入；薄而平的工件应侧放直立淬入；薄壁环状零件应沿其轴线方向淬入；具有闭腔或盲孔的工件应使腔口或孔向上淬入；截面不对称的工件应以一定角度斜着淬入，以使其冷却也比较均匀。

9.5.3　淬火方法

淬火方法的选择，主要以获得马氏体和减少内应力、减少工件的变形和开裂为依据。常用的淬火方法有：单液淬火、双液淬火、分级淬火、等温淬火。图 9.19 所示为不同淬火方法示意图。

(1) 单液淬火

工件在一种介质中冷却，如水淬、油淬。这种淬火方法适用于形状简单的碳钢和合金钢工件。

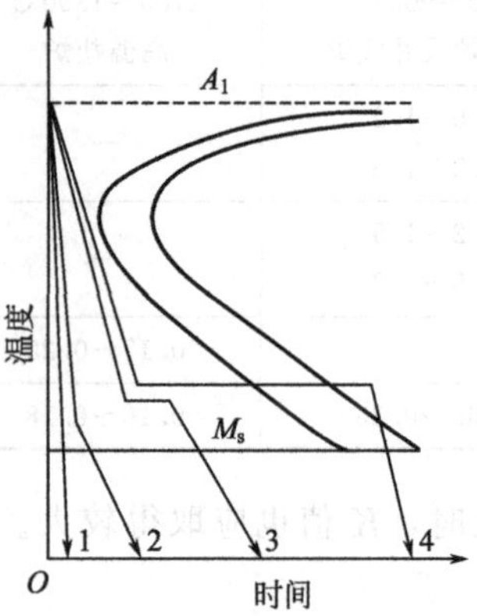

图 9.19 不同淬火方法示意图
1—单液淬火；2—双液淬火；
3—分级淬火；4—等温淬火

为了减小单液淬火时的淬火应力，常采用预冷淬火法，即将奥氏体化的工件从炉中取出后，先在空气中或预冷炉中冷却一段时间，待工件冷至比临界点稍高一点的一定温度后再放入淬火介质中冷却。预冷降低了工件进入淬火介质前的温度，减少了工件与淬火介质间的温差，可以减少热应力和组织应力，从而减少工件变形或开裂倾向。但操作上不易控制预冷温度，需要经验来掌握。

单液淬火的优点是操作简便，易于实现机械化，应用广泛。缺点是在水中淬火应力大，工件容易变形开裂；在油中淬火，冷却速度小，淬透直径小，大型工件不易淬透。

(2) 双液淬火　工件先在较强冷却能力介质中冷却到接近 M_s 点温度时，再立即转入冷却能力较弱的介质中冷却，直至完成马氏体转变（见图 9.19 曲线 2）。如：先水淬后油淬，可有效减少马氏体转变的内应力，减小工件变形开裂的倾向，可用于形状复杂、截面不均匀的工件淬火。双液淬火的缺点是难以掌握双液转换的时间，转换过早容易淬不硬，转换过迟又容易淬裂。经验表明，对碳素工具钢工件一般以每 3mm 有效厚度在水中停留 1s 计算；对形状复杂的工件则每 4～5mm 在水中停留 1s；大截面低合金钢可以按每 1mm 有效厚度停留 1.5～3s 计算。双液淬火法要求较熟练的操作技术，否则，难于掌握好。

(3) 喷射淬火法

这种方法是向工件喷射水流的淬火方法，主要用于局部淬火的工件。这种淬火方法不会在工件表面形成蒸汽膜，故可保证得到比普通水中淬火更深的淬硬层。为了消除因水流之间冷却能力不同所造成的冷却不均匀现象，水流应细密，最好同时让工件上下运动或旋转。

(4) 分级淬火

分级淬火是将奥氏体状态的工件首先淬入温度略高于钢的 M_s 点的盐浴或碱浴炉中保温，当工件内外温度均匀后，再从浴炉中取出空冷至室温，完成马氏体转变（见图 9.19 曲线 3）。这种淬火方法由于工件内外温度均匀并在缓慢冷却条件下完成马氏体转变，不仅减小了热应力，而且显著降低组织应力，因而能有效减小或防止工件淬火变形和开裂。同时还克服了双液淬火出水入油时间难以控制的缺点。但这种淬火方法由于冷却介质温度较高，工件在浴炉中的冷却速度较慢，而等温时间又有限制，大截面零件难以达到其临界淬火速度。因此，分级淬火只适用于尺寸较小的工件，如刀具、量具和要求变形很小的精密工件。

分级温度也可取略低于 M_s 点的温度。实践表明，在 M_s 点以下分级的效果更好。此时由于温度较低，冷却速度较快，等温以后已有相当一部分奥氏体转变为马氏体，当工件取出空冷时，剩余奥氏体发生马氏体转变。因此这种淬火方法适用于较大工件的淬火。例如，高碳钢模具在 160℃的碱浴中分级淬火，既能淬硬，变形又小，所以应用很广泛。

(5) 等温淬火

等温淬火是将奥氏体化后的工件淬入 M_s 点以上某温度盐浴中，等温保持足够长时间，使之转变为下贝氏体组织，然后取出空冷的淬火方法（见图 9.19 曲线 4）。等温淬火实际上是分级淬火的进一步发展。所不同的是等温淬火获得下贝氏体组织。下贝氏体组织的强度、硬度较高而且韧性良好。故等温淬火可显著提高钢的综合力学性能。等温淬火的加热温度通常比普通淬火高30～80℃。目的是提高奥氏体的稳定性和增大其冷却速度，防止等温冷却过程中发生珠光体型组织转变。等温过程中碳钢的贝氏体转变一般可以完成，等温淬火后不需要进行回火。但对于某些合金钢（如高速钢），过冷奥氏体非常稳定，等温过程中贝氏体转变不能全部完成，剩余的过冷奥氏体在空气中冷却时转变为马氏体，所以在等温淬火后需要进行适当的回火。

由于等温温度比分级淬火高，减小了工件与淬火介质的温差，从而减小了淬火热应力；又因贝氏体比容比马氏体小，而且工件内外温度一致，故淬火组织应力也较小。因此，等温淬火可以显著减小工件变形和开裂倾向，适宜处理形状复杂、尺寸要求精密的工具和主要的机器零件，如模具、刀具、齿轮等。同分级淬火一样，等温淬火也只能适用于尺寸较小的工件。

9.6　钢的回火

9.6.1　回火的定义与目的

回火是将淬火后的零件加热到 A_1 以下的某一温度，保温一定时间后，以适当的方式冷却到室温的热处理工艺。它是紧接淬火后的下道热处理工序，同时决定了钢在使用状态下的组织和性能，关系着工件的使用寿命。淬火工件回火的主要目的有以下几个方面。

① 合理地调整钢的硬度和强度，提高钢的韧性，使工件满足使用性能要求。如刃具、量具、模具等经回火可提高其硬度和耐磨性，各种机器零件经回火可提高其强韧性。

② 淬火马氏体和残余奥氏体都是不稳定组织，在工作中会发生分解，导致零件尺寸的变化，这对精密零件是不允许的。通过回火可稳定组织，使工件在长期使用过程中不发生组织转变，从而稳定工件的形状与尺寸。

③ 降低或消除工件的淬火内应力，以减少工件的变形，并防止开裂。

9.6.2　钢的回火特性

淬火钢回火后的力学性能常以硬度来衡量。因此对不同种钢来说，在淬火后组织状态相同情况下，如果回火后的硬度相同，则其它力学性能指标（σ_b、σ_s、ψ、α_K）基本上也相同，而在生产上测量硬度又很方便。这里我们也以硬度来衡量碳钢的回火特性。

图9.20为含0.98%C钢在不同回火温度和回火时间下硬度的变化情况。由图可见，在回火初期，硬度下降很快，但回火时间增加至1h后，硬度只是按比例地继续有微小的下降而已。由此可知，淬火钢回火后的硬度主要取决于回火温度。根据图9.20的规律，可以把温度和时间的综合影响归纳为用一个参数 M 表示

$$M=T(C+\lg\tau) \quad (9.2)$$

式中　T——回火温度，K；

τ——回火时间，s或h；

C——与含碳量有关的常数。

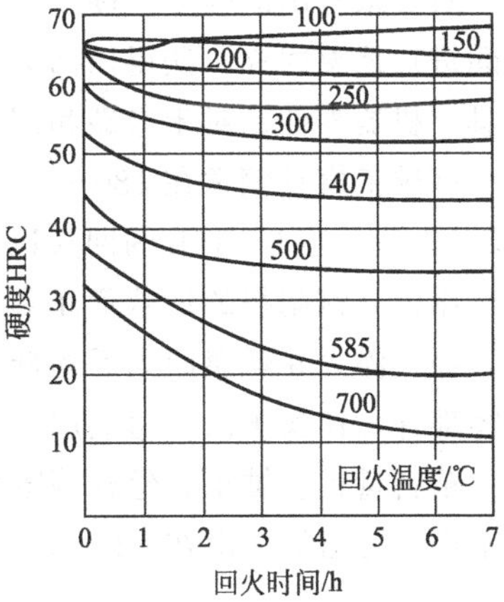

图9.20　回火温度和回火时间对淬火钢回火后硬度的影响

回火程度可用 M 来表示。不同钢种都可以得出淬火回火后硬度与 M 的关系曲线，根据此曲线，可按要求获得的硬度来确定参数 M，从而确定回火规程。

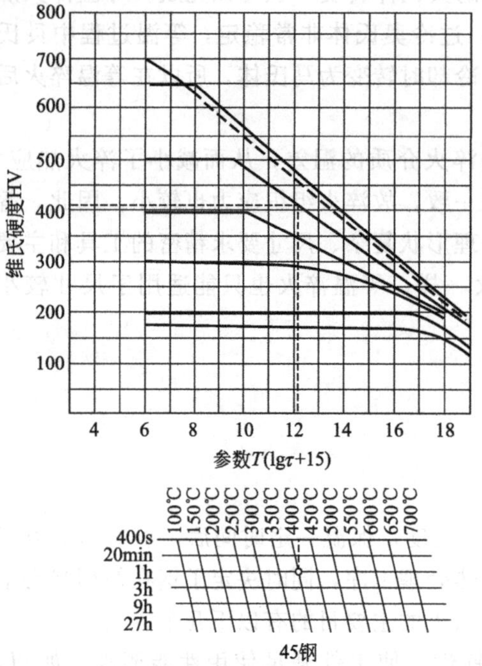

图 9.21　钢硬度与参数 M 的关系曲线

图 9.21 为 45 钢硬度与参数 M 的关系，其中虚线为全部淬成马氏体组织再回火后的硬度。图中还画出了没有完全淬成马氏体的组织回火后硬度与回火参数的关系。由图看到淬火后硬度稍低于全淬成马氏体的组织的硬度曲线，在 M 值增大时高于淬成全马氏体的。这说明非马氏体组织回火时，硬度变化比马氏体慢。由此可以推断，在未完全淬透情况下，沿工件截面硬度差别随着回火温度的提高及回火时间的延长而逐渐减小。

图 9.21 的下面部分，可用来求解 M 参数及在该参数下的回火后硬度。例如 400℃回火 1h，则可由下面的图中找到 400℃温度线与 1h 的时间线交点，向上引垂线，与 M 参数［即 $T(\lg\tau+15)$］坐标相交即得；继续上引与对应淬火后某一硬度值的硬度曲线相交，再引水平线与纵坐标相交，即可求得 45 钢在该条件下淬火回火的硬度值。

合金钢的回火特性，基本和碳钢类似。但对具有二次硬化现象的钢则不同，也不能简单地用 M 参数来表征回火程度。

9.6.3　回火工艺的分类及应用

回火时，决定钢的组织和性能的主要因素是加热温度。根据回火温度不同，回火可以分为以下三类。

（1）低温回火（＜250℃）

对要求有高的强度、硬度、耐磨性及一定韧性的淬火零件，通常在淬火后 150～250℃之间进行低温回火，获得以回火马氏体为主的组织。它主要适用于中、高碳钢制造的各类工模具、机器零件。对于渗碳和碳氮共渗淬火后的零件，也要进行低温回火。

高碳工模具钢常在 180～200℃低温回火。某些要求尺寸稳定性很高的工件有时在 200～225℃进行长达 8～10h 的回火以代替深冷处理工序。

用低碳钢制得的形状简单零件，经淬火后获得低碳马氏体组织，可以不必进行低温回火。经过淬火并低温回火后的低碳低合金结构钢，可以代替中碳调质钢制造某些标准件及结构零部件，在我国已普遍应用。

精密量具、轴承、丝杠等零件为了减少在最后冷加工工序中形成的附加应力，增加尺寸稳定性，可增加一次在 120～250℃保温长达几十小时的低温回火，称为人工时效或稳定化处理。

（2）中温回火（350～500℃）

主要用于处理弹簧钢。回火后得到回火屈氏体组织，并使淬火钢的第二类内应力大大减少，从而使弹簧钢的弹性极限显著提高，同时又具有足够的强度、塑性、韧性。为了避免第一类回火脆性，一般回火温度不宜低于 350℃。

近年来，对某些小能量多次冲击载荷下工作的中碳钢工件，采用淬火后中温回火代替传统的调质处理，可大幅度提高使用寿命。

(3) 高温回火（>500℃）

淬火加高温回火又称调质处理，广泛应用于中碳结构钢和低合金结构钢制造的各种受力比较复杂的重要结构零件，如发动机曲轴、连杆、螺栓、汽车半轴、机床主轴及齿轮等。也可作为某些精密工件如量具、模具等的预先热处理。经调质处理后，得到由铁素体和弥散分布于其上的细粒状碳化物组成的回火索氏体组织，使钢的强度、塑性、韧性配合恰当，具有良好的综合力学性能。

与正火处理相比，钢经调质处理后，在硬度相同条件下，钢的屈服强度、韧性和塑性明显地提高。

高碳高合金钢（如高速钢、高铬钢）的回火温度一般高达 500～600℃，在此温度范围内回火将发生二次硬化作用。为促使残余奥氏体的转变并消除回火过程中奥氏体向马氏体转变时产生的内应力，往往还需要多次回火。

高合金渗碳钢如 18Cr2Ni4WA、20Cr2Ni4A 等渗碳后，由于其奥氏体非常稳定，即使在缓慢冷却条件下，也会转变成马氏体，并存在着大量残余奥氏体。渗碳后进行 600～680℃高温回火可使马氏体及残余奥氏体分解，并使渗碳层中碳化物部分析出并聚集、球化，得到回火索氏体组织，使钢的硬度降低，便于切削加工，同时还可减少后续淬火工序淬火后渗层中的残余奥氏体量。

9.6.4 回火工艺的制定

(1) 回火温度的选择

回火温度应根据工件材料和技术要求，按照钢的回火温度与性能的关系来确定。表 9.4 是常用钢回火温度与硬度的关系。此外，回火温度确定还应结合淬火工件特性、要求及现场生产情况。

表 9.4　常用钢回火温度与硬度的关系

回火硬度 HRC	不同钢号回火温度/℃							
	45,40Cr	T8～T12	65Mn	GCr15	9SiCr	5CrMnMo	5CrNiMo	3Cr2W8V	Cr12 型
18～22	600～620	620～650			660～680				
22～28	540～580	590～620		600	600～640				760
28～32	500～540	530～590		570～590	560～600				720～750
32～36	450～500	490～520		520～540	520～560	520～540			680～700
36～40	380～420	440～480	440～460	500～520	460～500	460～500	560～580		660～680
40～44	340～380	390～430	380～420	470～490	440～480	420～440	500～540	620～640	620～640
44～48	320～340	370～390	360～380	400～430	400～420	400～420	440～470	590～600	600～620
48～52	280～300	330～370	320～340	340～360	350～380	340～380	400～440	570～590	560～580
52～56	220～260	290～330	280～320	300～340	310～350	230～280	340～380		420～520
56～60	180～200	240～290	240～280	230～300	250～310		230～280		300～320
60～64		160～200	200～220	160～200	180～220				180～220

① 采用强烈的淬火介质（如盐水、碱水等）淬火时，回火温度取上限，分级或等温淬火的工件回火温度取下限。

② 采用油冷淬火时，若工件出炉温度较高，尤其是大件，回火温度取下限。因为工件淬火后表面未达到最高硬度，心部更是如此，并且工件容易产生自回火现象。

③ 装箱工件回火时，温度取上限，甚至更高些，不装箱工件回火时，温度取下限。

④ 用箱式炉回火时，温度取上限；用盐浴炉回火时，温度取下限。

⑤ 合金工具钢、渗碳件、高碳钢淬火后硬度超过 56HRC 或中碳钢淬火后硬度超过 45HRC 时，可按正常温度回火。若低于上述硬度，回火温度应选取低一些，这对中温回火工件尤为重要。

(2) 回火时间的确定

回火时间应包括按工件截面均匀地达到回火温度所需加热时间以及按 M 参数达到要求回火硬度完成组织转变所需的时间，如果考虑内应力的消除，则还应考虑不同回火温度下应力弛豫所需要的时间。

加热至回火温度所需的时间可按前述加热计算的方法进行计算。

对达到所要求的硬度需要回火时间的计算，从 M 参数出发，对不同钢种可得出不同的计算公式。例如对 50 钢，回火后硬度与回火温度及时间的关系为

$$HRC=75-7.5\times10^{-3}\times(\lg\tau+11)T \tag{9.3}$$

对 40CrNiMo 钢，回火后硬度与回火温度及时间的关系为

$$HRC=60-4\times10^{-3}\times(\lg\tau+11)T \tag{9.4}$$

式中 HRC——回火后所达到的硬度值；

τ——回火时间，h；

T——回火温度，℃。

若仅考虑加热及组织转变所需的时间，则常用钢的回火保温时间可参考表 9.5 确定。

表 9.5 回火保温时间参考

低温回火(150～250℃)							
有效厚度/mm		<25	25～50	50～75	75～100	100～125	125～150
保温时间/min		30～60	60～120	120～180	180～240	240～270	270～300
中、高温回火(250～650℃)							
有效厚度/mm		<25	25～50	50～75	75～100	100～125	125～150
保温时间/min	盐炉	20～30	30～45	45～60	75～90	90～120	120～150
	空气炉	40～60	70～90	100～120	150～180	180～210	210～240

对以应力弛豫为主的低温回火时间应比表列数据长，长的可达几十小时。

对二次硬化型高合金钢，其回火时间应根据碳化物转变过程通过试验确定。当含有较多残余奥氏体，而靠二次淬火消除时，还应确定回火次数。例如 W18Cr4V 高速钢，为了使残余奥氏体充分转变成马氏体及消除残余应力，除了按二次硬化最佳温度回火外，还需进行三次回火。

高合金渗碳钢渗碳后，消除残余奥氏体的高温回火保温时间应该根据过冷奥氏体等温转变动力学曲线确定。如 20Cr2Ni4 钢渗碳后，高温回火时间约为 8h。

(3) 回火冷却方式

回火后工件一般在空气中冷却。对于一些工模具，回火后不允许水冷，以防止开裂。对于具有第二类回火脆性的钢件，回火后应进行油冷，以抑制回火脆性。对于性能要求较高的

工件，在防止开裂条件下，可进行油冷或水冷，然后进行一次低温补充回火，以消除快冷产生的内应力。

9.7　钢的淬火、回火缺陷与预防

在热处理工艺中淬火工序造成的废品率往往较高，这主要在淬火过程中同时形成较大的热应力和组织应力。此外，由于材料内在的冶金缺陷、选材不当、错料、设计上的结构工艺性差、冷、热加工过程中形成的缺陷等因素，均容易在淬火、回火工艺中暴露出来，因此对零部件淬火、回火后的缺陷必须进行系统的分析调查。

9.7.1　淬火缺陷及其预防

钢件淬火时最常见的缺陷有淬火变形、开裂、氧化、脱碳、硬度不足或不均匀，表面腐蚀、过烧、过热及其它按质量检查标准规定金相组织不合格等。

(1) 淬火变形、开裂

淬火变形、开裂成因如前所述。在实际生产中，应根据产生的原因采取有效的预防措施。

① 尽量做到均匀加热及正确加热　工件形状复杂或截面尺寸相差悬殊时，常产生加热不均匀而变形。为此，工件在装炉前，对不需淬硬的孔及对截面突变处，应采用石棉绳堵塞或绑扎等办法以改善其受热条件。对一些薄壁圆环等易变形零件，可设计特定淬火夹具。这些措施既有利于加热均匀，又有利于冷却均匀。

工件在炉内加热时，应均匀放置，防止单面受热，应放平，避免工件在高温塑性状态因自重而变形。对细长零件及轴类零件尽量采用井式炉或盐炉垂直悬挂加热。

限制或降低加热速度，可减少工件截面温差，使加热均匀。因此对大型锻模、高速钢及高合金钢工件，以及形状复杂、厚薄不匀、要求变形小的零件，一般都采用预热加热或限制加热速度的措施。

合理选择淬火加热温度，也是减少或防止变形、开裂的重要措施。选择下限淬火温度，减少工件与淬火介质的温差，可以降低淬火冷却高温阶段的冷却速度，从而可以减少淬火冷却时的热应力。另外，也可防止晶粒粗大。这样可以防止变形开裂。

有时为了调节淬火前后的体积变形量，也可适当提高淬火加热温度。例如 CrWMn、Cr12MoV 等高碳合金钢，常利用调整加热温度，改变其马氏体转变点以改变残余奥氏体含量，以调节零件的体积变形。

② 正确选择冷却方法和冷却介质基本原则

a. 尽可能采用预冷，即在工件淬入淬火介质前，尽可能缓慢地冷却至 A_r 附近以减少工件内温差；

b. 在保证满足淬硬层深度及硬度要求的前提下，尽可能采用冷却缓慢的淬火介质；

c. 尽可能减慢在 M_s 点以下的冷却速度；

d. 合理地选择和采用分级或等温淬火工艺。

③ 正确选择淬火工件浸入淬火介质的方式和运动方向基本原则

a. 淬火时应尽量保证能得到最均匀的冷却；

b. 以最小阻力方向淬入。

大批量生产的薄圆环类零件、薄板形零件、形状复杂的凸轮盘和伞齿轮等，在自由冷却时，很难保证尺寸精度的要求。为此，可以采取压床淬火，即将零件置于专用的压床模具中，再加上一定的压力后进行冷却（喷油或喷水）。由于零件的形状和尺寸受模具的限制，因而可能使零件的变形限制在规定的范围之内。

④ 进行及时、正确的回火　在生产中，有相当一部分工件，并非在淬火时开裂，而是由于淬火后未及时回火而开裂，这是因为在淬火停留过程中，存在于工件内的微细裂缝在很大的淬火应力作用下，融合、扩展，以至其尺寸达到断裂临界裂缝尺寸，从而发生延时断裂。实践证明，淬火不冷到底并及时回火，是防止开裂的有效措施。对于形状复杂的高碳钢和高碳合金钢，淬火后及时回火尤为重要。

工件的扭曲变形可以通过矫直来校正，但必须在工件塑性允许的范围之内。有时也可利用回火加热时用特定的校正夹具进行矫正。对体积变形有时也可通过补充的研磨加工来修正，但这仅限于孔、槽尺寸缩小，外圆增大等情况。淬火体积变形往往是不可避免的。但只要通过实验，掌握其变形规律，则可根据其胀缩量，在淬火前成型加工时，适当加以修正，就可在淬火后得到合乎要求的几何尺寸。

（2）氧化、脱碳、过热及过烧

淬火加热时，钢件与周围加热介质相互作用往往会产生氧化和脱碳等缺陷。氧化使工件尺寸减小，表面光洁程度降低，并严重影响淬火冷却速度，进而使淬火工件出现软点或硬度不足等新的缺陷。工件表面脱碳会降低淬火后钢的表面硬度、耐磨性，并显著降低其疲劳强度。因此，淬火加热时，在获得均匀化奥氏体时，必须注意防止氧化和脱碳现象。在空气介质炉中加热时，防止氧化和脱碳最简单的方法是在炉子升温加热时向炉内加入无水分的木炭，以改变炉内气氛，减少氧化和脱碳。此外，采用盐炉加热、用铸铁屑覆盖工件表面，或是在工件表面热涂硼酸等方法都可有效地防止或减少工件的氧化和脱碳。

工件在淬火加热时，由于温度过高或者时间过长造成奥氏体晶粒粗大的缺陷称为过热。由于过热不仅在淬火后得到粗大马氏体组织，而且易于引起淬火裂纹。因此，淬火过热的工件强度和韧性降低，易于产生脆性断裂。轻微的过热可用延长回火时间补救。严重的过热则需进行一次细化晶粒退火，然后再重新淬火。淬火加热温度太高，使奥氏体晶界处局部熔化或者发生氧化的现象称为过烧。过烧是严重的加热缺陷，工件一旦过烧无法补救，只能报废。过烧的原因主要是设备失灵或操作不当造成的。高速钢淬火温度高容易过烧，火焰炉加热局部温度过高也容易造成过烧。

（3）硬度不足

造成淬火工件硬度不足的原因如下。

① 加热温度过低，保温时间不足。检查金相组织，在亚共析钢中可以看到未溶铁素体，工具钢中可看到较多未溶碳化物。

② 表面脱碳引起表面硬度不足。磨去表层后所测得的硬度比表面高。

③ 冷却速度不够，在金相组织上可以看到黑色屈氏体沿晶界分布。

④ 钢材淬透性不够，截面大处淬不硬。

⑤ 采用中断淬火时，在水中停留时间过短，或自水中取出后，在空气中停留时间过长再转入油中，因冷却不足或自回火而导致硬度降低。

⑥ 工具钢淬火温度过高，残余奥氏体量过多，影响硬度。

当出现硬度不足时，应分析其原因，采取相应的措施。其中由于加热温度过高或过低引起的硬度不足，除对已出现缺陷进行回火，再重新加热淬火补救外，应严格管理炉温测控仪表，定期按计量传递系统进行校正及检修。

(4) 硬度不均匀

即工件淬火后有软点，产生淬火软点的原因有：

① 工件表面有氧化皮及污垢等；

② 淬火介质中有杂质，如水中有油，使淬火后产生软点；

③ 工件在淬火介质中冷却时，冷却介质的搅动不够，没有及时赶走工件的凹槽及大截面处形成的气泡而产生软点；

④ 渗碳件表面碳浓度不均匀，淬火后硬度不均匀；

⑤ 淬火前原始组织不均匀，例如有严重的碳化物偏析，或原始组织粗大，铁素体呈大块状分布。

对前三种情况，可以进行一次回火，再次加热，在恰当的冷却介质及冷却方法的条件下淬火补救。对后两种情况，如淬火后不再加工，则一旦出现缺陷，很难补救。对尚未成型加工的工件，为了消除碳化物偏析或粗大，可用不同方向的锻打来改变其分布及形态。对粗大组织可再进行一次退火或正火，使组织细化及均匀化。

(5) 组织缺陷

有些零件，根据服役条件，除要求一定的硬度外，还对金相组织有一定的要求，例如对中碳或中碳合金钢淬火后马氏体尺寸的大小的规定，可按标准图册进行评级。马氏体尺寸过大，表明淬火温度过高，称为过热组织。对游离铁素体数量也有规定，过多表明加热不足，或淬火冷却速度不够。其它，如工具钢、高速钢，也相应地对奥氏体晶粒度、残余奥氏体量、碳化物数量及分布等有所规定。对这些组织缺陷也均应根据淬火具体条件分析其产生原因，采取相应措施预防及补救。但应注意，有些组织缺陷还和淬火前原始组织有关。例如粗大马氏体，不仅淬火加热温度过高可以产生，还可能由于淬火前的热加工所残留的过热组织遗传下来，因此，在淬火前应采用退火等办法消除过热组织。

9.7.2　回火缺陷及其预防

常见的回火缺陷有硬度过高或过低，硬度不均匀以及回火产生变形及脆性等。

回火硬度过高、过低或不均匀，主要由于回火温度过低、过高或炉温不均匀所造成。回火后硬度过高还可能由于回火时间过短。显然对这些问题，可以采用调整回火温度等措施来控制。硬度不均匀的原因，可能是由于一次装炉量过多或选用加热炉不当所致。如果回火在气体介质炉中进行，炉内应有气流循环风扇，否则炉内温度不可能均匀。

回火后工件发生变形，常由于回火前工件内应力不平衡，回火时应力松弛或产生应力重新分布所致。要避免回火后变形，或采用多次校直多次加热，或采用压具回火。

高速钢表面脱碳后，在回火过程中可能形成网状裂纹。因为表面脱碳后，马氏体的比容减少，以致产生多向拉应力而形成网状裂纹。此外，高碳钢件在回火时，如果加热过快，表面先回火，比容减少，产生多向拉应力，从而产生网状裂纹。回火后脆性的出现，主要由于所选回火温度不当或回火后冷却速度不够（第二类回火脆性）所致。因此，防止脆性的出现，应正确选择回火温度和冷却方式。一旦出现回火脆性，对第一类回火脆性，只有通过重新加热淬火，另选温度回火；对第二类回火脆性，可以采取重新加热回火，然后加速回火后冷却速度的方法消除。

9.8 淬火工艺的新发展

为充分发挥材料的潜力，在满足各类机器零件日益提高的性能要求的同时，还要满足高效、节能、环保等方面日益苛刻的要求，热处理工作者不断探索具有更高强韧化效果的新途径，开发出一系列新的淬火工艺与技术。

9.8.1 奥氏体晶粒的超细化处理

一般把使钢的晶粒度细化到10级以上的处理方法称为“晶粒超细化”处理。经超细化处理后淬火，可明显提高钢的强韧性，显著降低钢的脆性转化温度。目前获得超细化奥氏体晶粒有以下途径。

(1) 超快速加热法

超快速加热法是采用具有超快速加热的能源来实现的，如大功率电脉冲感应加热、电子束加热和激光加热皆属此类。采用这种方法可使工件表面或局部获得超细化的奥氏体晶粒，故淬火以后硬度和耐磨性显著提高。

(2) 快速循环加热淬火法

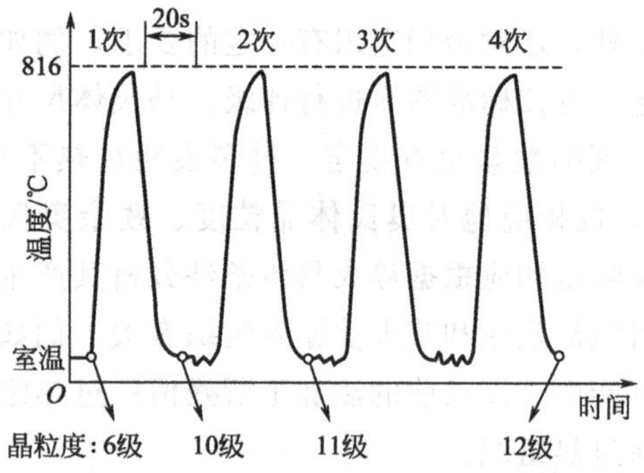

图 9.22 45 钢快速循环加热淬火工艺过程

这种加热淬火法的过程如图 9.22 所示。既首先将工件快速加热到 A_{c_3} 以上，经短时间保温后，迅速冷却，如此循环多次。由于每加热一次，奥氏体晶粒就被细化一次，所以经 4 次循环后，使 45 钢的晶粒度从 6 级细化到 12 级，这种方法对其它所有能淬硬的钢均可使用，一般来说，原始组织中的碳化物愈细小，加热速度愈快，最高加热温度愈低（在合理的限度内），其晶粒细化效果愈好。当然对于尺寸较大的产品或配件要使整体都快速加热和冷却是困难的。

9.8.2 碳化物的超细化处理

细化碳化物并使之均匀分布是改善高碳钢强韧性的一个有效途径，由于高碳工具钢在最终热处理状态下碳化物的尺寸、形态和分布在很大程度上受其原始组织的影响。所以很多人往往把旨在使碳化物超细化而获得适当原始组织的预备热处理与最终热处理看成是一个不可分割的整体。但实际上最终热处理工艺一般变化不大，大都为淬火＋低温回火，而预备热处理工艺却变化多样，为了使高碳钢中碳化物细化，首先必须使毛坯组织中的碳化物全部溶解。因此作为碳化物细化的预备热处理的一个共同特点是首先必须进行高温固溶加热。然后采取不同的工艺方法得到细小均匀分布的碳化物。

(1) 高温固溶化淬火＋高温回火（即高温调质处理）

高温固溶化后采取淬火，不仅可以抑制先共析碳化物的析出，而且淬火得到的马氏体＋残余奥氏体组织经高温回火后，可得到球状的碳化物，并呈均匀弥散分布。例如 Cr12MoV 钢经 1100℃×40min 加热油冷至室温再经 690℃×0.5h＋750℃×2.5h 炉冷到 500℃再空冷至室温（即高温调质后），再经 980℃淬火＋240℃回火，最终硬度为 HRC62.6。模具使用寿命大幅度提高。又如退火的 GCr15 钢经 1050℃短时加热后油淬，可使其碳化物平均粒度细到 0.3μm。再如为了提高 T8 钢冲头的韧性和耐磨性，以调质处理（800℃加热，水—油冷，560℃回火 2h）代替球化退火，经低温淬火（750℃加热，水—油冷）＋280～300℃回火后，可消除大块崩刃现象，并使寿命提高 10 倍。

（2）高温固溶＋等温处理

高碳钢高温固溶＋淬火处理易引起开裂，为此开发了高温固溶＋等温处理细化碳化物的方法。例如 GCr15 钢先在 1040℃加热 30min 进行高温固溶化，使碳化物全部溶入奥氏体，然后于 620℃等温得到细片状珠光体或 425℃等温得到贝氏体组织，最后按常规工艺进行淬火回火，可使碳化物尺寸达 0.1μm，从而使模具的接触疲劳寿命提高 2～3 倍。

在碳化物超细化的基础上再进行奥氏体晶粒超细化处理，称为双细化处理，可以收到更好的强韧化效果。

9.8.3　控制马氏体、贝氏体组织形态及其组成的淬火

板条马氏体和下贝氏体具有良好的强韧性，因此充分利用板条马氏体和下贝氏体组织的特性是改善钢强韧性的一条重要途径。

（1）中碳合金钢的超高温淬火

中碳合金钢经正常温度淬火以后，一般得到片状马氏体与板条马氏体的混合组织。片状马氏体的存在对钢的断裂韧性不利。提高中碳合金钢的淬火温度，可使奥氏体成分均匀化，有利于在淬火后得到较多的板条马氏体，如 40CrNiMoA 钢采用 1200℃加热，油淬后与正常温度（870℃）淬火相比，其断裂韧性可提高约 70%，其原因是超高温淬火后得到的几乎都是板条状马氏体，而且在马氏体板条周围有 $1\times10^{-5}\sim2\times10^{-5}$mm 厚的残余奥氏体薄膜存在，这种薄膜很稳定，即使冷至－183℃也不转变，它对高的局部应力集中不敏感，不易产生裂纹，故能提高断裂韧性。

（2）高碳钢的低温短时加热淬火

高碳钢的低温短时加热淬火工艺是采用快速加热至略高于 A_{c_1} 的温度，短时保温淬火，以期得到以板条马氏体为主的组织，使钢在保持高硬度的同时还具有良好的韧性。例如 T10A 钢的常规热处理工艺为 760～780℃加热，水或油冷淬火，180～220℃回火，硬度为 61～62HRC，冲击韧性 $a_K=10\text{J/cm}^2$。生产中用 T10A 制作的冷镦凸模易出现崩刃和折断，采用新工艺，降低淬火温度（约 750℃），适当缩短保温时间，减少碳化物的固溶，防止奥氏体的含量增加，淬火后获得了 50%以上的板条马氏体，大幅度减少了淬火应力，淬火回火后模具硬度达 60～61HRC，a_K 达 20J/cm^2。

（3）获得马氏体加贝氏体复合组织的淬火

目前工业中广泛应用的高强度或超高强度钢，可以通过控制等温转变过程或控制冷却速度的方法来获得适当数量的马氏体加贝氏体复合组织，以达到良好的强韧性。

9.8.4　使钢中保留适当数量塑性第二相的淬火

淬火钢中存在的塑性第二相主要是铁素体和残余奥氏体。为了发挥它们对钢强韧性的有益作用，新型的热处理工艺也不断形成。

（1）亚共析钢的亚温淬火（α＋γ 两相区淬火）

结构钢采用亚温淬火对改善钢的韧性，降低韧脆转化温度和抑制第二类回火脆性具有明

显效果。亚温淬火对处理前的原始组织有一基本要求，即不应有大块铁素体存在，因此亚温淬火前往往需进行正常淬火或调质（有时也可正火），使之得到如马氏体、贝氏体、回火索氏体、索氏体之类的组织。如对40Cr高强度螺栓采用亚温淬火成功地解决了强韧性的配合。例如16Mn经常规工艺900℃加热淬火、600℃回火后，冲击韧度为110J/cm^2，韧脆转化温度为－22℃。若经900℃预冷淬火、800℃亚温淬火、600℃回火后，冲击韧度提高为167J/cm^2，韧脆转化温度则降至为－63℃。

需要说明的是亚温淬火的强韧性化效果与钢的含碳量密切相关，碳含量愈高，强韧化效果愈小。当钢的碳含量高于0.4%以后，基本上无效果。

(2) 控制残余奥氏体形态、数量和稳定性的热处理

残余奥氏体可以阻碍裂纹的扩展，使裂纹前沿应力松弛，一定的应力水平有可能诱发马氏体相变使裂纹前沿强化，因而可以提高钢的强韧性。

残余奥氏体对钢强韧性的影响主要与它的形态、分布、数量和稳定性有关，对一定成分的钢来说，通过调整淬火加热温度、冷却规范以及回火工艺等可以在很大程度上控制残余奥氏体的形态、分布、数量和稳定性。如前述的40CrNiMoA钢经超高温淬火后可得到板条马氏体和在其板条间分布的残余奥氏体薄膜，大大改善钢的断裂韧性。GCr15采用不同的淬火介质冷却后残余奥氏体量可在0～15%范围变化。钢的接触疲劳强度随残余奥氏量增多而提高。

复习思考题

1. 常用淬火方法有哪些？各有哪些优缺点？

2. 确定淬火加热温度的基本原则是什么？亚共析钢、共析钢、过共析钢的淬火加热温度各是怎样的？低合金钢、高合金钢的淬火加热温度如何确定？在实际生产中根据哪些具体情况应进行怎样调整？试举例加以说明。

3. 钢的淬透性、淬硬层深度及淬硬性的含义及其影响因素如何？淬透性有何实际意义？

4. 淬硬层深度一般如何确定？测定淬透性的方法有哪些？测定淬透性的末端淬火法的基本原理如何？淬透性曲线有哪些主要用途？

5. 常用淬火介质有哪些？各有何特点？

6. 试说明钢件在淬火冷却过程中热应力和组织应力的变化规律及其沿工件截面上的分布特点。

7. 影响淬火变形和开裂的主要因素有哪些？怎样影响？减小淬火变形和防止淬火开裂有哪些主要措施？

8. Cr12MoV钢常用两种热处理工艺为：1000℃淬火，160℃回火；1100℃淬火，510℃回火。为什么1000℃较低温度淬火时只能用160℃低温回火，而1100℃高温淬火时才能用510℃高温回火？

9. 简述低温回火、中温回火、高温回火在生产中的应用范围。

10. 指出下列工件的淬火及回火温度，并说明其回火后获得的组织和大致的硬度：45钢小轴（要求综合力学性能)；60钢弹簧；T12钢锉刀。

第 10 章 钢的表面淬火

在工业生产中，许多机器零件在扭转、弯曲等交变载荷下工作，有时表面还要受摩擦，承受交变或脉动接触应力，甚至还会受冲击。例如传动轴、传动齿轮等。这些零件表面承受着比心部高的应力，要求在工作表面的有限深度范围内有高的强度、硬度和耐磨性，而其心部又有足够的塑性和韧性，以承受一定的冲击载荷。根据这一要求及金属材料淬火硬化的规律，发展了表面淬火工艺。

10.1 概述

表面淬火是指被处理工件在表面有限深度范围内加热至相变点以上，然后快速冷却，在工件表面一定深度范围内达到淬火目的的热处理工艺。因此，从加热角度考虑，表面淬火仅是在工件表面有限深度范围内加热到相变点以上。

表面淬火是使零件表面获得高的硬度、耐磨性和疲劳强度，而心部仍保持良好塑性和韧性的一类热处理方法。

10.1.1 表面淬火的目的分类及应用

(1) 表面淬火的目的

在工件表面一定深度范围内获得马氏体组织，而其心部仍保持着表面淬火前的组织状态(调质或正火状态)，以获得表面层硬而耐磨，心部又有足够塑性、韧性的工件。

(2) 表面淬火的分类

要在工件表面有限深度内达到相变点以上的温度，必须给工件表面以极高的能量密度来加热，使工件表面的热量来不及向心部传导，以造成极大的温差。因此，表面淬火常以供给表面能量的形式不同而命名及分类，目前表面淬火分成以下几类。

① 感应加热表面淬火。即以电磁感应原理在工件表面产生电流密度很高的涡流来加热工件表面的淬火方法。根据电流频率不同，可分为高频淬火、中频淬火、工频淬火及高频脉冲淬火（即微感应淬火）。

② 火焰加热表面淬火。即用温度极高的可燃气体火焰直接加热工件表面的表面淬火方法。

③ 激光加热表面淬火。

④ 电子束加热表面淬火。

⑤ 电接触加热表面淬火。即当低电压大电流的电极引入工件并与之接触，以电极与工件表面的接触电阻发热来加热工件表面的淬火方法。

⑥ 电解液加热表面淬火。即工件作为一个电极（阴极）插入电解液中，利用阴极效应来加热工件表面的淬火方法。

⑦ 等离子束加热表面淬火。

其它还有红外线聚焦加热表面淬火等一些表面淬火方法。

（3）表面淬火的应用

上述表面淬火方法各有其特点及局限性，故均在一定条件下获得应用，其中应用最普遍的是感应加热表面淬火及火焰加热表面淬火。激光束加热、电子束加热和等离子束加热是目前迅速发展着的高能密度加热淬火方法，由于其具有一些其它加热方法所没有的特点，因而正为人们所瞩目。

表面淬火广泛应用于中碳调质钢或球墨铸铁制的机器零件。因为中碳调质钢经过预先处理（调质或正火）以后，再进行表面淬火，既可以保持心部有较高的综合力学性能，又可使表面具有较高的硬度（大于50HRC）和耐磨性，例如机床主轴、齿轮、柴油机曲轴、凸轮轴等。基体相当于中碳钢成分的珠光体和铁素体基的灰铸铁、球墨铸铁、可锻铸铁、合金铸铁等原则上均可进行表面淬火，而以球墨铸铁的工艺性能为最好，有较高的综合力学性能，所以应用最广。

高碳钢表面淬火后，尽管表面硬度和耐磨性提高了，但心部的塑性及韧性较低，因此高碳钢的表面淬火主要用于承受较小冲击和交变载荷下工作的工具、量具及高冷硬轧辊。

由于低碳钢表面淬火后强化效果不显著，故很少应用。

10.1.2　表面淬火原理

（1）钢在非平衡加热时的相变特点

如前所述，钢在表面淬火时，其基本条件是有足够的能量密度提供表面加热，使表面有足够快的速度达到相变点以上的温度。例如高频感应加热表面淬火，其提供给表面的功率密度达 $15000W/cm^2$，加热速度达 100℃/s 以上。因此，表面淬火时，钢处于非平衡加热状态。

钢在非平衡加热时有如下特点。

① 在一定的加热速度范围内，临界点随加热速度的增加而提高。图 10.1 为快速加热条件下非平衡的 $Fe\text{-}Fe_3C$ 状态图。由图看出，相变点 A_{c_3} 及 $A_{c_{cm}}$ 在快速加热时均随着加热速度的增加而向高温移动。但当加热速度大到某一范围时，所有亚共析钢的转变温度均相同。例如当加热速度为 $10^5 \sim 10^6$ ℃/s 时，碳的质量分数为 0.2%～0.9%钢的 A_{c_3} 均约为 1130℃。

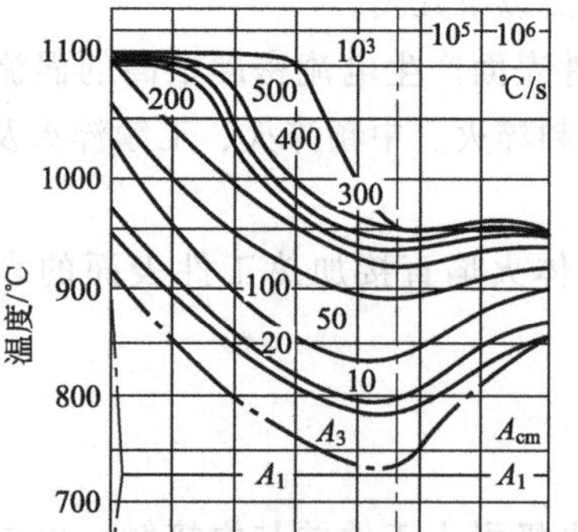

图 10.1　快速加热条件下的 $Fe\text{-}Fe_3C$ 状态图

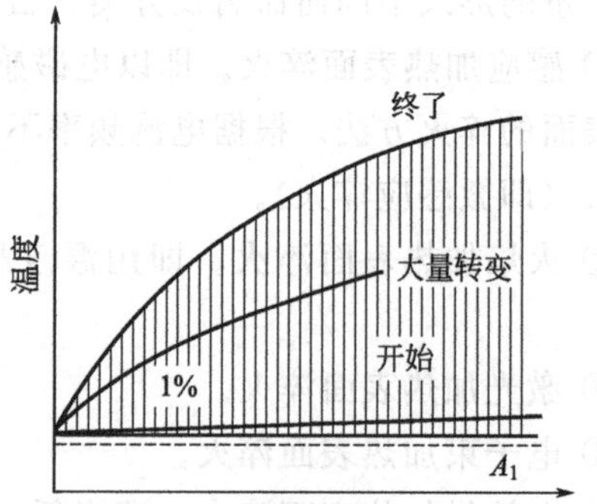

图 10.2　加热速度对珠光体转变温度范围的影响

对 A_{c_1} 的影响不能用笼统的概念来考虑，因为珠光体向奥氏体的转变在快速加热时不是一个恒定的温度，而是在一个温度范围内完成，如图 10.2 所示。加热速度越快，奥氏体形成温度范围越宽，但形成速度快，形成时间短。加热速度对奥氏体开始形成温度影响不大，但随着加热速度的提高，显著提高了形成终了温度。原始组织越不均匀，最终形成温度提得越高。

② 奥氏体成分不均匀性随着加热速度的增加而增大，如前所述，随着加热速度的增大，转变温度提高，转变温度范围扩大。由 $Fe\text{-}Fe_3C$ 相图可知，随着转变温度的升高，与铁素体相平衡的奥氏体碳浓度降低，而与渗碳体相平衡的奥氏体碳浓度增大。因此，与铁素体相毗邻的奥氏体碳浓度将和与渗碳体相毗邻的奥氏体中碳浓度有很大差异。由于加热速度快，加热时间短，碳及合金元素来不及扩散，将造成奥氏体中成分的不均匀，且随着加热速度的提高，奥氏体成分的不均匀性增大。例如含 $w_c=0.4\%$ 的碳钢，当以 130℃/s 的加热速度加热至 900℃时，奥氏体中存在着 $w_c=1.6\%$ 的碳浓度区。

显然，快速加热时，钢的种类、原始组织对奥氏体成分的均匀性有很大影响。对热导率小、碳化物粗大且溶解困难的高合金钢采用快速加热是有困难的。

③ 提高加热速度可显著细化奥氏体晶粒。快速加热时，过热度很大，奥氏体晶核不仅在铁素体-碳化物相界面上形成，而且也可能在铁素体的亚晶界上形成，因此使奥氏体的形核率增大。又由于加热时间极短（如加热速度为 10^7℃/s 时，奥氏体形成时间仅为 10^{-5}s），奥氏体晶粒来不及长大。当用超快速加热时，可获得超细化晶粒。

④ 快速加热对过冷奥氏体的转变及马氏体回火有明显影响。快速加热使奥氏体成分不均匀及晶粒细化，减小了过冷奥氏体的稳定性，使 c 曲线左移。由于奥氏体成分的不均匀性，特别是亚共析钢，还会出现两种成分不均匀性现象。在珠光体区域，原渗碳体片区与原铁素体片区之间存在着成分的不均匀性，这种区域很微小，即在微小体积内的不均匀性。而在原珠光体区与原先共析铁素体块区也存在着成分的不均匀性，这是大体积范围内的不均匀性。由于存在这种成分的大体积范围内不均匀性，将使这两区域的马氏体转变点不同，马氏体形态不同，即相当于原铁素体区出现低碳马氏体，原珠光体区出现高碳马氏体。

由于快速加热奥氏体成分的不均匀性，淬火后马氏体成分也不均匀，所以，尽管淬火后硬度较高，但回火时硬度下降较快，因此回火温度应比普通加热淬火的略低。

（2）表面淬火的组织与性能

① 表面淬火的金相组织　钢件经表面淬火后的金相组织与钢的种类、淬火前的原始组织及淬火加热时沿截面温度的分布有关。

图 10.3 为退火状态的共析钢表面淬火沿截面温度分布及淬火后金相组织示意图。淬火后金相组织分为三个区，自表面向心部分别为马氏体区（M）（包括残余奥氏体）、马氏体加珠光体（M+P）及珠光体（P）区。这里所以出现马氏体加珠光体区，因快速加热时奥氏体是在一个温度区间，并非在一个恒定温度形成的，其界限相当于沿截面温度曲线的奥氏体开始形成温度（$A_{c_{1s}}$）及奥氏体形成终了温度（$A_{c_{1f}}$）。在全马氏体区，自表面向里，由于温度的差别，在有些情况下也可以看到其差别，最表面温度高，马氏体较粗大，中间均匀细小，紧靠 $A_{c_{1f}}$ 温度区，由于其淬火前奥氏体成分不均匀，如腐蚀适当，将能看到珠光体痕迹。在温度低于 $A_{c_{1s}}$ 区，由于原始组织为退火组织，加热时不能发生组织变化，故为淬火前原始组织。

若表面淬火前原始组织为正火状态的 45 钢，则表面淬火以后其金相组织沿截面变化将要复杂得多。如果采用的是淬火烈度很大的淬火介质，即只要加热温度高于临界点，凡是奥氏体区均能淬成马氏体，则表面淬火加热时沿截面温度分布及自表面至心部的金相组织如图

10.4所示。其金相组织分为四个区，表面马氏体区（M），往里相当于A_{c_3}与$A_{c_{lf}}$温度区为马氏体加铁素体（M+F），再往里相当于$A_{c_{lf}}$与$A_{c_{ls}}$温度区为马氏体加铁素体加珠光体区，中心相当于温度低于$A_{c_{ls}}$区为淬火前原始组织，即珠光体加铁索体。在全马氏体区，金相组织也有明显区别，在紧靠相变点加A_{c_3}区，相当于原始组织铁素体部位为腐蚀颜色深的低碳马氏体区，相当于原始珠光体区为不易腐蚀的隐晶马氏体区，二者颜色深浅差别很大。由此移向淬火表面，低碳马氏体区逐渐扩大，颜色逐渐变浅，而隐晶马氏体区颜色增深，靠近表面变成中碳马氏体。如图10.5所示。

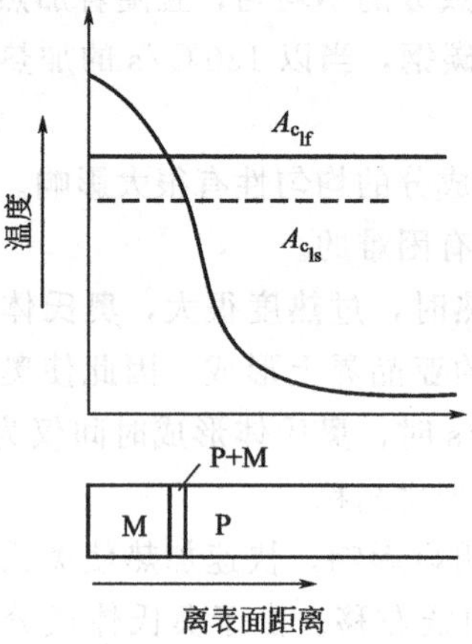

图10.3 共析钢表面淬火沿截面温度分布及淬火后金相组织

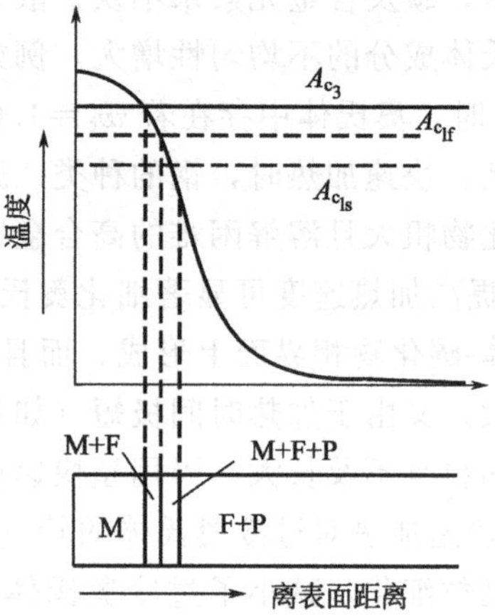

图10.4 45钢表面淬火沿截面温度分布及淬火后金相组织

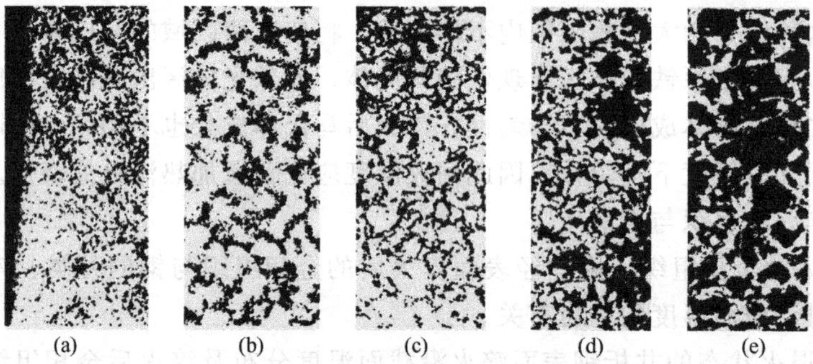

图10.5 45钢表面淬火后不同加热温度区的金相组织

(a) 均匀马氏体（最表面）；(b) 高碳（白区）低碳（黑区）马氏体混合区；(c) 马氏体+铁素体；(d) 马氏体+铁素体+珠光体；(e) 原始组织

若45钢表面淬火前原始组织为调质状态，由于回火索氏体为粒状渗碳体均匀分布在铁素体基体上的均匀组织，因此表面淬火后不会出现由于上述那种碳浓度大体积不均匀性所造成的淬火组织的不均匀。在截面上相当于A_{c_1}与A_{c_3}温度区的淬火组织中，未溶铁索体也分布得比较均匀。在淬火加热温度低于A_{c_1}至相当于调质回火温度区，如图10.6中C区，由于其温度高于原调质回火温度而又低于临界点，因此将发生进一步回火现象。表面淬火将导致这一区域硬度降低。

表面淬火淬硬层深度一般计算至半马氏体（50%M）区，宏观的测定方法是沿截面制取金相试样，用硝酸酒精腐蚀，根据淬硬区与未淬硬区的颜色差别来确定（淬硬区颜色浅）；

也可借测定截面硬度来决定。

表面淬火的组织还与钢的成分、淬火规范、零件尺寸等因素有关。如加热层较深，还经常在硬化层中存在着马氏体＋极细珠光体或马氏体＋贝氏体或马氏体＋贝氏体＋极细珠光体及少量铁素体的混合组织。此外，由于奥氏体成分不均匀，淬火后还可以观察到高碳马氏体和低碳马氏体共存的混合组织。

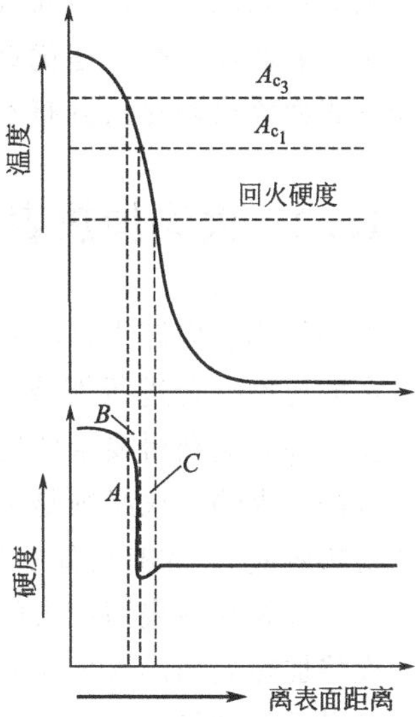

图 10.6　原始组织为调质状态的 45 钢表面淬火后沿截面硬度

② 表面淬火后的力学性能

a. 表面硬度　快速加热，急冷淬火后的工件表面硬度比普通加热淬火高。例如激光加热淬火的 45 钢硬度比普通淬火的可高 4 个洛氏硬度单位；高频加热喷射淬火，其表面硬度比普通加热淬火的硬度也要高 2～3 个洛氏硬度单位。这种增加硬度现象与快速加热条件下奥氏体晶粒细化、精细结构碎化以及淬火后表层的高压应力分布等有关，同时还与加热温度及加热速度有关。当加热速度一定，在某一温度范围内可以出现增加硬度的现象，如图 10.7 所示。提高加热速度，可使这一温度范围移向高温，这和快速加热时奥氏体成分不均匀性、奥氏体晶粒及亚结构细化有关。

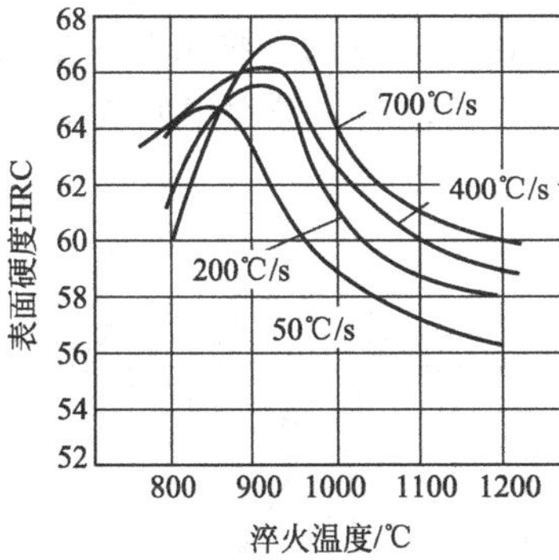

图 10.7　CrWMn 钢在各种加热速度下表面硬度与淬火温度的关系

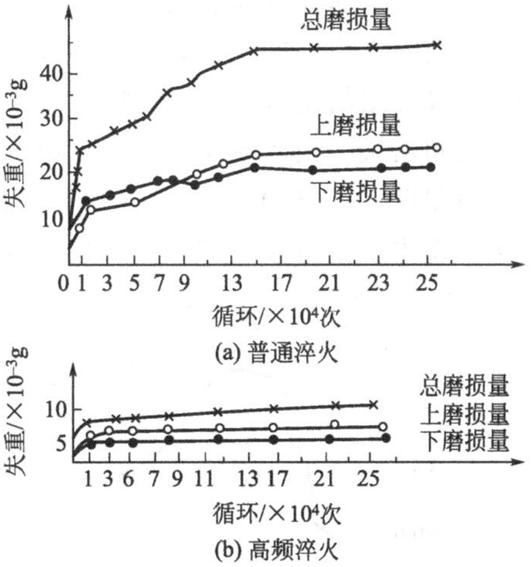

图 10.8　高频表面淬火与普通淬火试样耐磨性的比较（载荷为 1471N）

b. 耐磨性　快速加热表面淬火后工件的耐磨性比普通淬火的高。图 10.8 为同种材料高频淬火和普通淬火件的耐磨性比较。由图可见快速表面淬火的耐磨性优于普通淬火的，这也与其奥氏体晶粒细化、奥氏体成分的不均匀、表面硬度较高及表面压应力状态等因素有关。

c. 疲劳强度　采用正确的表面淬火工艺，可以显著地提高零件的抗疲劳性能。例如 40Cr 钢，调质＋表面淬火（淬硬层深度 0.9mm）的疲劳极限为 $324N/mm^2$，而调质处理的仅为 $235N/mm^2$。表面淬火还可显著地降低疲劳试验时的缺口敏感性。

表面淬火提高疲劳强度的原因，除了由于表层本身的强度增高外，主要是因为在表层形成很大的残余压应力，表面残余压应力越大，工件抗疲劳性能越高。

虽然表面淬火有上述优点，但使用不当也会带来相反效果。例如淬硬层深度选择不当，或局部表面淬火硬化层分布不当，均可在局部地方引起应力集中而破坏。

10.2 火焰加热表面淬火

火焰加热表面淬火是利用氧-乙炔气体或其它可燃气体（如天然气、煤气、石油气等）以一定的比例混合进行燃烧，形成强烈的高温火焰，将工件迅速加热到淬火温度，然后急冷，使工件表面获得要求的硬度和一定的硬化层深度，而心部仍然保持原始组织的一种表面淬火方法。火焰淬火必须是供给表面的热量大于自表面传给心部及散失的热量，以便达到所谓“蓄热效应”，才有可能实现表面淬火。

（1）火焰加热表面淬火的特点

火焰加热表面淬火的优点是：设备简单、使用方便、成本低；不受工件体积大小的限制，可灵活移动使用；淬火后表面清洁，无氧化、脱碳现象，变形也小。其缺点是：表面容易过热；较难得到小于2mm的淬硬层深度，只适用于火焰喷射方便的表层上；所采用的混合气体有爆炸危险。

（2）火焰的组成及其特性

火焰淬火可用下列混合气体作为燃料：①煤气和氧气（1∶0.6）；②天然气和氧气（1∶1.2～1∶2.3）；③丙烷和氧气（1∶4～1∶5）；④乙炔和氧气（1∶1～1∶1.5）。不同混合气体所能达到的火焰温度不同，最高为氧、乙炔焰，可达3100℃；最低为氧、丙烷焰，可达2650℃。最常用的是氧-乙炔火焰。

氧气和乙炔的比例不同，火焰的温度不同。图10.9为氧-乙炔火焰的温度与其混合比的关系。由图可见，当O_2与C_2H_2的体积比为1时，体积比略有波动，将引起火焰温度很大的变化；而体积比为1∶1.5时，火焰温度最高，且温度波动较小。最常用的氧-乙炔火焰比例为O_2/C_2H_2=1.15～1.25。

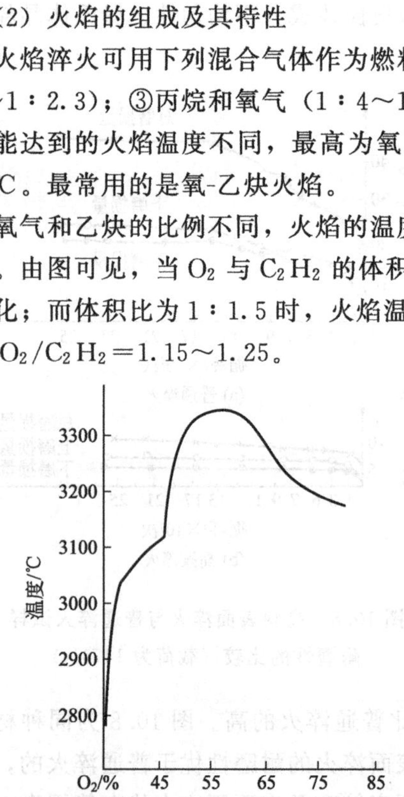

图10.9 氧-乙炔火焰温度与其混合比的关系

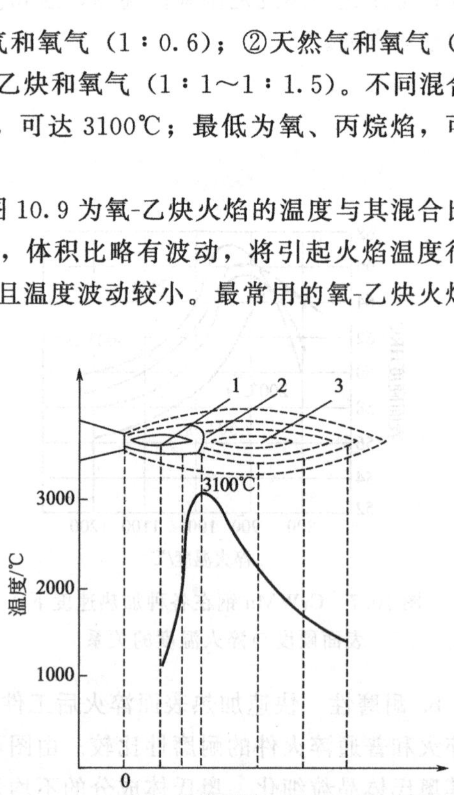

图10.10 氧-乙炔火焰结构及温度分布示意图

1—焰心；2—还原区；3—全燃区

乙炔与氧气的比例不同，火焰的性质也不同，可分为还原焰、中性焰或氧化焰。图

10.10 为中性氧-乙炔火焰的结构及其温度分布示意图。火焰分为：焰心、还原区和全燃区 3 个区，其中还原区温度最高（一般距焰心顶端 2～3mm 处温度达最高值），应尽量利用这个高温区加热工件。

(3) 火焰加热表面淬火喷嘴

火焰淬火喷嘴是火焰加热表面淬火的主要装备，用高熔点合金或陶瓷材料制成。选用喷嘴的结构因被加热零件和加热方式不同而不同。图 10.11 为几种常用的火焰淬火喷嘴的结构。另外还可以根据零件的形状设计成不同的喷嘴结构，平面淬火用扇形喷嘴，圆柱形工件淬火用环形及扇形喷嘴，沿齿沟淬火可用特形喷嘴等。

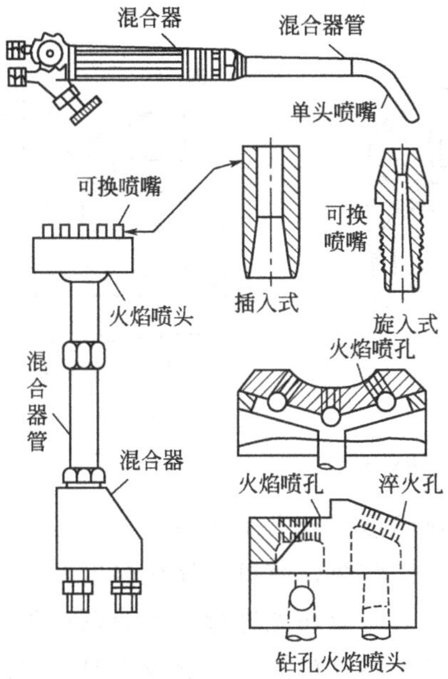

图 10.11　几种常用火焰淬火喷嘴结构示意图

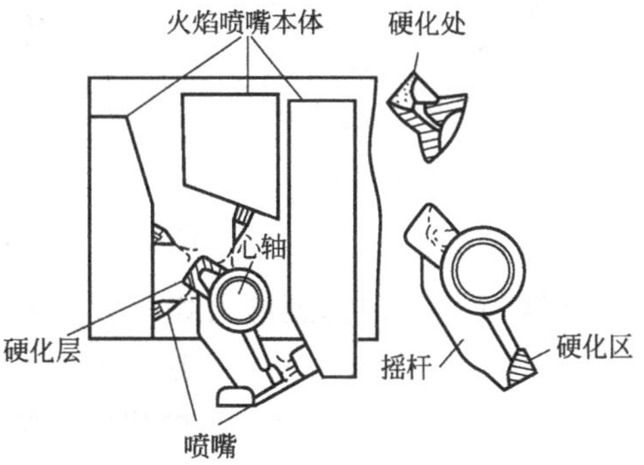

图 10.12　固定火焰淬火法（气门摇臂）

(4) 火焰加热表面淬火方法

根据工件需淬火的表面形状、大小、淬火要求以及淬火工件的批量，常用的火焰淬火加热操作方法有以下几种。

① 固定火焰淬火法　火焰喷嘴与工件在加热时都固定不动，将待淬火工件表面一次同时加热到淬火温度，然后喷水或浸入淬火介质中冷却，如图 10.12 所示。它适用于较小面积的表面淬火，若与淬火机床配合，可用于大批量生产，便于实现自动化。

② 工件旋转火焰淬火法　利用一个或几个固定的火焰喷嘴，在一定时间内对旋转的工件表面进行加热淬火，主要用于直径较小的圆盘状零件或模数较小的齿轮的表面淬火加热，如图 10.13 所示。

③ 火焰连续加热淬火法　喷嘴与喷水器沿着固定不动的工件淬火表面以一定的速度作直线或曲线移动，喷嘴加热工件淬火表面，接着喷水器喷水冷却。常用于机床导轨、剪刀片、大型冷作模具、大齿轮等零件的表面淬火。如图 10.14 所示。若在火焰喷嘴与喷水器移动的同时，将工件自身旋转，则形成复合运动加热火焰淬火法，常用于长轴类零件的火焰表面淬火，如图 10.15 所示。

(5) 火焰加热表面淬火工艺

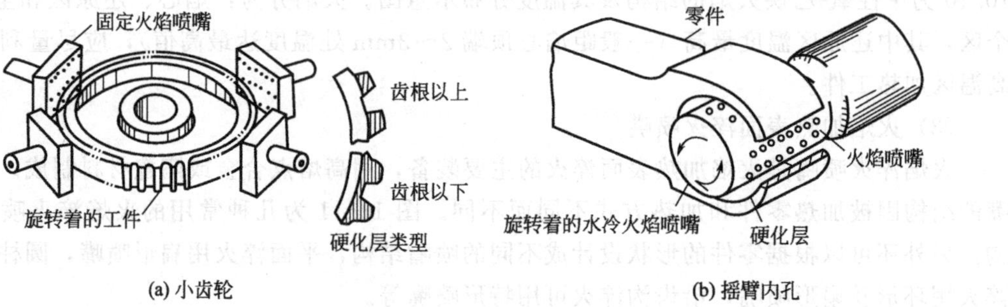

图 10.13 旋转火焰淬火法示意

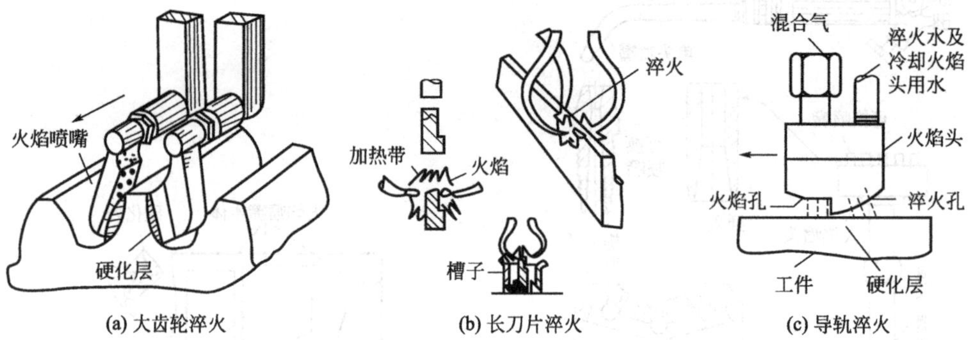

图 10.14 火焰连续加热淬火法示意

对于规定淬硬层深度的火焰淬火，工件表面加热温度应比普通淬火温度高 20～30℃，这是因为火焰加热速度比较快，使奥氏体化温度升高。同时因加热速度较快，所以工件最好先进行正火或调质处理，以获得细粒状或细片状珠光体。在加热深度较大时，急热急冷易引起工件开裂，所以应进行预热来缓和并利用工件内残余热量从而减慢冷却速度。

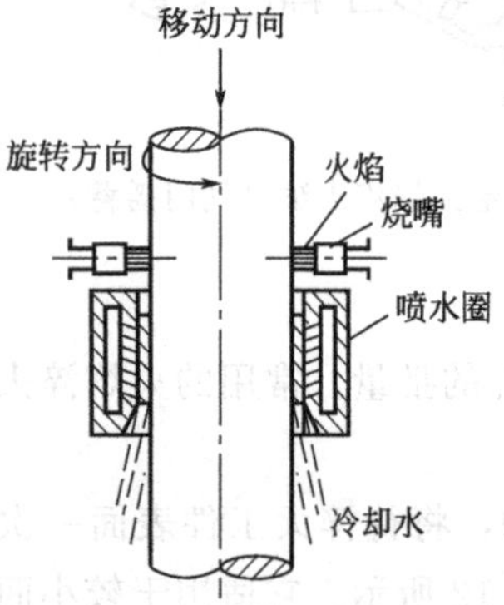

图 10.15 轴类零件火焰连续旋转加热淬火法示意

对固定和旋转加热，工件表面温度取决于加热时间，加热时间越长，表面温度越高。喷嘴与工件之间的距离对表面加热温度有很大的影响，当移动速度一定时，喷嘴与工件距离减小，则表面温度及淬火后的硬度均相应升高。喷嘴与工件的距离应保持在热效率最高的范围内，一般为焰心还原区顶端距工件表面 2～3mm 为好。当喷嘴与工件间距一定时，移动速度对淬火表面硬度有很大影响，如果移动速度过慢，则会使表面过热，使淬火后硬度下降。淬硬层深度与喷嘴移动速度、燃气流量等因素有关，移动速度越快、气体流量越小，则淬硬层深度越薄。

加热停止与喷水冷却间隔时间越长，表面温度下降越多，加热深度增加，一般停留 5～6s 为宜。在连续加热淬火时，主要控制火焰喷嘴与喷水孔之间的距离，一般在 10～15mm 范围内。

对于手动火焰淬火，可将工件投入油中或水中冷却，硬化层较深，适用于不需急冷的合金钢或结构简单的碳钢小件。要求表面高硬度的工件，表面需急冷，可在喷嘴上加工喷射孔喷射冷却剂进行连续冷却。对于旋转法加热淬火，可用冷却圈进行喷射淬火介质冷却。常用的冷却介质有水、油、压缩空气以及不溶性淬火介质（如聚乙烯醇）等。

火焰淬火后进行炉中回火或自回火。炉中回火温度为 180～220℃，保温 1～2h。

10.3　感应加热表面淬火

感应加热表面淬火是利用感应电流通过工件产生的热效应，使工件表面局部加热，继之快速冷却，获得马氏体组织的淬火工艺。

感应淬火可分为高频（30～1000kHz）淬火、中频（小于 10kHz）淬火、工频（50Hz）和高频脉冲（约 27MHz）淬火即微感应淬火等。

10.3.1　感应加热基本原理

（1）电磁感应

当工件放在通有交变电流的感应圈中时，在交变电流所产生的交变磁场作用下将产生感应电动势，其瞬间值为

$$e=-\frac{\mathrm{d}\Phi}{\mathrm{d}\tau}V \tag{10.1}$$

式中　e——感应电势的瞬时值；

τ——时间；

Φ——感应圈内交变电流所产生的总磁通，与交变电流强度及工件磁导率有关。负号表示感应电势方向与磁通变化方向相反。

因为工件本身犹如一个闭合回路，故在感应电势作用下将产生电流，通常称为涡流，其值为

$$I_{\mathrm{f}}=\frac{e}{Z}=\frac{e}{\sqrt{R^2-X_{\mathrm{L}}^2}} \tag{10.2}$$

式中　R——材料的电阻；

X_{L}——感抗。

此涡流在工件上产生热量 Q

$$Q=0.24I_{\mathrm{f}}^2R\tau \tag{10.3}$$

在铁磁材料中，除涡流产生的热效应外，尚有磁滞热效应，但其值很小，可以不计。

若工件与感应圈之间的间隙很小，漏磁损失很少，可把感应圈所产生的磁能看做全被工件吸收而产生涡流。此时涡流 I_{f} 将与通过感应圈的交变电流 I 大小相等，方向相反。据此，在高为 1cm 的单匝感应圈中加热工件吸收的功率为

$$P_{\mathrm{a}}=1.25\times10^{-3}R_0I^2\sqrt{\rho\mu f} \tag{10.4}$$

式中　P_{a}——工件表面吸收的功率，W/cm^2；

R_0——工件半径，cm；

ρ——工件材料电阻率，Ω·cm；

μ——工件材料磁导率，H/m；

f——交变电流频率，Hz；

$\sqrt{\rho\mu}$——“吸收因子”。

由式(10.4) 可知，工件表面吸收的功率与工件的半径、感应器中通过电流的平方及被

加热材料的磁导率和电流频率三者积的平方根成正比。

(2) 集肤效应

当直流电通过金属工件时，工件截面上各点的电流密度是均匀的，而当交流电通过工件时，工件截面上各点的电流密度是不均匀的，表面上的电流密度最大，越往心部电流密度越小，若是高频电流通过工件，工件截面上的电流密度差越大，电流主要集中在工件表面，这种现象称为表面效应，又称集肤效应。是高频电流最基本的特征。当工件放入感应器中通入高频电流加热时，在其内部产生的感应电流的分布也具有此特点，即电流高度集中在工件表面，电流（涡流）强度随距表面距离增大而急剧下降。

涡流 I_f 在被加热工件中的分布系由表面至中心呈指数规律衰减，即

$$I_x = I_0 \cdot e^{-\frac{x}{\Delta}} A \quad (10.5)$$

式中 I_0——表面最大的涡流强度，A；

x——离工件表面的距离，cm。

$$\Delta = \frac{c}{2\pi}\sqrt{\rho/\mu f} \quad (10.6)$$

式中 c——光速，3×10^{10} cm/s。

工程上规定 I_x 降至 I_0 的 1/e 值处的深度为“电流透入深度”，用 δ（单位：mm）表示，可以求出

$$\delta = 50300\sqrt{\frac{\rho}{\mu f}} \quad (10.7)$$

可见，电流透入深度 δ 随着工件材料的电阻率的增加而增加，随工件材料的磁导率及电流频率的增加而减小。

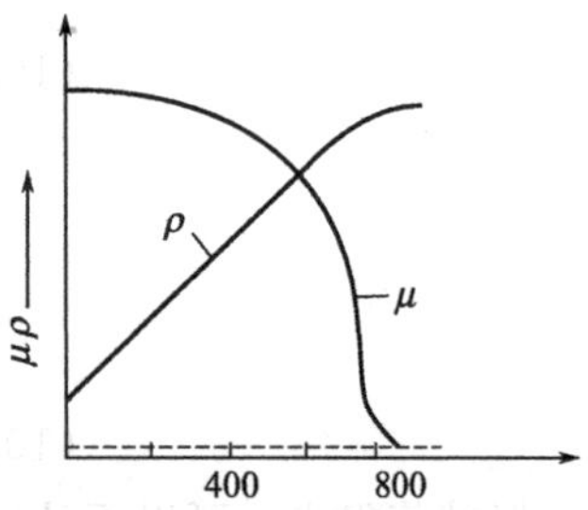

图 10.16 钢的磁导率、电阻率与加热温度的关系

图 10.16 为钢的磁导率 μ 和电阻率 ρ 与加热温度的关系。可见钢的电阻率随着加热温度的升高而增大，在 800～900℃时，各类钢的电阻率基本相等，约为 $10^{-4}\Omega\cdot$cm；磁导率 μ 在温度低于磁性转变温度（居里点，786℃）A_2 或铁素体-奥氏体转变点时基本不变，而超过 A_2 或转变成奥氏体时则急剧下降。

把室温或 800～900℃ 温度的钢的 ρ 及 μ 值代入式 (10.7)，可得下列简式

$$\text{在 20℃时 } \delta_{20} = 20/\sqrt{f} \quad (10.8)$$

$$\text{在 800℃时 } \delta_{800} = 500/\sqrt{f} \quad (10.9)$$

通常把 20℃时的电流透入深度称为“冷态电流透入深度”，而把 800℃时的电流透入深度 δ_{800} 称为“热态电流透入深度”。

(3) 感应加热的物理过程

感应加热开始时，工件处于室温，电流透入深度很小，仅在此薄层内进行加热。电流及温度分布如图 10.17 所示（冷态）。表面温度升高，薄层有一定深度，且温度超过磁性转变点（或转变成奥氏体）时，此薄层变为顺磁体，μ 值急剧下降，交变电流产生的磁力线移向与之毗连的内侧铁磁体处，涡流移向内侧铁磁体处，如图 10.17 所示的过渡状态。由于表面电流密度下降，而在紧靠顺磁体层的铁磁体处，电流密度剧增，此处迅速被加热，温度也很快升高。此时工件截面内最大密度的涡流由表面向心部逐渐推移，同时自表面向心部依次加

热，这种加热方式称为透入式加热。当变成顺磁体的高温层的厚度超过热态电流透入的深度后，涡流不再向内部推移，而按着热态特性分布，如图 10.17 中热态曲线。继续加热时，电能只在热态电流透入层范围内变成热量，此层的温度继续升高。与此同时，由于热传导的作用，热量向工件内部传递，加热层厚度增厚，这时工件内部的加热和普通加热相同，称为传导式加热。

透入式加热较传导式加热有如下特点。

① 表面的温度超过 A_2 点以后，最大密度的涡流移向内层，表层加热速度开始变慢，不易过热，而传导式加热随着加热时间的延长，表面继续加热容易过热。

② 加热迅速，热损失小，热效率高。

③ 热量分布较陡，淬火后过渡层较窄，使表面压应力提高。

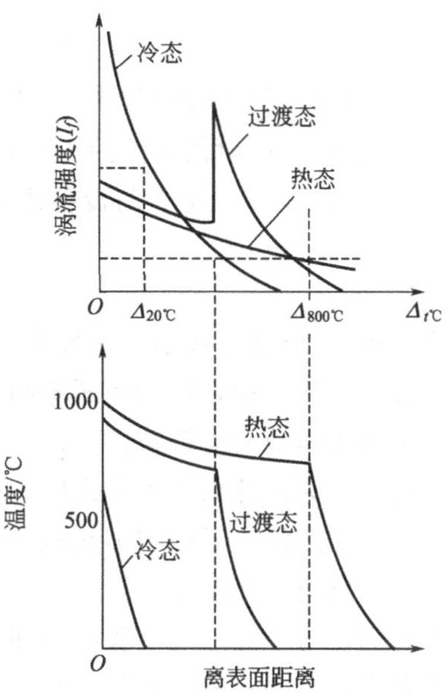

图 10.17　高频加热工件表面涡流密度与温度的关系

10.3.2　感应加热表面淬火工艺

(1) 根据零件尺寸及硬化层深度的要求，合理选择设备

① 设备频率的选择。主要根据硬化层深度来选择。采用透入式加热，应符合

$$f<\frac{2500}{\delta_x^2} \tag{10.10}$$

式中　δ_x——要求硬化层深度，cm。

但所选用频率不宜过低，否则需用相当大的比功率才能获得所要求的硬化层深度，且无功损耗太大。当感应器单位损耗大于 0.4kW/cm^2 时，在一般冷却条件下会烧坏感应器。为此规定硬化层厚度 δ_x应不小于热态电流透入深度的 1/4，即所选频率下限应满足

$$f>\frac{150}{\delta_x^2} \tag{10.11}$$

式(10.10) 为上限频率，式(10.11) 为下限频率。当硬化层深度为热态电流透入深度的 40%～50%时，总效率最高，符合此条件的频率称最佳频率，可得

$$f_{最佳}=\frac{600}{\delta_x^2} \tag{10.12}$$

当现有设备频率满足不了上述条件时，可采用下述弥补办法：在感应加热前预热，以增加硬化层厚度，调整比功率或感应器与工件间的间隙等。

② 比功率的选择。比功率是指感应加热时工件单位表面积上所吸收的电功率，用 ΔP (kW/cm^2) 表示。在频率一定时，比功率越大，加热速度越快；当比功率一定时，频率越高，电流透入越浅，加热速度越快。

比功率的选择主要取决于频率和要求的硬化层深度。在频率一定时，硬化层较浅的，选用较大比功率（透入式加热）；在层深相同情况下，设备频率较低的可选用较大比功率。

因为工件上真正获得的比功率很难测定，故常用设备比功率 $\Delta P_{设}$ 来表示。

设备比功率为设备输出功率与零件同时被加热的面积比，即

$$\Delta P_{设}=\frac{P_{设}}{A} \tag{10.13}$$

式中 $P_{设}$——设备输出功率，kW；

A——同时被加热的工件表面积，cm^2。

工件的比功率 $\Delta P_{工}$ 与设备比功率 $\Delta P_{设}$ 的关系是

$$\Delta P_{工}=\frac{P_{设}\eta}{A}=\Delta P_{设}\eta \tag{10.14}$$

式中 η——设备总效率，一般为 0.4～0.6。

在实际生产中，比功率还要结合工件尺寸大小、加热方式以及试淬后的组织、硬度及硬化层分布等作最后的调整。

(2) 淬火加热温度和方式的选择

感应加热淬火温度与加热速度和淬火前原始组织有关。

由于感应加热速度快，奥氏体转变在较高温度下进行，奥氏体起始晶粒较细，且一般不进行保温，为了在加热过程中能使先共析铁素体（对亚共析钢）等游离的第二相充分溶解，这些都允许并要求感应加热表面淬火采用较高的淬火加热温度。一般高频加热淬火温度可比普通加热淬火温度高 30～200℃。加热速度较快的，采用较高加热的温度。

淬火前的原始组织不同，也可适当地调整淬火加热温度。调质处理的组织比正火的均匀，可采用较低的温度。

当综合考虑表面淬火前的原始组织和加热速度的影响时，每种钢都有最佳加热规范，这可参见有关手册。常用感应加热方式有两种：一种为同时加热法，即对工件需淬火表面同时加热，一般在设备功率足够、生产批量比较大的情况下采用；另一种为连续加热法，即对工件需淬火部位中的一部分同时加热，通过感应器与工件之间的相对运动，把已加热部位逐渐移到冷却位置冷却，待加热部位移至感应器中加热，如此连续进行，直至需硬化的全部部位淬火完毕。如果工件是较长的圆柱形，为了使加热均匀，还可使工件绕其本身轴线旋转。一般在单件、小批量生产中，轴类、杆类及尺寸较大的平面加热，采用连续加热法。

通常通过控制加热时间来控制加热温度，在用同时加热法时，控制一次加热时间；在大批量生产条件下可用设备上的时间继电器自动控制；在连续加热条件下，通过控制工件与感应圈相对位移速度来实现。

(3) 冷却方式和冷却介质的选择

最常用的冷却方式是喷射冷却法和浸液冷却法。喷射冷却法即当感应加热终了时把工件置于喷射器之中，向工件喷射淬火介质进行淬火冷却，其冷却速度可以通过调节液体压力、温度及喷射时间来控制。浸液淬火法即当工件加热终了时，浸入淬火介质中进行冷却。

对细、薄工件或合金钢齿轮，为减少变形、开裂，可将感应器与工件同时放入油槽中加热，断电后冷却，这种方法称为埋油淬火法。

常用的淬火介质有水、压缩空气、聚乙烯醇水溶液、聚丙烯醇水溶液、乳化液和油。聚乙烯醇水溶液的冷却能力随浓度增大而降低，通常使用的浓度为 0.05%～0.30%。若浓度大于 0.30%，则使用温度最好为 32～43℃，不宜低于 15℃。聚乙烯醇在淬火时于工件表面形成薄膜，从而降低水的冷速，在使用中应不断补充，以保持其要求浓度。

(4) 回火工艺

感应加热、淬火后一般只进行低温回火。其目的是为了降低残余应力和脆性，而又不致降低硬度。一般采用的回火方式有炉中回火、自回火和感应加热回火。

炉中回火温度一般为 150～180℃，时间为 1～2h。

自回火就是当淬火后尚未完全冷却，利用在工件内残留的热量进行回火。由于自回火时间短，在达到同样硬度条件下回火温度比炉中回火要高 80℃左右。自回火不仅简化了工艺，而且对防止高碳钢及某些高合金钢产生淬火裂纹也很有效。自回火的主要缺点是工艺不易掌握，消除淬火应力不如炉中回火。

用感应加热回火时，为了降低过渡层的拉应力，加热层的深度应比硬化层深一些，故常用中频或工频加热回火。感应加热回火比炉中回火加热时间短，显微组织中碳化物弥散度大，因此得到的钢件耐磨性高，冲击韧性较好，而且容易安排在流水线上。感应加热回火要求加热速度小于 15～20℃/s。

10.4　高能束表面淬火

10.4.1　高频脉冲淬火

脉冲加热表面淬火是苏瓦特（Frungel Thorwart）于 1968 年提出的一种表面淬火新技术。它是以能量密度很大的能源对金属表面超高速加热，可在若干毫秒时间内加热到淬火温度，然后靠未加热的金属内部迅速热传导自激冷而实现表面淬火硬化的工艺方法。

目前所指的脉冲淬火法主要是用高频脉冲加热法，其全部加热与冷却时间仅在 2～40ms 之间完成。其主要优点如下。

① 在超高速加热下，使奥氏体晶粒超细化，因此，在淬火后得到极微细的隐晶马氏体，在 2 万倍的电镜下也不能完全看清其晶体形貌。淬硬层具有很高的硬度（达 900～1200HV）和韧性，且不显示脆性，并具有较高的抗蚀性。试验表明，脉冲加热表面淬火后的工具寿命可提高 3 倍。

② 劳动生产率高，从加热到冷却全部淬火过程比高频淬火快 10 倍。

③ 能准确地控制及调整淬硬区，可避免变形。

④ 用碳钢制造的刀具经脉冲加热表面淬火后具有高的硬度和高的回火稳定性（达 450℃），因此可以部分取代合金工具钢。

⑤ 工艺稳定、可靠，易于实现自动化生产。

⑥ 采用交变电流频率为 27.12MHz，没有公害。

脉冲加热表面淬火的缺点是由于受冲击能量的限制，它不适用于大型零件的表面硬化，也不适用于导热性差的合金钢的表面硬化。目前多用于切削工具、照相机、钟表、仪器等小型机械零部件的局部淬火。

为了实现超高速的加热和冷却，要求脉冲淬火加热装置能够在极短时间内输出高的能量到工件表面，当迅速达到淬火温度时又能够立刻切断能源达到自急冷的目的。目前符合条件的能源主要有高频脉冲电流、电子束、激光束等。电子束及激光束加热淬火由于还向表面合金化方面迅速发展，已成为一种新的表面强化手段。高频脉冲加热装置则主要应用于表面淬火。

当频率为 27.12MHz 时，电流侵入深度为 10μm。脉冲加热的感应线圈类似高频加热感应器，线圈形状主要由工件加热部分而定，但为了尽量提高冲击能量的利用率，感应线圈必须做得非常精密（公差为0.2mm），以保证能够精确地调整工件与感应圈的间隙。放置工件的工作台应当在x、y、z三个方向均能调节，并附微调装置（精度0.01mm），以保证均匀迅速加热。这种感应器可以用银-铜、银-钢或纯铁粉末冶金材料等。当导线断面小于5mm^{2}时，可用压缩空气冷却而不需要用水冷却。

脉冲加热表面淬火后的钢件不需要腐蚀就可观察到白亮的硬化层，用2万倍以上的电子显微镜才可以观察到它的形态，一般认为是极细的淬火马氏体组织。与普通淬火相比较，脉冲加热淬火后钢中的碳化物更细小，在白亮层与未加热的基体材料之间有一个更窄的过渡区，这个过渡区使表面硬化层与具体金属紧密结合，在承受机械负荷时硬化层薄壳不会剥落，说明这种过渡层具有极高的强韧性。

淬火后表面的硬度依含碳量增加而升高。当w_c=0.8%～0.9%时，约为1150HV；当w_c=1.0%～1.1%时，约为1200HV，当w_c=1.4%时，约为1250HV。

脉冲加热淬火的工艺参数有：输出能量密度（W/mm^2）、脉冲加热时间以及感应器与工件的间隙等。硬化层深度依能量密度增加或脉冲时间延长而增加。对含有难熔碳化物的钢材进行脉冲加热淬火时，尤应注意选定时间。如果冲击加热时间过长及能量密度较低时，往往在表面加热结束后，由于内层温度仍然较高不能实现自激冷而使脉冲淬火工艺失败。当需要在较大面积上硬化时，可以通过连续进给，多次脉冲加热。

10.4.2 激光加热表面淬火

激光和电子束加热表面淬火是20世纪70年代初发展起来的两种新技术，由于它们加热上的一些显著特点，为金属的表面热处理带来了一些新的概念和特点。

(1) 激光加热表面淬火的基本原理

激光具有高度的单色性、相干性和亮度且方向性极强。是一种聚焦性好、功率密度高、易于控制、能在大气中远距离传输的热源。激光加热和一般加热方式不同，它是利用激光束由点到线、由线到面的以扫描方式来实现。常用扫描方式有两种：一种是以轻微散焦的激光束进行横扫描，它可以单程扫描，也可以交叠扫描；另一种是用尖锐聚焦的激光束进行往复摆动扫描，如图10.18所示。

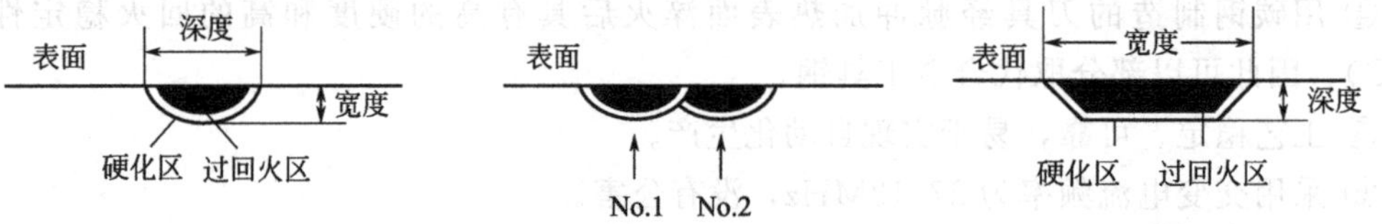

(a) 散焦的激光束单程扫描 (b) 散焦的激光束交叠扫描 (c) 摆动的尖锐聚集光束单程扫描

图10.18 激光加热工件的方式

表面淬火时最主要的是控制表面温度和加热深度，因而用激光扫描加热时关键是控制扫描速度和功率密度。如果扫描速度太慢，温度可能迅速上升到超过材料的熔点；如果功率密度太小，材料又得不到足够的热量，以致达不到淬火所需要的相变温度，或者停留时间过长，加热深度过深，以致不能自行冷却淬火。

由于激光加热是一种光辐射加热，因而工件表面吸收热量除与光的强度有关外，还和工件表面黑度有关。一般工件表面很光洁，反射率很大，吸收率几乎为零。为了提高吸收率，通常都要对表面进行黑化处理，即在欲加热部位涂上一层对光束有高吸收能力的涂料。常用涂料有磷酸锌盐膜、磷酸锰盐膜、炭黑、氧化铁粉等，其中以磷酸盐涂层为最好。厚为3～5μm的磷酸盐涂层对10.6波长的激光束吸收率可达80%左右。

(2) 激光加热表面淬火的特点

① 加热速度快，淬火不用冷却剂。因为激光具有高达$10^6 W/cm^2$的能量密度，故可使金属表面在几十毫秒内升高到所需淬火温度。由于升温快加热集中，因而停止照射时可以把热量迅速传至周围未被加热金属，被加热处可以迅速冷却，达到自行淬火的效果。由于加热速度极快，故可以得到超细晶粒。

② 可控制精确的局部表面加热淬火。由于激光具有高的方向性和相干性，可控性能特别好，它可用光屏系统传播和聚焦。因此，可以按任何复杂的几何图形进行精确的局部选择性加热淬火，而不影响邻近部位的组织和粗糙度。对一些拐角、狭窄的沟槽、齿条、齿轮、深孔、盲孔表面等用光学传导系统和反射镜可以很方便地进行加热淬火。

③ 输入热量少，工件处理后畸变微小。

10.4.3 电子束加热表面淬火

电子束加热表面淬火与激光加热表面淬火相似，也是利用高能热源对金属工件的表面加热淬火的表面强化工艺，区别在于电子束加热是通过电子流轰击金属表面，电子流和金属中的原子碰撞来传递能量进行加热。由于电子束在很短的时间内以密集的能量轰击表面，表面温度迅速升高，而其它部位仍保持冷态。当电子束停止轰击时，热量快速向冷基体金属传播，使加热表面自行淬火。

(1) 电子束加热表面淬火的基本原理

将工件放置在高能密度（最高可达$10^9 W/cm^2$）的电子枪下，保持一定的真空（0.1～1Pa），用电子枪辐射的电子束轰击工件表面，在极短的时间内使工件表面的温度迅速升高到钢的相变温度以上，然后通过自急冷实现淬火，如图10.19所示。

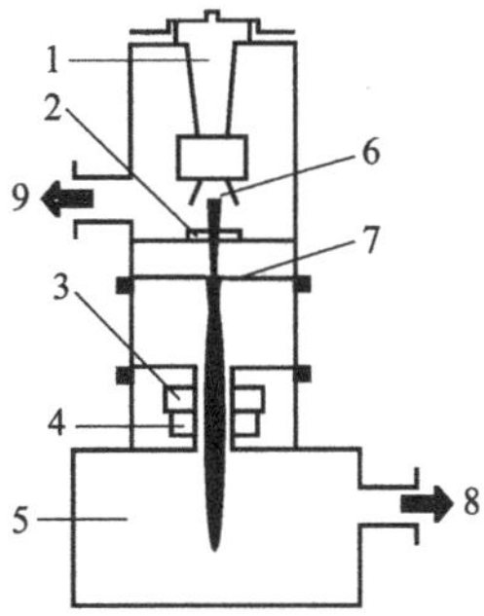

图10.19　电子束加热装置示意

1—绝缘件；2—阳极；3—磁透镜；4—偏转线圈；5—工作室；6—电子枪；7—圆柱阀；8—局部真空；9—真空

电子束加热表面时，表面温度和淬透深度除和电子束能量大小有关外，还和轰击时间有关。轰击时间长，温度就高，加热深度也增加。

(2) 电子束加热表面淬火的特点

电子束可以聚焦和转动，因而有与激光相同的加热特性。电子束加热表面淬火的最大特点是加热速度极快（3000～5000℃/s），所得奥氏体晶粒极细（超细晶粒），淬火后得到的是细小的马氏体组织，因此可获得较高的硬度。

激光加热和电子束加热相比较，电子束加热效率高，消耗能量是所有表面加热中最小的；而激光加热的电效率低，成本较高；大功率激光器维护也比较复杂，但除了激光器本身外，无特殊要求，而电子束系统需要有一定真空度；电子束加热工件表面不需特殊处理，而激光加热工件表面要进行黑化处理；激光具有极高的可控性能，可精确地瞄准加热部位，电子束的可控性则较激光差。

表10.1是激光加热表面淬火和电子束加热表面淬火的对比。

表 10.1 激光加热表面淬火和电子束加热表面淬火对比

项 目	电子束加热表面淬火	激光加热表面淬火
能量效应	99%	15%
防止反射	不需要防止反射	反射率 40%，需涂反射防止剂
气氛条件	真空	大气，但需辅助气体
能量传输	通过真空容器内的移动透镜或电子枪的移动来传输能量	平行光路系统的激光束传输能量
对焦	通过控制聚焦电流进行调节	由于透镜距离是固定的，通过移动工作台调节
束偏转	用电控制可选择任意图形	通过更换反射镜调节偏转，图形是固定的
设备运转费	低	高（是电子束的 7～14 倍）

复习思考题

1. 表面淬火的目的是什么？常用的表面淬火方法有哪几种？比较它们的优缺点及应用范围。试说明表面淬火前应采用何种预先热处理？

2. 简述感应加热表面淬火的基本原理及其优点。高频感应加热时钢的相变有何特点？为何钢经高频感应加热淬火后的表面硬度比一般普通淬火高？

3. 表面淬火用钢的成分有何特点？

4. 激光热处理有何特点？

第 11 章　钢的化学热处理

化学热处理与一般热处理的根本区别在于：一般热处理不要求表面有化学成分的改变。而化学热处理是通过改变钢表面的化学成分和组织，以达到改善表面性能的目的。使得同一材料制作的零件，在表面和心部具有显著不同的两种性能。因此要求同一零件的表面和心部具备不同成分和性能时通常采用化学热处理。例如，保持工件心部有着高的强韧性的同时，使表面具有高硬度、高耐磨性及高疲劳强度等一系列优良性能。因此，化学热处理在工业上得到越来越广泛的应用。

化学热处理是指将金属或合金工件放在活性介质中加热到一定温度，使工件表面与周围介质相互作用，一种或几种化学元素的原子或离子扩散并渗入工件表层，使其表面的化学成分发生改变，并配以不同的后续热处理，改变其金相组织与性能的一种热处理工艺。

经过化学热处理的工件，其表面和心部具有不同的化学成分、组织和性能，从而获得单一材料难以获得的性能，工件实际上也成了一种复合材料的构件。化学热处理的目的是：

① 提高材料表面的硬度和耐磨性，例如渗碳、渗氮、碳氮共渗可以提高钢材表面的硬度，以提高耐磨性，延长零件的使用寿命，也可以用低温的氮碳共渗提高摩擦副的抗咬合性，以及通过渗硫、硫氮共渗或是硫氮碳共渗来提高表面的减摩作用，增强材料的耐磨性能；

② 提高材料抵抗交变载荷的疲劳强度，例如渗碳、渗氮和碳氮共渗后在材料表面形成一定厚度的压应力层，这样会使材料抗疲劳性能大大提高；

③ 增强材料的耐腐蚀性和耐热性能，例如渗氮、渗铝、渗硅、渗铬可以有效地改善材料的抗腐蚀及热状态下抗氧化的能力。

钢的化学热处理，通常以渗入不同的元素来命名。表 11.1 是常用化学热处理工艺方法及其应用。

表 11.1　常用化学热处理工艺方法及其应用

处理方法	渗入元素	用　　途
渗碳及碳氮共渗	C 或 C、N	提高工件表面硬度、耐磨性及疲劳强度
渗氮及氮碳共渗	N 或 N、C	提高工件表面硬度、耐磨性、抗咬合能力及抗腐蚀性
渗硫	S	提高工件的减摩性和抗咬合能力
硫氮及硫氮碳共渗	S、N 或 S、N、C	提高工件的耐磨性、减摩性及抗疲劳、抗咬合能力
渗硼	B	提高工件的表面硬度、提高耐磨、耐蚀能力及红硬性
渗硅	Si	提高工件表面硬度，提高耐蚀、抗氧化能力
渗锌	Zn	提高工件抗大气腐蚀能力
渗铝	Al	提高工件抗高温氧化及硫介质腐蚀能力
渗铬	Cr	提高工件抗高温氧化、腐蚀性及耐磨性
渗钒	V	提高工件表面硬度，提高耐磨及咬合能力
硼铝共渗	B、Al	提高工件耐磨、耐蚀及抗高温氧化能力，表面脆性及抗剥落能力优于渗硼
铬铝共渗	Cr、Al	具有比单独渗铬或渗铝更优的耐热性能
铬铝硅共渗	Cr、Al、Si	提高工件的高温性能

11.1 化学热处理原理及过程

11.1.1 化学热处理的基本过程

(1) 化学热处理的基本过程

化学热处理是通过渗剂的分解而获得活性原子，活性原子被钢件表面所吸收，然后通过原子的运动向工件内部扩散，以达到一定性能的渗层组织。所以，化学热处理一般由分解、吸收和扩散三个基本过程所组成。

① 分解过程　在一定温度下，化学介质可发生化学分解反应，生成活性原子。例如在渗碳温度（920～930℃）时，含碳介质会发生如下分解反应

$$2CO \longrightarrow CO_2 + [C]$$

$$C_nH_{2n} \longrightarrow nH_2 + n[C]$$

$$C_nH_{2n+2} \longrightarrow (n+1)H_2 + n[C]$$

而渗氮时，氨气在钢件表面分解出活性氮原子 [N]，分解反应如下

$$2NH_3 \longrightarrow 3H_2 + 2[N]$$

通常为了增加化学介质的活性，还加入适量催化剂或催渗剂，以加速反应过程，降低反应温度，缩短反应时间。例如，固体渗碳时加入碳酸盐，渗金属时常用氯化铵作为催化剂。此外稀土元素也具有很明显的催渗效果。

② 吸收过程　介质分解生成活性原子，如 [C]、[N] 等，为钢的表面所吸附，然后溶入基体金属铁的晶格中。碳、氮等原子半径较小的非金属元素容易溶入 γ-Fe 中形成间隙固溶体。碳也可与钢中强碳化合物元素直接形成碳化物。氮可溶于 α-Fe 中形成过饱和固溶体，然后再形成氮化物。

③ 扩散过程　钢表面吸收活性原子后，该种元素的浓度大大提高，形成了显著的浓度梯度。在一定的温度条件下，原子就能沿着浓度梯度下降的方向作定向的扩散，结果便能得到一定厚度的扩散层。

表征扩散过程速度的一个重要参数是扩散系数 D。它的物理意义是，在浓度梯度为 1 的情况下，在单位时间内，通过单位面积的扩散物质量。扩散系数越大，则扩散速度越快。影响扩散速度的主要因素是温度和时间。

扩散系数和温度的关系可由下式表示

$$D = Ae^{\frac{Q}{RT}}$$

式中，D 为扩散系数；e 为自然对数之底；T 为绝对温度；A 为方程式参数；R 为气体常数；Q 为扩散激活能。

温度越高，扩散系数越大。如碳在铁中的扩散系数，当温度自 925℃增至 1100℃时，会增加 7 倍以上，而铬在铁中的扩散系数，当从 1150℃增至 1300℃时会增大 50 倍以上。

当温度一定时，加热时间越长，扩散层的厚度便越大，扩散层厚度与时间的关系为

$$\delta = K\sqrt{\tau}$$

式中，δ 为扩散层厚度；τ 为时间；K 为常数。

(2) 化学热处理渗剂的性能

在化学热处理工艺过程中，渗剂的作用是保证在工艺温度范围内能够不断地、充分地、

持久地提供渗入金属基体的活性原子，因此化学热处理渗剂应满足以下要求。

① 渗剂经物理化学反应后，应具有足够的活性，即生产足够数量的、能使被渗金属吸收的活性原子或活性物质，而不应过多地含有降低渗剂活性的物质。例如：钢铁渗铬时的铬铁合金的含铁量越低越好，因为在渗铬温度下，除了生产活性物质 $CrCl_2$ 外，还会产生 $FeCl_3$，而且它的含量越大，则 $CrCl_2$ 的分压越小，即渗铬介质的活性越小，从而会降低渗铬速度和渗层的铬浓度。此外，更不应产生含有损伤工件组织和性能的有害杂质，例如：渗碳煤油中的含硫量应越低越好。

② 渗剂的成分应具有良好的稳定性，能长期有效地提供活性原子或活性物质，还应具有良好的可控性和调节性能，以满足化学热处理工艺不同阶段对活性原子数量的要求。

③ 渗剂的使用、储存和运输中，应具有良好的安全性，无毒无害，不造成环境污染。渗剂还应价格低廉，来源丰富，使用方便。

(3) 化学热处理过程中渗剂的化学反应机制

金属化学热处理可在固体、液体或气体渗剂中进行，其中提供活性原子或活性物质的化学反应是比较复杂的，其主要的反应类型如下。

① 置换反应　例如钢铁粉末渗钒时，渗剂中的 NH_4Cl 与钒铁反应生成活性物质 VCl_2，其后它与钢进行置换反应生成活性原子 [V]，其化学反应式为

$$VCl_2 + Fe = [V] + FeCl_2$$

② 还原反应　例如钢铁粉末渗铬时，按下列反应进行

$$Cr_2O_3 + 2Al = 2[Cr] + Al_2O_3$$

③ 氧化反应　例如钢铁固体渗碳时，按下列反应进行

$$2C_{(固)} + O_2 = 2CO \text{ 或 } C_{(固)} + O_2 = CO_2$$

④ 热分解反应　例如钢铁气体渗氮或渗碳时，按下列反应进行

$$2NH_3 = 2[N] + 3H_2 \text{ 或 } CH_4 = [C] + 2H_2$$

任何一种反应分解出被渗元素的能力都可依据质量作用定律确定，即每一反应的平衡常数，在常压下，取决于温度，而当温度一定时，平衡常数也一定，则主要取决于参加反应物质的浓度（液态反应）或分压（气态反应）。因此，影响渗剂活性的首要因素是渗剂固有的性质，当渗剂确定后，则影响渗剂活性的因素是温度和分解反应前后参与反应物质的浓度及分压。

11.1.2　加速化学热处理过程的途径

化学热处理过程是一个能源消耗较大的过程，为了缩短生产周期，提高生产效率，降低生产成本，多年来人们一直寻求各种加速化学热处理过程的途径。化学热处理的整个过程是一个复杂多变、相互联系、相互制约的过程，任何一个过程的受阻都会影响到形成渗层的速度和渗层的质量。化学热处理过程的加速，可以从加速各基本过程入手解决。所用方法可以是化学方法，也可以是物理方法，亦即所谓化学催化法和物理催化法。

(1) 化学催化法

国内外广泛采用化学催化法来加速化学热处理的进程。化学催化法是在渗剂中加入催渗剂，促使渗剂分解、活化工件表面，提高渗入元素的渗入能力。目前常用的方法如下。

① 提高渗剂活性　在渗剂中加入反应活性剂，提高渗剂活性。如固体渗碳时渗剂中加入 Na_2CO_3；无毒液体渗碳时，加入 SiC 催渗；气体渗碳时滴入苯或丙酮等。

② 卤化物催化法　在渗剂中加入卤化物，如在气体氮化时，于氮化炉中加入 $TiCl_4$ 或炉中加入 NH_4Cl。在氮化温度下，卤化物分解出 HCl 或 Cl_2，破坏工件表面的氧化膜，进一步活化工件表面，加速渗氮过程（国内称其为洁净氮化）。在渗金属时，常用欲渗元素纯金属或合金与卤化物反应得到气相金属卤化物，吸附于工件表面并分解析出渗入元素活性原子渗入金属基体中，促进渗入过程。

③ 稀土催渗　在渗剂中加入稀土元素、稀土的卤化物等也能加速化学热处理过程。这主要是由于这些特殊原子的渗入，改变基体金属的晶体结构和亚结构，例如引起晶格畸变、空位、位错环、堆垛层错等晶体缺陷增加，增加扩散原子扩散通道，从而提高原子的扩散速度，达到催渗的目的。

(2) 物理催化法　随着物理科学技术的发展，人们进行了各种物理场作用下的化学热处理的试验和研究，将工件放在特定的物理场（如真空、等离子场、高频电磁场、高温、高压、电场、磁场、超声波等）中进行化学热处理，加速化学热处理过程，提高渗速。目前试验和研究的方法很多，其中进展迅速广泛用于生产的如下。

① 高温法　提高化学热处理的温度，对化学热处理各基本环节均可促进，有效地加速整个过程。如在条件允许的情况下，把渗碳温度从 930℃提高到 1000℃，可使渗碳过程大大加快。

② 真空化学热处理　在负压下的气相介质中进行，如真空渗碳、真空渗铬等。由于在真空作用下工件表面净化，吸附于工件表面的活性原子浓度大为提高，从而增加了浓度梯度。又因为在真空化学热处理时可采用较高的温度，因而大大提高了渗入元素的扩散速度，显著加快渗速。真空渗碳在 1030～1050℃的高温下进行，渗碳时间缩短为普通气体渗碳的 1/5 左右，提高生产率 1～2 倍，渗层深度可达 7mm，渗层质量也较高；而在 1.33～13.3Pa 真空度下渗 Al、Cr，渗速可提高 10 倍以上。

③ 离子轰击化学热处理　在低于一个大气压（1.013×10^5Pa）的含有欲渗元素的气相介质中，利用工件（阴极）和阳极之间产生辉光放电的同时渗入欲渗元素原子的工艺为离子轰击化学热处理，如离子渗氮、离子渗碳、离子渗硫、离子碳氮共渗、离子硫氮共渗等。这种工艺具有渗速快，质量好、无污染、节能等优点，已在生产中得到广泛应用。

随着新能源的开发和应用，化学热处理的技术手段也得到了较大发展，例如采用超声波加快渗入原子的扩散速度，近几年出现的激光束化学热处理、电子束化学热处理等，这些新技术的应用必将极大的促进化学热处理工艺的提高。

11.2 钢的渗碳

11.2.1 渗碳的目的和分类

为了增加钢件的含碳量和获得一定的碳浓度梯度，将钢件在渗碳介质中加热和保温，使碳原子渗入表层的工艺称为渗碳。在工业生产中，有许多重要的零件（如汽车、拖拉机的变速箱齿轮、活塞销、摩擦片及轴类等）都是在变动载荷、冲击载荷、大接触应力和严重磨损条件下工作的，因此要求零件表面具有高的硬度、耐磨性及疲劳极限，而心部具有高的强度和韧性。经过渗碳处理可满足上述要求。渗碳的目的是使机器零件获得高的表面硬度、耐磨性及高的接触疲劳强度和弯曲疲劳强度。

按渗碳介质的物质状态，渗碳方法可分为固体渗碳、气体渗碳、液体渗碳和特殊渗碳四种。其中气体渗碳法的生产效率高，渗碳过程容易控制，渗碳层质量好，且易实现机械化与自动化，故应用最广。

11.2.2　渗碳原理

（1）渗碳反应和渗碳过程

① 渗碳反应　在渗碳生产中，最主要的渗碳组分是 CO 或 CH_4，通过反应产生活性碳原子［C］，例如

$$2CO \xleftrightarrow{Fe} [C] + CO_2 \qquad CO \xleftrightarrow{Fe} [C] + \frac{1}{2}O_2$$
$$CO + H_2 \xleftrightarrow{Fe} [C] + H_2O \quad CH_4 \xleftrightarrow{Fe} [C] + 2H_2 \tag{11.1}$$

② 渗碳过程　渗碳可以分为三个过程：渗剂中形成 CO、CH_4 等渗碳组分；渗碳组分传递到工件表面，在工件表面吸附、反应，产生活性碳原子渗入工件表面，反应产生的 CO_2 和 H_2O 离开工件表面；渗入工件表面的碳原子向内部扩散，形成具有一定碳浓度梯度的渗碳层。

③ 渗碳过程的主要参数

a. 碳势 C_P　碳势是表征含碳气氛在一定温度下与工件表面处于平衡时，工件表面达到的含碳量。一般采用低碳钢箔片测量。将厚度小于 0.1mm 的低碳钢箔片置于某一温度的渗碳介质中，进行穿透渗碳，测定箔片的含碳量，即为该渗碳介质在此温度下的碳势。若渗碳介质的碳势低于钢中含碳量，则钢要脱碳，反之则进行渗碳反应。

b. 碳活度 α_c　碳活度定义为

$$\alpha_c = p_c / p_c^0 \tag{11.2}$$

式中　p_c——钢奥氏体中碳的饱和蒸气压；

p_c^0——相同温度下以石墨为标准态的碳的饱和蒸气压。

碳活度的物理意义是奥氏体中碳的有效浓度。碳活度 α_c 的大小与奥氏体中碳含量有关，$\alpha_c = f_c[w(C)\%]$，含碳量高者，α_c 值较大，f_c 为活度系数，其值与渗碳温度、合金元素种类及含量有关。

c. 碳传递系数 β　碳传递系数是表征渗碳界面反应速度的常数，也称为碳的传输系数，量纲为 cm/s。可定义为

$$\beta = J' / (C_p - C_s) \tag{11.3}$$

式中　J'——碳通量，$g/(cm^2 \cdot s)$；

C_s——工件表面含碳量，g/cm^3。

碳传递系数 β 的物理意义为：单位时间（s）内气氛传递到工件表面单位面积的碳量（碳通量 J'）与气氛碳势和工件表面含碳量之间的差值（$C_p - C_s$）之比。碳传递系数与渗碳温度、渗碳介质、渗碳气氛等有关。

d. 碳扩散系数 D　碳扩散系数与渗碳温度、奥氏体碳浓度和合金元素的种类及含量有关，其中渗碳温度的影响最大。碳扩散系数 D 与温度 T(k) 的关系可近似表达为

$$D = 0.162\exp(-16575/T) \tag{11.4}$$

（2）影响渗碳速度的因素

渗碳深度 d 可按式(11.5) 近似计算

$$d = k\sqrt{t} - \frac{D}{\beta} \tag{11.5}$$

式中 d——渗碳深度，cm；

k——渗碳速度因子，$cm/s^{1/2}$；

t——渗碳时间，s。

其中渗碳速度因子与渗碳温度、碳势成正比，与心部含碳量成反比，与合金元素的种类及含量也有关。

① 渗碳温度的影响　由式(11.4) 可知，随着渗碳温度升高，碳在钢中的扩散系数上升，渗碳速度加快，但渗碳温度过高会造成晶粒长大，工件畸变增大，使设备寿命降低，所以渗碳温度一般控制在 900～950℃。

② 渗碳时间的影响　由式(11.5) 可知，渗碳深度与渗碳时间呈平方根关系。渗碳时间越短，生产效率越高，能源消耗越低。但是对于浅层渗碳而言，渗碳时间太短，渗层深度控制很难达到精确。所以应该通过调整渗碳温度、碳势来延长渗碳时间，以便精确控制渗层的深度。

③ 碳势的影响　渗碳介质的碳势越高，渗碳速度越快，但渗层碳浓度梯度增大，见图 11.1。碳势过高，还会在工件表面发生积碳。

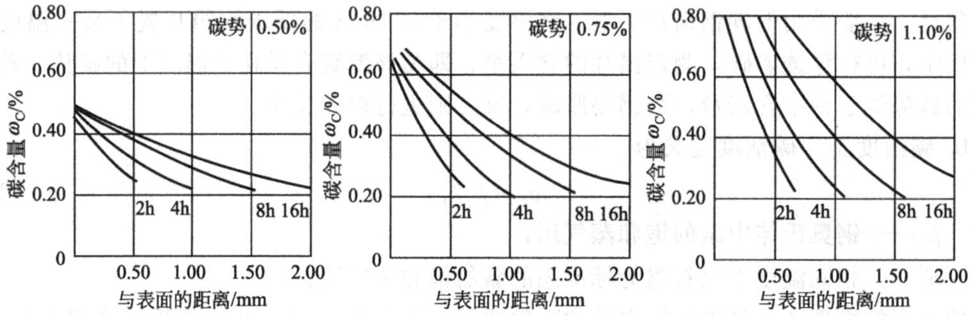

图 11.1　20 钢不同碳势下渗碳后表层的碳浓度分布

[渗碳温度：920℃，气氛（体积分数）：20%CO，40%H_2]

(3) 气体渗碳中碳势的测量与控制

在炉气中 CO 含量保持不变的条件下，α_c 与 CO_2、O_2 的含量有对应关系，因此可采用 CO_2 红外仪及氧探头间接测量碳势。CO_2 红外仪是利用多原子气体对红外线的选择吸收作用（例如 CO_2 仅吸收波长 4.26μm 的射线，CH_4 仅吸收波长为 3.4μm 和 7.7μm 的红外线，其余波长不吸收），以及选择吸收红外线的能量又和该气体的浓度及气层厚度有关这一性质来测定气氛中 CO_2 含量，从而测定碳势。氧探头是利用氧化锆的氧离子导电性来测量炉气中氧含量（分压），从而测定碳势。

在 CO 和 H_2 分压保持不变的条件下，炉气中 H_2O 含量与碳势存在对应关系，这时可用露点仪间接测量碳势。露点是指气氛中水蒸气开始凝结成雾的温度，即在一个大气压力下，气氛中水蒸气达到饱和状态时的温度。气氛中含 H_2O 量越高，露点越高，而碳势就越低。

碳势的控制可采用多种方法。在一定的工艺条件下，采用双参数控制碳势即可获得较好的结果，如 O_2-CO 或 CO_2-CO 等。当炉气成分基本不变时，可采用单参数控制碳势（生产中一般用氧探头），但应使用钢箔监测。

11.2.3　渗碳方法

(1) 固体渗碳

固体渗碳法是把渗碳工件装入有固体渗碳剂的密封箱内（一般采用耐火黏土密封），在渗碳温度加热、保温渗碳。固体渗碳剂主要由供碳剂、催化剂组成。供碳剂一般为木炭、焦炭，催化剂一般为碳酸盐，如 $BaCO_3$、Na_2CO_3 等。固体渗碳剂加入黏结剂可制成粒状渗碳剂，使渗碳时的透气性更好，有利于渗碳反应。典型的固体渗碳工艺见图 11.2。

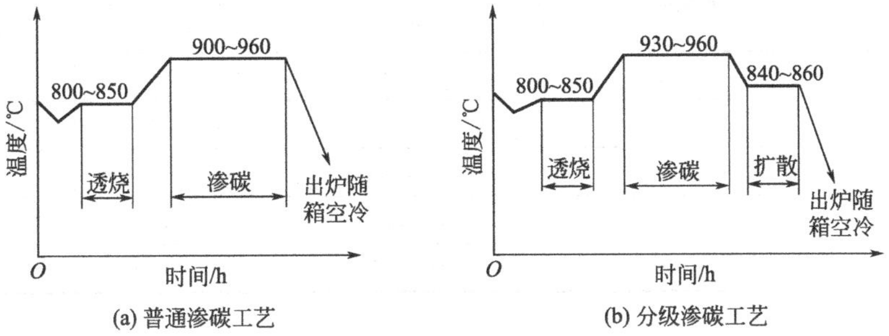

图 11.2　固体渗碳工艺

常用固体渗碳温度为 900～960℃，此时钢件处于奥氏体区域，碳的浓度可以在很大范围内变动，有利于碳的扩散。但如果渗碳温度过高，奥氏体晶粒要发生长大，将降低渗碳件的力学性能。同时，渗碳温度过高，将降低加热炉及渗碳箱的寿命，也将增大工件的挠曲变形。

渗碳时间应根据渗碳层要求、渗碳剂成分、工件及装箱量等具体情况来确定。在生产中常用试棒来检查渗碳效果。一般规定渗碳试棒直径应大于 10mm，长度应大于直径。

渗碳剂的选择应根据具体情况而定，要求表面含碳量高、渗层深，则应选用活性高的渗碳剂；含碳化物形成元素的钢，则应选择活性低的渗碳剂。

在图 11.2 固体渗碳工艺中都有透烧时间，这是因为填入渗碳剂的渗碳箱传热速度慢，透烧可使渗碳箱内温度均匀，减小零件渗层深度的差别。透烧时间与渗碳箱的大小有关。另外，图 11.2(b) 中增加的扩散过程，其目的是适当降低表面含碳量，使渗层适当加厚。

固体渗碳不需专门的设备，容易实现，还可以防止某些合金钢在渗碳过程中氧化。但由于该方法渗碳时间长，渗层不易控制，不能直接淬火，劳动条件较差，目前应用较少。但是在发达国家，仍不乏使用固体渗碳工艺。这是因为固体渗碳有其独特的优点。例如像柴油机上一些细小的油嘴、油泵芯子等零件以及其它一些细小或具有小孔的零件，如果用别的渗碳方法很难获得均匀渗层，也很难避免变形，但用固体渗碳法就能达到这一要求。目前固体渗碳法渗碳剂已经被制成商品出售，仅需根据渗层表面含碳量要求，选用不同活性渗碳剂即可。由于渗碳剂生产的专业化，其制造可以实现机械化，克服了固体渗碳许多生产操作中的缺点。

(2) 液体渗碳

液体渗碳是在能析出活性碳原子的盐浴中进行的渗碳方法。其优点是设备简单，渗碳速度快，渗碳层均匀，便于渗碳后直接淬火，特别适用于中小型零件及有不通孔的零件。缺点是多数盐浴含有剧毒的氰化物，对环境和操作者存在危害。

渗碳盐浴一般由基盐、催化剂、供碳剂三部分组成。基盐通常用 NaCl，$BaCl_2$、KCl 或复盐配制；催化剂一般采用碳酸盐，如 Na_2CO_3 或 $BaCO_3$；供碳剂常用 NaCN、木炭粉、SiC。

液体渗碳的温度一般为 920～940℃，其考虑原则和固体渗碳相同。液体渗碳速度较快，在 920～940℃渗碳时，渗碳层深度与渗碳时间的关系见表 11.2。

表 11.2　液体渗碳渗碳层深度与渗碳时间的关系

渗碳温度/℃	渗碳时间/h	渗碳层深度/mm		
		20 钢	20Cr	20CrMnTi
920～940	1	0.30～0.40	0.55～0.56	0.55～0.65
	2	0.70～0.75	0.90～1.00	1.00～1.10
	3	1.00～1.10	1.40～1.50	1.42～1.52
	4	1.28～1.34	1.56～1.62	1.56～1.64
	5	1.40～1.45	1.80～1.90	1.80～1.90

（3）气体渗碳

气体渗碳是工件在气体介质中进行碳渗入的方法。渗碳气体可以用碳氢化合物有机液体，如煤油、丙酮等直接滴入炉内汽化而得。气体在渗碳温度热分解，析出活性原子，渗入工件表面。也可以将事先制备好的一定成分的气体通入炉内，在渗碳温度下分解出活性碳原子渗入工件表面来进行渗碳。

用有机液体直接滴入渗碳炉内的气体渗碳法称为滴注式气体渗碳。而事先制备好渗碳气氛然后通入渗碳炉内进行渗碳的方法，根据渗碳气的制备方法分为吸热式气氛渗碳、氮基气氛渗碳等。

① 滴注式气体渗碳　当用煤油等作为渗碳剂直接滴入渗碳炉内进行渗碳时，由于在渗碳温度热分解时析出活性碳原子过多，往往不能全部被钢件表面吸收，而在工件表面沉积成炭黑、焦油等，阻碍渗碳过程的继续进行，造成渗碳层深度及碳浓度不均匀等缺陷，为了克服这些缺点，近年来发展了滴注式可控气氛渗碳。这种方法无须特殊设备，只要对现有井式渗碳炉稍加改装，配上一套测量控制仪表即可。

滴注式可控气氛渗碳一般采用两种有机液体同时滴入炉内。一种液体产生的气体碳势较低，作为稀释气体；另一种液体产生的气体碳势较高，作为富化气。改变两种液体的滴入比例，可使零件表面含碳量控制在要求的范围内。

② 吸热式气氛渗碳　用吸热式气氛进行渗碳时，往往用吸热式气氛加富化气的混合气进行渗碳，其碳势控制靠调节富化气的添加量来实现。一般常用丙烷作富化气。当用 CO_2 红外线分析仪控制炉内碳势时，其操作原理基本上与滴注式气体渗碳相同。不过在此处只开启富化气的阀门，调整富化气的流量来调节炉气碳势。

由于吸热式气氛需要有特殊的气体发生设备，其启动需要一定的过程，故一般适用于大批量生产的连续作业炉。连续式渗碳在贯通式炉内进行。一般贯通式炉分成四个区，以对应于渗碳过程的四个阶段（加热、渗碳、扩散和预冷淬火）。不同区域要求气氛碳势不同，以此对其碳势进行分区控制。

③ 氮基气氛渗碳　氮基气氛渗碳是指以氮气为载体，添加富化气或其它供碳剂的气体渗碳方法，该方法具有能耗低、安全、无毒等优点。

11.2.4 渗碳工艺规范的选择

渗碳的目的是在工件表面获得一定的表面碳浓度、一定的碳浓度梯度及一定的渗层深度。选择渗碳工艺规范的原则是如何以最快的速度、最经济的效果获得符合要求的渗碳层。

可控气氛渗碳的工艺参数包括渗碳剂类型及单位时间消耗量、渗碳温度、渗碳时间。

(1) 渗碳剂消耗量

滴注式可控气氛渗碳时，首先把滴注剂总流量调整至使炉气达到所需碳势，然后在渗碳过程中根据炉气碳势的测定结果稍加调整稀释剂（甲醇）与渗碳剂（丙酮）的相对含量（也可只调整渗碳剂流量）。

吸热式可控气氛渗碳时，吸热式气体作为载体，而用改变富化气的流量来调整炉内碳势。一般载体（稀释气）气体以充满整个炉膛容积，并使炉内气压较大气压高 10mm 水柱，使炉内废气能顺利排出，即认为满足要求。一般每小时所供气体体积约为炉膛容积的 2.5～5 倍，即通常所称的换气倍数。富化气根据碳势要求而添加，若用丙烷作为富化气，在渗碳区的加入量一般为稀释气的 1‰～1.5‰。

(2) 渗碳温度和时间

在可控气氛渗碳时，由于气氛碳势被控制在一定值，因而渗碳温度和时间对渗层的影响完全反映在渗层深度及碳浓度的分布曲线上。渗碳温度越高，渗碳时间越长，渗层越深，碳浓度的分布越平缓。

(3) 最佳工艺规范的获得

由于可控气氛渗碳表面碳浓度可控，因而可以通过在渗碳过程中调整碳势，合理选择加热温度和时间，从而达到过程时间短、渗层深度及碳浓度分布合乎要求的最佳工艺。

例如，为了缩短渗碳时间，在设备及所用材料的奥氏体晶粒长大倾向性允许的条件下，可以适当提高渗碳温度。除此之外，由于炉内碳势可控，可在渗碳初期把炉气碳势调得较高，以提高工件表面的碳浓度，从而使扩散层内碳浓度梯度增大，加速渗碳过程。而在渗碳后期，降低炉气碳势，使工件表面碳浓度达到要求的碳浓度。为了获得具有一定碳浓度分布的渗层，也可以通过调整渗碳过程中不同阶段的炉气碳势及其维持时间来达到。

11.2.5 渗碳后的热处理

工件渗碳后，在工件表层为高碳，而心部仍为低碳。为了得到理想的性能，还需要对工件进行适当的热处理。渗碳后常用的热处理工艺有直接淬火、一次加热淬火和两次加热淬火。

(1) 直接淬火

直接淬火是在工件渗碳后，预冷到一定温度，然后立即进行淬火冷却。这种方法一般适用于气体渗碳或液体渗碳。固体渗碳时，由于工件装于箱内，出炉、开箱都比较困难，较难采用该种方法。

预冷可以是随炉降温或出炉冷却。预冷的目的是使工件与淬火介质的温度差减小，减小应力与变形。预冷温度一般稍高于心部成分的 A_{r_3} 点，避免淬火后心部出现自由铁素体，可获得较高的心部强度。但此时表面温度高于相当于渗层化学成分的 A_{r_3} 点，奥氏体中含碳量高，淬火后表层残余奥氏体量较高，硬度较低。

直接淬火的优点：减少加热、冷却次数，简化操作，减小变形及氧化脱碳。缺点：渗碳时在渗碳温度停留时间较长，易发生奥氏体晶粒长大。对于直接淬火，虽经预冷也不能改变奥氏体晶粒度，在淬火后可能使力学性能降低。只有在渗碳时不发生奥氏体晶粒显著长大的钢，才能采用直接淬火。

(2) 一次加热淬火

一次加热淬火是指渗碳后缓冷，然后重新加热淬火。重新加热淬火的温度应根据工件要求而定。对心部强度要求较高的合金渗碳钢零件，淬火加热温度应选为稍高于 A_{c_3} 点。这样可使心部晶粒细化，没有游离的铁素体，可获得较高的强度和硬度，同时，强度和塑性、韧性的配合也较好。此时表面渗碳层中先共析碳化物溶入奥氏体，淬火后残余奥氏体较多，硬度稍低。

对工件心部强度要求不高，对表面要求有较高硬度和耐磨性时，淬火加热温度可稍高于 A_{c_1} 点。此时渗层先共析碳化物未溶解，奥氏体晶粒细化，硬度较高，耐磨性较好，但心部尚存有大量先共析铁素体，强度和硬度较低。

为了兼顾表面渗碳层和心部强度淬火加热温度可稍低于 A_{c_3} 点。在此温度淬火，即使是碳钢，在表层由于先共析碳化物尚未溶解，奥氏体晶粒不会发生明显粗化，硬度也较高；心部未溶解铁素体数量较少，奥氏体晶粒细小，强度也较高。

一次加热淬火适用于液体、气体和固体渗碳。特别是对于渗碳时发生奥氏体晶粒较明显长大的钢，或渗碳后不能直接淬火的零件，也可采用一次加热淬火。

对于 20Cr2Ni4A、18Cr2Ni4WA 等高合金渗碳钢件，渗碳后残留有大量残余奥氏体，为提高渗碳层表面硬度，在一次淬火前应进行高温回火。回火温度的选择应以最有利于残余奥氏体的转变为原则，对 20Cr2Ni4A 钢采用 640～680℃，6～8h 的回火，使残余奥氏体发生分解，碳化物充分析出和集聚。对 18Cr2Ni4WA 钢，采用 540℃回火 2h 能有效促进残余奥氏体向马氏体转变。为了促使残余奥氏体最大限度地分解，可进行三次回火。

高温回火后，在稍高于 A_{c_1} 的温度（780～800℃）加热淬火。由于淬火加热温度低，碳化物不能全部溶于奥氏体中，因此残余奥氏体量较少，提高了渗层强度和韧性。

(3) 两次加热淬火

两次加热淬火是在渗碳缓冷后进行两次加热淬火。第一次淬火加热温度在 A_{c_1} 点以上，目的是细化心部组织，并消除表面网状碳化物。第二次淬火加热温度选择在高于渗碳层成分的 A_{c_1} 点温度（780～820℃）。两次加热淬火的目的是细化渗碳层中马氏体晶粒，获得隐晶马氏体、残余奥氏体及均匀分布的细粒状碳化物的渗层组织。

由于两次加热淬火需要多次加热，不仅生产周期长、成本高，而且会增加热处理时的氧化、脱碳及变形等缺陷。因而两次淬火法在生产上应用较少，仅对性能要求较高的零件才采用。

不论采用何种方法淬火，渗碳件最终淬火后均需进行 160～200℃的低温回火。

11.2.6 渗碳后钢的组织与性能

(1) 渗碳层的组织

渗碳处理后，钢件表层的含碳量可达 1%左右，从表层到心部出现碳浓度梯度，心部为原始低碳钢的含碳量。因此，低碳钢渗碳缓冷到室温的组织，从表层到中心依次为过共析组织、共析组织、亚共析组织及心部原始低碳钢组织。图 11.3 为 20 钢 980℃气体渗碳 8h 缓冷到室温的组织，由表（左侧）及里（右侧）的组织依次为珠光体（共析层）、珠光体和网状铁素体（亚共

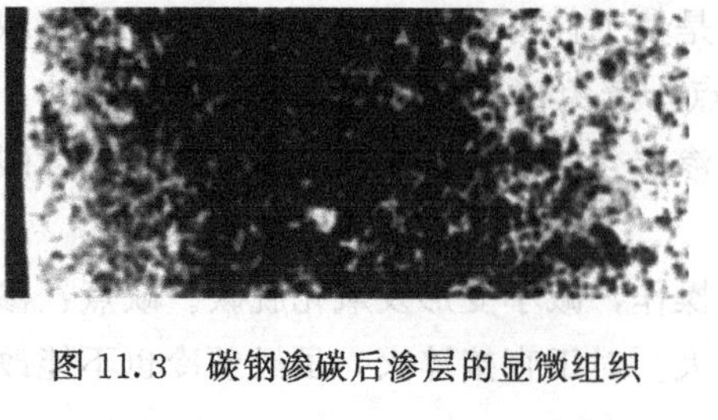

图 11.3 碳钢渗碳后渗层的显微组织

析过渡层)、铁素体和珠光体(心部)。需要注意的是，随钢中合金元素含量及冷却方式的不同，渗碳层的组织也会有所差别。

图 11.4 所示为低碳钢渗碳淬火后渗碳层的含碳量分布、渗层残余奥氏体量及硬度分布规律。可见，由表面向心部，残余奥氏体量逐渐减少，渗层硬度在高于或接近于含碳 0.6%处最高，而在表面处，由于残余奥氏体较多，硬度稍低。

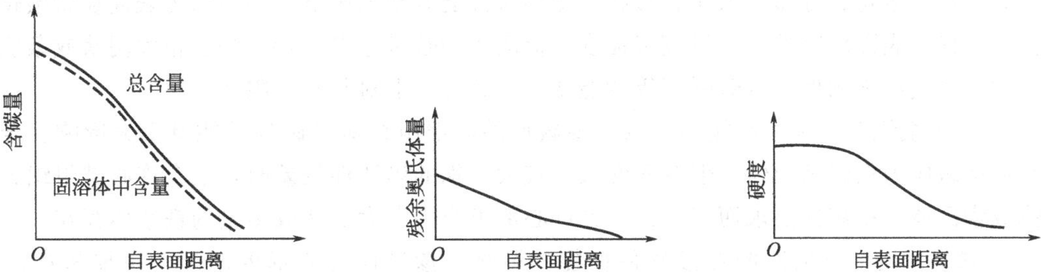

(a) 含碳量分布曲线　(b) 渗层中残余奥氏体量　(c) 渗层硬度分布曲线

图 11.4　低碳钢渗碳后直接淬火渗层含碳量、显微组织及硬度分布示意

图 11.5 为 20CrMnTi 钢 920℃渗碳 6h 直接淬火后渗层奥氏体含碳量、残余奥氏体量及硬度变化，由于表面细颗粒碳化物的出现，使表面奥氏体中合金元素含量减少，使残余奥氏体量减少，硬度较高，由含碳化物层过渡到无碳化物层时，奥氏体中合金元素的含量增加，使得残余奥氏体较多，硬度下降。即在离表面约 0.2mm 处奥氏体中含碳量最高、残余奥氏体量最多，硬度最低，除此以外，越靠近表面，奥氏体中含碳量越低，相应的残余奥氏体量减少，硬度提高。心部组织在完全淬火情况下为低碳马氏体；淬火温度较低时心部组织为马氏体加游离铁素体；在淬透性较差的钢中，心部为屈氏体或索氏体加铁素体。

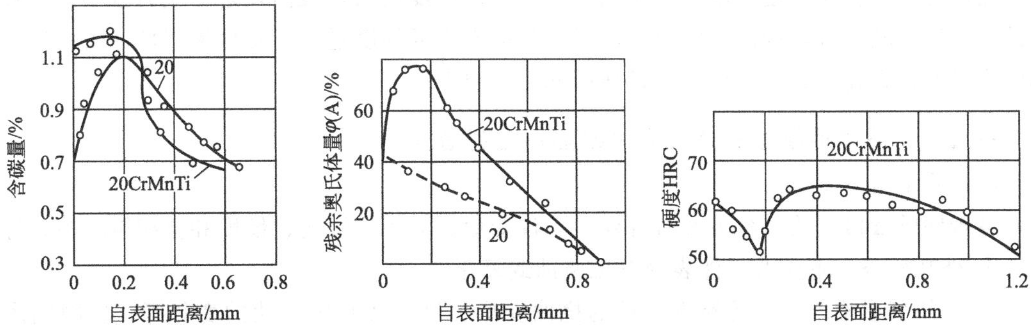

(a) 渗层奥氏体含碳量　(b) 残余奥氏体量　(c) 渗层硬度

图 11.5　20CrMnTi 钢渗碳淬火后渗层奥氏体含碳量、残余奥氏体量及硬度分布曲线

(2) 渗碳工件的性能

渗碳工件的性能是渗碳层和心部的组织结构与性能及渗碳层深度与工件直径相对比例等因素的综合反映。

① 渗碳层的组织结构与性能　渗碳层组织结构包括渗碳层碳浓度分布曲线、基体组织，渗碳层中的第二相数量、分布及形状。

渗碳层的碳浓度是提供一定渗碳层组织的先决条件，一般希望渗碳层碳浓度梯度平缓。为了得到良好的综合性能，表面含碳量控制在 0.9%左右。

渗碳层中存在残余奥氏体，会降低渗碳层的硬度和强度。一直以来，把残余奥氏体作为渗层中的有害相而严格限制，近年来的研究表明，渗碳层中存在适量的残余奥氏体，对渗碳工件的性能有利。渗碳层中残余奥氏体的存在，不一定减小有利的表面残余压应力。残余奥氏体较软，塑性较高，可以弛豫局部应力，因而对微区域的塑性变形有一定的缓冲作用，可以延缓裂纹的扩展。一定量的残余奥氏体对接触疲劳强度有积极作用。一般认为渗碳层中的残余奥氏体含量可以提高到20%～25%，而不宜超过30%。

碳化物的数量、分布、大小、形状对渗碳层性能有很大影响。一般认为表面粒状碳化物增多，可提高表面耐磨性及接触疲劳强度。但碳化物数量过多，特别是呈粗大网状或条块状分布时，将使冲击韧性、疲劳强度等性能变差，故生产上对其有所限制。

② 心部组织对渗碳件性能的影响　渗碳件的心部组织对渗碳件性能有重大影响。合适的心部组织应为低碳马氏体，但在零件尺寸较大、钢的淬透性较差时，也允许心部组织为屈氏体或索氏体，视零件要求而定。但不允许心部组织中有大块状或多量的铁素体存在。

③ 渗碳层与心部的匹配对渗碳件性能的影响　渗碳层与心部的匹配，主要考虑的是渗碳层深度与工件截面尺寸对渗碳件性能的影响，以及渗碳件心部硬度对渗碳件性能的影响。

渗碳层的深度对渗碳件性能的影响首先表现在对表面应力状态的影响上。在工件截面尺寸不变的情况下，随着渗碳层的减薄，表面残余压应力增大，有一极值。渗碳层过薄，由于表面层马氏体的体积效应有限，表面压应力反而减小。

渗碳层的深度越深，可以承载接触应力越大。因为由接触应力引起的最大切应力发生于距离表面的一定深度处，若渗碳层过浅，最大切应力发生于强度较低的非渗碳层（心部）组织上，将使渗碳层塌陷剥落。但渗碳层深度的增加会使渗碳件冲击韧性降低。

渗碳件心部的硬度不仅影响渗碳件的静强度，同时也影响表面残余应力的分布，从而影响弯曲疲劳强度。在一定渗碳层深度情况下，心部硬度增大，表面残余压应力减小。一般渗碳件心部硬度较高者，渗碳层深度应较浅。渗碳件心部硬度过高，降低渗碳件冲击韧性；心部硬度过低，则在承载时易出现心部屈服和渗碳层剥落。

11.2.7 渗碳件质量检查、常见缺陷及控制措施

(1) 质量检查

渗碳件质量检查的内容主要有外观、工件变形、渗碳层深度、硬度和金相组织检查等。

① 外观检查　主要看工件表面有无腐蚀或氧化。

② 工件变形检查　主要检查工件的挠曲变形、尺寸及几何形状的变化等，应根据图样技术要求进行。

③ 渗碳层深度检查　渗碳层深度检查有两种方法。

a. 宏观测量　打断试样，研磨抛光，用硝酸酒精溶液浸蚀直至显示出深棕色渗碳层。然后用带有刻度尺的放大镜进行测量。

b. 显微镜测量　渗碳后试样缓冷，磨制成金相试样，根据有关标准规定，测量至规定的显微组织处，例如测量至过渡区作为渗碳层深度。

④ 硬度检查　包括渗碳层表面、防渗部位及心部硬度的检查，一般用洛氏硬度HRC标尺测量。

⑤ 金相组织检查，主要检查碳化物的形态及其分布、残余奥氏体数量，有无反常组织，心部组织是否粗大及铁素体是否超出技术要求等，一般在显微镜下放大400倍进行观察。金

相组织检查应按技术要求及标准进行。

需要注意的是渗碳层深度、硬度、金相组织检查应在渗碳淬火后进行。

(2) 常见缺陷及控制措施

渗碳件经常出现的缺陷有多种，可能牵涉到原始组织，渗碳过程及渗碳后的热处理等方面。下面简单介绍渗碳过程中出现的缺陷。

① 黑色组织　在含 Cr、Mn 及 Si 等合金元素的渗碳钢渗碳淬火后，在渗碳层表面组织中出现沿晶界呈断续网状的黑色组织。一般认为这是由于渗碳介质中氧向钢的晶界扩散，形成 Cr、Mn 和 Si 等元素的氧化物，发生“内氧化”；也可能是由于氧化使晶界上及晶界附近的合金元素贫化，淬透性降低、致使淬火后出现非马氏体组织。

预防黑色组织的办法是注意渗碳炉的密封性能，降低炉气中的含氧量。一旦工件上出现黑色组织，若其深度不超过 0.02mm，可以增加一道磨削工序，将其磨去，或进行表面喷丸处理。

② 反常组织　其特征是在先共析渗碳体周围出现铁素体层。在渗碳件中，常在钢中含氧量较高（如沸腾钢）的固体渗碳时看到。具有反常组织的钢经淬火后易出现软点。补救办法是适当提高淬火温度或适当延长淬火加热的保温时间，使奥氏体均匀化，并采用较快的淬火冷却速度。

③ 粗大网状碳化物　出现粗大网状碳化物可能是由于渗碳剂活性太大，渗碳阶段温度过高，扩散阶段温度过低及渗碳时间过长引起。对已出现粗大网状碳化物的零件可以进行温度高于 $A_{c_{cm}}$ 的高温淬火或正火。

④ 渗碳层深度不均匀　出现这种情况原因很多，可能由于原材料中带状组织严重；也可能由于渗碳件表面局部结焦或沉积炭黑；炉气循环不均匀；零件表面有氧化膜或不干净；炉温不均匀；零件在炉内放置不当等所造成。应根据具体原因，采取相应措施。

⑤ 表层贫碳或脱碳　成因是扩散期炉内气氛碳势过低或高温出炉后在空气中缓冷时氧化脱碳。补救办法是在碳势较高的渗碳介质中进行补渗。在脱碳层小于 0.02mm 情况下可以采用磨去或喷丸等办法进行补救。

⑥ 表面腐蚀和氧化　渗碳剂不纯，含杂质多，如硫或硫酸盐的含量高，液体渗碳后零件表面粘有残盐，均会引起腐蚀。渗碳后零件出炉温度过高，等温盐浴或淬火加热盐浴脱氧不良，都可引起表面氧化，应控制渗碳剂盐浴成分，并对零件表面及时清洗。

11.3　钢的渗氮

渗氮（氮化）是指在一定温度（一般在 A_{c_1} 点）以下，使活性氮原子渗入工件表面的化学热处理工艺。其目的是使工件表面获得高硬度、高耐磨性、高疲劳强度、高红硬性和良好耐蚀性能，且因氮化温度低、变形小，其应用广泛。

钢渗氮可以获得比渗碳更高的表面硬度和耐磨性，渗氮后的表面硬度可以高达 950～1204HV（相当于 65～72HRC），而且到 600℃仍可维持相当高的硬度。渗氮还可获得比渗碳更高的弯曲疲劳强度。此外，由于渗氮温度较低（500～570℃），故变形很小。渗氮也可以提高工件的抗腐蚀性能。但是渗氮工艺过程较长，渗层也较薄，不能承受太大的接触应力。除钢以外，其它如 Ti、Mo 等难熔金属及其合金也经常采用渗氮处理。

11.3.1 钢的渗氮原理

(1) Fe-N 相图

Fe-N 相图是研究钢的渗氮的基础。渗氮层可能形成的相与组织结构以及它们的形成规律都以 Fe-N 相图为依据。为此需先研究 Fe-N 相图，见图 11.6。

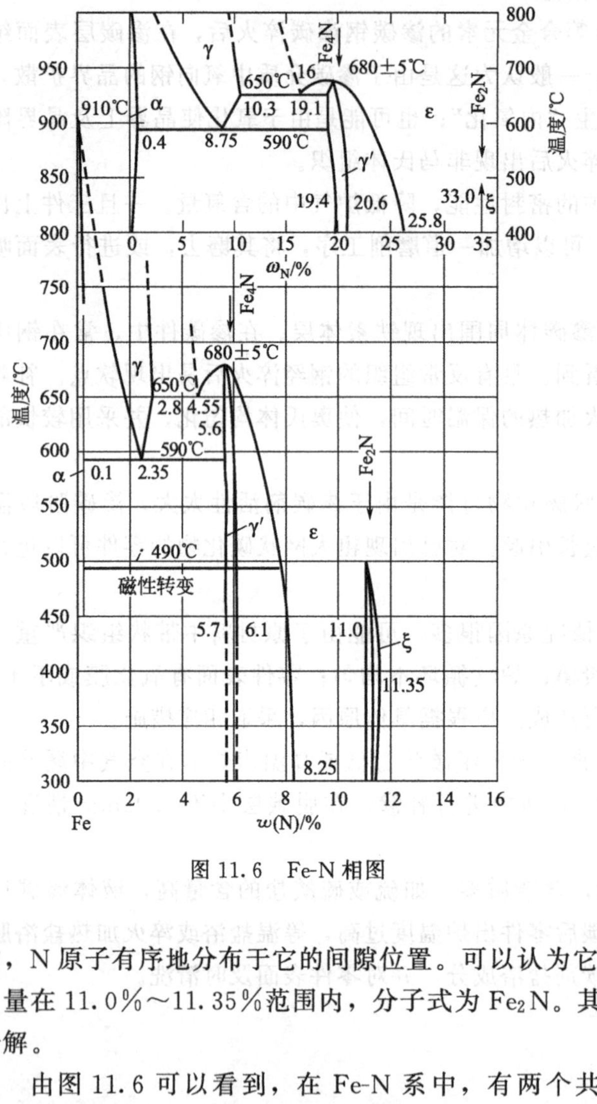

图 11.6 Fe-N 相图

由图 11.6 可知，Fe-N 系中可以形成如下五种相。

α 相——N 在 α-Fe 中的间隙固溶体。590℃时 N 在 α-Fe 中的最大溶解度为 0.1%(质量百分比，下同)。

γ 相——N 在 γ-Fe 中的间隙固溶体。存在于共析温度 590℃以上。共析点的 N 的含量为 2.35%。

γ′相——可变成分的间隙化合物。其晶体结构为 N 原子有序地分布于铁原子组成的面心立方晶格的间隙位置上。N 的含量为 5.7%～6.1%。当 $w(N)=5.9\%$时化合物结构为 Fe_4N。因此，它是以 Fe_4N 为基的固溶体。γ′相在 680℃以上发生分解并溶解于 ε 相中。

ε 相——含 N 量很宽的化合物。其晶体结构为在由铁原子组成的密集六方晶格的间隙位置上分布着 N 原子。在一般渗氮的温度下，ε 相的含 N 量大致在 8.25%～11.0%范围内变化。因此它是以 Fe_3N 为基的固溶体。

ξ 相——为斜方晶格的间隙化合物，N 原子有序地分布于它的间隙位置。可以认为它是 ε 相的扭曲变化（为六方晶格），含 N 量在 11.0%～11.35%范围内，分子式为 Fe_2N。其稳定温度为 450℃以下，超过 450℃则分解。

由图 11.6 可以看到，在 Fe-N 系中，有两个共析转变温度，即 650℃，ε→γ＋γ′及 590℃，γ→α＋γ′。其中 γ 相即为含 N 奥氏体。当其从高于 590℃的温度迅速冷却时将发生马氏体转变，其转变机构和含碳奥氏体的马氏体转变一样。含 N 马氏体是 N 在 α-Fe 中的过饱和固溶体，具有体心正方晶格，与含碳马氏体类似。

(2) 钢的渗氮过程

对气体渗氮来说，渗氮主要是渗剂中的扩散、界面反应及相变扩散。普通渗氮常用氨气作为渗氮介质，其活性 N 原子的解离及吸收过程按下述进行。

氨在无催化剂时，分解活化能为 377kJ/mol；而当有 Fe、W、Ni 等催化剂时，其活化能约为 167kJ/mol。因此钢渗氮时氨的分解主要在炉内管道、工件、渗氮箱及挂具等钢铁材料制成的构件表面上通过催化作用来进行。通入渗氮箱的氨气，经过工件表面而落入钢件表面原子的引力场时，就被钢件表面所吸附，这种吸附是化学吸附。在化学吸附作用下，解离出活性［N］原子，被钢件表面吸收形成固溶体和氮化物，随渗氮时间的延长，［N］原子逐渐往里扩散，而获得一定深度的渗氮层。因此，可用下列反应来表示

$$NH_3 \Longleftrightarrow [N]_{溶于Fe中} + \frac{3}{2}H_2 \tag{11.6}$$

当反应式(11.6) 达到平衡时

$$K_p = \frac{[p_{H_2}]^{\frac{3}{2}} \alpha_N}{p_{NH_3}} \tag{11.7}$$

式中　K_p——反应式(11.6) 平衡时的平衡常数，当温度、压力一定时，其值也一定；

p_{H_2}、p_{NH_3}——渗氮罐中 H_2 和 NH_3 的分压；

α_N——N 在 Fe 中活度。

若与之平衡的是 N 在 Fe 中的固溶体，则 α_N 为固溶体中 N 的活度；若与之平衡的是 Fe_4N 或 Fe_3N，则 α_N 为在 Fe_4N 或 Fe_3N 中 N 的活度。

由式(11.7) 可知

$$\alpha_N = K_p \frac{p_{NH_3}}{[p_{H_2}]^{\frac{3}{2}}} \tag{11.8}$$

由于平衡常数 K_p 是温度的函数，温度一定时，$p_{NH_3}/[p_{H_2}]^{\frac{3}{2}}$ 与炉气平衡的钢中 N 的活度成正比，故可作为这种气氛渗氮能力的度量，并把它定义为氮势，用 r 表示，即

$$r = \frac{p_{NH_3}}{[p_{H_2}]^{\frac{3}{2}}} \tag{11.9}$$

在渗氮时发生如下反应

$$NH_3 \Longleftrightarrow \frac{1}{2}N_2 + \frac{3}{2}H_2 \tag{11.10}$$

$$Fe + \frac{1}{2}N_2 \Longleftrightarrow N_{(Fe中)} \tag{11.11}$$

但是热力学计算表明，N_2 分子要分解成 N 原子而溶解于 Fe 中或与 Fe 形成氮化物几乎是不可能的。因此，实际上不能用氮气来进行渗氮。氮气在渗氮气氛中的作用是通过影响气氛中氨和氢的分压 p_{NH_3} 和 p_{H_2} 而按关系式(11.9) 影响气氛的氮势。

用干燥氨渗氮时，炉气中氮势按分解程度计算。设通入炉内氨气中有 x 份的 NH_3 分解，则尚剩下 $(1-x)$ 份没有分解。此时炉内总的体积分数为

$$\underset{\text{未分解}NH_3}{\underbrace{(1-x)}} + \underset{N_2}{\underbrace{x/2}} + \underset{H_2}{\underbrace{3x/2}} = 1+x$$

其中 $x/2$ 和 $3x/2x$ 为 x 份氨气分解成 N_2 和 H_2 的体积分数（根据 $NH_3 \leftrightarrow N_2/2 + 3H_2/2$）。故氮势为

$$r = \frac{p_{NH_3}}{[p_{H_2}]^{\frac{3}{2}}} = \left(\frac{1-x}{1+x}\right)\left(\frac{1+x}{3x/2}\right)^{\frac{3}{2}} \tag{11.12}$$

图 11.7 为氨氢混合气中氨所占的比例与纯铁表面渗氮相的关系，由图 11.7 可见，在不同的温度下渗氮时，只要控制炉内气氛的氨分解体积分数或氮势，就可以控制渗氮表面的含

N 量及氮化相。

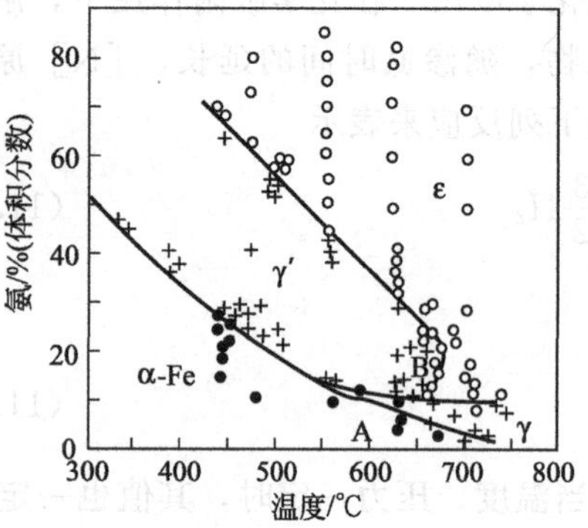

图 11.7 氨氢混合气中氨所占比例与纯铁表面渗氮相的关系

11.3.2 渗氮层的组织和性能

(1) 纯铁渗氮层的组织和性能

纯铁渗氮层的组织结构应该根据 Fe-N 相图及扩散条件来进行分析。例如在 520℃渗氮时，若表面 N 原子能充分吸收，则按相图自表面至中心依次为 ε 相→γ′相→α 相。虽然该温度线还截取 ε+γ′及 γ′+α 两相区，但据前述不会一出现此两相，只有在该温度渗氮后缓慢冷却至室温时，由于在冷却过程中会由 α 相中析出 γ′相及由 ε 相中析出 γ′相，故渗层组织自表面至中心变成为 ε 相→ε+γ′相→γ′相→γ′+α 相→α 相。

在 600℃渗氮时，在该渗氮温度形成的渗氮层组织自表面至中心依次为 ε 相→γ′相→γ 相→α 相。自渗氮温度缓冷至室温的渗层组织自表面至中心依次为 ε 相→ε+γ′相→γ′相→γ′+α 相→α 相。但此处 γ′+α 相的两相区较宽，因为它包括渗氮温度时的 γ 相区，它在渗氮后冷却过程中于 590℃发生共析转变（γ→γ′+α）变成两相区。若自渗氮温度快冷，则除 γ 相转变成马氏体外，其它各相应维持渗氮温度时的结构，因此渗氮层组织自表面至中心依次为 ε 相→γ′相→(含 N 马氏体)→α 相。

以上仅是根据 Fe-N 相图分析的结果，若考虑各相中 N 的扩散条件，根据相界面的移动方向及速度，如前所述，有些相可能不出现。纯铁 520℃渗氮 24h，600℃渗氮 24h 时没有出现 γ′相。这是因为在 γ′相中扩散时的速率常数 $B_{\gamma'} \leqslant 0$ 之故。这也可以从 Fe-N 相图及 N 在 γ′相中的扩散系数 D 的大小定性地分析得知。因 γ′相在 Fe-N 相图中的相区很窄，N 的浓度变化范围很小，因此此相中 N 的浓度梯度不能大；其次，N 在 γ′相中的扩散系数 D 也比 α 相中小得多，因此，N 在 γ′相中的扩散强度很小，在渗层中 γ′相没有出现。

同理可以解释 850℃渗氮与 700℃渗氮时 ε 相层和 γ 相层相对厚度的明显差异。

纯铁渗氮后各渗氮相的硬度如图 11.8 所示。由图 11.8 可见，含 N 马氏体（α′相）具有很高的硬度，可达 600HV 左右，其次为 γ′相，硬度接近于 500HV，ε 相硬度小于 300HV。

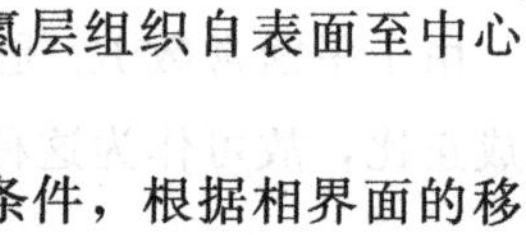

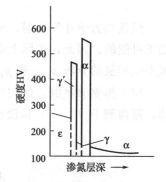

图 11.8 纯铁 700℃水冷渗氮层各相的硬度

各相的膨胀系数：γ 相为 0.79×10^{-5}；α 相为 1.33×10^{-5}；ε 相为 2.2×10^{-5}。各相的密度：ε 相为 6.88g/cm³；γ′相为 7.11g/cm³；α 相为 7.88g/cm³。

(2) 合金元素对渗氮层组织和性能的影响

合金元素对渗氮层组织的影响主要表规为下面几个方面。

① 溶解于铁素体并改变 N 在 α 相中的溶解度 过渡族元素 W、Mo、Cr、Ti、V 及少量的 Zr 和 Nb 可溶于铁素体，提高 N 在 α 相中的溶解度。例如，550℃时，铁素体中含 1%～2%Mo(质量分数，下同）时，N 在 α 相中的含量为 0.62%；铁素体中含 6.54%Mo 时，N 在 α 相中的含量达 0.73%。又如 550℃时，铁素体中含 2.39%V 时，在 α 相中含 N 可达 1.5%，而含 8%V 时可达 3.0%

N。再如 38Cr、38CrMo、38CrMoAl 等合金结构钢渗氮时，铁素体中含 N 量达 0.2%～0.5%。

在低温渗氮时，Al 和 Si 不改变 N 在 α 相中的溶解度。

② 与基体 Fe 构成 Fe 和合金元素的氮化物 $(Fe,M)_3N$、$(Fe,M)_4N$ 等　Al、Si 还有 Ti 大量地溶解于 γ′相中，扩大了 γ′相的均相区。ε 相的合金化提高了它的硬度和耐磨性，研究表明，溶解于铁素体中的合金元素使 ε 相中的含 N 量比在纯铁中所得的 ε 相的少。Al 是例外，它不改变 ε 相中的含 N 量。ε 相的厚度随着铁素体中合金元素量的增加而减小。含有较多 Ti 的铁素体渗氮时，饱和温度下在扩散层中形成大量的 γ′相 $(Fe,M)_4N$。它沿着滑移面和晶界呈针状（片状）分布，并延展较深。这种组织常引起扩散层的脆性，图 11.9 为合金元素对 ε 相中氮浓度和 ε 相厚度的影响，由图中可以看到上述规律。

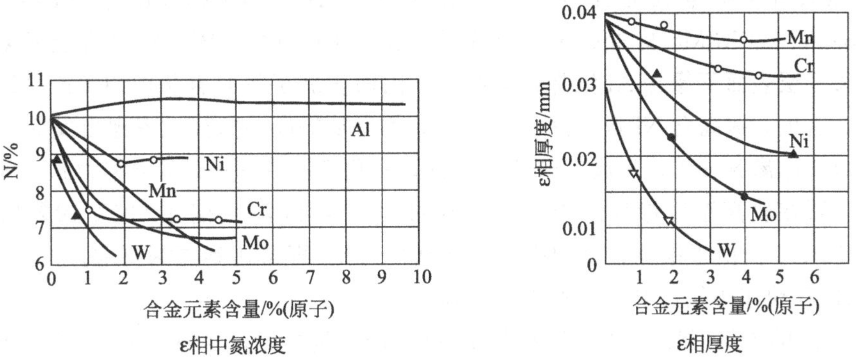

图 11.9　合金元素对 ε 相中氮浓度和 ε 相厚度的影响（550℃，24h）

③ 形成合金氮化物　在钢中能形成氮化物的合金元素，仅为过渡族金属中次外层 d 亚层比 Fe 充填得不满的元素。过渡族金属的 d 亚层充填得越不满，这些元素形成氮化物的活性越大，稳定性越高。Ni 和 Co 具有电子充填得较满的 d 亚层，虽然它们在单独存在时能形成氮化物，但是在钢渗氮时实际上不形成氮化物。

氮化物的稳定性沿着下列顺序而增加：Ni→Co→Fe→Mn→C→Mo→W→Nb→V→Ti→Zr，这也是获得氮化物由难到易的顺序。

渗氮时在 α 相中没有 Al 的稳定氮化物 AlN 的析出，含 Al 钢渗氮时，Al 主要富集在 γ′相中。

由于合金元素的上述作用，使钢在渗氮时，渗氮层的组织和性能发生不同的变化。在低于共析温度渗氮时，渗氮层的组织为化合物层和毗邻化合物层的扩散层，加入过渡族合金元素以后，提高了 N 在 α 相中的溶解度，因而阻碍了表面高 N 含量的氮化物层的形成。在 α 相中，只有合金元素含量低时，在渗氮后极缓慢冷却情况下，能看到自 α 相中析出针状的 γ′相；合金元素含量高时，用金相显微镜看不到氮化物自 α 相中的析出。

钢中合金元素的加入，主要在 α 相中形成与 α 相保持共格关系的合金氮化物，从而达到提高硬度和强度的目的。

11.3.3　渗氮用钢及其预处理

钢铁材料和部分非铁金属（如 Ti 及 Ti 合金等）都可以进行渗氮，为了使工件心部具有足够的强度，钢的含碳量通常为 0.15%～0.50%（工具、模具高一些）。添加 W、Mo、Cr、Ti、V、Ni、Al 等合金元素，可以改善钢渗氮处理的工艺性及综合力学性能。

38CrMoAlA是一种普遍采用的渗氮钢、该钢的特点是渗氮后可以得到最高的硬度，耐磨性好，具有良好的淬透性，同时由于Mo加入，抑制了第二类回火脆性，心部具有一定的强韧性。因此，该钢广泛应用于主轴、螺杆、非重载齿轮、气缸筒等要求表面硬度高，耐磨性好，又要求心部强度高而又承受冲击不大的零件。

但是这种钢由于Al的加入具有下列缺点：在冶炼上易出现柱状断口，易产生非金属夹杂物，在轧钢中易形成裂纹和发纹，有过热敏感性，热处理时，对化学成分的波动也极敏感，且该种钢的淬火温度较高，易于脱碳，当含Al量偏高时，渗氮层表面容易出现脆性。

为避免钢中含Al的上述缺点，发展了无铝渗氮钢。对表面硬度要求不是很高而需较高心部强韧性的零件，如机床、主轴、滚动轴承、丝杠，采用40Cr、40CrVA钢渗氮，套筒、镶片导轨片、滚动丝杠副用40CrV、20CrWA、20Cr3MoWA。对工作在循环弯曲或接触载荷以及摩擦条件下的重载机器零件采用18Cr2Ni4WA、38CrNi3MoA、20CrMnNi2MoV、38CrNiMoVA、30Cr3Mo及38CrMnMo钢等。由于Cr、Mo、W、V等合金元素可强化渗氮层，而渗氮层表面不像含Al钢那样有脆性，因而发展了不同含量的以Cr、Mo为主的合金渗氮钢。这里，提高含Ni量，降低含C量，均是从提高心部韧性考虑出发的。

为缩短气体渗氮过程，发展了快速渗氮钢，利用Ti、V等与N亲和力强，氮化物不易集聚长大，可在较高温度渗氮，以加速渗氮过程。含Ti渗氮钢在600℃渗氮时仍可得到900HV的硬度，而由于渗氮温度的提高，渗氮3～5h，即可达到层深要求。

采用含Ti快速渗氮钢时应注意以下问题。

① 所形成的渗氮层性能决定于钢中Ti和C的含量之比，含Ti和含C的比值为6.5～9.5的钢具有最好的性能，若此比值小于此值，则渗氮层表面硬度不足；此比值大于此值，则渗氮层会出现脆性。

② 由于渗氮温度的提高，应考虑心部强度会因此而降低，因此，要适当提高含碳量，或用Ni等合金元素，使心部产生时效硬化，以提高心部强度。

为了保证渗氮件心部有较高的综合力学性能，渗氮工件在渗氮前应进行调质处理，以获得回火索氏体组织。调质处理回火温度一般高于渗氮温度。因此一般渗氮件的生产流程为：毛坯→粗加工→调质处理→精加工→渗氮。渗氮后一般不再加工，有时为了消除渗氮缺陷，附加一道研磨工序。对精密零件，在渗氮前在几道精机械加工工序之间应进行一两次消除应力处理。

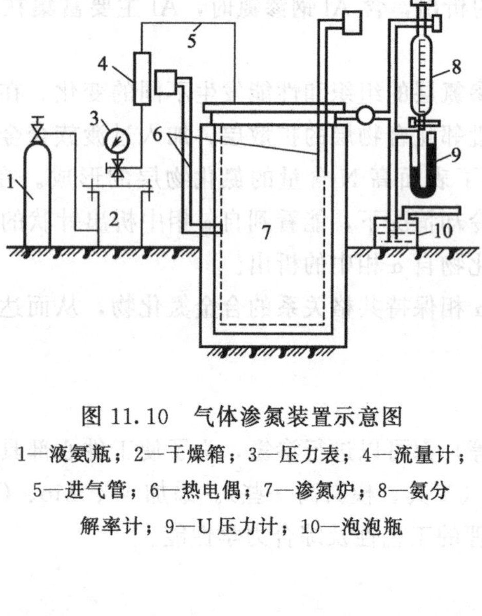

图11.10 气体渗氮装置示意图

1—液氨瓶；2—干燥箱；3—压力表；4—流量计；5—进气管；6—热电偶；7—渗氮炉；8—氨分解率计；9—U压力计；10—泡泡瓶

11.3.4 渗氮工艺控制

(1) 渗氮工艺过程

渗氮工件在装炉前应进行清洗，工件表面不得有锈蚀及其它油污。对不需要渗氮的工件表面，可用镀锡、镀镍或其它涂料等方法防渗。渗氮在密封的渗氮罐内进行，见图11.10。

渗氮罐内进气管与排气管应合理布置，使罐内氨气气流均匀。罐内压力用U形压力计测量，一般炉内压力为30～50mm油柱。泡泡瓶内装水，使废气通过水时，未分解的氨气溶入水内。

工件装入渗氮罐，密封并在加热炉内加热，同时立即向渗氮罐内通入氨气。渗氮完成后随炉冷却，炉温降至 200℃以下，停氨，出炉，开箱。

渗氮工艺主要参数有：加热温度、保温时间及不同加热、保温阶段的罐内氨分解率。氨分解率一般通过测量废气成分而间接测定。最简单的氨分解率测定方法是水吸收法或容量法。利用氮气、氢气不溶解于水而氨气溶解于水的特性，将炉内废气引入刻有 100 刻度（体积刻度）的玻璃瓶内，使废气充满，然后利用三通阀关闭与废气的通路而通入水，直至水被瓶内废气顶住。此时瓶内水所占有的体积相当于废气中未分解氨气所占有的体积，而其余体积则为废气中氮气和氢气的体积。瓶的体积为 100 分度，通水后被气体所占有的体积分数即表示炉气中的氨分解率。

应该注意，用这种方法测定的并非是氨的真正分解率，它（用 y 表示）与真正氨分解率 x 之间的关系为

$$x=y/(2-y)$$

氨分解率也可用红外线对多原子气体的吸收作用进行测量。氨分解可通过调节氨气进气压力及流量大小进行氨分解率的控制。

(2) 渗氮方法

根据渗氮目的不同，渗氮方法分成两大类：一类是以提高工件表面硬度、耐磨性及疲劳强度等为主要目的而进行的渗氮，称为强化渗氮，另一类，是以提高工件表面抗腐蚀性能为目的的渗氮，称为抗腐蚀渗氮，也称防腐渗氮。

① 强化渗氮　强化渗氮目的是提高工件表面硬度，根据渗氮温度和时间对渗氮硬度的影响规律，对 38CrMoAlA 强化渗氮的温度应在 500～550℃范围内。下面介绍几种典型的渗氮工艺。

a. 等温渗氮　图 11.11 为 38CrMoAlA 钢生产的磨床主轴等温渗氮工艺。这种工艺的特点是：渗氮温度低，变形小，硬度高，适用于对变形要求严格的工件。渗氮温度及渗氮时间是根据主轴技术要求而定的，其要求是渗氮层深度 0.45～0.60mm，表面硬度不低于 900HV。对氨分解率的考虑是，前 20h 用较低的氨分解率，以建立较高的氮表面浓度，为以后 [N] 原子向内扩散提供高的浓度梯度，加速扩散，并且使工件表面形成弥散度大的氮化物，提高工件表面硬度。等温渗氮的第二阶段，提高氨分解率目的是适当降低渗氮层的表面 N 浓度，以降低渗氮层的脆性。最后 2h 的退 N 处理是为了降低最表面的 N 浓度以进一步降低渗氮层的脆性，此时的氨分解率可以提高到 80%以上。

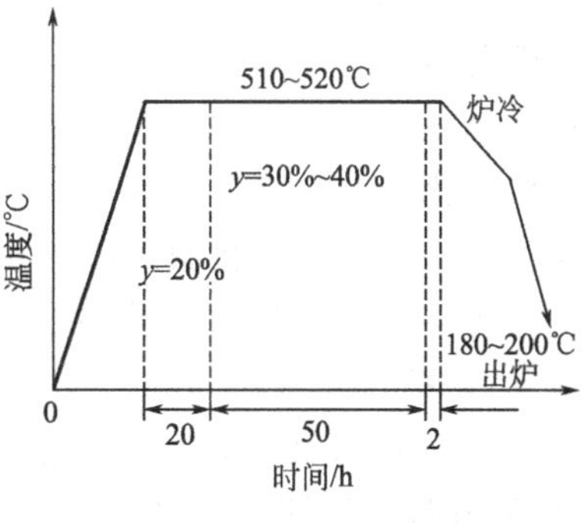

图 11.11　38CrMoAlA 磨床主轴等温渗氮工艺

经该工艺等温渗氮后，工件表面硬度为 966～1034HV，渗氮层厚度为 0.51～0.56mm，渗氮层脆性级别为 1 级。

等温渗氮的缺点是：渗氮时间长，生产率低，也不能单纯靠提高渗氮温度来缩短时间，否则将降低硬度。

b. 两段渗氮　在保证渗氮层硬度的同时尽量缩短渗氮时间，综合考虑温度、时间、氨

分解率对渗氮层深度和硬度的影响规律，制定了两段渗氮工艺，如图 11.12 所示。

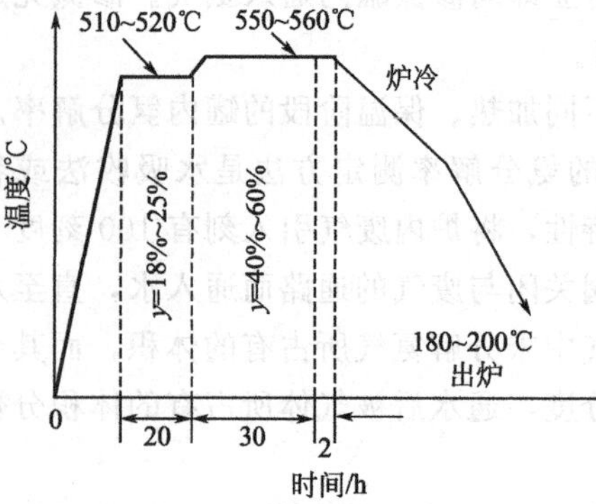

图 11.12 38CrMoAlA 两段渗氮工艺

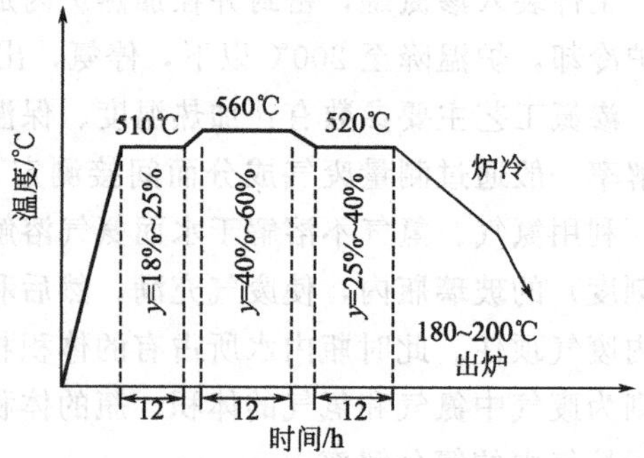

图 11.13 38CrMoAlA 三段渗氮工艺

第一段的渗氮温度和氨分解率与等温渗氮相同，目的是在工件表面形成弥散度大的氮化物。第二阶段的渗氮温度较高，氨分解率也较高，目的在于加速 N 在钢中的扩散，增加渗氮层的厚度，从而缩短总的渗氮时间，并使渗氮层的硬度分布曲线趋于平缓。第二阶段渗氮温度升高，要发生氮化物的集聚、长大，但它与一次较高温度渗氮不同，因为在第一阶段渗氮时首先形成的高度弥散细小的氮化物，其集聚、长大要比直接在高温时形成大的氮化物的粗化过程慢得多，因而其硬度下降不显著。

两段渗氮后表面硬度为 856～1025HV，层深 0.49～0.53mm，渗氮层脆性级别为 1 级。两段渗氮后，渗氮层硬度稍有下降，变形有所增加。

c. 三段渗氮 为了使两段渗氮后表面 N 浓度有所提高，以提高其表面硬度，在两段渗氮后期再次降低渗氮温度和氨分解率而出现了三段渗氮法。图 11.13 为三段渗氮工艺。

不锈钢、耐热钢中合金元素含量较高，氮的扩散速度较低，因此渗氮时间长，渗氮层较浅。不锈钢、耐热钢表面存在着一层致密的氧化膜（Cr_2O_3，NiO）通常称为钝化膜，它将阻碍 N 原子的渗入。因此，去除钝化膜是不锈钢、耐热钢渗氮的关键环节之一。一般不锈钢、耐热钢工件在临渗氮前进行喷砂和酸洗，为了防止工件在装炉放置过程中再次生成钝化膜，在渗氮罐底部均匀撒上氯化铵，在加热过程中，由氯化铵分解出来的氯化氢将工件表面的氧化膜还原。氯化铵用量一般为 100～150g/m^3，为了减少氯化铵的挥发，可先将氯化铵与烘干的砂子混合。因为氯化氢对锡层会起破坏作用，故非渗氮面改用镀 Ni 防护。

② 抗腐蚀渗氮 抗腐蚀渗氮是为了使工件表面获得 0.015～0.06mm 厚致密、化学稳定性高的相层，以提高工件的坑腐蚀性，如果渗氮层 ε 相不完整或有孔隙，工件的抗腐蚀性就下降。经过抗腐蚀渗氮的碳钢、低合金钢及铸铁零件，在自来水、湿空气、过热蒸汽以及弱碱液中都具有良好的抗腐蚀性能。但渗氮层在酸溶液中没有抗腐蚀性。

抗腐蚀渗氮过程与强化渗氮过程基本相同，只是渗氮温度较高，有利于致密的 ε 相的形成，也有利于缩短渗氮时间。但温度过高，表面含 N 量降低，孔隙度增大，因而抗腐蚀性降低。

渗氮后冷速过慢，由于部分 ε 相转变为 γ′相，渗氮层孔隙度增大，降低了抗腐蚀性，所以对于形状简单、不易变形的工件应尽量采用快冷，表 11.3 给出了常用钢的抗腐蚀渗氮工艺主要参数。

表 11.3　常用钢的抗腐蚀渗氮工艺主要参数

材料牌号	渗氮零件	渗氮温度/℃	保温时间/min	氨分解率/%
08,10,15,20,25,40,45,40Cr 等	拉杆、销、螺栓、蒸汽管道、阀、仪器和机器零件等	600 650 700	60～120 45～90 15～30	35～55 45～65 55～75

(3) 渗氮工件质量检查及渗氮层缺陷

强化渗氮后的质量检查应包括外观检查、渗氮层金相组织检查、渗氮层硬度、表面硬度、渗氮层脆性及变形检查等。

由于渗氮层比较薄，通常用维氏或表面洛氏硬度计进行渗氮层表面硬度测定。为了避免负荷过大使渗氮层压穿，负荷过小则测量不精确，应根据渗氮深度来选择负荷。

渗氮层的脆性一般用维氏硬度压痕完整情况进行评定。采用维氏硬度计，试验压力为 90.07N（特殊情况下可采用 49.03N 或 294.21N），卸去载荷后观察压痕状况，根据其边缘的完整性将渗氮层脆性分为 5 级：压痕边角完整无缺为 1 级；压痕一边或一角碎裂为 2 级；压痕两边或两角碎裂为 3 级；压痕三边或三角碎裂为 4 级；压痕四边或四角碎裂为 5 级。其中脆性级别 1～3 级为合格，重要零件 1～2 级为合格。采用压痕法评定渗氮层脆性，其主观因素较多，目前采用声发射技术，测出渗氮试样在弯曲或扭转过程中出现第一根裂纹的挠度（或扭转角），用以定量描述脆性。

常见渗氮缺陷有变形、渗氮层脆性和剥落、渗氮层硬度不足及出现软点等。

① 变形　变形有两种，一种是挠曲变形，另一种是尺寸增大。

引起渗氮件挠曲变形的原因有：渗氮前工件内残存着内应力，在渗氮时应力松弛，重新进行应力平衡而造成变形；由于装炉不当，工件在渗氮过程中在自重作用下变形；工件局部渗氮时，渗氮面与非渗氮面尺寸胀量不同而引起变形，如平板渗氮，若一面渗氮，另一面不渗氮，则渗氮面伸长，非渗氮面没有伸长，造成弯向非渗氮面的弯曲变形。

工件尺寸增大是由于渗氮层渗氮后比容增大而造成。工件尺寸增大量取决于渗氮层深度，其增大量还和渗氮层 N 浓度有关。渗氮层深度、渗氮层 N 浓度增大均会造成尺寸增加。

为了减小和防止渗氮件变形，渗氮前应进行消除应力处理，渗氮装炉应正确。对尺寸增量可通过试验测定，掌握其变形量，渗氮前机械加工时把因渗氮而引起的尺寸变化进行补缩修正。

② 渗氮层脆性和剥落　这种缺陷大多数情况是由于表层氮的浓度过大引起。冶金质量低劣，预先热处理工艺、渗氮及磨削工艺不当，都会引起渗氮层脆性和剥落。在出现非金属夹杂物、斑点、裂纹和其它破坏金属连续性的地方常导致 N 浓度过高，ε 相过厚而引起渗氮层起泡，在磨削时使这种渗氮层剥落。渗氮前的表面脱碳及预先热处理时过热也会引起渗氮层脆性及剥落。

为了预防渗氮层脆性和剥落，应该严格检查原材料冶金质量；在调质处理淬火加热时应采取预防氧化、脱碳措施，不允许淬火过热；在渗氮时应控制气氛氮势，降低渗氮层表面含氮量；磨削加工时应避免磨削压痕的出现。

③ 渗氮层硬度不足及出现软点　渗氮层硬度不足，除了由于预备热处理脱碳及晶粒粗大外，就渗氮过程本身主要是由于渗氮工艺不当所致。氨分解率过高，渗氮层表面氮浓度过低，渗氮温度过高，合金氮化物粗大，渗氮温度过低、时间不足渗氮层浅，合金氮化物形成太少等均导致渗氮层硬度低。除了渗氮温度过高而引起硬度低下不能补救外，其余均可重复

渗氮来补救。重复渗氮保温时间应据具体情况而定，一般按 0.01mm/h 估算。

渗氮层出现软点的主要原因是渗氮表面出现异物，妨碍工件表面 N 的吸收。如防渗锡涂得过厚，渗氮时锡熔化流至渗氮面、渗氮前工件表面清理不够干净，表面沾上油污等脏物所致。

抗腐蚀渗氮后的质量检查，除外观、脆性（1～2 级合格）外，还要检查渗氮层的抗蚀性。检查渗氮层抗蚀性的常用方法有两种：将零件浸入 6%～10%硫酸铜溶液中保持 1～2min，观察表面有无铜的沉积，如果没有铜的沉积，即为合格；用 10g 赤血盐 [$K_3Fe(CN)_9$] 和 20g 氯化钠溶于 1L 蒸馏水中，工件侵入该溶液 1～2s，工件表面若无蓝色痕迹即为合格。

11.3.5 渗氮工艺发展概况

渗氮工艺的主要缺点之一是渗氮时间过长，如何缩短渗氮时间，寻找快速渗氮工艺成为关注的焦点。发展的快速渗氮工艺有高频渗氮、磁场渗氮、超声波或弹性振荡作用下的渗氮、放电渗氮、卤化物催渗渗氮等。

除了快速渗氮外，为了控制渗氮层 N 浓度，降低渗氮层脆性，又发展了用 NH_3、N_2 及 NH_3、H_2 等混合气体进行渗氮的方法。

11.4 钢的碳氮共渗

在钢的表面同时渗 C 和 N 的化学热处理工艺称为碳氮共渗。碳氮共渗可在气体介质中进行，也可在液体介质中进行。因液体介质的主要成分是氰盐，故液体碳氮共渗又称为氰化。

根据共渗温度不同，可以把碳氮共渗分为高温（900～950℃）、中温（700～800℃）及低温三种。如对中、低碳结构钢以及不锈钢等，为了提高其表面硬度、耐磨性及疲劳强度，进行 820～850℃的碳氮共渗；中碳调质钢在 570～600℃温度进行碳氮共渗，可提高其耐磨性及疲劳强度；而高速钢在 500～560℃碳氮共渗，可进一步提高其表面硬度、耐磨性及热稳定性。

其中低温碳氮共渗最初在中碳钢的应用，主要是提高其耐磨性及疲劳强度，而硬度提高不多，故又谓之软氮化。因为共渗温度不同，C、N 二元素渗入浓度不同，在低温时主要以渗氮为主，又称它为氮碳共渗，以区别于以渗碳为主的中、高温碳氮共渗。

碳氮共渗与渗碳和渗氮相比，有如下特点。

① 共渗温度不同，共渗层中 C、N 含量不同　一般含 N 量随着共渗温度的提高而降低，而含 C 量随着温度升高先升高，至一定温度后反而降低。

② 碳氮共渗时 C，N 元素相互作用　由于 N 使相区扩大，A_{c_3} 点下降，因而能使渗碳温度降低。若 N 渗入浓度过高，在表面形成碳氮化合物时，又阻碍着 C 的扩散。C 降低 N 在 α、ε 相中的扩散系数，所以 C 减缓 N 的扩散。

③ 碳氮共渗过程中 C 对 N 的吸附有影响　碳氮共渗过程可分成两个阶段：第一阶段共渗时间较短（1～3h），C 和 N 在钢中的渗入情况相同；随着共渗时间的延长，出现第二阶段，此时 C 继续渗入，而渗层表面部分的 N 原子则会进入到气体介质中去，造成表面脱氮。分析表明这是 N 和 C 在钢中相互作用的结果。

11.4.1　中温气体碳氮共渗

(1) 中温气体碳氮共渗的优点

中温气体碳氮共渗与气体渗碳相比有如下优点。

① 在同样时间内，可以在较低温度下获得同样渗层深度，或在处理温度相同的情况下，共渗速度较快；

② 碳氮共渗在工作表面、炉壁和发热体上不析出炭黑；

③ 处理后零件的耐磨性比渗碳高；

④ 工件扭曲变形小。

(2) 共渗介质

常用的共渗介质有两大类，含 2%～10%（体积分数）NH_3 的渗碳气体和含 C、N 的有机液体。第一类可用于连续式作业炉，也可用于周期式作业炉。在用周期式作业炉进行碳氮共渗时，除了可引入普通渗碳气体外，也可像滴注式气体渗碳一样滴入液体渗碳剂，如煤油、苯、丙酮等。

当用第一种气体共渗时，除了按一般渗碳、渗氮反应进行渗碳、渗氮外，还因为介质中存在下列反应

$$NH_3 + CO \longrightarrow HCN + H_2O \tag{11.13}$$

$$NH_3 + CH_4 \longrightarrow HCN + 3H_2 \tag{11.14}$$

形成了氰氢酸，氰氢酸是一种活性较高的物质，进一步分解为

$$2HCN \longrightarrow H_2 + 2[C] + 2[N] \tag{11.15}$$

分解出活性 [C]、[N] 原子，促进了渗入过程。

共渗介质中 NH_3 量增加，渗层中 N 量提高，C 量降低，故应根据零件钢种、渗层组织性能要求及共渗温度确定 NH_3 在共渗介质中的比例。采用煤油作渗碳介质时，NH_3 量可占总气体体积的 30%。

第二种介质主要用于滴注法气体碳氮共渗。常用介质为：三乙醇胺，在三乙醇胺中溶入 20%左右尿素。

(3) 共渗温度及时间

在渗剂一定情况下，共渗温度与时间对渗层的组织结构影响规律如前述。在具体生产条件下应该根据零件工作条件、使用性能要求及渗层组织结构与性能的关系，再按前述规律确定。

中温气体碳氮共渗工件的使用状态和渗碳淬火相近，一般都是共渗后直接淬火。因此，尽管 N 的渗入能降低临界点，但考虑心部强度，一般共渗温度仍选在该种钢的 A_{c_3} 点以上，接近于 A_{c_3} 点的温度。但温度过高，渗层中含 N 量急剧降低，其渗层与渗碳相近，且温度提高，工件变形增大，因此失去碳氮共渗的意义。根据钢种及零件使用性能，一般碳氮共渗温度选在 820～880℃范围内。

共渗温度确定以后，共渗时间根据渗层深度要求而定。层深 x（单位 mm）与共渗时间呈抛物线规律

$$x = kt^{1/2}$$

式中　t——共渗保温时间，h；

k——常数，在 860℃ 碳氮共渗时，20 钢，$k = 0.28$；20Cr，$k = 0.30$；40Cr，$k = 0.37$；20CrMnTi，$k = 0.32$。

(4) 碳氮共渗后的热处理

碳氮共渗比渗碳温度低，一般共渗后都采用直接淬火。因为N的渗入，使过冷奥氏体稳定性提高，故可采用冷却能力较弱的淬火介质，但应考虑心部材料的淬透性。碳氮共渗后采用低温回火。

(5) 碳氮共渗层的组织与性能

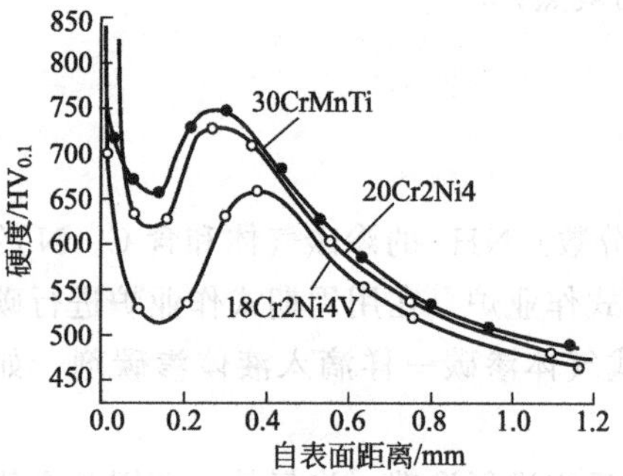

图 11.14 三种钢 850℃碳氮共渗后直接淬火渗层硬度分布曲线

碳氮共渗层的组织取决于共渗层中C、N浓度、钢种及共渗温度。一般中温碳氮共渗层淬火组织，表面为马氏体基体上弥散分布的碳氮化合物，向里为马氏体加残余奥氏体，残余奥氏体量较多，马氏体为高碳马氏体；再往里残余奥氏体减少，马氏体也逐渐由高碳马氏体过渡到低碳马氏体。这种渗层组织反映在硬度曲线上，见图 11.14，自表面至心部硬度分布曲线出现谷值及谷值。谷值处对应渗层上残余奥氏体量最多处，而峰值处相当于含C (N) 量高于 0.6%而距离残余奥氏体少处的硬度。钢种不同，渗层中残余奥氏体量不同，因而硬度分布曲线的谷值也不同。

共渗层中C、N含量严重地影响渗层组织。C、N含量过高时，渗层表面会出现密集粗大条状碳氮化合物，使渗层变脆。渗层中含N量过高，表面会出现空洞，一般认为：由于渗层中含N量过高，在碳氮共渗过程时间较长时，由于碳浓度升高，发生氮化物分解及脱氮过程，原子N变成分子N而形成空洞。一般渗层中含N量超过 50%时容易出现这种现象。

渗层中含N量过低，使渗层过冷奥氏体稳定性降低，淬火后在渗层中会出现屈氏体网。因此，渗层含N量不应低于 0.1%。

一般认为中温碳氮共渗层含N量以 0.3%～0.5%为宜。渗层中C、N含量不同，组织不同，直接影响碳氮共渗层性能。C、N含量增加，碳氮化合物增加，耐磨性及接触疲劳强度可提高。但含N量过高会出现黑色组织，将使接触疲劳强度降低。C、N总含量应该根据零件服役条件来正确选择。

11.4.2 氮碳共渗（软氮化）

与钢的渗氮不同，氮碳共渗在渗氮同时还有C的渗入。但是由于温度低，C在α相中的溶解度仅为N在α-Fe中溶解度的 1/20。因此，扩散速度很慢，结果在表面很快形成极细小的渗碳体质点，作为碳氮化合物的结晶中心，促使表面很快形成α相及γ′相层。

根据Fe-C-N三元状态图，可能出现的相仍为ε、γ′、γ和α相。但碳在ε相中有很大的溶解度，而在γ′相和α相中则溶解度极小。据测定，550℃时C在ε相中最大溶解度达 3.8% (wt%) 而在γ′相中小于 0.2%。

含碳ε相比纯N的ε相韧性好，而硬度（可达 400～500$HV_{0.1}$）和耐磨性却较高，这是软氮化的特点，因此软氮化后应该在表面获得ε相层，而不像普通气体渗氮限制ε相的生成。

软氮化的渗层组织一般表面为白亮层，又称化合物层，其主要为ε相，视C、N含量不同，尚有少量 γ' 相和 Fe_3C。试验表明，单一的 ε 相具有最佳的韧性。在化合物层以内则为扩散层，这一层组织和普通渗氮的相同，主要是 N 的扩散层。因此，扩散层的性能也和普通气体渗氮相同，若为具有氮化物形成元素的钢，则软氮化后可以显著提高其硬度。

化合物层的性能与 C、N 含量有很大关系。含 C 量过高，虽然硬度较高，但接近于渗碳体性能，脆性增加；含 C 量低，含 N 量高，则趋向于纯氮相的性能，不仅硬度降低，脆性反而提高。因此，应该根据钢种及使用性能要求，控制适宜的 C、N 含量。

氮碳共渗后应该快冷，以获得过饱和的 α 固溶体，造成表面残余压应力，可显著提高疲劳强度。

氮碳共渗后，表面形成的化合物层也可显著提高工件的抗腐蚀性能。

11.5　渗硼

在工件表面渗入硼元素以获得铁的硼化物的工艺称为渗硼。渗硼能显著提高钢件表面硬度（1300～2000$HV_{0.1}$）和耐磨性，以及具有良好的红硬性及耐蚀性，故获得了很快的发展。在石油化工机械、汽车拖拉机制造、纺织机械、工模具等方面的应用日渐增多。

11.5.1　渗硼层的组织性能

根据 Fe-B 状态图 11.15，铁的表面渗入硼后，例如在 1000℃渗硼，由于硼在 γ-Fe 中的溶解度很小（0.003%～0.008%），因此立即形成 Fe_2B，再进一步提高浓度则形成 FeB。硼化物的长大，系靠硼以离子的形式，通过硼化物至反应扩散前沿 Fe-Fe_2B 及 Fe_2B-FeB 界面上来实现。因此，渗硼层组织自表面至中心只能看到硼化物层，如浓度较高，则表面为 FeB，其次为 Fe_2B，呈梳齿状楔入基体，如图 11.16 所示。为了区分 FeB 和 Fe_2B，可用 PPP 试剂 [1g $K_4Fe(CN)_6\cdot 3H_2O$ + 10g $K_2Fe(CN)_6$ + 30g KOH + 100ml H_2O] 腐蚀。腐蚀后 FeB 呈深褐色，Fe_2B 呈黄褐色，但基体组织不显露。Fe_2B 和 FeB 的物理性质见表 11.4。

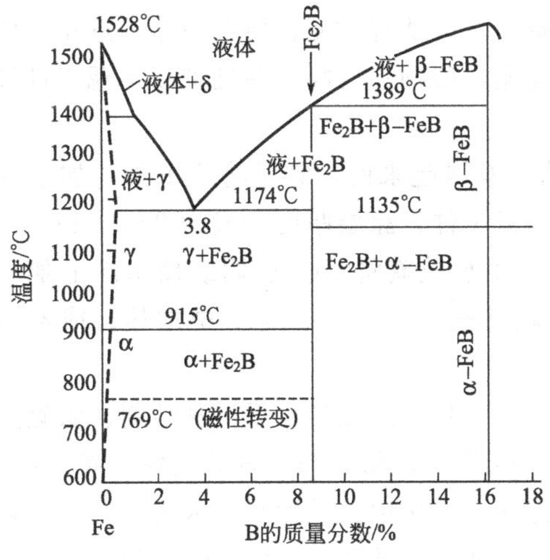

图 11.15　Fe-B 状态图

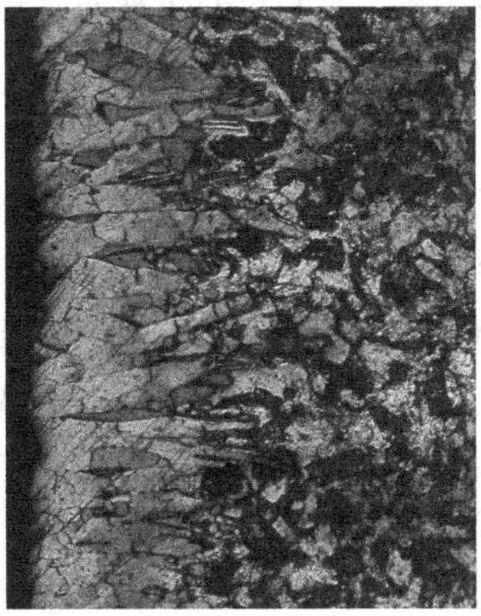

图 11.16　渗硼层组织

表 11.4 FeB 和 Fe_2B 的物理性质

硼化物	密度/(g/cm³)	晶格类型	点阵常数/nm	熔点/℃	硬度/HV	脆性
FeB	7.15	斜方晶系	$a=0.4061$ $b=0.5506$ $c=0.2952$	1540	1890～2349	大
Fe_2B	7.32	正方晶系	$A=0.5109$ $B=0.4249$	1389	1290～1680	小

当渗硼层由两相构成时，在它们之间将产生应力，在外力（特别是冲击载荷）作用下，极易产生裂缝而剥落。

在渗硼过程中，随着硼化物的形成，钢中的碳被排挤至内侧，因而紧靠硼化物层将出现富碳区，其深度比硼化物区厚得多，称为扩散区。硅在渗硼过程中也被内挤而形成富硅区。硅是铁素体形成元素，在奥氏体化温度下，富硅区可能变为铁素体，在渗硼后淬火时不转变成马氏体。因而紧靠硼化物区将出现软带（HV300 左右），使渗硼层容易剥落。钼、钨可强烈地减薄渗硼层，铬、硅、铝次之，镍、钴、锰则影响不大。

渗硼具有比渗碳、碳氮共渗高的耐磨性，又具有较高耐浓酸（HCl、H_3PO_4、H_2SO_4）腐蚀能力及良好的耐食盐水（质量分数 10%）、苛性碱水（质量分数 10%）溶液的腐蚀，但耐大气及水的腐蚀能力差。渗硼层还有较高的抗氧化及热稳定性。

11.5.2 渗硼方法

根据使用渗硼剂不同，渗硼可分为固体渗硼（粉末渗硼、膏剂渗硼）、液体渗硼（盐浴渗硼、电解盐浴渗硼）及气体渗硼三种，但由于气体渗硼采用乙硼烷或三氯化硼气体，前者不稳定易爆炸，后者有毒，又易水解，因此未被采用。现在生产上采用的是粉末渗硼和盐浴渗硼。近年来由于解决了渗剂的结块问题，粉末渗硼获得了越来越多的应用。

(1) 固体渗硼

固体渗硼是把工件埋入装有粉末或粒状渗硼剂中或将工件涂以膏状渗硼剂装箱密封（或不密封），然后加热、保温的渗硼方法。根据渗硼剂的形态固体渗硼分为粉末渗硼和膏剂渗硼两种。

① 粉末渗硼　将粉末渗剂和工件同时装入钢制渗硼箱或罐中，加盖密封，然后加热、保温进行渗硼。该工艺方法简便，操作容易，设备简单，清理方便，质量稳定，近年来应用较广泛。但工件装箱和出箱时，粉尘大、工作环境差、劳动强度高，并且难以实现工件局部渗硼。

② 膏剂渗硼　膏剂渗硼是在粉末渗硼的基础上发展起来的，它是将粉末渗剂加上黏结剂调成膏状，涂在需要渗硼的工件表面上，压实贴紧工件，涂层厚度一般为 2～3mm，经干燥后加热保温进行渗硼。工件不需要渗硼的部位可用水玻璃将 Cr_2O_3 调成糊状涂上加以保护。加热方式一般为装箱（用木炭或 Al_2O_3 作为填充剂）密封后在空气中加热；或不装箱在保护气氛中加热；也可在感应器中加热。

粉末渗硼剂一般由供硼剂、活化剂和填充剂组成。膏状渗硼剂再添加黏结剂。供硼剂可采用硼铁、碳化硼、脱水硼砂或硼酐等。活化剂一般采用氟硼酸钾、氟硅酸钠、氟铝酸钠、碳酸氢铵、氟化钠或氟化钙等。填充剂可采用碳化硅、氧化铝、活性炭、木炭等。可在粉末状渗剂中加入黏结剂制成球形粒状渗硼剂，可提高渗剂的高温强度，使用时渗剂不结块，不粘工件，劳动条件也得到改善。粒状和膏状渗剂中加入的黏结剂不能与工件和渗剂反应，常用的有桃胶水溶液、羟甲基纤维素水溶液等。

（2）液体渗硼

液体渗硼是将工件置于熔融盐浴中进行渗硼的渗硼方法。与固体渗硼方法相比，具有设备简单、操作方便、渗层组织容易控制、加热均匀且速度快、渗后工件可直接淬火等优点，在生产中应用较多。主要缺点是渗硼后粘附在工件表面的盐难以清理，而且熔盐对坩埚的腐蚀也比较严重。液体渗硼有熔盐法和电解法两种。

① 熔盐法　按盐浴成分不同分为两种：硼砂盐浴渗硼和渗硼剂-中性盐盐浴渗硼。

硼砂盐浴渗硼的盐浴由供硼剂（硼砂）、还原剂（铝粉、碳化硅等）、促进剂，改善盐浴流动性和渗后残盐清洗的添加剂（氟化钠、氟硅酸钠、氯化钠等）组成，利用各物质间的反应产生活性硼原子来渗硼。该方法具有成本低、生产效率高、处理加工稳定、渗硼层致密、缺陷少、质量好等特点，但残盐难以清洗，一般用于处理形状比较简单的工件。

渗硼剂-中性盐盐浴渗硼是用盐浴作载体，另加入渗硼剂，使之悬浮于盐浴中，利用盐浴的热运动使渗剂与工件表面接触实现渗硼。常用配方为：碳化硼或由硼砂＋还原剂组成的渗硼剂和中性盐（氯化钠、氯化钾、氯化钡等）组成。中性盐浴的加入极大地改善了工件渗硼后的残盐清洗状况和盐浴流动性。

② 电解法　先将熔盐加热熔化，放入阴极保护电极，达到温度后放入工件并接阴极，保温相应时间后，切断电源，取出工件淬火或空冷。熔盐多数以硼砂为基，电解法渗硼具有生产效率高、处理过程稳定、渗硼质量好、适合大规模生产的优点。但坩埚和夹具的使用寿命低，夹具装卸工作量大，形状复杂的工件难以获得均匀的渗硼层。

11.5.3　渗硼工艺

温度和时间对渗硼层的影响如图 11.17 所示。

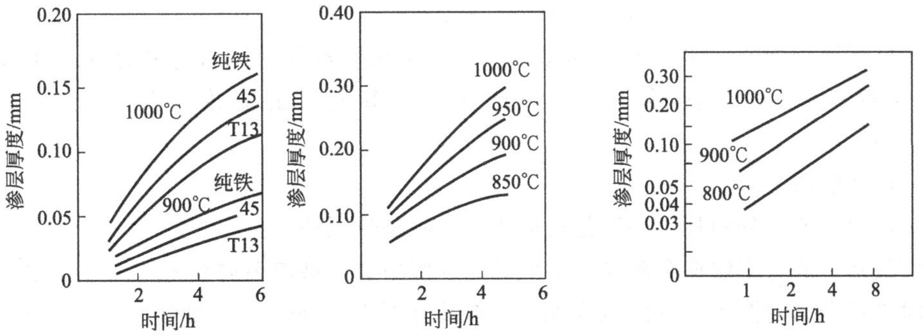

(a) 硼铁97%+3%氯化铵　(b) 60%$Na_2B_4O_7$+40%B_4C　(c) H_2+BCl(H_2：0.90mol h^{-1}, BCl：0.05mol h^{-1})

图 11.17　温度和时间对渗硼层深度的影响

粉末渗硼温度一般为 750～950℃之间。生产上常用温度为 850～950℃，若温度过低，渗速太慢，如图 11.17(a)。适当提高温度，可缩短渗硼保温时间。但温度超过 1000℃后，会导致渗硼层组织疏松，还会使晶粒长大，降低基体强度。在相同温度下，渗硼层厚度随保温时间的延长而增加，但超过 5h 后，渗硼层厚度增加缓慢，因此，工业生产中一般选用3～5h。

液体渗硼，随渗硼温度升高，渗速加快，深层厚度增加，如图 11.17(b)，可缩短渗硼时间，但与固体渗硼一样，温度也不能超过 1000℃。渗硼温度也不宜太低，若低于 900℃，盐浴流动性变差、活性降低、渗速过慢，且工件粘盐严重，盐浴消耗增加。保温时间的影响规律与固体渗硼相似。工业上一般采用的渗硼温度为930～950℃，保温时间一般为4～6h。

11.5.4 渗硼后的热处理

对心部强度要求较高的零件，渗硼后还需进行热处理。由于FeB相、Fe_2B相和基体的膨胀系数差别很大，加热淬火时，硼化物不发生相变，但基体发生相变，因此渗硼层容易出现裂纹和崩落。这就要求尽可能采用缓和的冷却方法，淬火后应及时进行回火。

11.6 渗金属

11.6.1 渗金属的方法

渗金属的方法和前述渗硼法相类似，根据所用渗剂聚集状态不同，可分固体法、液体法及气体法。

(1) 固体法渗金属

最常用的是粉末包埋法，把工件、粉末状的渗剂、催渗剂和烧结防止剂共同装箱、密封、加热扩散而得。这种方法的优点是操作简单，无需特殊设备，小批生产应用较多，如渗铝、渗铬、渗钒等。缺点是产量低，劳动条件差，渗层有时不均匀，质量不易控制等。

例：固体渗铬，将工件埋入装有金属铬粉或铬铁粉、氯化铵、三氧化二铝或二氧化硅的密封渗罐中，在高温下渗铬。渗铬在高温下发生下列反应

$$NH_4Cl \longrightarrow NH_3 + HCl \tag{11.16}$$

$$2NH_3 \longrightarrow N_2 + 3H_2 \tag{11.17}$$

$$Cr + 2HCl \longrightarrow CrCl_2 + H_2 \tag{11.18}$$

$$CrCl_2 + M \longrightarrow MCl_2 + [Cr] \tag{11.19}$$

$$CrCl_2 + H_2 \longrightarrow 2HCl + [Cr] \tag{11.20}$$

分解出活性铬原子[Cr]渗入金属M表面。由于金属元素在γ-Fe中的扩散速度比碳的扩散速度慢得多，因此，为获得一定深度的渗层，渗金属的温度要比渗碳高，一般为950～1050℃。

(2) 液体法渗金属

液体法渗金属可分两种，一种是盐浴法，一种是热浸法。

目前最常用的盐浴法渗金属是在熔融的硼砂浴中加入被渗金属粉末，工件在盐浴中被加热，同时进行金属的渗入。以渗钒为例：把被渗工件放入80%(质量分数）硼砂+20%(质量分数）钒铁粉的盐浴中，在950℃保温3～5h，即可得到一定厚度（几个微米到20微米）的渗钒层。

该种方法的优点是操作简单，可直接淬火。缺点是盐浴有比重偏析，必须在渗入过程中不断搅动盐浴。另外，硼砂的pH值为9，有腐蚀作用，必须及时清洗工件。

热浸法渗金属是较早应用的渗金属工艺，典型的例子是渗铝。其方法是：把渗铝零件经过除油去锈后，浸入(780±10)℃熔融的铝液中经15～60min后取出，此时在零件表面附着一层高浓度铝覆盖层，然后在950～1050℃温度下保温4～5h进行扩散处理。为了防止零件在渗铝时铁的溶解，在铝液中应加入10%左右的铁。铝液温度如此选择，主要考虑温度过低时，铝液流动性不好，且工件带走铝液过多；温度过高，铝液表面氧化剧烈。

(3) 气体法渗金属

一般在密封的罐中进行，把反应罐加热至渗金属温度，被渗金属的卤化物气体掠过工件表面时发生置换、还原、热分解等反应，分解出的活性金属原子渗入工件表面。

以气体渗铬为例，其过程是：把干燥氢气通过浓盐酸得到 HCl 气体后引入渗铬罐，在罐的进气口处放置铬铁粉。当 HCl 气体通过高温的铬铁粉时，制得了氯化亚铬气体。当生成的氯化亚铬气体掠过零件表面时，通过置换、还原、热分解等反应，在零件表面沉积铬，从而获得渗铬层。

气体渗铬速度较快，但氢气容易爆炸，氯化氢具有腐蚀性，故应注意安全。

随着科技水平的提高，制造业的不断不发展，对工件表面的要求也不断提高，在有些情况下，单一元素的渗入已不能满足要求，因此发展了多元共渗，即在金属表面同时渗入两种或两种以上的金属元素，如铬铝共渗、铝硅共渗等。与此同时，还出现金属元素与非金属元素的两种元素的共渗，如硼钒共渗、硼铝共渗等。进行多元共渗的目的是兼取单一元素渗入的长处，克服单一元素渗入的不足，例如硼钒共渗，可以兼取单一渗钒层的硬度高、韧性好和单一渗硼层层深较厚的优点，克服了渗钒层较薄及渗硼层较脆的缺点，获得了较好的综合性能。其它二元共渗也与此类似。

11.6.2　渗金属层的组织性能

渗金属层的组织和渗入金属的浓度分布与基体材料的成分有关。钢的渗金属层的组织和渗入金属的浓度分布受含碳量的影响最大。低碳或低碳合金钢渗金属后表面形成固溶体，并有游离分布的碳化物，渗入金属浓度由表及里逐渐减小；中、高碳（合金）钢渗金属，表面形成碳化物型渗层，渗层中渗入金属浓度极高，渗层几乎不含基体金属，界面浓度曲线陡降。钢的金属碳化物覆层的特点是硬度高、耐磨性和耐蚀性好。表 11.5 为渗不同金属的渗层组织。表 11.6 为几种金属碳化物覆层与其它处理方法的性能对比。

表 11.5　渗不同金属的渗层组织

渗金属种类	渗 Cr	渗 V	渗 Nb	渗 Ti	渗 Ta
渗层组织	$(Cr,Fe)_{23}C_6+(Cr,Fe)_7C_6+(Cr,Fe)_7C_3$	VC 或 $VC+V_2C$	NbC	TiC 或 $TiC+Fe_2Ti$	TaC

表 11.6　几种金属碳化物覆层与其它处理方法的性能对比

渗层种类	深层厚度/μm	表面硬度/HV	耐磨性	耐蚀性	抗热黏着性	抗高温氧化性
$(Cr,Fe)_{23}C_6$	10～20	1520～1800	较好	较好	较好	较好
VC	5～15	2500～2800	好	好	较好	差
TiC	5～15	3200	好	好	好	差
渗 B	50～100	1200～2300	较好	中	中	中
淬火钢	—	600～700	一般	差	差	差

图 11.18 是 Q235 钢粉末渗铝后渗铝层的金相组织。由表及里依次为 Fe_2Al_5 金属间化合物、FeAl 固溶体、Fe_3Al 固溶体和含 Al 的 α 固溶体。渗铝工件表面由于形成各种铝铁化合物，硬度较高达 500～680$HV_{0.1}$。渗层最外层为致密的 Fe_2Al_5 相，组织稳定，易在表面形成一层致密的保护膜，这样就保护了钢铁基体，从而提高材料高温抗硬化能力和热稳定性。

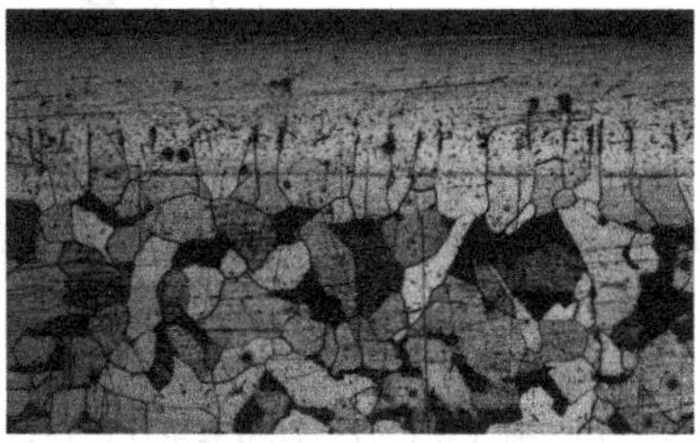

图 11.18　Q235 钢粉末渗铝金相组织

低碳钢管渗铝后，能耐高温氧化和抗硫化氢、二氧化硫、碳酸、硝酸、液氨、水、煤气等腐蚀，特别是抗硫化氢腐蚀能力更强。耐热合金渗铝后，耐热性和抗高温氧化性可进一步提高。

11.7 辉光放电离子化学热处理

利用稀薄气体的辉光放电加热工件表面和电离化学热处理介质，使之实现在金属表面渗入欲渗元素的工艺称为辉光放电离子化学热处理，简称离子化学热处理。因为在主要工作空间内是等离子体，故又称等离子化学热处理。

采用不同成分的放电气体，可以在金属表面渗入不同的元素。和普通化学热处理相同，根据渗入元素的不同，有离子渗碳、离子渗氮、离子碳氮共渗、离子渗硼、离子渗金属等，其中离子渗氮已在生产中广泛地应用。

11.7.1 离子化学热处理的基本原理

以离子渗氮为例，其基本过程如下：按图 11.19 的装置，把工件 11 放在阴极托盘 13 上，盖上真空罩 6，由真空泵 22 进行抽气，直至炉内真空达 1.33Pa；然后通过进气管通氨气（渗氮气氛）至气压 66Pa 后，接通电源，在阴极 11 和 13 与阳极 12 之间施加直流电压，由零逐渐增大，至某一值后，炉内工件上突然出现辉光，逐渐增加外加电压，工件表面逐渐被辉光所覆盖，直至所有阴极面积完全被辉光所覆盖；进一步增加两极间电压，辉光亮度增加，工件温度上升，直至所需加热温度，并把炉内气压及电参数调整至工艺要求值，开始正常渗氮过程，直至保温终了，切断电源，处理完毕。

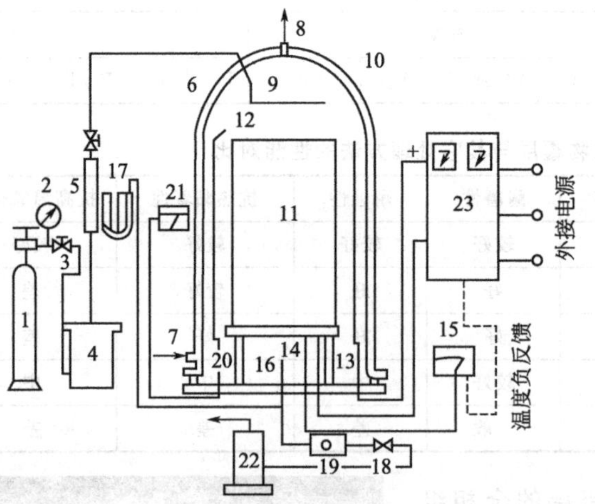

图 11.19 离子渗氮示意图

1—氨瓶；2—氨压力表；3—阀；4—干燥箱；5—流量计；6—罩；7—进水管；8—出水管；9—进气管；10—窥视孔；11—工件；12—阳极；13—阴极；14—热电偶；15—XCT 动圈式仪表；16—抽气管；17—U 型真空计；18,19—阀；20—真空规管；21—真空计；22—真空泵；23—直流电源

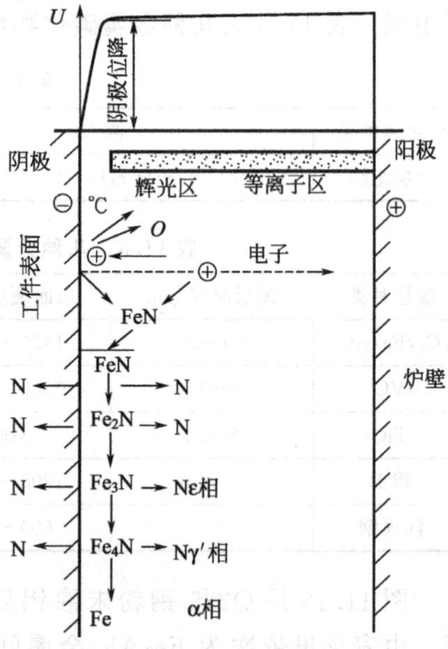

图 11.20 克罗克诺尔公司离子渗氮模型

关于离子化学热处理的渗入机理，至今尚不十分清楚。德国克罗克诺尔离子氮化公司对离子渗氮提出了如图 11.20 的模型。他们认为在离子轰击作用下，从阴极表面冲击出铁原子，与等离子区的氮离子及电子结合而成 FeN。FeN 被工件表面吸附，在离子轰击作用下，逐渐分解为低价氮化物和氮原子，氮原子就向内部渗入及扩散。

多次观察表明，离子渗氮渗入速度远大于普通气体渗氮。在离子渗氮工件表面一定深度范围内晶体缺陷（位错）增多，又有利于渗入工件表面氮原子向内部扩散，这些都使离子渗氮速度大大增加。

11.7.2　离子渗氮

当辉光放电介质采用含氮气体时，即可进行离子渗氮。

(1) 离子渗氮的工艺参数

常用离子渗氮介质为氨气、氨热分解气或一定比例的 N_2+H_2。由于采用介质不同，氮势不同，渗氮层表面氮化相也不同。表 11.7 为不同 N_2 和 H_2 的比例在不同钢上形成的氮化相，可见介质中 N_2 含量较高者，渗层表面的氮浓度也较高。

表 11.7　氮气比率、钢种与形成的氮化物

氮气比率(V_{N_2})/%	25(气压 660Pa)				80(气压 270～660Pa)			
材料牌号	15	45	40CrMo	38CrMoAl	15	45	40CrMo	38CrMoAl
表层氮化相	γ'	γ'	γ'	$\gamma'+\varepsilon$	γ'	$\gamma'+\varepsilon$	$\gamma'+\varepsilon$	$\gamma'+\varepsilon$

离子渗氮的温度、时间对渗氮层相结构的影响如图 11.21～图 11.24 所示。由这些图可见渗氮温度越低、时间越短，表面氮浓度较低，ε 相越不易出现；但离子渗氮渗入速度快，渗氮表面能在短时间内达到高硬度，如图 11.23 所示，因此，可用离子渗氮进行薄层短时渗氮。图 11.24 为离子渗氮温度对 32CrMoV 钢渗氮层硬度的影响。当渗氮温度降至 400℃时，表面仍能达到近 HV900 的高硬度，因此有可能采用离子渗氮进行低温渗氮。

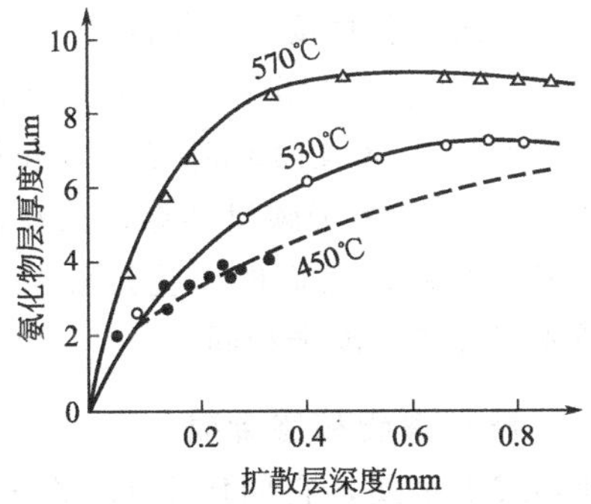

图 11.21　42CrMo 钢不同温度离子渗氮时氮化物层厚度随扩散层深度的变化

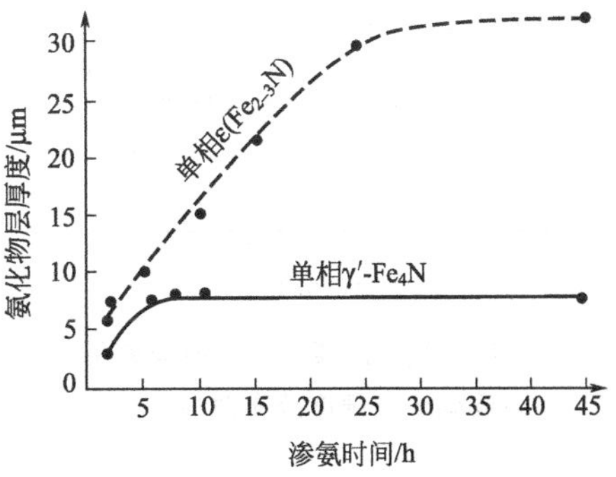

图 11.22　氮化物 γ′、ε 相厚度与渗氮时间的关系

(2) 离子渗氮的特点

① 速度快，特别在渗氮时间较短时尤为突出。例如一般渗氮深度为 0.30～0.50mm，离子渗氮时间仅为普通气体渗氮时间的 1/3～1/5。

② 离子渗氮层组织结构可控。

③ 离子渗氮层的韧性好，这与易于获得单一的 γ 相有关，另外有人认为离子渗氮层较

致密，因此，极大地扩大了离子渗氮的应用范围。

④ 节能。

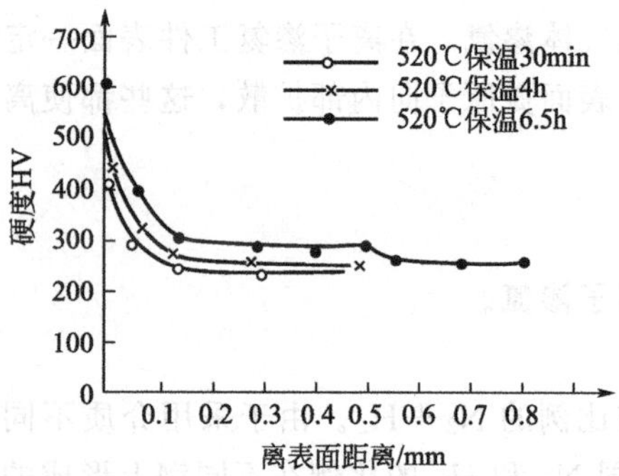

图 11.23　45 钢 520℃离子渗氮不同时间渗层硬度分布曲线

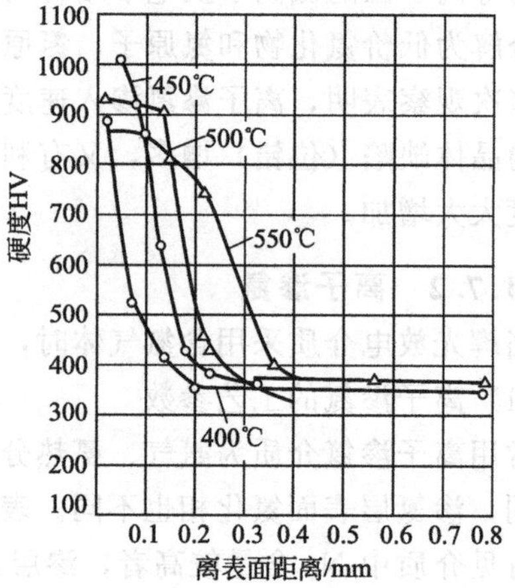

图 11.24　离子渗氮温度对渗氮层硬度的影响

11.7.3　离子渗碳、碳氮共渗和氮碳共渗

若采用甲烷或其它渗碳气体和氢气的混合气作为辉光放电的气体介质，则在普通渗碳温度（例如 930℃）下，利用辉光放电即可进行离子渗碳。图 11.25 为离子渗碳与普通气体渗碳，真空渗碳的比较，可见离子渗碳比其它两种渗碳方法快得多。

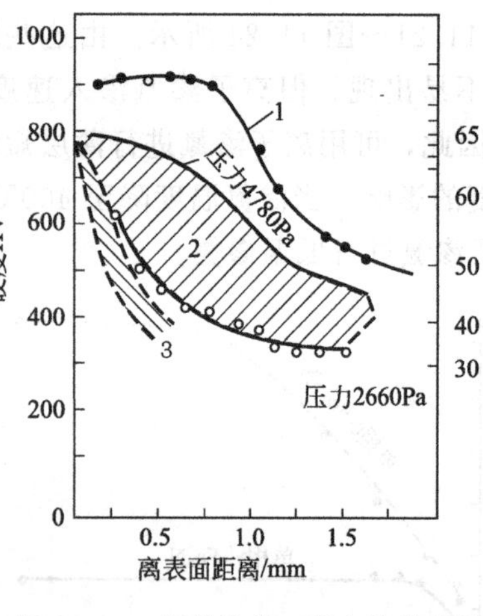

图 11.25　气体渗碳、真空渗碳离子渗碳渗层硬度分布曲线

离子渗碳时，由于温度较高，炉内应有隔热装置。离子渗碳后，应进行直接淬火，故与离子渗氮不同，在炉内应有直接冷却装置。

如果在辉光放电时采用渗碳气和氨气作为放电气体，则可实现在钢表面同时渗入碳和氮。在高温（>820℃）则为离子碳氮共渗，在软氮化温度则为离子氮碳共渗。它们的工艺过程及特点基本上和离子渗氮及离子渗碳相同。

11.7.4　离子渗硼和渗金属

不论渗硼或渗金属，它们均用 H_2 作为载体，而用硼或金属气态化合物作为渗剂，以这两种气体的混合气体为辉光放电气体，并以调节氢气和被渗金属气体化合物的比例来调节渗入表面中被渗元素的浓度。

渗硼时采用乙硼烷作为渗剂，据试验，如气氛中乙硼烷含量增加，则渗层表面出现高硼相 FeB；降低乙硼烷含量，FeB 消失，渗层以 Fe_2B 为主。同样，也发现离子渗硼可以在比普通渗硼温度低得多的温度下进行。

离子渗金属采用的渗剂主要为金属卤化物，例如渗钛，采用 $TiCl_4$ 作为渗剂，其过程和离子渗硼类似。

近年来采用欲渗金属元素直接放电蒸发进行离子渗金属。一种是双层辉光离子渗金属，利用辉光放电时的空心阴极效应产生高温，蒸发金属；另一种是多弧离子渗金属，利用真空阴极弧蒸发，离化金属离子，这些离子在电场作用下渗入被渗表面实现渗金属过程。

因为金属元素在铁中均为置换式原子，因此，离子渗金属必须在高温（1000℃左右）进行，以利于置换式原子的渗入和扩散。

复习思考题

1. 简述钢的气体渗碳原理（三个基本过程）。
2. 钢的气体渗碳工艺参数的确定原则如何（包括气氛碳势的选择，控制原理，渗碳温度的选择，渗碳时间的确定）？
3. 如何选择钢渗碳后的热处理方法？
4. 钢经渗碳并热处理后，从表层到心部的成分、组织如何？其力学性能将发生怎样的变化？为什么？
5. 钢经渗碳并热处理后会发生哪些缺陷？其产生的原因如何？
6. 渗氮钢在成分上有何特点？渗氮后钢在性能上有何特点？
7. 比较钢经渗碳和渗氮后其渗层的强化机理。
8. 钢的渗氮工艺参数应如何选择？
9. 离子渗氮原理及其特点如何？
10. 试比较高频感应加热淬火、渗碳、渗氮热处理在工艺、选用材料（钢种）、性能、应用范围、生产费用等方面的差别。

第12章 真空热处理和形变热处理

真空可以指压力小于正常一个大气压（负压）的任何气态空间。当金属的热处理过程是置于真空中进行时，就称为真空热处理。真空热处理几乎可实现全部热处理工艺，如淬火、退火、回火、渗碳、渗铬、氮化和沉淀硬化等；在淬火工艺中可实现气淬、油淬、硝盐淬火、水淬、脱气等，在通入适当介质后，也可用于化学热处理。

形变热处理（thermal-mechanical treatment）是将形变强化和相变强化相结合的一种综合强化工艺。它包括金属材料的塑性形变和固态相变两种过程，并将两者有机地结合起来，利用金属材料在形变过程中组织结构的改变，影响相变过程和相变产物，以得到所期望的组织与性能。形变热处理的主要优点是：①将金属材料的成形与获得材料的最终性能结合在一起，简化了生产过程，节约能源消耗及设备投资。②与普通热处理比较，形变热处理后金属材料能达到更好的强度与韧性相配合的力学性能。有些钢特别是微合金化钢，唯有采用形变热处理才能充分发挥钢中合金元素的作用，得到强度高、塑性好的性能。③采用形变热处理工艺不仅可以获得由单一强化方法难以达到的良好的强韧化效果，而且还可大大简化工艺流程，使生产连续化，获得良好的经济效益。

12.1 真空在热处理中的作用

12.1.1 真空基本概述

真空状态下负压的程度称为真空度。真空度最常用的单位是 Pa 和托（Torr，1Torr＝133.3Pa）。气压越低，真空度越高；气压越高，真空度则越低。根据真空度的大小，真空通常被分为低真空 $(10\sim10^{-2})\times1333.3\text{Pa}$；中真空 $(10^{-3}\sim10^{-4})\times1333.3\text{Pa}$；高真空 $(10^{-5}\sim10^{-7})\times1333.3\text{Pa}$ 和超高真空 $>10^{-8}\times1333.3\text{Pa}$ 四级。

另外，真空度还常用真空状态内水蒸气的露点来表示，它们的关系如表 12.1 所示。

表 12.1 真空度和露点的关系

真空度(×133.3Pa)	10	1	10^{-1}	10^{-2}	10^{-3}	10^{-4}	10^{-5}
露点/℃	11	18	−40	−59	−74	−88	−101

真空炉中的气体包括残留空气、炉体及工件内释放的气体；润滑油蒸发气体和外界渗入气体等，非常复杂，必须要用真空泵不停排气以保证达到所需要的真空度。

12.1.2 真空热处理的优越性

真空热处理（vacuum heat treatment）方法所得到的金属工件表面可以获得一般热处理所没有的特殊效果，显示出一定的优越性。

真空气氛在钢的热处理过程中，主要有以下几种有益或有害的作用。

(1) 脱脂

工件在热处理之前，由于机械加工或压力成型，往往在表面粘有油污。粘附在金属表面的油脂、润滑剂等蒸气压较高，在真空加热时，自行挥发或分解成水，氢气和二氧化碳等气体，并被真空泵抽走，与不同金属表面产生化学反应，得到无氧化、无腐蚀的非常光洁的表面。不过，生产中工件一般仍要进行预先脱脂处理，以减轻油污对于真空系统的污染。

(2) 除气

金属在熔炼时，液态金属要吸收 H_2、O_2、N_2、CO 等气体，由于冷却速度太快，这些气体留在固体金属中，生成气孔及白点等各种冶金缺陷，使材料的电阻、磁导率、硬度、强度、塑性、韧性等性能受到影响，根据气体在金属中溶解度，与周围环境的分压平方根成正比的关系，分压越小即真空度越高，越可减少气体在金属中的溶解度，释放出来的气体被真空泵抽走。

金属内部的脱气是按下列步骤进行的：①金属中的气体元素向表面扩散；②气体从金属表面逸出；③气体被真空炉排除。其中，第①步中气体的扩散速度是影响脱气效果的主要因素，故真空热处理时脱氢较易而脱氧、氮则较难。

(3) 分解氧化物

金属表面的氧化膜、锈蚀、氧化物、氢化物在真空加热时被还原、分解或挥发而消失，使金属表面光洁。钢件真空度达 0.133～13.3Pa 即可达到表面净化效果。金属表面净化后，活性增强，有利于 C、N、B 等原子吸收，使得化学热处理速度增快且成分分布均匀。当真空度足够，氧的分压低于氧化物分解压力时，可以使表面已经形成的氧化物发生分解而被去除，获得光亮的表面。

(4) 表面保护

真空热处理实质上是在极稀薄的气氛中进行，炉内残存的微量气体不足以使被处理的金属材料产生氧化脱碳、增碳等作用。使金属材料表面的化学成分和原来表面的光亮度保持不变。

大多数金属在含氧、水蒸气和 CO_2 等氧化性气氛中加热时会发生氧化现象；有氧存在时还可能引起钢的脱碳。理论上讲，金属（M）与其氧化物（MO）存在下列可逆反应

$$2MO \Leftrightarrow 2M + O_2 \qquad (12.1)$$

真空热处理中，当氧的分压大于分解压力（P_{O_2}）时，反应向左方向进行，生成氧化物。要达到金属不被氧化的目的，必须使炉内氧的分压低于氧化物的分压。一般来说，只要炉内氧的分压达到 $10^{-5}\times1333.3$Pa 时，大多数金属都可避免被氧化，从而获得光亮的表面。

真空热处理同样具有下列不利现象。

① 合金元素的蒸发　各种金属在不同温度下有不同蒸气压，当真空度提高时，蒸气压高的金属（Mn、Cr）容易蒸发，损害材料本身化学成分构成并污染其它金属表面，使零件之间或零件与料筐之间黏结，造成电气短路，材质改性等缺陷。

对于钢来说，真空热处理时最容易蒸发的合金元素是 Mn、Cr，而它们又是钢中常用的金属元素。通常零件应先抽成高真空，加热至 800℃以下；800℃以上应通以惰性气体，将真空度降低 20～26.7Pa。

② 真空加热油淬引起钢件渗碳

钢经真空加热油淬后会引起渗碳。如：30CrMnSiN2A 钢在真空度为 $10^{-2}\times1333.3$Pa、加热温度为 900℃情况下油淬就可发现有渗碳现象。这是由于在高温真空加热时对表面的净化作用使得材料表面处于活性状态，当炽热的工件与淬火油接触时，在油蒸气的包围下引起

渗碳过程。

一般来说，这种钢件渗碳对于材料表面性能是有害的。减轻真空油淬渗碳可采用推迟工件进入油中的时间；淬火开始阶段使油上方保持低压状态；工件浸入油中前稍稍氧化等。

12.2 真空热处理工艺

真空热处理具有热效率高，可实现快速升温和降温；稳定性和重复性好，表面质量好，工作环境好，操作安全，没有污染和公害等优势，应用范围日益扩大。下面就几种常规真空热处理、化学真空热处理和几种特殊真空热处理工艺进行简要的介绍。

12.2.1 钢的真空退火、真空淬火及回火

（1）真空退火

对于钢来说，真空退火的主要目的之一就是要求表面达到一定的光亮度。真空退火钢件的光亮度是由真空度、退火温度和出炉温度有关的。

例如，对于工具钢（尤其是含铬的合金钢），退火温度、真空度与光亮度的关系如图12.1所示。在$10^{-2}\times1333.3$Pa真空度下退火，光亮度较差，一般都在40%以下；而当真空度提高到$10^{-4}\times1333.3$Pa时，除Cr12高铬钢外，光亮度均可达到90%以上。真空退火时的出炉温度对产品光亮度的影响也很大。出炉温度越高，光亮度就越低。除抗氧化性能较好的高合金钢（如不锈钢等）外，钢的出炉温度均应在200℃以下。

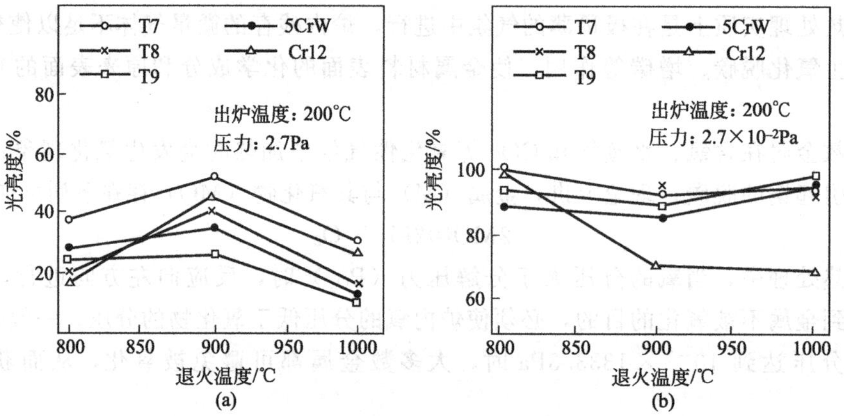

图12.1 工具钢真空退火温度、真空度与光亮度的关系

（2）真空淬火

真空淬火冷却速度快，需要采用适当的淬火介质如水、油、气等。其中，油冷具有广泛的适用范围；气冷的冷速较小，且价格较贵，有一定的应用；水冷冷速较快，但是由于水冷的特点，只适用于低碳、低合金钢。

真空淬火一般采用特殊的真空淬火油。真空淬火油应具有蒸发量小，不易污染真空炉；蒸气压低，不影响真空气氛；真空中冷却能力强；稳定性好等特点。真空淬火油的冷却能力一般随着真空度的增加而不断降低。

从提高淬火钢的光亮度来说，希望保持更低的压力，而压力过低又会降低淬火油的冷却能力。为了兼顾二者的要求，一般采用先在低压下加热，临淬火之前通入高纯度的保护气氛（惰性气体或氮气），增高压力，再淬火。

真空热处理加热主要靠辐射传热进行，故其在工件中引起的应力和形变与普通淬火相比要小。

(3) 真空回火

由于 600℃以下在真空中加热缓慢，而回火温度大部分在此范围，故真空回火热处理时应在排气、升温后，立即通入惰性气体。惰性气体可以进行强制对流传热。

12.2.2 钢的真空渗碳、渗氮

(1) 真空渗碳

真空渗碳工艺曲线图见图 12.2。工件进入真空炉后，先排气降低真空度至 0.133Pa，随后通电加热使温度达到渗碳温度（1030～1050℃）并保温。经过一段时间的保温，由于工件和炉内材料脱气，真空度会有所降低，此过程结束后，真空度继续上升。经过适当的均匀加热保温后，通入渗碳剂进行渗碳，此时真空度又下降。几分钟后，停止通入渗碳剂，真空度上升，保温，进行扩散。如此循环数次后，渗碳完成。随后，通入氮气并将工件移入冷却室，冷至 550～660℃后，重新移入加热室，在真空状态下加热到淬火温度，借重结晶细化晶粒。加热保温结束后，通入氮气，并进行油淬。

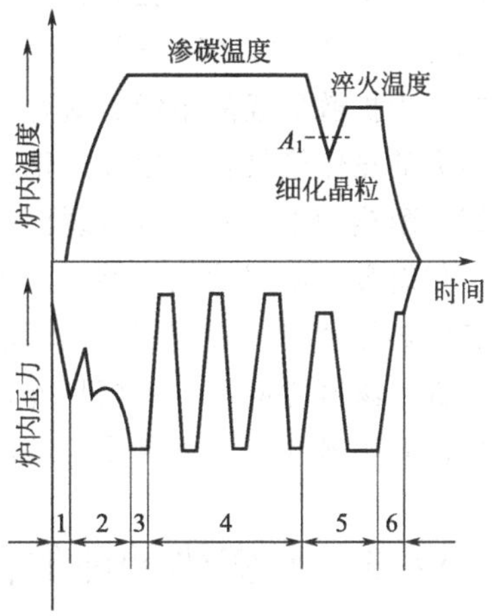

图 12.2　真空渗碳的工艺曲线

1—抽真空；2—升温脱气；3—均热；4—渗碳及扩散；5—淬火加热（细化晶粒）；6—淬火冷却

真空渗碳时，由于不存在渗碳气体和钢件的平衡反应，钢件在高温下处于碳氢化合物气体中，数分钟内表面即可达到很高的含碳量，从而增大了工艺控制的难度。到目前为止生产中仍采用在不同温度和气压条件下碳传递速度的试验测定数据来控制。这些数据存储在数据库和有关碳渗入和扩散的计算机程序中。当计算的钢件表面含碳量达到奥氏体的饱和极限时，控制系统就中止渗碳（强渗）。此过程仅持续数分钟，依次施行渗碳、排气和扩散直到获得规定的渗层厚度为止。

和常规气体渗碳相比，真空渗碳具有一系列优点，诸如在渗层中不会出现内氧化和反常组织，工件表面光亮、渗速快，易于实现离子渗碳和高温渗碳，进一步提高渗速。真空渗碳后再施行高压气淬，可使渗碳淬火的钢件形变减到最低程度。

如 Ipsen 公司开发的 RVTC 低压渗碳和冷腔高压气淬双室炉，可用于航空工业的齿轮、轴承或特种零件的渗碳淬火。乙炔渗碳的半连续式低压渗碳、油中淬火、清洗、回火生产线已用于生产汽车变速箱齿轮，每条线每日生产量可达 5400kg。

(2) 真空渗氮

真空渗氮是使用真空炉对钢铁零件进行整体加热、充入少量气体，在低压状态下产生活性氮原子渗入并向钢中扩散而实现硬化的；而离子渗氮是靠辉光放电产生的活性 N 离子轰击并仅加热钢铁零件表面，发生化学反应生成氮化物实现硬化的。

真空渗氮又称为真空排气式氮碳共渗，其特点是通过真空技术，在加热、保温、冷却的整个热处理过程中，不纯的微量气体被排出，可使金属表面活性化和清净化；含活性物质的纯净复合气体被送入，使表面层相结构的调整和控制、质量的改善、效率的提高成为可能。

经X射线衍射分析证实，真空渗氮处理后，渗层中的化合物层是ε单相组织，没有其它脆性相（如Fe_3C、Fe_3O_4）存在，硬度高，韧性好，分布均匀。“白亮层”单相ε化合物层可达到的硬度和材质成分有关。材质中含Cr量越高，硬度也呈增加趋势。Cr含量13%（质量分数，余同）时，硬度可达到1200HV；含Cr18%时，硬度可达1500HV；含Cr25%时，硬度可达1700HV。无脆性相的单相ε化合物层的耐磨性比气体氮碳共渗组织的耐磨性高，抗摩擦烧伤、抗热咬合、抗熔敷、抗熔损性能都很优异。但该“白亮层”的存在对有些模具和零件也有不利之处，易使锻模在锻造初期引起龟裂；焊接修补时易生成针孔。

真空渗氮还有一个优点，就是通过对送入炉内的含活化物质的复合气体的种类和量的控制，可以得到几乎没有化合物层（白亮层），而只有扩散层的组织。其原因可能是在真空炉排气至0.133Pa(1×10^{-3}Torr）后形成的，另一个原因是带有活性物质的复合气体在短时间内向钢中扩散形成的组织。这种组织的优点是耐热冲击性、抗龟裂性能优异。因而对实施高温回火的热作模具，如用高速钢或4Cr4MoSiV(H13）钢制模具可以得到表面硬度高、耐磨性好、耐热冲击性好、抗龟裂而又有韧性的综合性能；但仅有扩散层组织时，模具的抗咬合性、耐熔敷、熔损性能不够好。由于模具或机械零件的服役条件和对性能的要求不一，在进行表面热处理时，必需调整表面层的组织和性能。

真空渗氮除应用于工模具外，对提高精密齿轮和要求耐磨耐蚀的机械零件以及弹簧等的性能都有明显效果，可接受处理的材质也比较广泛。

12.3 形变热处理的作用和强韧化机理

形变热处理已广泛应用于生产金属与合金的板材、带材、管材、丝材，和各种零件如板簧、连杆、叶片、工具、模具等。

形变热处理工艺中的塑性变形，可以用轧、锻、挤压、拉拔等各种形式；与其相配合的相变有共析分解、马氏体相变、脱溶等。形变与相变的顺序也多种多样：有先形变后相变；在相变过程中进行形变；也可在某两种相变之间进行形变。

12.3.1 形变对钢基体的作用

（1）形变对母相的作用

形变热处理中，形变使相变前的母相的组织结构甚至成分都起变化。形变后或形变过程中的相变在相变动力学和相变产物的类型、形貌等方面，都不同于一般热处理，从而得到良好的性能。

形变对母相组织结构带来的变化随形变条件（形变温度、道次形变量、总形变量、形变速度等等）及金属材料成分的不同而有差异，根据对相变的作用，母相形变后的组织结构基本上属于三类。

① 在再结晶温度以上形变，道次形变量如超过再结晶临界变形量，则母相发生动态或静态的再结晶，使晶粒得到细化；如进行多道次形变，则发生多次再结晶，母相的晶粒显著细化。

② 在材料的再结晶温度以下形变，母相不发生再结晶，而产生大量晶体缺陷，或仅发生回复过程，形成多边化亚结构。

③ 形变诱发第二相由母相中析出，析出的第二相又与位错交互作用，使母相的成分与

结构皆发生变化。

形变热处理中，形变后的母相组织经常是以上几类的综合。现以钢的奥氏体为例，说明形变后的奥氏体对以后的相变及相变产物的作用。

(2) 形变对铁素体-珠光体型相变的作用

形变后产生了再结晶的细奥氏体晶粒，使冷却转变后的铁素体也相应得到细化。形变后未发生再结晶的奥氏体中的大量晶体缺陷，为此后铁素体的转变提供了大量形核位置，并使铁素体形核的热激活过程更容易进行，这两者使转变后的铁素体晶粒细化；此外形变的奥氏体有加速扩散过程，加速铁素体转变速度，提高铁素体形成的温度等作用。

(3) 形变对淬火时马氏体、贝氏体相变的作用

再结晶的奥氏体仅能细化所转变的马氏体或贝氏体组织。形变而未再结晶的奥氏体，对淬火时的马氏体和贝氏体转变的作用却是多方面的。

奥氏体中的大量晶体缺陷使以共格方式长大的马氏体、贝氏体晶体长大受阻，使转变后的组织得到细化。奥氏体中的晶体缺陷可被其转变的马氏体、贝氏体所继承，使转变后的马氏体或贝氏体组织的位错密度高于一般热处理形成的马氏体和贝氏体的位错密度。当奥氏体在形变过程产生形变诱发第二相析出时，这种现象尤为突出。形变诱发析出的第二相质点，钉扎了奥氏体已有的可动位错；在进一步形变时，促进奥氏体增殖大量新的位错，大大增加奥氏体中的位错密度，相应地增加转变后的马氏体的位错密度。马氏体、贝氏体中位错密度提高，是形变淬火得以提高钢的强度的主要原因。这样的马氏体组织在回火时，由于位错密度高，为碳化物提供了大量形核位置，结果使回火马氏体中的碳化物质点更细小，分布更均匀。形变诱发由奥氏体中析出第二相，降低奥氏体中碳和合金的含量，有利于减少孪晶马氏体，增多板条状马氏体的数量。马氏体组织的细化、孪晶马氏体的减少以及回火时均匀的碳化物分布，是形变淬火钢韧性好的原因。

奥氏体形变中形成的亚晶粒比较稳定，不仅可为直接形成的马氏体所继承，还能遗传给重新加热淬火，再次形成的马氏体组织，使形变淬火后再加热淬火的钢的强度仍高于一般淬火钢。

形变奥氏体除可以细化所转变的贝氏体外，还能改变转变的贝氏体组织类型。低碳贝氏体钢未形变的奥氏体转变为上贝氏体组织，形变的奥氏体则转变为颗粒状贝氏体组织，这种组织的塑性、韧性比上贝氏体要好。

(4) 形变诱发马氏体相变

在 $M_s \sim M_d$ 温度范围内形变能诱发奥氏体转变为马氏体，而在 M_s 温度以上就发生马氏体转变。M_d 称为形变诱发马氏体开始转变点。形变诱发马氏体可提高钢的强度，更重要的是，在奥氏体基体中的应力集中，由于形变诱发马氏体的产生而得以弛豫，避免微裂纹的产生与扩展，提高钢的塑性。

12.3.2　影响形变热处理强化效果的因素

钢在形变热处理后之所以能够获得良好的强韧性是由形变导致钢的显微组织和亚结构的特点所决定的。其强韧化机理主要有细化显微组织、改变位错密度和亚结构、弥散化碳化物等。而影响形变热处理强化效果的因素有很多，其中最主要的因素有形变温度、形变量和形变后淬火前的停留时间等。

(1) 形变温度

当变形量确定时，形变温度越低，强化效果越好，但塑性和韧性会有所下降。这是由于形变温度越高越有利于钢组织的回复、多边形化甚至结晶等过程的进行。

(2) 形变量

在低温形变淬火时，形变量越大，强化效果越显著，塑性则有所下降。为获得较好的强化效果，通常形变量应≥60%～70%。图 12.3 为形变量对 0.3C-3Cr-1.5Ni 钢力学性能的影响。

在高温形变淬火时，如果钢中有较多铬、钼、钨、钒、锰、镍和硅等延缓再结晶作用的元素时，形变强化过程会一直占主导地位，随形变量的增加而增加（如 45CrMnSiMoV 等）。对于一般钢种来说，其强化效果随形变量的增加而先增加后减弱，呈现一个极值。

(3) 形变后淬火前的停留时间

图 12.4 为停留时间对高温形变淬火 60Si2V 钢性能的影响。在低温形变淬火中，在亚稳奥氏体形变后将钢再加热至略高于形变温度，并适当保持数分钟使奥氏体发生多边形化，然后再淬火和回火，可以显著地提高钢的塑性，称为多边形化处理。随多边形化处理温度的提高和时间的延长，钢的塑性不断提高，强度略有下降。

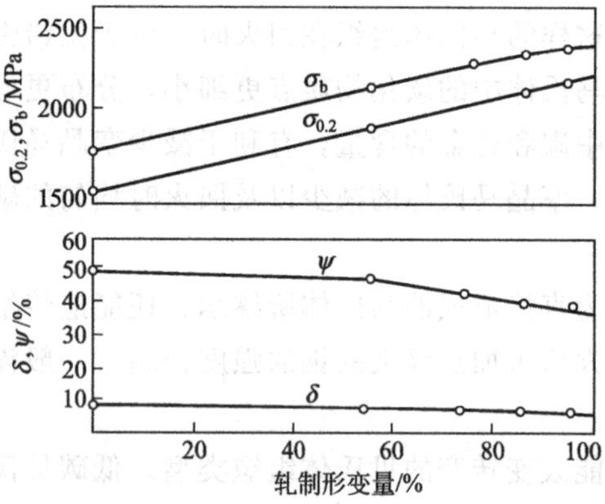

图 12.3 形变量对 0.3C-3Cr-1.5Ni 钢力学性能的影响

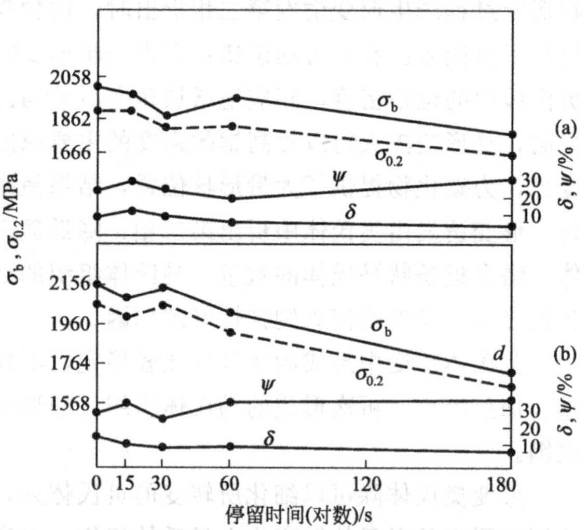

图 12.4 停留时间对高温形变淬火 60Si2V 钢性能的影响（400℃回火 1h）

(a) 形变量 20%；(b) 形变量 50%

在高温形变淬火时，由于形变温度高于奥氏体的再结晶温度，形变后在此温度停留时可以出现回复、多边形化和再结晶等现象。

12.4 形变热处理的分类

形变热处理种类繁多，名称也很多，但通常可按照形变与相变过程的相互顺序将其分成三种基本类型：相变前形变、相变中形变和相变后形变等三种。其中有可按照形变温度（高温、低温）和相变类型（珠光体、贝氏体、马氏体及时效等）又细分成若干种类。此外，还有表面形变热处理和形变化学热处理等其它热处理工艺等。图 12.5 为形变热处理分类示意图。

12.4.1 相变前形变的形变热处理

(1) 高温形变热处理

① 高温形变淬火［图 12.5(a)］ 高温形变淬火是将钢加热至奥氏体稳定区（A_{c_3} 以上）进行形变，随后采取淬火以获得马氏体组织，具体包括锻后余热淬火、热轧淬火等。高温形变淬火后，再于适当温度回火，可以获得很高的强韧性。适用于结构钢、工具钢、碳钢和合金钢等，一般在强度提高 10%～30%时，塑性可提高 40%～50%，冲击韧性则成倍地增长。

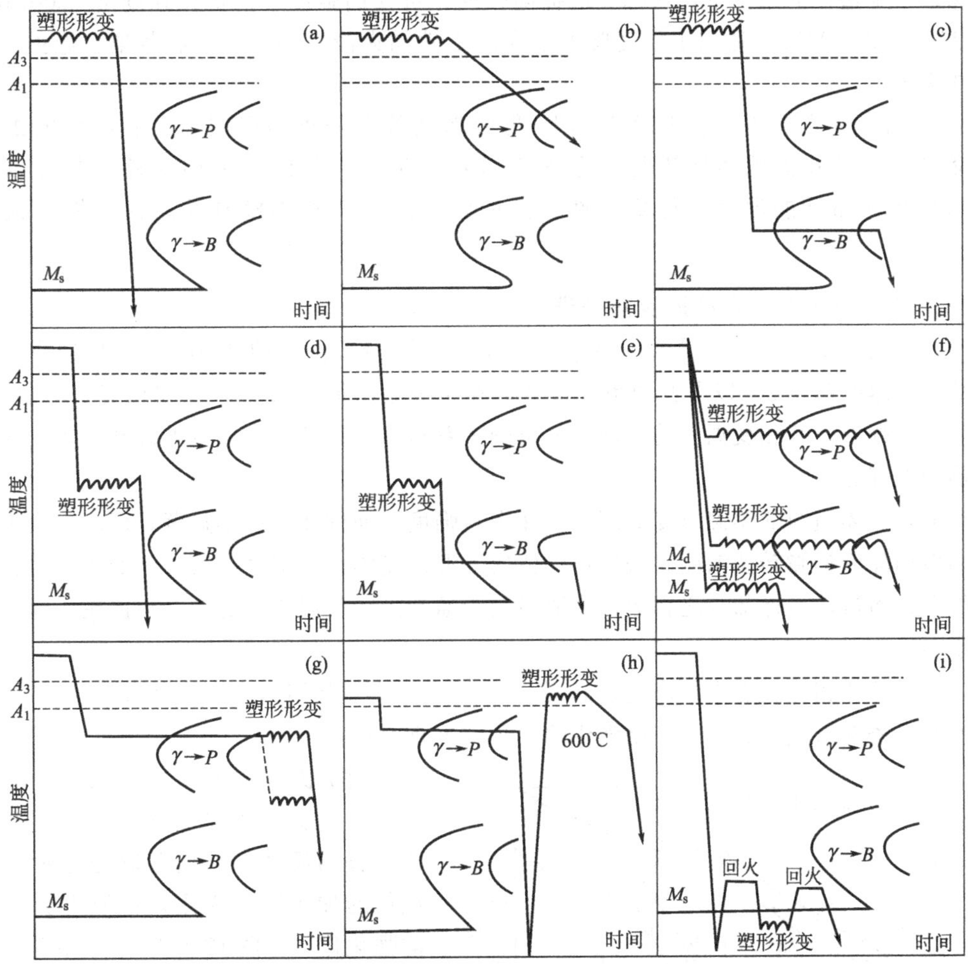

图 12.5 形变热处理分类示意图

② 高温形变正火［图 12.5(b)］ 高温形变正火的加热和形变条件与高温形变淬火相同，但随后采取空冷或控制冷却，以获得铁素体+珠光体或贝氏体组织（这种工艺又叫“控制轧制”）。采用这种工艺的主要优点在于可显著改变钢的强韧性，特别是可大大降低钢的韧脆转化温度。对于含有微量铌、钛、钒等元素的钢来说，尤为有效。从形式上看，它很像一般轧制工艺，但实际上区别很大。主要是轧制温度较低，通常都在 A_{c_3} 附近，有时甚至在 α+γ两相区（800～650℃），而一般轧制的终轧温度都高于 900℃。另外，控制轧制要求在较低温度范围有足够大的形变量，例如对低合金高强度钢规定在 900～950℃以下要有 50%以上的总形变量。此外，为细化铁素体晶粒和第二相质点，要求在一定温度范围内控制冷却。

③ 高温形变等温淬火［图 12.5(c)］ 高温形变等温淬火是采用与前两者相同的加热和形变条件，但随后在贝氏体区等温，以获得贝氏体组织。这种贝氏体组织的性能比普通贝氏体要优越得多。

(2) 低温形变热处理

① 低温形变淬火［图 12.5(d)］ 低温形变淬火是在奥氏体化后快速冷却至亚稳奥氏体区中具有最大转变孕育期的温度（500～600℃）进行形变，然后淬火以获得马氏体组织。可以在保证一定塑性的条件下，大幅度地提高强度，可使高强度钢的抗拉强度由 1800MPa 提高到 2500～2800MPa。适用于强度要求很高的零件如火箭壳体、飞机起落架、炮弹壳、模具和冲头等。

② 低温形变等温淬火［图 12.5(e)］ 低温形变等温淬火是采用与上者相同的加热和形变条件，随后在贝氏体区进行等温淬火以获得贝氏体组织。采用这种工艺可以在比低温形变淬火略低的温度，得到塑性较高的钢。适用于热作模具及高强度钢制造的小零件。

12.4.2 相变中形变的形变热处理

(1) 等温形变热处理［图 12.5(f)］ 等温形变热处理是将钢加热到 A_{c_3} 温度以上奥氏体化，然后迅速冷却至 A_{c_1} 以下亚稳奥氏体区，在某一温度同时进行形变和相变（等温转变）的工艺。根据形变和相变温度的不同，又可分为获得珠光体的等温形变处理和获得贝氏体的等温形变处理。

获得珠光体组织的等温形变处理工艺在提高强度方面的效果并不显著，但却可大大提高冲击韧性和降低韧脆转变温度。获得贝氏体的等温形变淬火在提高强度方面的效果要比前者显著得多，而塑性指标却与之相近，主要适用于通常进行等温淬火的轴、小齿轮、弹簧、链结等小零件。

(2) 马氏体相变过程中的形变热处理［图 12.5(f)］ 利用钢中奥氏体在 M_d～M_s 之间受形变时可诱发形成马氏体而获得强化的工艺。主要包括：

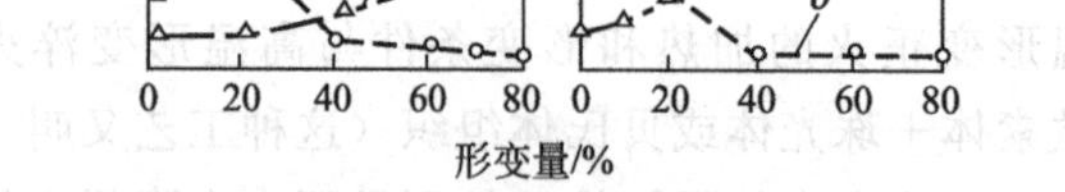

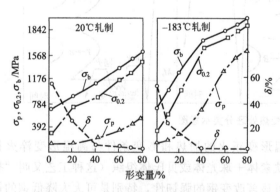

图 12.6 18-8 不锈钢在不同形变温度下形变量对力学性能的影响

对奥氏体在室温（或低温）下进行形变，使奥氏体加工硬化，并且诱发生成部分马氏体，再加上形变时对诱发马氏体的加工硬化作用，将使钢获得显著的强化作用。图 12.6 为 18-8 不锈钢在不同形变温度下形变量对力学性能的影响。如图所示，形变量越大，钢的强度越高，塑性越低；且形变温度越低，上述现象越强烈。

室温诱发马氏体形变，利用相变诱发塑性（TRIP）现象使钢件在使用中不断发生马氏体转变，从而兼有高强度和超塑性，具有本种特性的钢被称为变塑钢。这种钢一般在成分设计上保证了在经过特定的加工处理后使其 M_s 点低于室温，而 M_d 点高于室温。这样，钢在室温使用时也可具备本种特性。

12.4.3 相变后形变的形变热处理

通过这种工艺，可以强化钢冷却转变的产物。这种转变产物可能是珠光体、贝氏体、马氏体或回火马氏体等，形变温度范围包括室温至 A_{c_1} 以下。

(1) 珠光体的冷形变［图 12.5(g)］

在钢丝铅淬冷拔时，钢丝坯料经过奥氏体化通过铅浴等温分解，获得细密而均匀的珠光体组织，随后进行冷拔。细密的片状珠光体经大量变形的冷拔后，使其中渗碳体片变得更小，位错密度更高。且铅浴温度越低、冷拉变形量越大，冷拔钢丝的强度就越高。

(2) 珠光体的温加工［图 12.5(h)］

在加工珠光体轴承钢时，将退火钢加热至 700～750℃进行形变，然后慢速冷却至 600℃后出炉。采用这种工艺比普通球化退火要快 15～20 倍，且球化效果更好。

(3) 回火马氏体的时效［图 12.5(i)］

回火马氏体的时效可获得高强度的钢件。回火马氏体的强化效果主要是由 ε 碳化物产生，而 ε 碳化物则由过饱和的 α 铁素体提供。如在形变后进行最终的低温回火，则将更有利于 ε 碳化物的产生，造成回火后钢屈服强度的进一步增高。但如果继续提高回火温度，将会由于碳化物的沉淀、聚集长大以及 α 铁素体的回复而导致强化效果的减弱。图 12.7 为 300M 钢回火马氏体组织经小量形变后的性能变化［图 12.7(a)］和最终回火温度对强化效果的影响［图 12.7(b)］。

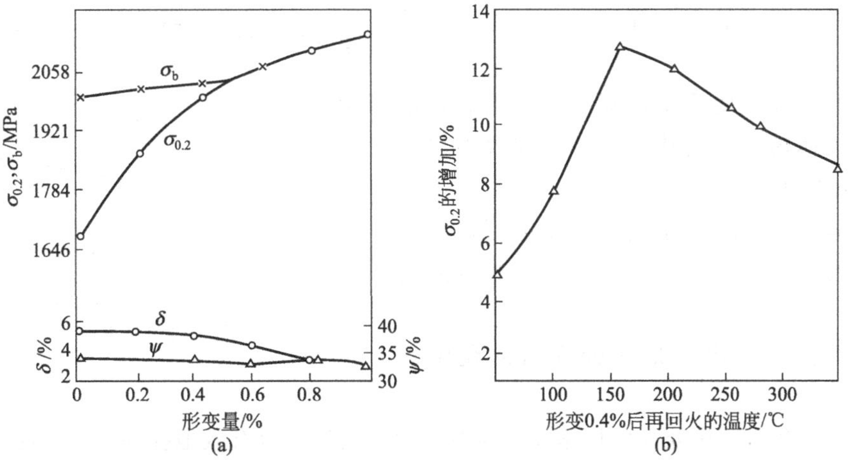

图 12.7　300M 钢回火马氏体组织经小量形变后的性能变化 (a) 和最终回火温度对强化效果的影响 (b)

12.4.4 表面形变热处理

将钢件表面形变强化，如喷丸、滚压等与整体热处理强化或表面热处理强化相结合可以显著提高其疲劳和接触疲劳强度，延长机器零件的使用寿命。

(1) 表面高温形变淬火

将工件表面加热奥氏体化，并在高温下用滚压法使钢表面层产生形变，然后施行淬火的方法称为表面高温形变淬火。表面高温形变淬火可以显著提高钢件的疲劳强度和耐磨性。

(2) 预冷表面高温形变热处理

钢件先施行 1000～3000kN 压力的预冷形变，然后再进行表面形变淬火也能发挥冷形变的遗传作用，得到较好的强化效果。预冷形变可使钢件在表面高温形变热处理时形成高的残留应力，从而可显著改善其抗疲劳极限、耐磨性和表面粗糙度。

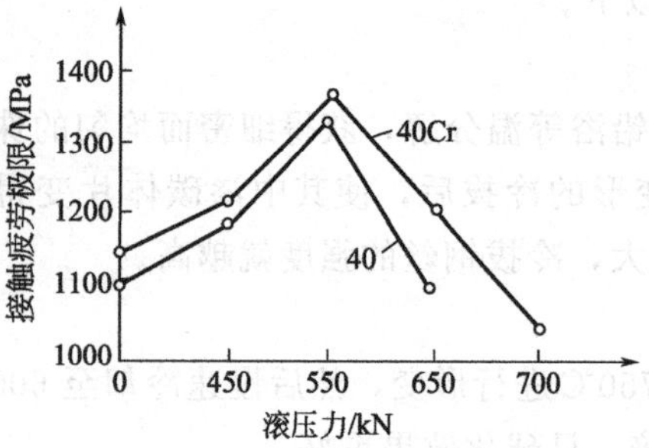

图 12.8 40、40Cr 钢表面淬火后的接触疲劳极限与滚压力的关系

(3) 表面形变时效

喷丸或滚压表面强化后，再进行补充时效（低温回火），可使钢件的疲劳强度进一步提高。图 12.8 为 40、40Cr 钢表面淬火后的接触疲劳极限与滚压力的关系曲线图。

12.4.5 形变化学热处理

形变既可加速化学热处理过程，也可加强热处理强化效果，值得注意。

(1) 形变过程对于扩散作用的影响

应力和形变均可加速钢中铁原子和碳原子的扩散能力。这是由于随应力和形变的增加，钢中的缺陷（位错密度）增加，使得铁原子扩散能力增强。形变对间隙原子扩散能力的影响要复杂些，常需要选择适当的形变和后热处理条件以加速碳或氮元素的扩散能力。图 12.9 为 22CrNiMo 钢渗碳层深度和形变量的关系曲线图。

(2) 钢件化学热处理后的冷（高温）形变

钢件经渗碳、渗氮等化学热处理工艺后，经液压、喷丸等表面冷变形可获得进一步的强化效果，得到更高的表面强度、耐磨性和疲劳强度等。

冷变形可以促使渗层内亚结构的变化，部分残余奥氏体转变为马氏体，从而在表面层形成巨大的压应力。

同样地，钢件经化学热处理工艺后，经表面高温形变淬火后，也可获得进一步的强化效果。

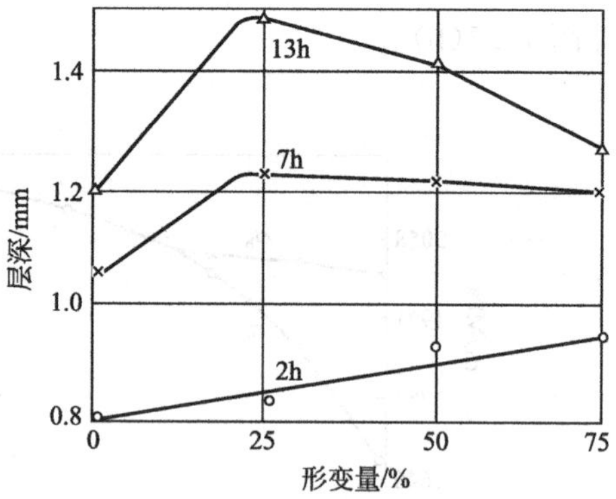

图 12.9 22CrNiMo 钢渗碳层深度和形变量的关系

(3) 钢件晶粒多边形化处理后的化学热处理

钢件晶粒多边形化处理后再施行渗氮等化学热处理可以有效地提高力学性能、蠕变抗力和持久强度等。这是由于多边形化所形成的亚晶界（位错墙）被间隙原子所钉扎的结果。

复习思考题

1. 请说明粉末冶金材料在真空热处理中钢表面原子活度会有如何变化？
2. 举出几个形变和热处理互相配合提高钢强度的例子。
3. 形变强化有何缺点？什么样的工件适合采用形变热处理强化工艺？

第 13 章　热处理工艺设计

热处理工艺是整个机器零件和工模具制造工艺的一部分。最佳的热处理工艺方案，应该既能满足设计及使用性能的要求，而且具有最高的劳动生产率、最少的工序周转和最佳的经济效果。因此为了设计最佳热处理工艺方案，不仅要对各种热处理工艺有深入的了解和熟练地掌握，而且对机械零件的设计，零件的加工工艺过程要有充分的了解。

机械零件（包括工模具）的设计，包括根据零件服役条件选择材料、确定零件的结构、几何尺寸、传动精度及热处理技术要求等。但是，在机械零件设计时，除了考虑使所设计零件能满足服役条件外，还必须考虑通过何种工艺方法才能制造出合乎需要的零件以及它们的经济效果如何（即该零件的工艺性和经济性）。

机械零件设计与热处理工艺的关系，表现在零件所选用材料和对热处理技术要求是否合理以及零件结构设计是否便于热处理工艺的实现。

13.1　热处理零件的技术要求

13.1.1　热处理技术条件及其标注

零件热处理技术条件包括经热处理后应得到的组织、使用性能、加工工艺性能以及精度等要求，应标注在零件图样上。标注内容一般有：材料、热处理的名称及热处理后的硬度要求。对要求高的重要零件，如曲轴、连杆和齿轮等，还需注明热处理后的强度、硬度、塑性和韧性等指标，有时还应定出对金相组织的要求；对气缸套、活塞环等零件，还应注明化学成分、硬度、金相组织等级；表面淬火零件应标明淬火层的硬度、深度和淬火部分，有时还要提出对金相显微组织和变形的要求；渗碳零件应标明渗碳淬火及回火后的表层和心部的硬度、渗碳的部位（全部和局部）以及渗碳层深度等，对重要的渗碳件还应提出对金相组织的要求。标定的硬度值应允许有一个波动范围，一般布氏硬度范围在 30～40 单位，如调质 220～250HBW；洛氏硬度范围在 5 单位左右，如淬火回火 50～55HRC。

零件的热处理技术条件除根据整个机械结构的要求和零件性能要求提出外，还应考虑材料的性能、热处理的工艺性和实际的生产条件等，以确保达到设计的技术要求。

13.1.2　热处理工艺位置安排

零件的加工过程中所经历的各种冷、热加工工序的先后次序为工艺路线。工程上一般按以下原则确定热处理工艺位置。

（1）预备热处理的工序位置

根据热处理工序在加工过程中的作用不同，可分为预备热处理和最终热处理两大类，除零件图纸上无技术要求的不重要的铸、锻、焊件可以不进行预备热处理外，较重要的中碳结构钢锻件和合金钢锻件均须进行预备热处理。

① 退火和正火的工序位置　退火和正火通常作为预备热处理而安排在毛坯生产之后，切削加工之前。退火、正火件的工艺路线一般为：毛坯生产（铸、锻、焊、冲压等）→退火

或正火→切削加工……。对于精密零件，为了消除切削加工引起的残余内应力，还应在切削加工工序之间安排去应力退火；对于过共析钢，若金相组织中有比较完整的网状二次渗碳体，则在球化退火前，进行正火，以消除网状渗碳体。加工余量很大的铸锻件，可在粗加工后进行预备热处理。

② 调质的工序位置　为了提高零件的综合力学性能，或为以后的表面淬火和易变形的精密零件的整体淬火做好组织准备时可将调质作为预备热处理。对加工余量比较大的工件，调质工序一般安排在粗加工之后，精加工或半精加工之前，与作为最终热处理的调质工序的安排基本相同。零件硬度小于300HBW钢的淬透性较好或加工余量不大时，可以在锻件或型材调质后机械加工，否则需先机械加工后再调质。调质零件的加工工艺路线一般为：下料→锻造→正火（或退火)→粗加工→调质→半精加工……

(2) 最终热处理的工序位置

① 淬火、回火的工序位置　淬火、回火经常作为最终热处理。根据回火后的硬度是否便于切削加工来考虑淬火和回火的位置。当回火后硬度较高（＞35HRC)，则淬火、回火放在切削加工之后，磨削加工之前；当回火后硬度（＜35HRC）较低，不会引起切削困难时，淬火、回火可安排在精加工之前；为减小变形，保证精度，高频淬火的齿轮，长轴套、垫圈等零件，在情况允许的条件下，先高频淬火再加工齿轮、长轴套的内孔、键槽或垫圈上的孔。整体淬火工件的加工工艺路线一般为：下料→锻造→退火（或正火)→粗加工→调质→半精加工→淬火、回火→精加工。表面淬火的工序位置安排与此基本相同。

② 稳定化处理的工序位置　精密零件在淬火及低温回火后的稳定处理（时效）一般安排在粗磨和精磨之间，对精度很高的零件，可进行多次时效处理。

③ 化学热处理的工序位置　各种化学热处理，如渗碳、氮化等，属于最终热处理。零件经这类热处理后，表面硬度高，除磨削或研磨等光整加工外，不适宜进行其它切削加工，故其工序位置应尽量靠后，一般安排在半精加工之后，磨削加工之前。

13.2 热处理工艺制定的原则、依据和步骤

热处理工艺是指热处理作业的全过程，包括热处理规程的制定、工艺过程控制与质量保证、工艺管理、工艺工装（设备）以及工艺试验等，通常所说的热处理工艺就是指工艺规程的制定。

热处理工艺规程的编制是工艺工作中最主要、最基本的工作内容，确切地说工艺规程的编制属工程设计的范畴。制订正确、合理的热处理工艺必须从实际出发，考虑从业人员素质、管理水平、生产条件等，依据相关的技术标准和资料以及质量保证和检验能力，设计编制出完善合理的热处理工艺。

13.2.1 热处理工艺制定的原则

热处理工艺制定应遵循以下原则。

① 工艺的先进性　先进的热处理工艺是企业参与市场竞争的实力和财富，具备领先于其它企业的热处理工艺技术，能以少的投入获得最佳的热处理质量。

② 工艺的合理性　热处理工艺制定应最大限度避免产生热处理缺陷，使工艺流程短，工人易掌握，操作简单，产品质量稳定。

③ 工艺的可行性　根据企业的热处理条件、人员结构素质、管理水平制定的热处理工艺才能保证在生产中正常运行。

④ 工艺的经济性　工艺应充分利用企业现有条件，力求流程简单、操作方便以最小的消耗获取最佳的工艺效果。

⑤ 工艺的可检查性　现代质量管理要求，热处理属特种工艺范畴，工艺过程的主要工艺参数必须具备追溯性，对产品处理质量追溯查找，因此工艺应具备可检查性。

⑥ 工艺的安全性　工艺要求有充分的安全可靠性，遵守安全规则，不成熟的工艺要经试验验证鉴定后方可投入生产。

⑦ 工艺的标准化　标准化工作是企业的基础，也是在热处理生产必不可少的，是工艺质量的保证。

13.2.2　热处理工艺制定的依据

制定热处理工艺的依据有产品图样及技术要求、毛坯图或毛坯技术条件、工艺标准、机械加工对热处理的要求等。

(1) 产品图样及技术要求

产品图上应标明以下内容：标明材料牌号与材料标准；零件最终热处理后的力学性能及硬度等。化学热处理零件在产品图上应标明化学热处理部位、渗层深度、硬度及渗层组织要求和标准。对零件有热处理检验类别要求时，还应标明热处理检验类别。

(2) 毛坯图或毛坯技术条件

毛坯图上应标明材料牌号和标准，以及热处理要求性能及硬度。毛坯技术条件（毛坯验收标准）应给出毛坯热处理后的性能指标。

(3) 工艺标准

工艺标准分为上级标准（国家标准、国家军用标准、行业标准）和企业标准，它是编制工艺规程的主要依据。质量控制标准也分为上级标准和企业标准，它是工艺过程中质量控制的主要依据。

(4) 企业条件

企业条件包括热处理生产条件、热处理设备状况、热处理工种具备程度、人员结构、专业素质及管理水平。

13.2.3　热处理工艺制定的步骤

(1) 提出和确定工艺方案

以零件技术要求为依据，提出可能实施的几种热处理工艺方案，并对工艺操作的繁简及质量的可靠性等方面进行分析比较，再根据生产批量的大小，现有设备及国内外热处理技术发展趋势，进行综合技术经济分析，从而确定最佳的工艺方案。

(2) 对确定的方案进行试验

对选用新材料零件的热处理方案确定一般分三个步骤。首先，在实验室对所确定热处理工艺进行试验。考查是否达到所需的力学性能指以及冷、热加工工艺性能如何。其次，需进行必要的台架试验或装车试验，以考核使用性能。再次，进行小批试验及生产试验，以考核生产条件下的各种工艺性能及质量的可靠性。只有达到上述试验要求，才能正式应用在生产中。

(3) 编制工艺规程

通过参考有关热处理手册、相关材料标准或经工艺试验论证后制定热处理工艺规程时，应按不同工艺方法（淬火、渗碳或碳氮共渗、感应加热淬火等）填写相应工艺表格，该表格称为热处理工艺卡片，是操作工人必须遵守的法规性技术文件。其基本内容包括：零件概况，热处理技术要求，零件简图，装炉方式及装炉量，设备与工装名称、编号，工艺参数包括保温温度、保温时间、冷却方式、冷却介质等；对于化学热处理还涉及碳势、氮势以及活性介质的流量等；质量检查的内容、检查方法及抽查率。

13.3 材料选用与热处理工艺的关系

13.3.1 材料与工艺的选用原则和方法

（1）使用性原则

使用性能是材料满足使用所需要必备的性能，它是保证零件的设计功能实现、安全耐用的必要条件，是选材的最主要原则。

① 按使用性能选材

a. 分析零件的工作条件，确定其使用性能。零件的工作条件分析包括：受力情况，如载荷性质、形式、分布与大小、应力状态；工作环境，如工作温度、工作介质；其它特殊要求，如导热性、密度与磁性等。在全面分析工作条件的基础上确定零件的使用性能，如交变载荷下工作要求疲劳性能、冲击载荷下工作要求韧性、酸碱等腐蚀介质中工作则要求腐蚀性等。

b. 进行失效分析，确定主要使用性能。在工程应用中，失效分析能暴露零件的最薄弱环节，找出导致失效的主导因素，直接准确地确定零件必备的主要使用性能。

c. 将零件的使用性能要求转化为对材料性能指标和具体数值的要求。如使用性能要求为高硬度时，应将其转化为如大于60HRC或62～66HRC等。再按这些性能指标数据查找有关手册中各类材料的性能数据及大致应用范围，进行判断、选材进而确定热处理工艺。

几种常用典型零件的工作条件、主要失效形式和主要力学性能指标见表13.1。

表13.1 几种典型零件的工作条件、主要失效形式和主要力学性能指标

零件名称	工作条件	主要失效形式	主要力学性能指标
重要螺栓	交变拉应力	过量塑性变形后由疲劳造成破裂	$\sigma_{0.2}$，$(\sigma_{-1})_p$，HBS
传动齿轮	交变弯曲应力、交变接触压应力齿表面受带滑动的滚动摩擦、冲击负荷	齿的折断，过度磨损，疲劳麻点	σ_{-1}，σ_{bb}，接触疲劳强度，HRC
曲轴、轴类	交变弯曲应力，扭转应力，冲击负荷，磨损和轴瓦发生摩擦	疲劳破裂，过度磨损	$\sigma_{0.2}$，σ_{-1}，HRC
弹簧	交变应力，振动	弹力丧失或疲劳破断	σ_e，σ_s/σ_b，$(\sigma_{-1})_p$
滚动轴承	点或线接触下的交变压应力，滚动摩擦	过度磨损，疲劳破断	σ_{bc}，σ_{-1}，HRC

注：$(\sigma_{-1})_p$ 拉压疲劳极限；σ_{bb}抗弯强度；σ_{bc}抗压强度。

② 按力学性能指标选择材料　工程实际中，有时会有许多未估计到或容易被忽视的因素影响材料的实际性能。手册上提供的力学性能指标是通过标准实验测得的，由于实际零件的结构设计和加工工艺的不同，材料的性能和零件的真实性能之间于是会有很大差异。机械的采用材料的这些力学性能数据，制造的零件的寿命未必能满足要求。有时会出现严重的早期失效。因此，按力学性能选择材料时，还需要考虑以下因素。

a. 材料尺寸的影响　试验标准试样一般较小，而实际零件的尺寸一般较大、各不相同，设计者往往根据材料手册提供的性能数据是否符合使用要求来选择材料，但往往忽略零件尺寸对性能的影响，致使在实际生产中工件经热处理后，力学性能达不到要求。以45钢为例，在完全淬透情况下，其表面硬度可达58HRC以上；但实际淬火时，随着尺寸增大，淬火后硬度降低。例如在水淬情况下，试棒直径＜25mm时可得表面硬度58HRC以上；当直径＞50mm时，表面硬度下降至41HRC；当直径＞135mm时，表面硬度仅为24HRC。

对调质状态使用的零件，要求有高的强度、高的塑性和韧性，这只有马氏体的高温回火组织（回火索氏体）才能有强度和塑性韧性的良好配合。对淬透性较差的钢，在试棒尺寸较小，能用普通淬火方法完全淬透情况下尚可满足要求，而在尺寸较大时，就不能得到全部马氏体。在强度相等条件下，尺寸较大者，塑性、韧性较差，弯曲疲劳强度也较低。因此，在零件设计时应注意实际淬火效果，不能仅凭手册中的数据进行设计。

b. 零件结构的影响　实际零件上的油孔、键槽、小的过渡圆角处，通常存在着较大的应力集中，且应力状态复杂，这也会使零件的性能低于试样的性能。如正火45钢的光滑试样的弯曲疲劳极限为280MPa，用其制造带直角键槽的轴，其弯曲疲劳极限为140MPa；若改成圆角键槽的轴，其弯曲疲劳极限为220MPa。此例说明零件的应力集中对其性能影响巨大，还说明适当改变零件的结构形状，其实际性能也将大幅度地改善，因此，有时采用改善结构形状的设计比追求性能跟好的材料获得的实际效果更佳。对需进行热处理的零件，其结构设计也直接影响热处理工艺的实现。如果设计结构不合理，有可能出现热处理变形过大、开裂等缺陷。从热处理工艺性考虑，在进行零件结构设计时还应考虑以下问题。

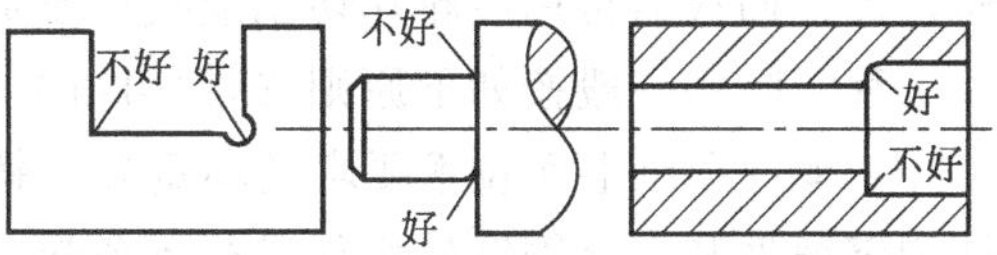

图13.1　为避免尖角和棱角的设计实例

(a) 避免尖角、棱角　零件的尖角和棱角部分是淬火应力集中的地方，往往成为淬火裂纹的起点；在高频加热表面淬火时，这些地方极易过热；在渗碳、渗氮时，棱角部分容易浓度过高，产生脆性。因此，在零件结构设计时应避免尖角、棱角。图13.1为避免尖角和棱角的设计实例。

(b) 避免厚薄悬殊　厚薄悬殊的零件在淬火时，由于冷却不均匀而造成的变形、开裂倾向比较大。图13.2为避免厚薄悬殊零件的设计实例。

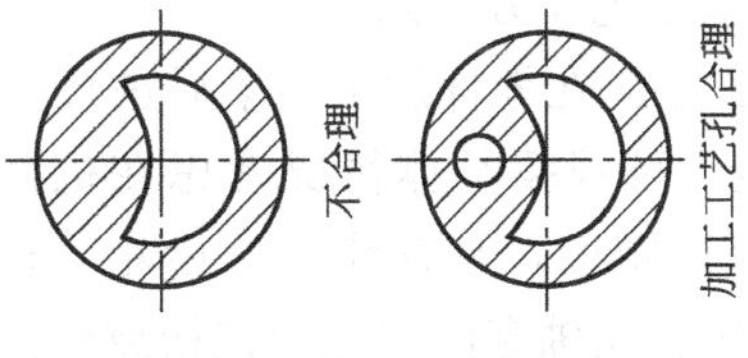

图13.2　为避免厚薄悬殊零件的设计实例

(c) 采用封闭、对称结构　零件形状为开口或不对称结构，淬火时淬火应力分布不均，易引起变形，应尽可能采用封闭、对称结构。

(d) 采用组合结构　对形状复杂或截面尺寸变化较大的零件，尽可能采用组合结构或镶拼结构。

c. 零件生产工艺路线的影响　材料性能是在试样处于内部组织与表面质量确定的状态下测定的，而实际零件在其制造过程中所经历的各种加工工艺有可能引起内部或表面缺陷，如铸造、锻造、焊接、热处理及磨削裂纹、过热、过烧、氧化、脱碳缺陷、切削刀痕等，这些缺陷都导致零件的使用性能降低。如调质40Cr钢制汽车后桥半轴，若模锻时脱碳，其弯曲疲劳极限仅有90～100MPa，远低于标准光滑试样（545MPa）；若将脱碳层磨去（或模锻时防止脱碳），则疲劳极限可上升至420～490MPa，可见表面脱碳缺陷对疲劳性能有巨大的影响。

零件加工工艺路线安排得合理与否，将直接影响热处理质量。图13.3为40Cr钢制造的齿轮，在齿轮靠近齿根处有6个ϕ35mm孔，原工艺路线是成形加工后在进行高频淬火，结果发现高频淬火后靠近ϕ35mm孔处的节圆直径将会下凹。将工艺路线修改为高频淬火后在钻孔，就可以解决这一问题。

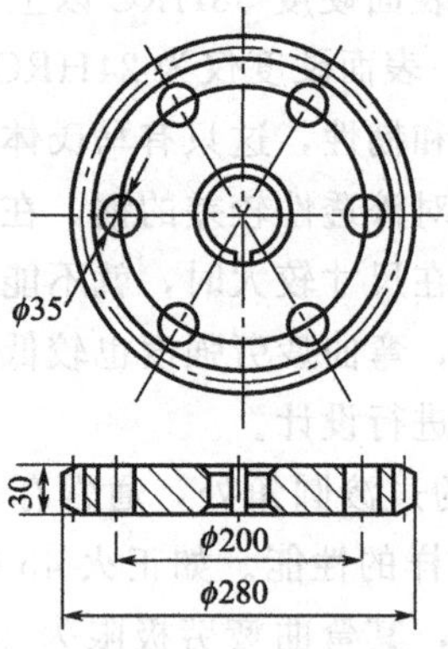

图13.3　40Cr钢制造齿轮

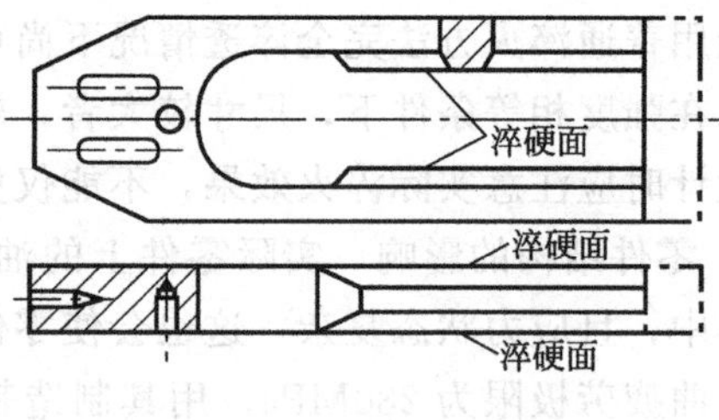

图13.4　汽车上的拉条

如图13.4为汽车上的拉条结构图。设计要求材料为T8A钢，淬、回火硬度为58～62HRC，平面度为0.15mm，淬火部位见图所示。原工艺采取全部加工成形后再进行淬、回火处理，结果淬火后开口处张开造成废品。将工艺路线调整为先加工成如图轮廓线所示封闭结构，淬、回火后再用砂轮片切割或线切割成形，可减小变形。

工程实际中一般按如下原则安排零件的加工工艺路线。

(a) 零件图纸上无技术要求的不重要的铸、锻、焊件可以不进行预备处理。较重要的中碳结构钢锻件和合金钢锻件均须进行预备热处理。

(b) 加工余量很大的铸件、锻件，一般在粗加工后进行预备热处理。

(c) 零件硬度小于300HBS，钢的淬透性较好或加工余量不大时，可以在锻件或型材调质后机械加工，否则需先机械加工，后调质。

(d) 需要表面硬化的零件，应在半精加工后且留有磨削余量后进行表面硬化处理。

(e) 局部渗碳件不需要渗碳部分的防渗措施，在批量大时可采用阻渗的防护措施，对某些数量不多的大件可采取在渗碳后缓冷，然后用机械加工方法除去不需要的渗碳层，在淬火回火。对防渗要求不十分严格的也可采取机械保护法（堵塞或包扎方法）。

(f) 表面强化（氮碳共渗）和表面润滑处理（渗硫）工序应在零件加工完毕后进行。

(g) 为防止某些精度高的零件产生变形和尺寸不稳定，可根据具体情况考虑在机械加工工序中增加去应力热处理或时效处理，为减少变形、保证精度，高频淬火的齿轮、长轴套、垫圈等零件，在允许的条件下，先高频淬火再加工齿轮、长轴套的内孔及键槽或垫圈上的孔。

(h) 弹簧、卡簧、弹簧垫圈等均需进行最终热处理。

(2) 工艺性原则

材料的工艺性能可定义为材料经济地适应各种加工工艺而获得规定的使用性能和外形的能力，因此工艺性能影响着零件的内在性能、外部质量以及生产成本和生产效率等。理想情况下，所选材料应具有良好的工艺性能，即技术难度小、工艺简单、能量消耗低、材料利用率高，且能保证甚至提高产品的质量。此外，在根据工艺性能原则选材时，应有整体的、全局的观点，即不应只考虑材料的某个单项工艺性能，而要全面考虑其加工工艺路线及其涉及的所有工艺的工艺性能。

不同类型、不同成分和组织的金属材料对不同的加工方法表现出来的工艺性能是不同的，甚至有着相当大的差异。

一种机器零件，往往须经过毛坯制造、切削加工、热处理等工艺来完成。热处理工序的安排，有的是为了便于成型加工；有的是为了消除别种加工工序的缺陷，例如锻造缺陷等；有的则为了提高机器使用性能。因此，热处理工序按照它的目的可以安排在其它加工工艺之前、中间或末尾。热处理工艺进行得好坏，可以影响到其它加工工艺的质量，而其它加工工艺也可以影响到热处理质量，甚至造成热处理废品。

此外热处理工序与其它加工工序先后次序的安排是否合理，也直接影响零件加工及热处理质量。

① 锻造加热对热处理质量的影响　锻造加热温度一般都高达1150～1300℃，因此锻造后往往带有过热缺陷。这种过热缺陷由于晶内织构作用，用一般正火的方法很难消除，因而在最终热处理时往往出现淬火组织晶粒粗大，冲击韧性降低。化学热处理时，例如渗碳或高温碳氮共渗，淬火后渗层中出现粗大马氏体针等缺陷，防止这种缺陷的产生，应该以严格限制锻造加热温度为主。一旦产生这种缺陷以后，应该采用高于普通正火温度的适当加热温度正火，使在这温度下发生奥氏体再结晶，破坏其晶内织构，而又不发生晶粒长大；也可以采用多次加热正火来消除。

② 锻造比不足或锻打方法不当对热处理质量的影响　高速工具钢、高铬模具钢等含有粗大共晶碳化物，由于锻造比不足或交叉反复锻打次数不够，使共晶碳化物呈严重带状、网络状或大块状存在。在碳化物集中处，热处理加热时容易过热，严重者甚至发生过烧。同时由于碳化物形成元素集中于碳化物中，而且碳化物粗大，淬火加热时很难溶解，固溶于奥氏体中的碳和合金元素量降低，从而降低了淬火回火后的硬度及红硬性。碳化物的不均匀分布，容易产生淬火时应力集中，导致淬火裂纹，并降低钢材热处理后的强度和韧性。

共晶碳化物的不均匀分布，不能用热处理方法消除，只能用锻打的办法。在亚共析钢中出现带状组织，若渗碳，则使渗碳层不均匀；若进行普通淬火，容易产生变形，且硬度不均匀。消除带状组织的办法是高温正火或扩散退火。

③ 锻造变形不均匀性对热处理的影响　锻造成形时，零件各部分变形度不同，特别是在终锻温度较低时，将在同一零件内部造成组织不均匀性和应力分布的不均匀，如果不加以消除，在淬火时容易导致淬火变形和开裂。一般在淬火前应进行退火或正火以消除这种不均匀性。

④ 切削加工与热处理的关系　热处理可以改善材料的切削加工性能，以提高加工后的表面光洁度，提高刀具寿命。一般应有一定硬度范围，使材料具有一定“脆性”，易于断屑，而又不致使刀具严重磨损。一般结构钢热处理后硬度为187～220HBS的切削性能最好。

切削加工对热处理质量也有重要影响。切削加工进刀量大引起工件产生切削应力。热处理后产生变形。切削加工粗糙度差，特别是有较深尖锐的刀痕时，常在这些地方产生淬火裂纹。表面硬化处理（表面淬火或渗碳等）后的零件，在磨削加工时，若进刀量过大会产生磨削裂纹。

为了消除因切削应力而造成的变形，在淬火之前应附加一次或数次消除应力处理，同时对切削刀痕应严加控制。

13.3.2 典型零件的材料选用与工艺制订实例

图 13.5 所示为某拖拉机驱动轴结构简图，驱动轴一端带法兰盘，通过螺钉孔与后轮相连接，另一端为花键轴，与行星架花键孔相连接。驱动轴是通过花键及锥度部分紧配合将扭矩由行星架传到后轮，使后轮转动。由于拖拉机重量通过轴颈、法兰盘作用在后轮，因此驱动轴还承载弯曲载荷，拖拉机在运行过程中，后轮遇到石块等障碍时，驱动轴受到一定的冲击。驱动轴一旦断裂，拖拉机将失去支撑而造成翻车，轻则影响生产，重则造成人身事故，特别是若在山路运输时断裂，后果更为严重。

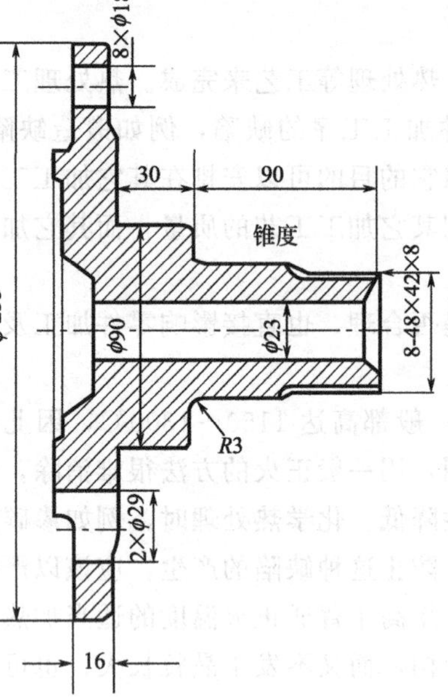

图 13.5 拖拉机驱动轴结构简图

根据驱动轴服役条件，设计选用材料为 40Cr。热处理技术要求是：调质 269～305HBS，金相组织无游离铁素体，轴颈 ϕ90mm 处及花键部分高频淬火，硬度＞53HRC，淬硬层深度≥1.5mm，马氏体 5～6 级。

根据技术要求，其工艺路线及热处理方案可以有以下几种。

方案一：工艺线路为锻造→毛坯调质→机械加工→ϕ90mm 圆柱面与花键两处高频淬火。

本工艺方案的优点是：工艺简单，特别是调质工艺，在机械加工前进行，无需考虑氧化脱碳问题。缺点是：加工余量大，浪费原材料，调质效果不好。这种钢油淬火时临界直径约为 25～30mm，现传递扭矩危险断面处毛坯直径大于 55mm（加上加工余量），由该钢的端淬曲线可以推知，即使在表面也得不到半马氏体区，实际上只能得到网状铁素体极细片状珠光体组织。花键与锥体交界处恰好是花键高频淬火的过渡区（热影响区），此处的强度比未经表面淬火的还差，而又是应力集中的危险断面。

方案二：工艺线路为锻造→粗车及钻 ϕ23mm 孔（应留加工余量，以便扩孔成 ϕ23mm）→调质→加工成形（包括扩 ϕ23mm 孔）→ϕ90mm 圆柱面、锥度及花键部分高频淬火。

本工艺方案的优点是：克服了方案一中调质效果不良以及锥度和花键交界危险断面处恰好是高频淬火热影响区的弱点，其使用性能将比方案一大为改善。缺点是：加工余量大、浪费原材料，加工工序和工序间周转多，生产周期长；对调质工序加热时氧化、脱碳的控制要求较严，高频淬火时，在锥度根部 $R3$ 圆角处需圆角淬火，为了避免有淬火过渡区，锥度与花键部分应连续淬火，但这两部分尺寸及几何形状不同，故用同一感应圈淬火时，需改变高频淬火参数（至少应改变工件升降速度），操作比较复杂，质量不易稳定；在设备条件不变情况下，该方案的生产周期比较长，生产成本较高。

方案三：改整体结构为组合结构，即把整体分解为法兰盘与花键轴，花键轴为通花键，与法兰盘用花键连接。

法兰盘工艺线路为：锻造→调质→加工成形（花键孔只加工内孔，不拉键槽）→ ϕ90mm 外圆高频淬火→拉削花键孔。

花键轴工艺线路为：棒料钻孔→调质→加工成形→花键中频淬火。

该方案的优点是：省料，在大量生产中花键轴可向钢厂订购管材；调质效果好，基本上与该种钢的临界直径相适应；感应加热淬火工艺单一，操作方便、质量稳定，因为 ϕ90mm 外圆高频淬火目的是提高耐磨性，其与法兰盘连接处直径大，应力小，故强度足够。花键采用中频加热，淬硬层深度增加至 4.5～5.0mm，疲劳强度提高，经 2500Hz 中频淬火并在 200℃低温回火后，表面硬度为 53～55HRC，据测量，齿的根部有 589～736MPa 的压应力，由于是普通花键，可以一次性连续淬火，没有过渡区。缺点是：增加了法兰盘拉削内花键孔的工艺。

实践表明，采用方案一时，由于强度比较低，当与行星架锥度紧配合比较好时，常在锥度部分与法兰盘连接处发生剪切断裂；当锥度部分配合不好，扭矩主要靠花键传递时，剪切应力大大超过过渡区材料的剪切强度，驱动轴将在花键根部迅速剪切断裂，寿命更低。

当按方案三处理时，台架试验表明，与方案一处理比较，疲劳寿命大幅度提高，条件疲劳极限扭矩提高至原来的 2.8 倍，极限应力幅提高至原来的 4.5 倍。田间试验 500h 未发现断裂现象。可见，采用方案三，制造成本提高不多，而寿命大幅度提高，总的经济效果良好。

参 考 文 献

[1] 刘云旭. 金属热处理原理 [M]. 北京：机械工业出版社，1981.
[2] 赵连成. 金属热处理原理 [M]. 哈尔滨：哈尔滨工业大学出版社，1987.
[3] 戚正风. 金属热处理原理 [M]. 北京：机械工业出版社，1987.
[4] 李松瑞，周善初. 金属热处理 [M]. 长沙：中南大学出版社，2003.
[5] 崔忠圻. 金属学与热处理 [M]. 北京：机械工业出版社，2000.
[6] 胡光立，谢希文. 钢的热处理（原理与工艺）[M]. 西安：西北工业大学出版社，2004.
[7] 崔忠圻，刘北兴. 金属学与热处理原理（修订版）[M]. 哈尔滨：哈尔滨工业大学出版社，2004.
[8] 徐洲，赵连成. 金属固态相变原理 [M]. 北京：科学出版社，2004.
[9] 崔忠圻，覃耀春. 金属学与热处理（第二版）[M]. 北京：机械工业出版社，2007.
[10] 刘宗昌. 材料组织结构转变原理 [M]. 北京：冶金工业出版社，2006.
[11] 徐祖耀. 马氏体相变与马氏体 [M]. 北京：科学出版社，1999.
[12] 肖纪美. 合金相与相变 [M]. 北京：冶金工业出版社，2004.
[13] 戚正风. 固态金属中的扩散与相变 [M]. 北京：机械工业出版社，1998.
[14] 方鸿生，王家军，杨志刚. 贝氏体相变与马氏体 [M]. 北京：科学出版社，1999.
[15] 王世洪. 铝及铝合金热处理 [M]. 北京：机械工业出版社，1980.
[16] 田长生. 金属材料及热处理 [M]. 西安：西北工业大学出版社，1985.
[17] 陆兴. 热处理工程基础 [M]. 北京：机械工业出版社，2007.
[18] 热处理手册编委会. 热处理手册第 1 卷 [M]. 北京：机械工业出版社，2001.
[19] 夏立芳. 金属热处理工艺学 [M]. 第 2 版. 哈尔滨：哈尔滨工业大学出版社，1996.
[20] 毕凤琴，张旭昀. 热处理原理及工艺 [M]. 北京：石油工业出版社，2009.
[21] 王顺兴. 金属热处理原理与工艺 [M]. 哈尔滨：哈尔滨工业大学出版社，2009.
[22] 中国机械工程学会热处理学会《热处理手册》编委会. 热处理手册：第 1 卷 [M]. 第 3 版. 北京：机械工业出版社，2002.
[23] 中国机械工程学会热处理学会《热处理手册》编委会. 热处理手册：第 3 卷 [M]. 第 3 版. 北京：机械工业出版社，2002.
[24] 中国机械工程学会热处理学会《热处理手册》编委会. 热处理手册：第 4 卷 [M]. 第 3 版. 北京：机械工业出版社，2002.
[25] 中国标准出版社，金属热处理标准化技术委员会. 中国机械标准汇编（金属热处理卷）[M]. 2 版. 北京：中国标准出版社，2002.
[26] 安运铮. 热处理工艺学 [M]. 北京：机械工业出版社，1982.
[27] 彭其凤，丁洪太. 热处理工艺及设计 [M]. 上海：上海交通大学出版社，1994.
[28] 王传雅. 钢的亚温处理——临界区双相组织超细化强韧化理论及工艺 [M]. 北京：中国铁道出版社，2003.
[29] 夏国华，杨树蓉. 现代热处理技术 [M]. 北京：兵器工业出版社，1996.
[30] 阎承沛. 真空热处理工艺与设备设计 [M]. 北京：机械工业出版社，1998.
[31] 包耳，田绍洁. 真空热处理 [M]. 沈阳：辽宁科学技术出版社，2009.
[32] 胡明娟，潘健生. 钢铁化学热处理原理 [M]. 上海：上海交通大学出版社，1996.
[33] 陈仁悟，林建生. 化学热处理原理 [M]. 北京：机械工业出版社，1988.
[34] 夏立芳，高彩桥. 钢的渗氮 [M]. 北京：机械工业出版社，1989.
[35] 韩立民. 等离子热处理 [M]. 天津：天津大学出版社，1997.
[36] 刘江龙，邹至荣，苏宝嫆. 高能束热处理 [M]. 北京：机械工业出版社，1997.
[37] 马鹏飞，李美兰. 热处理技术 [M]. 北京：化学工业出版社，2009.